수학을 쉽게 만들어 주는 자

풍산자 개념완성

중학수학 2-1

구성과 특징

» 완벽한 개념으로 실전에 강해지는 개념기본서!
체계적인 개념과 꼭 필요한 핵심 문제로 확실하게 개념을 다지세요.

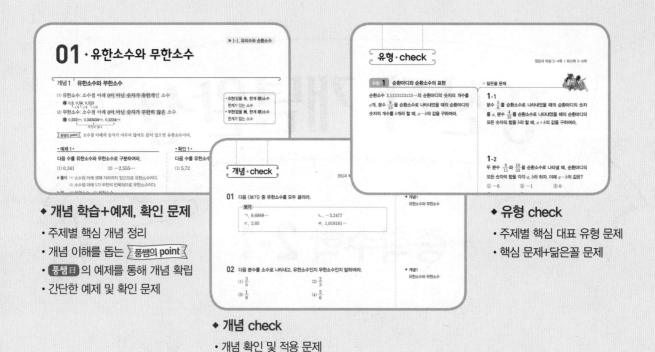

◆ 개념 학습+예제, 확인 문제
- 주제별 핵심 개념 정리
- 개념 이해를 돕는 풍쌤의 point
- 풍쌤터 의 예제를 통해 개념 확립
- 간단한 예제 및 확인 문제

◆ 개념 check
- 개념 확인 및 적용 문제

◆ 유형 check
- 주제별 핵심 대표 유형 문제
- 핵심 문제+닮은꼴 문제

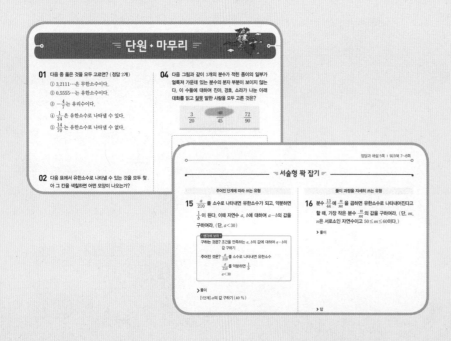

◆ 단원 마무리
- 중단원별 문제 점검
- 서술형 꽉 잡기

풍산자 개념완성에서는

개념북으로 꼼꼼하고 자세한 개념 학습 후

워크북을 통해 개념북과 1 : 1 맞춤 학습을 할 수 있습니다.

워크북

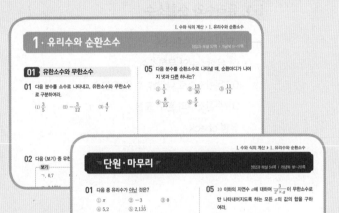

- 개념북과 소단원별 핵심 유형 1:1 맞춤 문제 링크
- 중단원별 마무리 문제 및 서술형 평가 문제

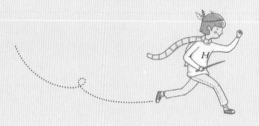

정답과 해설

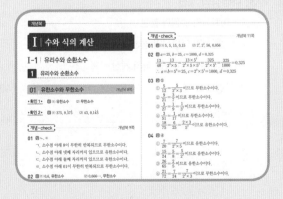

- 문제 해결을 위한 최적의 풀이 방법을 자세히 제공
- 자기주도학습이 가능한 명확하고 이해하기 쉬운 풀이

이 책의 차례

I : 수와 식의 계산

Ⅱ : 일차부등식과 연립일차방정식

Ⅲ : 일차함수

» **워크북이 책 속의 책으로 들어있어요.**

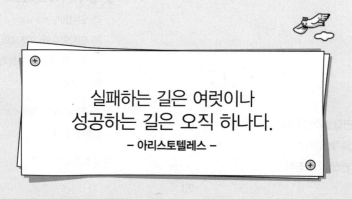

실패하는 길은 여럿이나
성공하는 길은 오직 하나다.
- 아리스토텔레스 -

I. 수와 식의 계산

1. 유리수와 순환소수

01 ◆ 유한소수와 무한소수

개념1 | 유한소수와 무한소수

(1) 유한소수: 소수점 아래 0이 아닌 숫자가 유한개인 소수

  예 0.2, 0.54, 0.113
  └1개┘ └2개┘ └3개┘

(2) 무한소수: 소수점 아래 0이 아닌 숫자가 무한히 많은 소수

  예 0.222···, 0.343434···, 0.1234···
  └──────무한히 많다.──────┘

> ◆ 유한(있을 有, 한계 限)소수
> 한계가 있는 소수
> ◆ 무한(없을 無, 한계 限)소수
> 한계가 없는 소수

풍쌤의 point 소수점 아래의 숫자가 아무리 많아도 끝이 있으면 유한소수이다.

◆예제 1◆

다음 수를 유한소수와 무한소수로 구분하여라.

(1) 0.341 　　　　　(2) $-2.555\cdots$

> 풀이 (1) 소수점 아래 셋째 자리까지 있으므로 유한소수이다.
> (2) 소수점 아래 5가 무한히 반복되므로 무한소수이다.

> 답 (1) 유한소수 (2) 무한소수

◆확인 1◆

다음 수를 유한소수와 무한소수로 구분하여라.

(1) 5.72 　　　　　(2) 1.010010001···

개념2 | 순환소수

(1) 순환소수: 소수점 아래의 어떤 자리에서부터 일정한 숫자의 배열이 한없이 되풀이되는 무한소수

(2) 순환마디: 순환소수의 소수점 아래에서 숫자의 배열이 한없이 되풀이 되는 한 부분

  예 0.222···의 순환마디: 2 　　0.343434···의 순환마디: 34

풍쌤의 point 0.222···의 순환마디는 2, 22, 222, ··· 등과 같이 여러 종류가 아니고 가장 단순한 2가 순환마디야.

(3) 순환소수의 표현

 ① 순환마디의 숫자가 1개: 그 숫자 위에 점을 찍어 나타낸다.

 ② 순환마디의 숫자가 2개 이상: 순환마디의 양 끝의 숫자 위에 점을 찍어 나타낸다.

  예 $0.555\cdots=0.\dot{5}$, $0.232323\cdots=0.\dot{2}\dot{3}$, $0.123123123\cdots=0.\dot{1}2\dot{3}$

풍쌤의 point 순환소수는 소수점 아래에서 가장 처음으로 반복되는 부분에 점을 찍어 나타내.

◆예제 2◆

다음 순환소수의 순환마디를 찾고, 점을 찍어 간단히 나타내어라.

(1) 0.888··· 　　　　(2) 1.272727···

> 풀이 (1) 소수점 아래 8이 무한히 반복되므로 순환마디는 8
> (2) 소수점 아래 27이 무한히 반복되므로 순환마디는 27

> 답 (1) $0.\dot{8}$ (2) $1.\dot{2}\dot{7}$

◆확인 2◆

다음 순환소수의 순환마디를 찾고, 점을 찍어 간단히 나타내어라.

(1) 0.375375375··· 　　(2) 0.1434343···

01 다음 〈보기〉 중 유한소수를 모두 골라라.

➔ 개념1
유한소수와 무한소수

> **보기**
>
> ㄱ. 0.6888…   ㄴ. −3.2477
>
> ㄷ. 2.05   ㄹ. 1.010101…

02 다음 분수를 소수로 나타내고, 유한소수인지 무한소수인지 말하여라.

➔ 개념1
유한소수와 무한소수

(1) $\dfrac{3}{5}$ (2) $\dfrac{2}{3}$

(3) $\dfrac{1}{8}$ (4) $\dfrac{5}{6}$

03 다음 중 순환소수와 순환마디가 바르게 연결된 것은?

➔ 개념2
순환소수

① 1.666… ➔ 666   ② 0.2535353… ➔ 53

③ 3.24324324… ➔ 324   ④ 0.7333… ➔ 73

⑤ 4.037037037… ➔ 37

04 다음 중 순환소수의 표현이 옳은 것을 모두 고르면? (정답 2개)

➔ 개념2
순환소수

① 3.222… ➔ $3.\dot{2}$ ② 1.5030303… ➔ $1.5\dot{0}3\dot{0}$

③ 4.25425425… ➔ $\dot{4}.2\dot{5}$ ④ 0.1737373… ➔ $0.1\dot{7}\dot{3}$

⑤ 2.609609609… ➔ $2.\dot{6}0\dot{9}$

05 다음 분수를 순환소수로 나타내어라.

➔ 개념2
순환소수

(1) $\dfrac{1}{6}$ (2) $\dfrac{3}{7}$

02 ✦ 유한소수로 나타낼 수 있는 분수

개념1 ｜ 유한소수로 나타낼 수 있는 분수

분수를 **기약분수**로 나타내었을 때, **분모의 소인수가 2나 5뿐**이면 분자, 분모에 2 또는 5의 거듭제곱을 적당히 곱하여 분모를 10의 거듭제곱으로 고칠 수 있으므로 **유한소수로 나타낼 수 있다.**

예 $\dfrac{1}{50} = \dfrac{1}{2 \times 5^2} = \dfrac{1 \times 2}{2 \times 5^2 \times 2} = \dfrac{2}{2^2 \times 5^2} = \dfrac{2}{100} = 0.02$

풍쌤의 point 소인수가 2나 5뿐이라는 것은 소인수에 2만 있을 때, 소인수에 5만 있을 때, 소인수에 2와 5만 있을 때를 말해.

> **✦ 기약분수**
> 분모와 분자가 더 이상 약분되지 않는 분수
> ➜ 분수를 기약분수로 고치려면 분모와 분자를 그들의 최대공약수로 나눈다.

✦ 예제 1 ✦

다음은 분수를 유한소수로 나타내는 과정이다. ☐ 안에 알맞은 것을 써넣어라.

$$\frac{3}{2} = \frac{3 \times \square}{2 \times \square} = \frac{\square}{10} = \square$$

▶ 답 $\dfrac{3}{2} = \dfrac{3 \times \boxed{5}}{2 \times \boxed{5}} = \dfrac{\boxed{15}}{10} = \boxed{1.5}$

✦ 확인 1 ✦

다음은 분수를 유한소수로 나타내는 과정이다. ☐ 안에 알맞은 것을 써넣어라.

$$\frac{4}{25} = \frac{2^2}{5^2} = \frac{2^2 \times \square}{5^2 \times \square} = \frac{16}{\square} = \square$$

개념2 ｜ 유한소수로 나타낼 수 없는 분수

분수를 기약분수로 나타내었을 때, 분모의 소인수 중에 2나 5 이외의 소인수가 있으면 유한소수로 나타낼 수 없으며, 그 무한소수는 순환소수가 된다.

풍쌤의 point 주어진 분수를 유한소수로 나타낼 수 있는지 판별할 때는 반드시 기약분수로 나타낸 다음 따져봐야 해.

> **풍쌤日** 두 수 $\dfrac{6}{20}$ 과 $\dfrac{5}{6}$ 를 유한소수와 무한소수로 구분하여 보자.
>
> $\dfrac{6}{20} = \dfrac{3}{10} = \dfrac{3}{②\times⑤} = 0.3$ ➜ 유한소수 $\dfrac{5}{6} = \dfrac{5}{②\times 3} = 0.833\cdots$ ➜ 무한소수

✦ 유한소수 판별법

```
기약분수
  │ 분모를 소인수분해
  ▼
분모의 소인수가
2나 5뿐?
  예 ──→ 유한소수
 아니오 ─→ 무한소수
```

✦ 예제 2 ✦

다음 분수를 유한소수로 나타낼 수 있으면 ○표, 유한소수로 나타낼 수 없으면 ×표를 하여라.

(1) $\dfrac{3}{15}$ (　　)　　　(2) $\dfrac{2}{2^2 \times 3}$ (　　)

▶ 풀이 (1) $\dfrac{3}{15} = \dfrac{1}{5}$ 이므로 유한소수이다.

(2) $\dfrac{2}{2^2 \times 3} = \dfrac{1}{2 \times 3}$ 이므로 무한소수이다.

▶ 답 (1) ○ (2) ×

✦ 확인 2 ✦

다음 분수를 유한소수로 나타낼 수 있으면 ○표, 유한소수로 나타낼 수 없으면 ×표를 하여라.

(1) $\dfrac{8}{75}$ (　　)　　　(2) $\dfrac{21}{3 \times 5^4 \times 7}$ (　　)

개념◆check

정답과 해설 2쪽 | 워크북 3~4쪽

01 다음은 분수를 유한소수로 나타내는 과정이다. □ 안에 알맞은 것을 써넣어라.

→ 개념1
유한소수로 나타낼 수 있는 분수

(1) $\dfrac{3}{20} = \dfrac{3}{2^2 \times 5} = \dfrac{3 \times \square}{2^2 \times 5 \times \square} = \dfrac{\square}{100} = \square$

(2) $\dfrac{7}{125} = \dfrac{7}{5^3} = \dfrac{7 \times \square}{5^3 \times \square} = \dfrac{\square}{1000} = \square$

02 다음은 분수 $\dfrac{13}{40}$ 을 유한소수로 나타내는 과정이다. 이때 a, b, c, d의 값을 각각 구하여라.

→ 개념1
유한소수로 나타낼 수 있는 분수

$$\dfrac{13}{40} = \dfrac{13}{2^3 \times 5} = \dfrac{13 \times a}{2^3 \times 5 \times b} = \dfrac{325}{c} = d$$

03 다음 분수 중 유한소수로 나타낼 수 있는 것은?

→ 개념2
유한소수로 나타낼 수 없는 분수

① $\dfrac{5}{12}$ 　 ② $\dfrac{9}{21}$ 　 ③ $\dfrac{3}{27}$

④ $\dfrac{3}{51}$ 　 ⑤ $\dfrac{18}{75}$

04 다음 분수 중 유한소수로 나타낼 수 <u>없는</u> 것은?

→ 개념2
유한소수로 나타낼 수 없는 분수

① $\dfrac{7}{20}$ 　 ② $\dfrac{15}{24}$ 　 ③ $\dfrac{26}{65}$

④ $\dfrac{21}{72}$ 　 ⑤ $\dfrac{49}{140}$

05 다음 〈보기〉의 분수 중 소수로 나타내었을 때, 순환소수가 되는 것의 개수를 구하여라.

→ 개념2
유한소수로 나타낼 수 없는 분수

보기

ㄱ. $\dfrac{14}{49}$ 　 ㄴ. $-\dfrac{3}{51}$ 　 ㄷ. $\dfrac{11}{55}$

ㄹ. $\dfrac{18}{2 \times 3^2 \times 5^2}$ 　 ㅁ. $\dfrac{3}{3^2 \times 5^2}$ 　 ㅂ. $\dfrac{35}{2^2 \times 5^2 \times 7}$

03 · 순환소수의 분수 표현

개념 1 │ 순환소수를 분수로 나타내기

(1) 순환소수를 분수로 나타내기 – 등식의 성질 이용
  ① 주어진 순환소수를 x로 놓는다.
  ② 소수점 아래 첫째 자리부터 순환마디가 똑같이 시작되도록 양변에 10의 거듭제곱을 곱한다.
  ③ ①, ②의 식을 변끼리 빼서 소수 부분(순환마디)을 없앤 후 x의 값을 구한다.

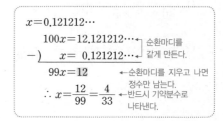

> **풍쌤의 point** 순환마디가 똑같이 시작되도록 양변에 10의 거듭제곱을 곱하는 이유는 ①, ②의 식을 변끼리 빼서 소수 부분을 없애기 위함이야. 그러면 x의 값을 쉽게 구할 수 있어.

(2) 순환소수를 분수로 나타내기 – 공식 이용
  ① 분모: 순환마디의 숫자의 개수만큼 9를 쓰고, 그 뒤에 소수점 아래 순환마디에 포함되지 않는 숫자의 개수만큼 0을 쓴다.
  ② 분자: (전체의 수)−(순환하지 않는 부분의 수)

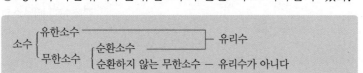

(3) 유리수와 순환소수
  ① 유한소수와 순환소수는 모두 유리수이다.
  ② 정수가 아닌 유리수는 유한소수나 순환소수로 나타낼 수 있다.

소수 ┬ 유한소수 ─────────────────── 유리수
　　└ 무한소수 ┬ 순환소수 ──────────── 유리수
　　　　　　　└ 순환하지 않는 무한소수 ─ 유리수가 아니다

✦ 예제 1 ✦

다음은 순환소수 $0.\dot{2}\dot{3}$을 분수로 나타내는 과정이다. ☐ 안에 알맞은 수를 써넣어라.

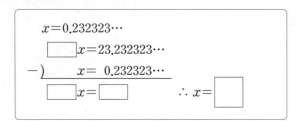

▶ 답　$100, 99, 23, \dfrac{23}{99}$

✦ 예제 2 ✦

다음은 순환소수를 분수로 나타내는 과정이다. ☐ 안에 알맞은 것을 써넣어라.

$$0.1\dot{3} = \frac{\boxed{} - \boxed{}}{90} = \boxed{}$$

▶ 답　$0.1\dot{3} = \dfrac{\boxed{13} - \boxed{1}}{90} = \dfrac{2}{15}$

✦ 확인 1 ✦

다음은 순환소수 $1.4\dot{5}$를 분수로 나타내는 과정이다. ☐ 안에 알맞은 수를 써넣어라.

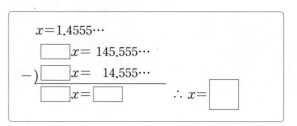

✦ 확인 2 ✦

다음은 순환소수를 분수로 나타내는 과정이다. ☐ 안에 알맞은 것을 써넣어라.

$$0.1\dot{7}\dot{8} = \frac{\boxed{} - \boxed{}}{990} = \boxed{}$$

01 다음은 순환소수 $0.1\dot{5}$를 분수로 나타내는 과정이다. ㈎~㈐에 들어갈 수로 옳지 <u>않은</u> 것은?

> $x = 0.1\dot{5} = 0.1555\cdots$로 놓으면
> ㈎ $x = 15.555\cdots$ ...... ㉠
> ㈏ $x = 1.555\cdots$ ...... ㉡
> ㉠ − ㉡을 하면 ㈐ $x =$ ㈑
> ∴ $x =$ ㈒

① ㈎ 100　　　② ㈏ 10　　　③ ㈐ 90

④ ㈑ 14　　　⑤ ㈒ $\dfrac{1}{6}$

➜ 개념1
순환소수를 분수로 나타내기

02 다음 순환소수를 등식의 성질을 이용하여 분수로 나타내어라.

(1) $0.\dot{7}\dot{6}$　　　　(2) $1.\dot{5}$

(3) $0.1\dot{7}$　　　　(4) $0.13\dot{4}$

➜ 개념1
순환소수를 분수로 나타내기

03 다음 중 순환소수를 분수로 나타내는 과정으로 옳은 것은?

① $8.\dot{4} = \dfrac{84-8}{90}$　　② $0.\dot{7}\dot{3} = \dfrac{73-7}{99}$　　③ $7.1\dot{9} = \dfrac{719-7}{90}$

④ $3.7\dot{2}\dot{4} = \dfrac{3724-37}{990}$　　⑤ $0.4\dot{3}\dot{2} = \dfrac{432}{900}$

➜ 개념1
순환소수를 분수로 나타내기

04 다음 순환소수를 공식을 이용하여 분수로 나타내어라.

(1) $0.\dot{1}\dot{8}$　　　　(2) $1.2\dot{4}$

(3) $0.3\dot{4}\dot{7}$　　　　(4) $1.5\dot{1}\dot{6}$

➜ 개념1
순환소수를 분수로 나타내기

05 다음 설명 중 옳은 것에는 ○표, 옳지 <u>않은</u> 것에는 ×표를 하여라.

(1) 무한소수는 모두 순환소수이다. 　　　　　　　　　（　　）

(2) 정수나 유한소수로 나타낼 수 없는 유리수는 모두 순환소수이다.

　　　　　　　　　　　　　　　　　　　　（　　）

(3) 유리수는 소수점 아래의 0이 아닌 숫자가 유한개인 소수이다. 　（　　）

➜ 개념1
순환소수를 분수로 나타내기

유형·check

정답과 해설 3~4쪽 | 워크북 2~6쪽

유형·1 순환마디와 순환소수의 표현

순환소수 $3.1123123123\cdots$의 순환마디의 숫자의 개수를 a개, 분수 $\dfrac{8}{15}$을 순환소수로 나타내었을 때의 순환마디의 숫자의 개수를 b개라 할 때, $a-b$의 값을 구하여라.

》 닮은꼴 문제

1-1

분수 $\dfrac{5}{6}$를 순환소수로 나타내었을 때의 순환마디의 숫자를 a, 분수 $\dfrac{4}{33}$를 순환소수로 나타내었을 때의 순환마디의 모든 숫자의 합을 b라 할 때, $a+b$의 값을 구하여라.

1-2

두 분수 $\dfrac{9}{11}$와 $\dfrac{10}{33}$을 순환소수로 나타낼 때, 순환마디의 모든 숫자의 합을 각각 a, b라 하자. 이때 $a-b$의 값은?

① -6 ② -1 ③ 0
④ 1 ⑤ 6

유형·2 순환소수에서 소수점 아래 n번째 자리의 숫자 구하기

순환소수 $0.81548154\cdots$에 대하여 다음 물음에 답하여라.

⑴ 순환마디를 구하여라.
⑵ 소수점 아래 53번째 자리의 숫자를 구하여라.

》 닮은꼴 문제

2-1

순환소수 $0.538461538461\cdots$에 대하여 다음 물음에 답하여라.

⑴ 순환마디를 구하여라.
⑵ 소수점 아래 90번째 자리의 숫자를 구하여라.

2-2

분수 $\dfrac{3}{7}$을 소수로 나타내었을 때, 소수점 아래 101번째 자리의 숫자를 구하여라.

유형·3 분수를 유한소수로 나타내기

>> 닮은꼴 문제

$\dfrac{21}{50}$을 $\dfrac{a}{10^n}$의 꼴로 고쳐서 유한소수로 나타낼 때, 최소의 자연수 n, a에 대하여 $a-n$의 값을 구하여라.

3-1

$\dfrac{1}{4}$과 $\dfrac{5}{6}$ 사이의 분수 중에서 분모가 12이고 유한소수로 나타낼 수 있는 수를 모두 구하여라.

3-2

분수 $\dfrac{a}{b}$의 분모를 10의 거듭제곱 꼴로 고쳐서 유한소수로 나타내기 위하여 분모, 분자에 공통으로 곱해야 할 가장 작은 자연수를 $<a, b>$라 하자. 이때 $<6, 15>+<7, 28>$의 값을 구하여라.

유형·4 유한소수가 되도록 하는 미지수의 값 구하기

>> 닮은꼴 문제

분수 $\dfrac{a}{30}$를 소수로 나타내면 유한소수가 된다고 할 때, 다음 물음에 답하여라.

(1) a가 될 수 있는 가장 작은 자연수를 구하여라.

(2) a가 될 수 있는 가장 작은 두 자리의 자연수를 구하여라.

4-1

$\dfrac{7}{2^2 \times 5 \times 7 \times 13} \times \square$가 유한소수로 나타내어질 때, $\square$ 안에 들어갈 수 있는 수 중 가장 작은 자연수를 구하여라.

4-2

분수 $\dfrac{13}{420} \times x$를 소수로 나타내면 유한소수가 된다고 할 때, 다음 물음에 답하여라.

(1) x가 될 수 있는 가장 작은 자연수를 구하여라.

(2) x가 될 수 있는 가장 작은 세 자리의 자연수를 구하여라.

순환소수를 분수로 나타내기 (1)

순환소수 $0.25\dot{8}$을 분수로 나타내려고 한다. $x=0.25\dot{8}$이라고 할 때, 다음 중 가장 편리한 식은?

① $100x-x$

② $100x-10x$

③ $1000x-x$

④ $1000x-10x$

⑤ $1000x-100x$

» 닮은꼴 문제

5-1

다음은 순환소수 $7.1\dot{2}$를 분수로 나타내는 과정이다. (가)~(마)에 알맞은 수를 구하여라.

> $x=7.1\dot{2}$로 놓으면
> $x=7.1222\cdots$　　　 …… ㉠
> ㉠의 양변에 각각 (가), (나) 을 곱하면
> (가) $x=71.222\cdots$　　 …… ㉡
> (나) $x=712.222\cdots$　 …… ㉢
> ㉢-㉡을 하면 (다) $x=$ (라) 이므로 $x=$ (마)

5-2

순환소수 $x=0.15303030\cdots$에 대한 설명으로 옳지 않은 것은?

① 분수로 나타낼 수 있다.

② 순환마디는 30이다.

③ $10000x-100x=1510$

④ $x=0.15\dot{3}\dot{0}$으로 나타낸다.

⑤ 유리수이다.

순환소수를 분수로 나타내기 (2)

다음 중 순환소수를 분수로 나타낸 것으로 옳지 않은 것은?

① $0.\dot{6}\dot{1}=\dfrac{61}{99}$

② $0.1\dot{9}\dot{5}=\dfrac{97}{495}$

③ $1.8\dot{2}=\dfrac{181}{99}$

④ $0.4\dot{1}\dot{9}=\dfrac{85}{198}$

⑤ $2.5\dot{1}=\dfrac{113}{45}$

» 닮은꼴 문제

6-1

순환소수 $0.4888\cdots$을 기약분수로 나타내면 $\dfrac{a}{45}$일 때, 자연수 a의 값을 구하여라.

6-2

분수 $\dfrac{16}{99}$을 순환소수로 나타내면 $0.\dot{a}\dot{b}$일 때, 순환소수 $0.\dot{b}\dot{a}$를 기약분수로 나타내어라.

$0.\dot{8}+0.2\dot{3}$을 기약분수로 나타내면 $\dfrac{b}{a}$일 때, $b-a$의 값을 구하여라.

» 닮은꼴 문제

7-1

$1.\dot{7}-0.\dot{3}\dot{1}$을 기약분수로 나타내면 $\dfrac{b}{a}$일 때, $a+b$의 값을 구하여라.

7-2

$0.3\dot{5}\times a$가 자연수가 되기 위한 가장 작은 자연수 a의 값을 구하여라.

다음 중 옳지 <u>않은</u> 것을 모두 고르면? (정답 2개)

① 무한소수는 유리수가 아니다.
② 순환소수는 무한소수이다.
③ 순환소수는 모두 유리수이다.
④ 0이 아닌 모든 정수는 순환소수로 나타낼 수 있다.
⑤ 유한소수 중에는 유리수가 아닌 것도 있다.

» 닮은꼴 문제

8-1

다음 〈보기〉 중 옳지 <u>않은</u> 것을 모두 골라라.

> **보기**
>
> ㄱ. 모든 순환소수는 분수로 나타낼 수 있다.
> ㄴ. 순환소수 중에는 유리수가 아닌 것도 있다.
> ㄷ. 원주율 π는 유리수이다.
> ㄹ. 0이 아닌 유리수는 유한소수 또는 순환소수로 나타낼 수 있다.

8-2

다음 설명 중 옳은 것은?

① 정수는 유리수가 아니다.
② 모든 무한소수는 유리수이다.
③ 모든 유한소수는 유리수이다.
④ 순환소수 중에는 유리수가 아닌 것이 있다.
⑤ 정수가 아닌 유리수는 모두 유한소수로 나타낼 수 있다.

01 다음 중 옳은 것을 모두 고르면? (정답 2개)

① $3.2111\cdots$은 무한소수이다.

② $0.5555\cdots$는 유한소수이다.

③ $-\dfrac{4}{7}$는 유리수이다.

④ $\dfrac{1}{24}$은 유한소수로 나타낼 수 있다.

⑤ $\dfrac{14}{70}$는 유한소수로 나타낼 수 없다.

02 다음 표에서 유한소수로 나타낼 수 있는 것을 모두 찾아 그 칸을 색칠하면 어떤 모양이 나오는가?

$\dfrac{5}{12}$	$\dfrac{45}{2^2\times3\times5^2}$	$\dfrac{2^2\times3^2}{72}$
$\dfrac{14}{2^2\times5}$	$\dfrac{15}{2^2\times3^2\times5}$	$\dfrac{63}{2\times3^2\times7}$

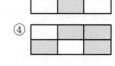

03 $\dfrac{7}{40}$의 분모를 10의 거듭제곱 꼴로 고쳐서 유한소수로 나타내려고 한다. 이때 분모, 분자에 공통으로 곱해야 할 가장 작은 자연수는?

① 2 　　② 5 　　③ 8

④ 20 　　⑤ 25

04 다음 그림과 같이 3개의 분수가 적힌 종이의 일부가 얼룩져 가운데 있는 분수의 분자 부분이 보이지 않는다. 이 수들에 대하여 진아, 경호, 소라가 나눈 아래 대화를 읽고 잘못 말한 사람을 모두 고른 것은?

$$\frac{3}{20} \qquad \frac{}{45} \qquad \frac{72}{90}$$

> 진아: $\dfrac{3}{20}$은 분모의 소인수가 2와 5뿐이므로 유한소수로 나타낼 수 있어.
> 경호: 분모가 45인 가운데 있는 분수는 분모에 2와 5 이외의 소인수가 있으므로 유한소수로 나타낼 수 없어.
> 소라: $\dfrac{72}{90}$는 분모에 2와 5 이외의 소인수가 있으므로 유한소수로 나타낼 수 없어.

① 진아 　　② 소라 　　③ 진아, 경호

④ 진아, 소라 　　⑤ 경호, 소라

05 분수 $\dfrac{45}{2\times3^2\times a}$를 소수로 나타내면 순환소수로만 나타내어진다고 한다. 이때 다음 중 a의 값이 될 수 있는 것은?

① 2 　　② 4 　　③ 6

④ 8 　　⑤ 10

06 분수 $\dfrac{7}{2^3\times x}$을 소수로 나타내면 유한소수가 된다. x는 $1<x\le10$인 자연수일 때, x의 값의 개수는?

① 3개 　　② 4개 　　③ 5개

④ 6개 　　⑤ 7개

07 두 분수 $\dfrac{17}{102}$, $\dfrac{9}{130}$에 각각 어떤 자연수 N을 곱하면 모두 유한소수로 나타내어질 때, 가장 작은 자연수 N의 값은?

① 22　　② 26　　③ 31

④ 33　　⑤ 39

08 분자가 4인 어떤 분수의 분모와 분자에 9를 곱하였더니 그 분모는 999가 되었다. 다음 중 이 분수를 소수로 나타낸 것은?

① 0.4　　② $0.0\dot{4}$　　③ 0.36

④ $0.0\dot{3}\dot{6}$　　⑤ $0.03\dot{6}$

09 순환소수 $2.4272727\cdots$을 분수로 나타내면 $\dfrac{a}{990}$이고, 이 분수를 기약분수로 나타내면 $\dfrac{267}{b}$이다. 이때 $a-b$의 값은?

① 2290　　② 2293　　③ 2400

④ 2403　　⑤ 2406

10 순환소수 $0.12\dot{3}4\dot{5}$의 소수점 아래 100번째 자리의 숫자는?

① 1　　② 2　　③ 3

④ 4　　⑤ 5

11 순환소수 $2.\dot{3}$에 어떤 자연수 k를 곱하면 자연수가 될 때, 다음 중 k의 값이 될 수 <u>없는</u> 것을 모두 고르면? (정답 2개)

① 9　　② 14　　③ 18

④ 30　　⑤ 32

12 $0.\dot{4}=a\times 0.\dot{1}$, $0.\dot{4}\dot{8}=b\times 0.\dot{0}\dot{1}$일 때, $\dfrac{b}{a}$의 값은?

① 9　　② 10　　③ 11

④ 12　　⑤ 13

13 $A-0.\dot{7}=\dfrac{13}{90}$일 때, A를 순환소수로 나타내면?

① $0.9\dot{2}$　　② $0.9\dot{2}$　　③ $0.\dot{9}$

④ $0.9\dot{3}$　　⑤ $0.93\dot{}$

14 $\dfrac{1}{22}(2+0.4+0.04+0.004+\cdots)$를 간단히 하면 $\dfrac{1}{x}$일 때, 자연수 x의 값은?

① 5　　② 6　　③ 7

④ 8　　⑤ 9

≡ 서술형 꽉 잡기 ≡

주어진 단계에 따라 쓰는 유형

15 $\dfrac{a}{210}$ 를 소수로 나타내면 유한소수가 되고, 약분하면 $\dfrac{1}{b}$ 이 된다. 이때 자연수 a, b에 대하여 $a-b$의 값을 구하여라. (단, $a < 30$)

> • 생각해 보자 •
>
> **구하는 것은?** 조건을 만족하는 a, b의 값에 대하여 $a-b$의 값 구하기
>
> **주어진 것은?** $\dfrac{a}{210}$ 를 소수로 나타내면 유한소수
>
> $\dfrac{a}{210}$ 를 약분하면 $\dfrac{1}{b}$
>
> $a < 30$

❯풀이

[1단계] a의 값 구하기 (40 %)

[2단계] b의 값 구하기 (40 %)

[3단계] $a-b$의 값 구하기 (20 %)

❯답

풀이 과정을 자세히 쓰는 유형

16 분수 $\dfrac{13}{44}$ 에 $\dfrac{n}{m}$ 을 곱하면 유한소수로 나타내어진다고 할 때, 가장 작은 분수 $\dfrac{n}{m}$ 의 값을 구하여라. (단, m, n은 서로소인 자연수이고 $50 \leq m \leq 60$이다.)

❯풀이

❯답

17 어떤 기약분수를 순환소수로 고치는데 선화는 분모를 잘못 보아서 $0.47\dot{3}$이 되었고, 기영이는 분자를 잘못 보아서 $0.4\dot{3}$이 되었다. 처음 기약분수를 순환소수로 나타내어라. (단, 선화와 기영이가 잘못 본 분수도 기약분수이다.)

❯풀이

❯답

2. 식의 계산

04 지수법칙(1), (2)

개념1 지수법칙(1) – 거듭제곱의 곱셈

m, n이 자연수일 때,
$$a^m \times a^n = a^{m+n}$$

지수의 합
$$a^m \times a^n = a^{\overset{m+n}{\frown}}$$

풍쌤曰 $a^3 \times a^2$을 간단히 하여 보자.
$$a^3 \times a^2 = (\underbrace{a \times a \times a}_{3개}) \times (\underbrace{a \times a}_{2개}) = \underbrace{a \times a \times a \times a \times a}_{(3+2)개} = a^{3+2} = a^5$$

풍쌤의 point a는 a^1에서 1을 생략하고 나타낸 것이야. 따라서 지수를 0으로 착각하지 말아야 해.

◆ 예제 1 ◆

다음 □ 안에 알맞은 것을 써넣어라.

(1) $2^2 \times 2^3 = (2 \times 2) \times (\boxed{}) = 2^{\square} = 2^{2+\square}$

(2) $a^4 \times a^2 = (a \times a \times a \times a) \times (\boxed{}) = a^{\square} = a^{\square+2}$

▶ 답 (1) $2 \times 2 \times 2$, 5, 3 (2) $a \times a$, 6, 4

◆ 확인 1 ◆

다음 □ 안에 알맞은 것을 써넣어라.

(1) $5^3 \times 5^5 = (5 \times 5 \times 5) \times (\boxed{})$
$$= 5^{\square} = 5^{3+\square}$$

(2) $x^2 \times x^3 \times x^4 = (x \times x) \times (\boxed{}) \times (x \times x \times x \times x)$
$$= x^{\square} = x^{2+\square+\square}$$

개념2 지수법칙(2) – 거듭제곱의 거듭제곱

m, n이 자연수일 때,
$$(a^m)^n = a^{m \times n}$$

지수의 곱
$$(a^m)^n = a^{\overset{m \times n}{\frown}}$$

풍쌤曰 $(a^3)^2$을 간단히 하여 보자.
$$(a^3)^2 = \underbrace{a^3 \times a^3}_{2개} = a^{3+3} = a^{3 \times 2} = a^6$$

풍쌤의 point 지수법칙은 밑이 같은 경우에만 성립한다는 것을 잊지 마.

◆ 예제 2 ◆

다음 □ 안에 알맞은 것을 써넣어라.

(1) $(3^4)^3 = 3^4 \times \boxed{} = 3^{\square} = 3^{4 \times \square}$

(2) $(x^2)^5 = x^2 \times x^2 \times \boxed{} = x^{\square} = x^{\square \times 5}$

▶ 답 (1) $3^4 \times 3^4$, 12, 3 (2) $x^2 \times x^2 \times x^2$, 10, 2

◆ 확인 2 ◆

다음 □ 안에 알맞은 것을 써넣어라.

(1) $(7^2)^4 = 7^2 \times 7^2 \times \boxed{} = 7^{\square} = 7^{\square \times 4}$

(2) $(a^3)^3 = a^3 \times \boxed{} = a^{\square} = a^{\square \times 3}$

01 다음 식을 간단히 하여라.

(1) $6^2 \times 6^4$

(2) $a^4 \times a^6$

→ 개념1
지수법칙(1) – 거듭제곱의 곱셈

02 다음 식을 간단히 하여라.

(1) $x^{10} \times x^2 \times x^7$

(2) $x^2 \times x^3 \times x \times x^4$

→ 개념1
지수법칙(1) – 거듭제곱의 곱셈

03 다음 식을 간단히 하여라.

(1) $\left(5^2\right)^5$

(2) $\left(a^6\right)^3$

→ 개념2
지수법칙(2) – 거듭제곱의 거듭제곱

04 다음 식을 간단히 하여라.

(1) $\left(a^2\right)^3 \times a^3$

(2) $\left(x^2\right)^2 \times \left(x^3\right)^3 \times x^3$

→ 개념2
지수법칙(2) – 거듭제곱의 거듭제곱

05 다음 □ 안에 공통으로 들어갈 수를 각각 구하여라.

(1) $3^5 \times 3^{\square} = 3^9$ ➜ $3^{5+\square} = 3^9$

(2) $\left(a^3\right)^{\square} = a^{12}$ ➜ $a^{3 \times \square} = a^{12}$

→ 개념1, 2
지수법칙(1), (2)

05 · 지수법칙(3), (4)

개념1 지수법칙(3) – 거듭제곱의 나눗셈

$a \neq 0$이고 m, n이 자연수일 때

(1) $m > n$이면 $a^m \div a^n = a^{m-n}$

예 $a^5 \div a^2 = \dfrac{a \times a \times a \times \cancel{a} \times \cancel{a}}{\cancel{a} \times \cancel{a}} = a^3 (= a^{5-2})$

약분하여 분자에 남은 a의 개수

(2) $m = n$이면 $a^m \div a^n = 1$

예 $a^5 \div a^5 = \dfrac{\cancel{a} \times \cancel{a} \times \cancel{a} \times \cancel{a} \times \cancel{a}}{\cancel{a} \times \cancel{a} \times \cancel{a} \times \cancel{a} \times \cancel{a}} = 1$

(3) $m < n$이면 $a^m \div a^n = \dfrac{1}{a^{n-m}}$

예 $a^2 \div a^5 = \dfrac{\cancel{a} \times \cancel{a}}{a \times a \times a \times \cancel{a} \times \cancel{a}} = \dfrac{1}{a^3} \left(= \dfrac{1}{a^{5-2}} \right)$

약분하여 분모에 남은 a의 개수

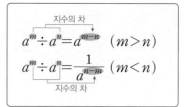

지수의 차
$a^m \div a^n = a^{m-n}$ $(m > n)$
$a^m \div a^n = \dfrac{1}{a^{n-m}}$ $(m < n)$
지수의 차

풍쌤의 point $a^m \div a^n$을 계산할 때는 지수 m, n의 크기를 먼저 비교해야 해.

◆ 예제 1 ◆

다음 □ 안에 알맞은 것을 써넣어라.

(1) $3^4 \div 3^2 = \dfrac{3 \times 3 \times 3 \times 3}{\boxed{}} = 3^{\square} = 3^{4-\square}$

(2) $7^2 \div 7^4 = \dfrac{7 \times 7}{\boxed{}} = \dfrac{1}{7^{\square}} = \dfrac{1}{7^{4-\square}}$

▶ 답 (1) 3×3, 2, 2   (2) $7 \times 7 \times 7 \times 7$, 2, 2

◆ 확인 1 ◆

다음 □ 안에 알맞은 것을 써넣어라.

(1) $x^5 \div x^3 = \dfrac{x \times x \times x \times x \times x}{\boxed{}} = x^{\square} = x^{5-\square}$

(2) $a^4 \div a^6 = \dfrac{a \times a \times a \times a}{\boxed{}} = \dfrac{1}{a^{\square}} = \dfrac{1}{a^{6-\square}}$

개념2 지수법칙(4) – 지수의 분배

n이 자연수일 때

(1) $(ab)^n = a^n b^n$

예 $(ab)^3 = ab \times ab \times ab = a \times a \times a \times b \times b \times b = a^3 b^3$

(2) $\left(\dfrac{a}{b} \right)^n = \dfrac{a^n}{b^n}$ (단, $b \neq 0$)

예 $\left(\dfrac{a}{b} \right)^3 = \dfrac{a}{b} \times \dfrac{a}{b} \times \dfrac{a}{b} = \dfrac{a \times a \times a}{b \times b \times b} = \dfrac{a^3}{b^3}$

지수의 분배
$(ab)^n = a^n b^n$
$\left(\dfrac{a}{b} \right)^n = \dfrac{a^n}{b^n}$ (단, $b \neq 0$)
지수의 분배

풍쌤의 point 지수법칙에서 다음과 같은 몇 가지는 혼동하지 않도록 주의해야 해.
$a^m \times a^n \neq a^{mn}$, $(a^m)^n \neq a^{m^n}$, $a^m \div a^m \neq 0$, $a^m \div a^n \neq a^{m \div n}$

◆예제 2◆

다음 □ 안에 알맞은 것을 써넣어라.

(1) $(x^2 y^2)^2 = x^2 y^2 \times \boxed{}$
$\quad = (x^2 \times x^2) \times (\boxed{})$
$\quad = x^4 y^{\square} = x^{2 \times 2} y^{2 \times \square}$

(2) $\left(\dfrac{a^2}{b^3} \right)^2 = \dfrac{a^2}{b^3} \times \boxed{} = \dfrac{a^2 \times a^2}{\boxed{}} = \dfrac{a^4}{b^{\square}} = \dfrac{a^{2 \times 2}}{b^{3 \times \square}}$

▶ 답 (1) $x^2 y^2$, $y^2 \times y^2$, 4, 2   (2) $\dfrac{a^2}{b^3}$, $b^3 \times b^3$, 6, 2

◆확인 2◆

다음 □ 안에 알맞은 것을 써넣어라.

(1) $(x^4 y^3)^3 = x^4 y^3 \times \boxed{}$
$\quad = (x^4 \times x^4 \times x^4) \times (\boxed{})$
$\quad = x^{12} y^{\square} = x^{4 \times 3} y^{3 \times \square}$

(2) $\left(\dfrac{a^5}{b^2} \right)^3 = \dfrac{a^5}{b^2} \times \boxed{} = \dfrac{a^5 \times a^5 \times a^5}{\boxed{}}$
$\quad = \dfrac{a^{15}}{b^{\square}} = \dfrac{a^{5 \times 3}}{b^{2 \times \square}}$

개념 ◆ check

정답과 해설 6쪽 | 워크북 10~11쪽

01 다음 식을 간단히 하여라.

(1) $a^7 \div a$

(2) $x^5 \div x^7$

> → 개념1
> 지수법칙(3) – 거듭제곱의
> 나눗셈

02 다음 식을 간단히 하여라.

(1) $a^8 \div a^3 \div a^2$

(2) $x^{10} \div x^8 \div x^5$

> → 개념1
> 지수법칙(3) – 거듭제곱의
> 나눗셈

03 다음 식을 간단히 하여라.

(1) $(xy^2)^7$

(2) $\left(\dfrac{a^3}{b}\right)^3$

> → 개념2
> 지수법칙(4) – 지수의 분배

04 다음 식을 간단히 하여라.

(1) $(3x^3y^2)^4$

(2) $\left(\dfrac{2a^2}{5b^3}\right)^3$

> → 개념2
> 지수법칙(4) – 지수의 분배

05 다음 □ 안에 공통으로 들어갈 수를 각각 구하여라.

(1) $x^3 \div x^{\square} = \dfrac{1}{x^4}$ ➡ $\dfrac{1}{x^{\square-3}} = \dfrac{1}{x^4}$

(2) $\left(\dfrac{a^7}{b^5}\right)^{\square} = \dfrac{a^{28}}{b^{20}}$ ➡ $\dfrac{a^{7\times\square}}{b^{5\times\square}} = \dfrac{a^{28}}{b^{20}}$

> → 개념1, 2
> 지수법칙(3), (4)

유형 · 1   **지수법칙(1) – 거듭제곱의 곱셈**

다음 중 옳지 <u>않은</u> 것은?

① $a^2 \times a^3 = a^5$ ② $x^3 \times y \times x = x^4 y$

③ $2^2 \times 2^x = 2^{2+x}$ ④ $3^2 \times 3^3 \times 3^4 = 3^9$

⑤ $3^2 \times 3^2 \times 3^2 = 3^8$

» 닮은꼴 문제

1-1

$x \times y^2 \times x^3 \times y^4 = x^a \times y^b$일 때, 자연수 a, b에 대하여 $a+b$의 값은?

① 6   ② 8   ③ 10

④ 12   ⑤ 14

1-2

$a \times a^{\square} \times a^4 = a^{12}$ 일 때, $\square$ 안에 알맞은 수를 구하여라.

유형 · 2   **지수법칙(2) – 거듭제곱의 거듭제곱**

$(a^3)^2 \times a^2 = (a^k)^2$ 일 때, 자연수 k의 값은?

① 3   ② 4   ③ 5

④ 6   ⑤ 7

» 닮은꼴 문제

2-1

$(x^a)^3 = x^{15}$ 일 때, 자연수 a의 값은?

① 5   ② 6   ③ 8

④ 10   ⑤ 12

2-2

$(a^2)^4 \times b \times a^3 \times (b^5)^3$을 간단히 하면?

① $a^9 b^9$ ② $a^9 b^{18}$ ③ $a^{11} b^{16}$

④ $a^{24} b^{15}$ ⑤ $a^{27} b^{54}$

유형·3 지수법칙(3) – 거듭제곱의 나눗셈

다음 중 옳지 <u>않은</u> 것은?

① $a^3 \div a = a^2$ ② $a^4 \div a^4 = 1$

③ $a^3 \div a^7 = \dfrac{1}{a^4}$ ④ $(a^2)^3 \div a^2 = a^3$

⑤ $a^5 \div a \div a = a^3$

» 닮은꼴 문제

3-1

다음 식을 간단히 하여라.

(1) $a^7 \div (a^2)^3$

(2) $(a^3)^5 \div (a^4)^2 \div a^3$

3-2

$a^6 \div a^k = a^2$일 때, k의 값은?

① 0   ② 1   ③ 2

④ 3   ⑤ 4

유형·4 지수법칙(4) – 지수의 분배

다음 중 옳지 <u>않은</u> 것은?

① $(a^2 b)^5 = a^{10} b^5$ ② $(2x^2 y)^3 = 8x^6 y^3$

③ $\left(\dfrac{a^2}{2b}\right)^4 = \dfrac{a^8}{16b^4}$ ④ $(-x^3 y^2)^3 = x^9 y^6$

⑤ $\left(-\dfrac{3x^2}{y^3}\right)^2 = \dfrac{9x^4}{y^6}$

» 닮은꼴 문제

4-1

$(xy^2)^3 \times (x^2 y^3)^2 = x^m y^n$일 때, 자연수 m, n에 대하여 $m+n$의 값을 구하여라.

4-2

다음 식을 만족시키는 자연수 a, b의 값을 각각 구하여라.

(1) $(x^2 y^a)^b = x^8 y^{16}$

(2) $\left(-\dfrac{3x^a}{y^4}\right)^b = -\dfrac{27x^6}{y^{12}}$

06 ◆ 단항식의 곱셈과 나눗셈

개념1 ￤ 단항식의 곱셈

단항식의 곱셈은 다음과 같은 방법으로 계산한다.
① 계수는 계수끼리, 문자는 문자끼리 곱한다.
② 같은 문자끼리 곱할 때는 지수법칙을 이용한다.
③ 계산 결과를 쓸 때는 계수를 먼저 쓰고, 문자는 알파벳 순서로 쓴다.

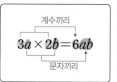

> ◆ 단항식
> 하나의 항으로만 이루어진 다항식
> ◆ 계수
> 문자를 포함한 항에서 문자 앞에 곱해진 수

풍쌤티 $3x^2 \times (-2x^3)$을 간단히 하여 보자.
$$3x^2 \times (-2x^3) = 3 \times (-2) \times x^2 \times x^3 = -6x^5$$

◆ 예제 1 ◆

다음 식을 간단히 하여라.

(1) $(-4a) \times 6b^2$ (2) $3xy^2 \times (-4x^4)^2$

➤ 풀이 (1) $(-4a) \times 6b^2 = (-4) \times 6 \times a \times b^2 = -24ab^2$
       (2) $3xy^2 \times (-4x^4)^2 = 3xy^2 \times 16x^8$
$$= 3 \times 16 \times x \times x^8 \times y^2 = 48x^9y^2$$

➤ 답 (1) $-24ab^2$ (2) $48x^9y^2$

◆ 확인 1 ◆

다음 식을 간단히 하여라.

(1) $(-8x^2) \times \left(-\dfrac{1}{2}x^3\right)$ (2) $(-2x^2y)^3 \times (-7x^2y^5)$

개념2 ￤ 단항식의 나눗셈

단항식의 나눗셈은 다음과 같은 방법으로 계산한다.
[방법 1] 나눗셈을 분수 꼴로 고친 다음 계산한다.

   예 $(-6x^2) \div (-3x) = \dfrac{-6x^2}{-3x} = 2x$

[방법 2] 나누는 식을 역수의 곱셈으로 고친 다음 계산한다. —— 분수 꼴인 항이 있을 때 이용하면 편리하다.

   예 $6x^2 \div \left(-\dfrac{3}{2}x\right) = 6x^2 \times \left(-\dfrac{2}{3x}\right) = -\dfrac{12x^2}{3x}$
          역수의 곱셈 $= -4x$

$$A \div B = \dfrac{A}{B}$$

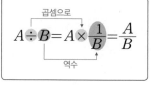

> ◆ 단항식의 곱셈과 나눗셈에서 부호
> $(-)$가 짝수 개 ➔ $(+)$
> $(-)$가 홀수 개 ➔ $(-)$

> ◆ 역수
> 두 수의 곱이 1이 될 때, 한 수를 다른 수의 역수라고 한다.

풍쌤의 point 역수를 구할 때, 나누는 식의 계수가 분수인 경우 계수의 역수만 구하지 않도록 주의해야 해. 예를 들어, $\dfrac{3}{4}x$의 역수는 $\dfrac{4}{3x}$야. $\dfrac{4}{3}x$로 구하지 않도록 조심하자.

◆ 예제 2 ◆

다음 식을 간단히 하여라.

(1) $(-6x^2y^3) \div 3xy$ (2) $(2a^2b)^4 \div a^4b^2$

➤ 풀이 (1) $(-6x^2y^3) \div 3xy = (-6x^2y^3) \times \dfrac{1}{3xy} = -2xy^2$

       (2) $(2a^2b)^4 \div a^4b^2 = 16a^8b^4 \times \dfrac{1}{a^4b^2} = 16a^4b^2$

➤ 답 (1) $-2xy^2$ (2) $16a^4b^2$

◆ 확인 2 ◆

다음 식을 간단히 하여라.

(1) $14ab^3 \div \left(-\dfrac{7}{3}b\right)$ (2) $(-3x^2y^3)^2 \div \left(-\dfrac{xy^4}{2}\right)$

개념 ◆ check

정답과 해설 6~7쪽 ｜ 워크북 12쪽

01 다음 식을 간단히 하여라.

(1) $6ab^2 \times \dfrac{1}{2}a^2b^3$

(2) $(xy^3)^2 \times (-x^5y)^3$

→ 개념1
단항식의 곱셈

02 다음 식을 간단히 하여라.

(1) $(-x^2y)^3 \times (-2xy^3) \times 4xy$

(2) $(-4xy) \times 5x^3y \times (-x^2y)^2$

→ 개념1
단항식의 곱셈

03 다음 식을 간단히 하여라.

(1) $(-18x^4y^5) \div \dfrac{3}{2}x^2y^3$

(2) $\left(-\dfrac{15}{8}x^4y^3\right) \div \left(-\dfrac{5}{4}xy^2\right)$

→ 개념2
단항식의 나눗셈

04 다음 식을 간단히 하여라.

(1) $24a^4b^3 \div (-2ab)^3 \div 3a^2b$

(2) $16x^8 \div 2x \div (2x^3)^3$

→ 개념2
단항식의 나눗셈

05 $A=(-15a^2b^3) \times 2a^3b^2$, $B=5ab^3 \times (-3a^2b)$일 때, $A \div B$를 간단히 하면?

① $-2a^2b^2$ ② $-2a^2b$ ③ $-2ab^2$

④ $2a^2b$ ⑤ $2a^2b^2$

→ 개념1, 2
단항식의 곱셈, 단항식의 나눗셈

07 · 단항식의 곱셈과 나눗셈의 혼합 계산

개념 1 단항식의 곱셈과 나눗셈의 혼합 계산

단항식의 곱셈과 나눗셈의 혼합 계산은 다음과 같은 순서로 계산한다.
① 괄호가 있는 거듭제곱은 지수법칙을 이용하여 괄호를 푼다.
② 나눗셈은 분수 꼴로 바꾸거나 역수의 곱셈으로 고쳐 계산한다.
③ 부호를 결정한 후 계수는 계수끼리, 문자는 문자끼리 계산한다.

> ◆ 단항식의 곱셈과 나눗셈이 혼합된 식은 반드시 앞에서부터 차례로 계산해야 한다.

풍쌤티 다음을 순서대로 계산해 보자.

(1) $A \div B \times C = A \times \dfrac{1}{B} \times C = \dfrac{A}{B} \times C = \dfrac{AC}{B}$

(2) $A \times B \div C = A \times B \times \dfrac{1}{C} = AB \times \dfrac{1}{C} = \dfrac{AB}{C}$

(3) $A \div B \div C = A \times \dfrac{1}{B} \times \dfrac{1}{C} = \dfrac{A}{B} \times \dfrac{1}{C} = \dfrac{A}{BC}$

풍쌤의 point 단항식의 곱셈과 나눗셈의 혼합 계산은 앞에서부터 순서대로 계산해야 해. 그렇지 않은 경우에는 그 결과가 바르게 계산한 것과 다르게 나타나니 주의해야 해.

$$(x^3y)^2 \div xy \times 2x = x^6y^2 \div xy \times 2x = x^6y^2 \times \dfrac{1}{xy} \times 2x = x^5y \times 2x = 2x^6y \ (\bigcirc)$$

$$(x^3y)^2 \div xy \times 2x = x^6y^2 \div 2x^2y = \dfrac{x^6y^2}{2x^2y} = \dfrac{1}{2}x^4y \ (\times)$$

결과가 다르다.

◆ 예제 1 ◆

다음 식을 간단히 하여라.

(1) $8ab \div 4a \times 3b$

(2) $14ab^2 \times (-b)^2 \div (-7ab)$

▶ 풀이 (1) $8ab \div 4a \times 3b = 8ab \times \dfrac{1}{4a} \times 3b = 6b^2$

(2) $14ab^2 \times (-b)^2 \div (-7ab) = 14ab^2 \times b^2 \times \left(-\dfrac{1}{7ab}\right)$
$= -2b^3$

▶ 답 (1) $6b^2$ (2) $-2b^3$

◆ 확인 1 ◆

다음 식을 간단히 하여라.

(1) $3x \times 4y \div (-2x)$

(2) $(2x^2y)^2 \times 3xy \div 4x^3y^4$

◆ 예제 2 ◆

다음은 단항식의 곱셈과 나눗셈의 혼합 계산 과정이다. □ 안에 알맞은 것을 써넣어라.

$(x^2y)^3 \div 4x^3y^2 \times 8x^2y^3 = \boxed{} \div 4x^3y^2 \times 8x^2y^3$

$= \boxed{} \times \boxed{} \times 8x^2y^3$

$= \boxed{}$

▶ 답 x^6y^3, x^6y^3, $\dfrac{1}{4x^3y^2}$, $2x^5y^4$

◆ 확인 2 ◆

다음은 단항식의 곱셈과 나눗셈의 혼합 계산 과정이다. □ 안에 알맞은 것을 써넣어라.

$(-9x^5y^2) \times 2x^2y \div (3xy^2)^2$

$= (-9x^5y^2) \times 2x^2y \div \boxed{}$

$= (-9x^5y^2) \times 2x^2y \times \boxed{}$

$= \boxed{}$

개념 ✦ check

정답과 해설 7쪽 ㅣ 워크북 12~13쪽

01 다음 식을 간단히 하여라.

(1) $6a^2 \div (-9ab) \times 3b^2$

(2) $12a^2b \div 4a^2b^2 \times 3ab^2$

→ 개념1
단항식의 곱셈과
나눗셈의 혼합 계산

02 다음 식을 간단히 하여라.

(1) $(-4x^2) \times 2x^2y^2 \div 6xy^2$

(2) $24x^3y \times (-xy) \div 4y^2$

→ 개념1
단항식의 곱셈과
나눗셈의 혼합 계산

03 다음 식을 간단히 하여라.

(1) $(-6a^4) \div (-2a^2b)^2 \times 3ab$

(2) $8ab^3 \div (-2ab)^2 \times a^2b$

→ 개념1
단항식의 곱셈과
나눗셈의 혼합 계산

04 다음 식을 간단히 하여라.

(1) $\dfrac{1}{16}x^3y^2 \times 6y \div \dfrac{3}{4}x^5y$

(2) $21x^3y^6 \div \left(-\dfrac{7}{3}x^5y^2\right) \times (-2x^3y)$

→ 개념1
단항식의 곱셈과
나눗셈의 혼합 계산

05 다음 식을 간단히 하여라.

(1) $(-2x^3y)^3 \times xy^4 \div \dfrac{1}{3}x^8y^6$

(2) $(-3xy^2)^3 \div \dfrac{3}{4}y^7 \times \left(-\dfrac{1}{2}x^2y\right)^2$

→ 개념1
단항식의 곱셈과
나눗셈의 혼합 계산

유형·check

유형·**1** 단항식의 곱셈

다음 중 옳은 것은?

① $(-2a) \times 3a^3 = -6a^3$

② $2xy \times 4x^3y = 8x^4y$

③ $(-2xy^2)^2 \times 5xy = 20x^3y^5$

④ $\dfrac{a}{2b^2} \times (-4ab^2) = -2a$

⑤ $\dfrac{a^3}{b} \times \dfrac{3b^2}{a^4} = 3ab$

»» 닮은꼴 문제

1-1

$(-2x^2y^3)^2 \times \dfrac{3}{xy^4} = ax^by^c$일 때, 상수 a, b, c에 대하여 $a+b+c$의 값은?

① 6 　　　　② 12 　　　　③ 15

④ 17 　　　　⑤ 20

1-2

$(-3x^2y)^3 \times Ax^4y^2 \times (-x^2y)^3 = 54x^By^8$일 때, 상수 A, B에 대하여 $A+B$의 값을 구하여라.

유형·**2** 단항식의 나눗셈

다음 중 옳지 <u>않은</u> 것은?

① $(-6a^3) \div 3a = -2a^2$

② $2a^4 \div \left(-\dfrac{1}{2}a^3\right) = -a$

③ $6a^2b \div 2a^3b = \dfrac{3}{a}$

④ $(2xy^2)^3 \div (-4x^2y^5) = -2xy$

⑤ $\dfrac{2}{3}x^2y \div \left(-\dfrac{x^2}{6y}\right) = -4y^2$

»» 닮은꼴 문제

2-1

$2x^2y^a \div \left(-\dfrac{1}{4}x^by^7\right) = \dfrac{cy^5}{x^2}$일 때, 상수 a, b, c에 대하여 $a+b+c$의 값을 구하여라.

2-2

$(-12x^6y^8) \div (xy^3)^a \div \dfrac{4}{3}xy^2 = \dfrac{bx^c}{y^3}$ 일 때, 상수 a, b, c에 대하여 $a+b+c$의 값은?

① -4 　　　　② -2 　　　　③ -1

④ 0 　　　　⑤ 2

$(-3x^3)^2 \div \dfrac{9}{5}xy^2 \times 2x^2 = \dfrac{ax^b}{y^c}$ 일 때, 상수 a, b, c에 대하여 $2a+b+c$의 값은?

① 9   ② 10   ③ 19

④ 29   ⑤ 36

>> 닮은꼴 문제

3-1

$(-14x^2y^3) \div \dfrac{7}{3}x^ay^4 \times 2xy^3 = by^c$ 일 때, 상수 a, b, c에 대하여 $a+b+c$의 값을 구하여라.

3-2

다음 ☐ 안에 알맞은 식은?

$$5x^2y \div \boxed{} \times \frac{1}{5}x^2y^3 = 2y$$

① $\dfrac{x^3y^4}{2}$ ② $\dfrac{x^4y^3}{2}$ ③ $2x^3y^4$

④ $2x^4y^3$ ⑤ 1

오른쪽 그림과 같이 가로의 길이가 $3a^2b$인 직사각형의 넓이가 $12a^3b^3$일 때, 이 직사각형의 세로의 길이를 구하여라.

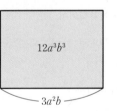

>> 닮은꼴 문제

4-1

오른쪽 그림과 같이 밑면의 가로, 세로의 길이가 각각 $3a^2b$, $2ab^2$인 직육면체의 부피가 $24a^5b^6$일 때, 이 직육면체의 높이를 구하여라.

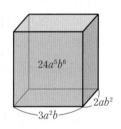

4-2

다음 그림의 사각형과 삼각형의 넓이가 서로 같을 때, 사각형의 가로의 길이는?

 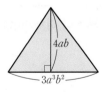

① ab ② $2ab$ ③ $2ab^2$

④ $2a^2b$ ⑤ a^2b^2

08 · 이차식의 덧셈과 뺄셈

개념1 다항식의 덧셈과 뺄셈

괄호를 풀고 동류항끼리 모아서 간단히 한다.

풍쌤의 point 괄호 앞에 $-$가 있으면 괄호 안의 각 항의 부호를 모두 반대로 바꿔야 해.
예를 들어, $(3a+4b)-(2a-2b)=3a+4b-2a+2b$
$=3a-2a+4b+2b = a+6b$야.

◆ **동류항**
문자와 차수가 모두 같은 항

◆ 예제 1 ◆

다음 식을 간단히 하여라.

$$(7x-2y)-(5x-6y)$$

▶ **풀이** $(7x-2y)-(5x-6y)=7x-2y-5x+6y$
$=7x-5x-2y+6y$
$=2x+4y$

▶ **답** $2x+4y$

◆ 확인 1 ◆

다음 식을 간단히 하여라.

(1) $(2x-7y)+(5x+3y)$

(2) $(5a+3b)-(2a-4b)$

개념2 이차식의 덧셈과 뺄셈

(1) **이차식**: 항 중에서 차수가 가장 큰 항의 차수가 2인 다항식

풍쌤의 point 예를 들어, $2x^2$, $3x^2-x+1$과 같은 식은 x에 대한 이차식이야.

(2) **이차식의 덧셈과 뺄셈**: 괄호를 풀고 동류항끼리 모아서 간단히 한다.

예 $(3x^2+x-5)-(x^2+2x-6)=3x^2+x-5-x^2-2x+6=2x^2-x+1$

풍쌤의 point x^2과 x는 문자는 같으나 차수가 다르므로 동류항이 아니야.

(3) **여러 가지 괄호가 있는 식의 계산**

여러 가지 괄호가 섞여 있는 다항식의 덧셈과 뺄셈은

소괄호 ( ) ⇨ 중괄호 { } ⇨ 대괄호 [ ]

의 순서로 괄호를 푼 후 간단히 한다.

풍쌤의 point 괄호 안의 동류항끼리 먼저 정리한 후 괄호를 풀어야 실수가 적어.
$2\{5a-2b-(3a+b)\}=2(5a-2b-3a-b)=2(2a-3b)=4a-6b$

◆ **괄호를 푸는 방법**
(1) $A\oplus(B-C)$
$=A+B-C$
(2) $A\ominus(B-C)$
$=A-B+C$

◆ a, b, c는 상수이고 $a\neq0$일 때
(1) $ax+b$ ➡ x에 대한 일차식
(2) ax^2+bx+c
➡ x에 대한 이차식

◆ 예제 2 ◆

다음 다항식이 이차식이면 ○표, 이차식이 아니면 ×표를 하여라.

(1) x^3-x^2+x+1 ( )

(2) $3-4x-5x^2$ ( )

▶ **풀이** (1) 차수가 가장 큰 항의 차수가 3이므로 삼차식이다.
(2) 차수가 가장 큰 항의 차수가 2이므로 이차식이다.

▶ **답** (1) × (2) ○

◆ 확인 2 ◆

다음 다항식이 이차식이면 ○표, 이차식이 아니면 ×표를 하여라.

(1) $\dfrac{4x^2-1}{2}$ ( )

(2) $2(5-x^2)+2x^2$ ( )

개념 ✦ check

정답과 해설 8~9쪽 ㅣ 워크북 14~15쪽

01 다음 식을 간단히 하여라.

(1) $2(a-4b)-(3a-b+1)$　　　(2) $(3x-2y)+3(-x-2y)$

→ 개념1
다항식의 덧셈과 뺄셈

02 다음 식을 간단히 하여라.

(1) $\left(a-\dfrac{2}{3}b\right)-\left(\dfrac{1}{4}a-\dfrac{3}{2}b\right)$　　　(2) $\dfrac{x+3y}{4}-\dfrac{3x-4y}{5}$

→ 개념1
다항식의 덧셈과 뺄셈

03 다음 식을 간단히 하여라.

$$4x-[6y-\{3x-(x-2y)\}]$$

→ 개념1
다항식의 덧셈과 뺄셈

04 다음 식을 간단히 하여라.

(1) $(-7x^2-2x+6)+3(x^2+3x-6)$

(2) $(5x^2-4x+3)-2(-2x^2+3x-4)$

→ 개념2
이차식의 덧셈과 뺄셈

05 다음 식을 간단히 하여라.

$$\{2x^2-(3x^2-4x)\}+1-3x$$

→ 개념2
이차식의 덧셈과 뺄셈

09 ·단항식과 다항식의 곱셈과 나눗셈

개념1 단항식과 다항식의 곱셈

(1) 단항식과 다항식의 곱셈: 분배법칙을 이용하여 단항식을 다항식의 각 항에 곱하여 간단히 한다.

풍쌤의 point '−' 부호를 포함한 단항식과 다항식의 곱셈에서는 '−' 부호를 포함하여 계산해야해.

➡ $-2a(x+y)=(-2a)\times x+(-2a)\times y=-2ax-2ay$

(2) 전개와 전개식: 단항식과 다항식의 곱을 하나의 다항식으로 나타내는 것을 전개라 하고, 전개하여 얻은 식을 전개식이라고 한다.

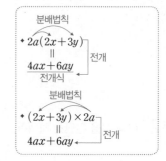

◆예제 1◆

다음 식을 전개하여라.

$$(x^2-3x-1)\times 2x$$

➤ **풀이** $(x^2-3x-1)\times 2x=x^2\times 2x+(-3x)\times 2x+(-1)\times 2x$
$$=2x^3-6x^2-2x$$

➤ **답** $2x^3-6x^2-2x$

◆확인 1◆

다음 식을 전개하여라.

(1) $3a(4x+y)$

(2) $(-5xy+3y^2)\times(-3xy)$

개념2 다항식과 단항식의 나눗셈

[방법 1] 분수 꼴로 나타내어 분자인 다항식의 각 항을 분모인 단항식으로 나눈다.

$$(A+B)\div C=\frac{A+B}{C}=\frac{A}{C}+\frac{B}{C}$$

◆ **역수**
곱해서 1이 되는 수를 그 수의 역수라고 한다.
예 $\frac{3}{5}a$의 역수는 $\frac{5}{3a}$이다.

[방법 2] 역수를 이용하여 나눗셈을 곱셈으로 고친 다음 분배법칙을 이용하여 계산한다.

$$(A+B)\div C=(A+B)\times\frac{1}{C}=A\times\frac{1}{C}+B\times\frac{1}{C}=\frac{A}{C}+\frac{B}{C}$$

풍쌤의 point 분모인 단항식으로 분자인 다항식을 나눌 때는 분자의 각 항을 빠짐없이 모두 나누어야 해. 나누는 식의 계수가 정수인 경우에는 [방법 1], 계수가 분수인 경우에는 [방법 2]로 푸는 것이 편리해.

◆예제 1◆

다음 ☐ 안에 알맞은 것을 써넣어라.

$$(4a^2+12a)\div 4a=\frac{4a^2+12a}{\boxed{}}$$
$$=\frac{4a^2}{\boxed{}}+\frac{\boxed{}}{4a}=\boxed{}$$

➤ **답** $4a$, $4a$, $12a$, $a+3$

◆확인 1◆

다음 ☐ 안에 알맞은 것을 써넣어라.

$$(7x^2+14x)\div\frac{7}{5}x=(7x^2+14x)\times\boxed{}$$
$$=7x^2\times\frac{\boxed{}}{7x}+\boxed{}\times\frac{5}{7x}$$
$$=\boxed{}$$

개념 ◆ check

정답과 해설 9쪽 ㅣ 워크북 16~17쪽

01 다음 식을 간단히 하여라.

(1) $-5x(2x-3y)$

(2) $-7a(-3x-4y)$

→ 개념1
단항식과 다항식의 곱셈

02 다음 식을 간단히 하여라.

(1) $(4x^2-2xy+6y^2)\times\dfrac{3}{2}x$

(2) $\left(-\dfrac{1}{4}x^2y+\dfrac{2}{3}xy^2\right)\times\left(-\dfrac{1}{12}xy\right)$

→ 개념1
단항식과 다항식의 곱셈

03 다음 식을 간단히 히여라

(1) $a(a+1)+a(3a+4)$

(2) $3a(2a-3b)-2a(a-4b)$

→ 개념1
단항식과 다항식의 곱셈

04 다음 식을 간단히 하여라.

(1) $(9a^2+18ab)\div3a$

(2) $(-8x^2y+12xy^2)\div(-4xy)$

→ 개념2
다항식과 단항식의
나눗셈

05 다음 식을 간단히 하여라.

(1) $(8ab^2-4ab)\div\left(-\dfrac{b}{2}\right)$

(2) $(12xy^2-16x^2y)\div\dfrac{4}{3}xy$

→ 개념2
다항식과 단항식의
나눗셈

10 · 사칙연산이 혼합된 식의 계산

개념1 사칙연산이 혼합된 식의 계산

사칙연산이 혼합된 식은 다음과 같은 순서로 계산한다.
① 지수법칙을 이용하여 거듭제곱을 계산한다.
② 분배법칙을 이용하여 곱셈과 나눗셈을 계산한다.
③ 동류항끼리 모아 간단히 한다.

> 사칙연산이 혼합된 식의 계산
>
> 거듭제곱 · 지수법칙
> ↓
> 괄호 풀기 · ( ){ }[ ]
> ↓
> 곱셈, 나눗셈 · 분배법칙 · 순서대로
> ↓
> 덧셈, 뺄셈 · 동류항끼리

풍쌤티 $4\{(-x)^2+2x\}+(12x^2-3x)\div 3$을 간단히 하여 보자.

$4\{(-x)^2+2x\}+(12x^2-3x)\div 3$ — 지수법칙을 이용하여 거듭제곱을 계산한다.
$=4(x^2+2x)+(12x^2-3x)\div 3$ — 분배법칙을 이용하여 곱셈과 나눗셈을 계산한다.
$=4x^2+8x+4x^2-x$ — 동류항끼리 모아 간단히 한다.
$=8x^2+7x$

풍쌤의 point 사칙연산이 혼합된 식을 계산할 때, 곱셈과 나눗셈은 앞에서부터 차례로 계산해야 해.

◆ 예제 1 ◆

다음 식을 간단히 하여라.

(1) $(10x^2y^2-6xy^2)\div 2xy\times 3x^2$

(2) $2x(3x-5)+(4x^3+6x^2)\div 2x$

▶ **풀이** (1) $(10x^2y^2-6xy^2)\div 2xy\times 3x^2$

$=(10x^2y^2-6xy^2)\times\dfrac{1}{2xy}\times 3x^2=15x^3y-9x^2y$

(2) $2x(3x-5)+(4x^3+6x^2)\div 2x$

$=2x(3x-5)+\dfrac{4x^3+6x^2}{2x}=6x^2-10x+2x^2+3x$

$=8x^2-7x$

▶ **답** (1) $15x^3y-9x^2y$　　(2) $8x^2-7x$

◆ 확인 1 ◆

다음 식을 간단히 하여라.

(1) $(6y^2-9xy)\div 3y\times(-2x)^3$

(2) $3xy(5x-1)-(12x^2y^3-4xy^3)\div(2y)^2$

◆ 예제 2 ◆

다음 식을 간단히 하여라.

$$3x(x-2y)+(x^3y-x^2y^2)\div\frac{1}{2}xy$$

▶ **풀이** $3x(x-2y)+(x^3y-x^2y^2)\div\dfrac{1}{2}xy$

$=3x(x-2y)+(x^3y-x^2y^2)\times\dfrac{2}{xy}$

$=3x^2-6xy+2x^2-2xy=5x^2-8xy$

▶ **답** $5x^2-8xy$

◆ 확인 2 ◆

다음 식을 간단히 하여라.

$$5xy(3x+2y)-(16x^2y^2-8xy^3)\div\frac{4}{3}y$$

01 다음 식을 간단히 하여라.

(1) $(2a^2b - 8a^3b) \div 2ab - a(3a - 2)$

(2) $(24x^3y - 16x^2y) \div \left(-\dfrac{2}{3}x\right)^2 - 5y(x - 3)$

→ 개념1
사칙연산이 혼합된 식의 계산

02 다음 식을 간단히 하여라.

(1) $\dfrac{12x^2y + 20xy}{4x} - 5y(2x - 1)$

(2) $(24x^2 - 8xy) \div 4x - \dfrac{9xy - 6y^2}{3y}$

→ 개념1
사칙연산이 혼합된 식의 계산

03 다음 식을 간단히 하여라.

(1) $(18ab + 30b^2) \div \dfrac{6}{7}b - (20a^2 + 8a) \div \dfrac{4}{3}a$

(2) $(2x^2 - 6x^2y) \div \dfrac{2}{3}x - (xy + 3xy^2) \div \left(-\dfrac{y}{2}\right)$

→ 개념1
사칙연산이 혼합된 식의 계산

04 다음 식을 간단히 하여라.

(1) $\dfrac{6x^2 - 8x}{2x} - \dfrac{9x^2 - 6x}{3x}$

(2) $\dfrac{10x^3 - 4x^2}{2x} - \dfrac{2xy + 10x^3y}{2xy}$

→ 개념1
사칙연산이 혼합된 식의 계산

05 다음 식을 간단히 하여라.

$$20x^2 - \left\{(2x^3y - 7x^2y) \div \left(-\dfrac{1}{3}xy\right) - 9x\right\}$$

→ 개념1
사칙연산이 혼합된 식의 계산

유형·check

유형·1   다항식의 덧셈과 뺄셈

$(x+ay)+(2x-7y)=bx-5y$일 때, 상수 a, b에 대하여 $a+b$의 값은?

① 3   ② 4   ③ 5

④ 6   ⑤ 7

» 닮은꼴 문제

1-1

$(7x-5y+1)-2(5x-4y-1)=ax+by+c$일 때, 상수 a, b, c에 대하여 $a+b+c$의 값은?

① -6 ② -3 ③ 0

④ 3   ⑤ 6

1-2

다음 식을 간단히 하여라.

$$5x-[2x-y+\{3x-4y-2(x-y)\}]$$

유형·2   이차식의 덧셈과 뺄셈

다음 중 옳은 것은?

① $(x^2+2x)+(2x^2-1)=3x^2+x$

② $(-x^2+4x)-(x^2+x+2)=3x-2$

③ $2(x^2-3x)-x^2+5x=x^2-x$

④ $x^2-2(3x^2-5x)=-5x^2-10x$

⑤ $\dfrac{x^2-x}{2}-\dfrac{3x^2-x}{4}=-x^2-x$

» 닮은꼴 문제

2-1

이차식 $(x^2-7)-2(4x^2-3x-3)$을 간단히 하면 ax^2+bx+c일 때, 상수 a, b, c에 대하여 $a+b+c$의 값을 구하여라.

2-2

$\dfrac{x^2-3x+1}{2}-\dfrac{2x^2+x-2}{3}=ax^2+bx+c$일 때, 상수 a, b, c에 대하여 $a-b+c$의 값을 구하여라.

» 닮은꼴 문제

유형·3 어떤 식 구하기 - 덧셈, 뺄셈

어떤 식에서 $2x^2-5x+1$을 빼야 할 것을 잘못하여 더하였더니 $5x^2+3x-7$이 되었다. 다음 물음에 답하여라.

(1) 어떤 식을 구하여라.

(2) 바르게 계산한 식을 구하여라.

3-1

$3x-6y+7$에서 어떤 식을 빼어야 할 것을 잘못하여 더하였더니 $-2x+4y-3$이 되었다. 이때 바르게 계산한 식을 구하여라.

3-2

어떤 식에서 $-3x^2+2x-6$을 빼어야 할 것을 잘못하여 더하였더니 $4x^2-2x+5$가 되었다. 이때 바르게 계산한 식을 ax^2+bx+c라 할 때, 상수 a, b, c에 대하여 $a+b-c$의 값을 구하여라.

유형·4 단항식과 다항식의 곱셈

» 닮은꼴 문제

다음 중 옳은 것은?

① $a(x-y)=ax-y$

② $-2x(x+3y)=-2x^2+6xy$

③ $(-3x-2)\times 6x=-3x^2-12x$

④ $-3xy(x-y)=-3x^2y-3xy^2$

⑤ $5x(x+3y-3)=5x^2+15xy-15x$

4-1

$2x(3x-5y)-3x(x+y+2)$를 간단히 하면 $ax^2+bxy+cx$일 때, 상수 a, b, c에 대하여 $a+b-c$의 값은?

① -5 ② -4 ③ -3
④ -2 ⑤ -1

4-2

다음 중 식을 전개하였을 때, x^2의 계수가 가장 큰 것은?

① $2x(5-4x)$

② $-\dfrac{2}{3}x(9x-5)$

③ $3x(2x^2-x+6)$

④ $(-x+4y-3)\times(-6x)$

⑤ $-3x^2y\left(\dfrac{3}{x}+\dfrac{4}{y}\right)$

다음 중 옳지 <u>않은</u> 것은?

① $(4x^2-6x)\div 2x=2x-3$

② $(3xy^2-6xy)\div(-3xy)=-y+2$

③ $(x^2-3x)\div\left(-\dfrac{1}{2x}\right)=-2x^3+6x^2$

④ $(6x^3-4x^2)\div\dfrac{2}{3}x^2=4x-2$

⑤ $(xy-3x^2)\div\left(-\dfrac{x}{2y}\right)=-2y^2+6xy$

》 닮은꼴 문제

5-1

$(6x^3-ax^2+20x)\div 2x=bx^2-6x+c$일 때, 상수 a, b, c에 대하여 $a+b+c$의 값은?

① 17　　　② 19　　　③ 21

④ 23　　　⑤ 25

5-2

$(10x^2y-8xy+6xy^2)\div\left(-\dfrac{2}{3}xy\right)$를 간단히 하였을 때, x의 계수와 상수항의 합을 구하여라.

$3x-2y$의 2배에서 어떤 다항식 A를 빼면 $-x+2y$가 된다고 할 때, 어떤 식 A를 구하여라.

》 닮은꼴 문제

6-1

어떤 식에 $\dfrac{3}{4}xy$를 곱하였더니 $2x^2y^2-x^2y$가 되었다. 이때 어떤 식을 구하여라.

6-2

어떤 식에 $\dfrac{2}{3}ab^2$을 곱해야 할 것을 잘못하여 나누었더니 $3ab+4b$가 되었다. 이때 바르게 계산한 식을 구하여라.

》 닮은꼴 문제

다음 중 옳지 <u>않은</u> 것은?

① $(11x^3-33x^2)\div(-11x)-x(7x+1)=-8x^2+2x$

② $(5a^2-3a)\div(-a)+(9a^2-6a)\div3a=2a+1$

③ $a(4a-6)-(4a^3b-8a^2b)\div2ab=2a^2-2a$

④ $\dfrac{3xy-9y^2}{3y}-\dfrac{8x^2+16xy}{4x}=-x-7y$

⑤ $(15x^2+20xy)\div5x-(24xy+12y^2)\div3y=-5x$

7-1

$(6x^2y-9xy^2)\div3xy+(12xy-10y^2)\div(-2y)$를 간단히 한 식에서 x, y의 계수를 각각 a, b라 할 때, $a+b$의 값을 구하여라.

7-2

다음 식을 간단히 하면?

$$2x(3x-4)-\left\{(3x^2y-x^3y)\div\left(-\frac{1}{2}xy\right)+7x\right\}$$

① $4x^2-7x$ ② $4x^2-9x$

③ $5x^2-9x$ ④ $8x^2-7x$

⑤ $8x^2-9x$

》 닮은꼴 문제

오른쪽 그림과 같이 윗변의 길이가 $2x^2$, 아랫변의 길이가 $5xy$, 높이가 $4y$인 사다리꼴이 있다. 이 사다리꼴의 넓이는?

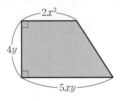

① $2x^2y+5xy^2$ ② $2x^2+10xy^2$

③ $4x^2y+10xy^2$ ④ $4x^2y+20xy^2$

⑤ $8x^2y+20xy^2$

8-1

오른쪽 그림과 같이 가로, 세로의 길이가 각각 $2a^2$, $3b$이고 높이가 $2ab-5$인 사각뿔의 부피를 구하여라.

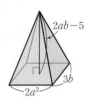

8-2

오른쪽 그림과 같이 가로의 길이가 $3a$, 세로의 길이가 $2ab$인 직육면체의 부피가 $6a^3b-8a^2b+12ab$일 때, 이 직육면체의 높이를 구하여라.

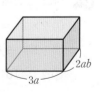

01 다음 중 옳은 것은?

① $a^5 \times a^3 = a^{15}$ ② $(a^5)^4 = a^9$

③ $(2ab)^2 = 2a^2b^2$ ④ $\left(\dfrac{a^3}{b^2}\right)^3 = \dfrac{a^9}{b^6}$

⑤ $a^7 \div a^8 = a$

02 다음 식을 만족하는 자연수 k의 값은?

$$7^3 + 7^3 + 7^3 + 7^3 + 7^3 + 7^3 + 7^3 = 7^k$$

① 4   ② 7   ③ 21

④ 3^7 ⑤ 7^4

03 컴퓨터의 저장 용량을 표시하는 기본 단위에는 바이트(B), 키비바이트(KiB), 메비바이트(MiB), 기비바이트(GiB)가 있는데 이들 사이에는 다음과 같은 관계가 성립한다.

KiB	MiB	GiB
2^{10} B	2^{10} KiB	2^{10} MiB

1 GiB는 몇 B인지 2의 거듭제곱 꼴로 나타내면?

① 2^{10} B   ② 2^{15} B   ③ 2^{20} B

④ 2^{25} B   ⑤ 2^{30} B

04 다음 □ 안에 들어갈 수 중 가장 큰 것은?

① $2 \times 2^{\square} = 128$ ② $2^{\square} \div 2^3 = 2^4$

③ $(2^4)^{\square} \div (2^3)^2 = 2^{10}$ ④ $2^8 \div 2^{\square} \times 2^2 = 32$

⑤ $2^{\square} = 16^2$

05 $A = 2^{x-1}$일 때, 8^x을 A를 사용하여 나타내면?

① $8A^3$ ② $16A^3$ ③ $16A^4$

④ $32A^3$ ⑤ $32A^4$

06 $(5^4 + 5^4 + 5^4 + 5^4) \times (2^6 + 2^6 + 2^6 + 2^6 + 2^6)$은 몇 자리의 수인가?

① 6자리   ② 7자리   ③ 8자리

④ 9자리   ⑤ 10자리

07 다음 중 옳지 <u>않은</u> 것을 모두 고르면? (정답 2개)

① $5a^3 \times 2a = 10a^4$

② $3a^2 \times (-a^2) = 2a^2$

③ $24x^3 \div 4x^2 = 6x$

④ $4x^3 \div \left(-\dfrac{1}{2}x^2\right) = -2x$

⑤ $\left(-\dfrac{2}{9}x^5\right) \div \dfrac{4}{3}x^3 = -\dfrac{x^2}{6}$

08 다음 A, B, C에 알맞은 식을 구하여라.

$$\boxed{A} \xrightarrow{\times (-y^2)} \boxed{B} \xrightarrow{\times (-2x)^3} \boxed{C} \xrightarrow{\div 4x^2y^4} \boxed{1}$$

09 어떤 식을 $-2xy^2$으로 나누어야 하는데 잘못하여 곱하였더니 $8x^4y^3$이 되었다. 바르게 계산한 식은?

① $-8x^4y^3$　　② $-4x^3y$　　③ $-\dfrac{2x^3}{y}$

④ $\dfrac{2x^2}{y}$　　⑤ $8x^2y$

10 두 단항식 A, B에 대하여

$$A \odot B = A \div B, \quad A \triangle B = A \times B^3$$

이라 할 때, $\{3x^3y^5 \odot (-4x^2y)\} \triangle 2y$를 간단히 하면?

① $-6x^4y^3$　　② $-\dfrac{3}{4xy^2}$　　③ $-6xy^7$

④ $-\dfrac{1}{12xy^2}$　　⑤ $-24x^3y$

11 오른쪽 그림과 같이 밑면의 반지름의 길이가 a^2b^3인 원기둥의 부피가 $a^5b^8\pi$일 때, 이 원기둥의 높이는?

① ab^2　　② a^2b

③ a^3b^5　　④ a^7b^{11}

⑤ a^9b^{14}

12 $x - \dfrac{2x-y}{3} - \dfrac{3x+y}{5}$ 를 간단히 하면?

① $-\dfrac{4}{15}x - \dfrac{2}{15}y$　　② $-\dfrac{4}{15}x + \dfrac{2}{15}y$

③ $-\dfrac{4}{15}x$　　④ $-4x-2y$

⑤ $-4x+2y$

13 오른쪽 〈보기〉와 같이 위에 있는 두 식을 더한 결과를 아래에 적어 나갈 때, A, B에 알맞은 식은?

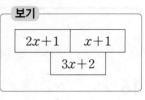

보기

$2x+1$	$x+1$
	$3x+2$

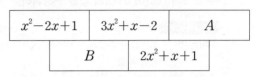

x^2-2x+1	$3x^2+x-2$	A
	B	$2x^2+x+1$

① $A=x^2+3x$, $B=4x^2-x+1$

② $A=x^2+3x$, $B=4x^2+x+1$

③ $A=-x^2+x+1$, $B=4x^2-x-1$

④ $A=-x^2+3$, $B=4x^2-2x-1$

⑤ $A=-x^2+3$, $B=4x^2-x-1$

14 다음 조건을 모두 만족하는 다항식 A, B에 대하여 $3A-5B$를 간단히 하여라.

(가) 다항식 A에서 $2x^2+3$을 뺐더니 $-x^2-1$이 되었다.

(나) 다항식 A에 $2x^2+3x-1$을 더하였더니 B가 되었다.

15 $x=-2$, $y=-3$일 때, 다음 식의 값은?

$$\dfrac{4x^2+6xy}{-2x} - (12y^2-15xy) \div 3y$$

① 14　　② 15　　③ 16

④ 17　　⑤ 18

서술형 꽉 잡기

주어진 단계에 따라 쓰는 유형

16 $x \times y^{3a-1} \times x^{a+2} \times y^{a+3}$을 간단히 하면 $x^5 y^b$일 때, 자연수 a, b에 대하여 $a+b$의 값을 구하여라.

> **· 생각해 보자 ·**
> 구하는 것은? 조건을 만족시키는 자연수 a, b에 대하여 $a+b$의 값
> 주어진 것은? $x \times y^{3a-1} \times x^{a+2} \times y^{a+3}$을 간단히 하면 $x^5 y^b$

➤ 풀이

[1단계] 주어진 식 간단히 하기 (40 %)

[2단계] a, b의 값 구하기 (40 %)

[3단계] $a+b$의 값 구하기 (20 %)

➤ 답

풀이 과정을 자세히 쓰는 유형

17 오른쪽 그림과 같이 가로의 길이, 세로의 길이, 높이가 각각 $5ab$, $3a$, $4bc$인 직육면체 모양의 상자를 부피가 $3a^2 b^2 c$인 비누로 빈틈없이 채우려고 한다. 상자 안에 몇 개의 비누를 넣을 수 있는지 구하여라.

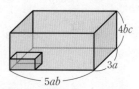

➤ 풀이

➤ 답

18 $x^2 - 5 - \{3x^2 + 2 + 4x - 3(1+2x)\} - 7x$를 간단히 하면 $Ax^2 + Bx + C$일 때, 상수 A, B, C에 대하여 $A+B-C$의 값을 구하여라.

➤ 풀이

➤ 답

1. 일차부등식

11 부등식의 해와 그 성질

개념1 │ 부등식의 뜻과 그 해

(1) 부등식: 부등호 ($<$, $>$, $\leq$, $\geq$)를 사용하여 수 또는 식 사이의 대소 관계를 나타낸 식

(2) 부등식의 해: 부등식을 참이 되게 하는 미지수의 값

(3) 부등식을 푼다: 부등식의 모든 해를 구하는 것

$x+2 < 3$
좌변   우변
양변

풍쌤의 point x 값의 범위가 주어지지 않은 경우에는 그 범위를 수 전체로 생각해.

◆ 예제 1 ◆

x의 값이 -1, 0, 1, 2일 때, 다음 부등식의 해를 구하여라.

$$7x-4 \geq 3$$

▶ 풀이 $x=-1$을 대입하면 $7 \times (-1) - 4 \geq 3$ (거짓)
  $x=0$을 대입하면 $7 \times 0 - 4 \geq 3$ (거짓)
  $x=1$을 대입하면 $7 \times 1 - 4 \geq 3$ (참)
  $x=2$를 대입하면 $7 \times 2 - 4 \geq 3$ (참)
  따라서 주어진 부등식의 해는 1, 2이다.

▶ 답   1, 2

◆ 확인 1 ◆

x의 값이 -1, 0, 1, 2일 때, 다음 부등식의 해를 구하여라.

(1) $2x-1 \leq 1$ (2) $3x+1 > 4$

개념2 │ 부등식의 성질

(1) 부등식의 양변에 같은 수를 더하거나 빼어도 부등호의 방향은 바뀌지 않는다.

예 $2 < 3$ → $2+1 < 3+1$, $2-1 < 3-1$

$a < b$일 때,
$$\begin{cases} a+c < b+c \\ a-c < b-c \end{cases}$$

◆ 부등식의 성질 (1), (2), (3)은 $<$ 또는 $>$를 $\leq$ 또는 $\geq$로 바꾸어도 성립한다.

(2) 부등식의 양변에 같은 양수를 곱하거나 양변을 같은 양수로 나누어도 부등호의 방향은 바뀌지 않는다.

예 $2 < 3$ → $2 \times 2 < 3 \times 2$, $\dfrac{2}{2} < \dfrac{3}{2}$

$a < b$, $c > 0$일 때,
부등호 방향 그대로
$$\begin{cases} ac < bc \\ \dfrac{a}{c} < \dfrac{b}{c} \end{cases}$$

(3) 부등식의 양변에 같은 음수를 곱하거나 양변을 같은 음수로 나누면 부등호의 방향은 바뀐다.

예 $2 < 3$ → $2 \times (-2) > 3 \times (-2)$, $\dfrac{2}{-2} > \dfrac{3}{-2}$

풍쌤의 point   부등식의 성질은 등식의 성질과 비슷하지만 음수를 곱하거나 음수로 나눌 때는 부등호의 방향이 바뀐다는 것에 주의해야 해.

$a < b$, $c < 0$일 때,
부등호 방향 반대로
$$\begin{cases} ac > bc \\ \dfrac{a}{c} > \dfrac{b}{c} \end{cases}$$

◆ 예제 2 ◆

$a > b$일 때, 다음 □ 안에 알맞은 부등호를 써넣어라.

(1) $a+3$ □ $b+3$ (2) $a-2$ □ $b-2$

▶ 답   (1) $>$ (2) $>$

◆ 확인 2 ◆

$a > b$일 때, 다음 □ 안에 알맞은 부등호를 써넣어라.

(1) $4a$ □ $4b$ (2) $\dfrac{a}{3}$ □ $\dfrac{b}{3}$

개념 ◆ check

정답과 해설 13쪽 | 워크북 21~22쪽

01 다음 수량 사이의 관계를 부등식으로 나타내어라.

(1) 어떤 수 x에서 2를 뺀 것은 10보다 작다.

(2) 어떤 수 x를 3배한 것은 x에 2를 더한 것보다 크다.

→ 개념1
부등식의 뜻과 그 해

02 다음 〈보기〉 중 $x=2$를 해로 갖는 부등식을 모두 골라라.

보기
ㄱ. $x-5\geq-1$ ㄴ. $2x+3<5$
ㄷ. $8x-7\leq9$ ㄹ. $3x-1<2x+5$

→ 개념1
부등식의 뜻과 그 해

03 x가 자연수일 때, 다음 부등식을 풀어라.

(1) $2x+1<7$ (2) $3-x\geq-1$

→ 개념1
부등식의 뜻과 그 해

04 $a\leq b$일 때, 다음 □ 안에 알맞은 부등호를 써넣어라.

(1) $2a+5$ □ $2b+5$ (2) $-a+3$ □ $-b+3$
(3) $\frac{4}{3}a-9$ □ $\frac{4}{3}b-9$ (4) $7-2a$ □ $7-2b$

→ 개념2
부등식의 성질

05 $x<5$일 때, 다음 식의 값의 범위를 구하여라.

(1) $x+5$ (2) $x-8$
(3) $\frac{x}{3}$ (4) $-4x$

→ 개념2
부등식의 성질

12 · 일차부등식의 풀이

개념 1 ｜ 일차부등식

부등식의 모든 항을 이항하여 정리한 식이
(일차식)>0, (일차식)<0, (일차식)≥ 0, (일차식)≤ 0
중 어느 하나의 꼴로 변형되는 부등식

> ◆ 이항
> 한 변에 있는 항을 부호를 바꾸어 다른 변으로 옮기는 것

◆ 예제 1 ◆

다음 주어진 부등식이 일차부등식이면 ○표, 일차부등식이 아니면 ×표를 하여라.

(1) $x+2<0$ (　　)

(2) $2x \geq x^2+1$ (　　)

> ▶ 풀이 (2) 주어진 부등식을 정리하면
> $$2x \geq x^2+1, \ -x^2+2x-1 \geq 0$$
> ▶ 답 (1) ○   (2) ×

◆ 확인 1 ◆

다음 주어진 부등식이 일차부등식이면 ○표, 일차부등식이 아니면 ×표를 하여라.

(1) $\dfrac{x}{2} > -8$ (　　)

(2) $2x+1 \geq 2x-3$ (　　)

개념 2 ｜ 일차부등식의 풀이

(1) 일차부등식의 해: 부등식의 성질을 이용하여 주어진 부등식을
$x > (수)$, $x < (수)$, $x \geq (수)$, $x \leq (수)$ 중 어느 하나의 꼴로 나타낸다.

(2) 일차부등식의 해를 수직선 위에 나타내기

$x>a$	$x<a$	$x \geq a$	$x \leq a$

> ◆ 수직선에서 '○'에 대응하는 수는 부등식의 해에 포함되지 않고, '●'에 대응하는 수는 부등식의 해에 포함된다.

(3) 일차부등식의 풀이
  ① 괄호가 있으면 분배법칙을 이용하여 괄호를 푼다.
  ② 계수가 분수 또는 소수이면 양변에 분모의 최소공배수 또는 10의 거듭제곱을 곱하여 계수를 정수로 고친다.
  ③ 미지수 x를 포함한 항은 좌변으로, 상수항은 우변으로 이항한다.
  ④ 양변을 정리하여 $ax>b$, $ax<b$, $ax \geq b$, $ax \leq b\,(a \neq 0)$ 중 어느 하나의 꼴로 정리한다.
  ⑤ 양변을 x의 계수 a로 나눈다. 이때 a가 음수이면 부등호의 방향이 바뀐다.

> ◆ 일차부등식의 양변에 분모의 최소공배수 또는 10의 거듭제곱을 곱할 때 모든 항에 곱해야 한다.
> 예 $0.1x > 0.2x-3$의 양변에 10을 곱하면
> $x > 2x-3$ (×)
> $x > 2x-30$ (○)

◆ 예제 2 ◆

다음 일차부등식을 풀고, 그 해를 수직선 위에 나타내어라.

$$x+5>4$$

> ▶ 풀이 $x+5>4$에서 상수항을 우변으로 이항하면 $x>-1$
> ▶ 답 풀이 참조

◆ 확인 2 ◆

다음 일차부등식을 풀고, 그 해를 수직선 위에 나타내어라.

$$-2x \geq 4$$

개념◆check

정답과 해설 14쪽 ┃ 워크북 22~23쪽

01 다음 중 일차부등식인 것을 모두 고르면? (정답 2개)

① $2x^2 \geq 2(x^2+1)-x$　　② $2x+3x=10$

③ $4<-3$　　④ $3-5x<-5x+2x$

⑤ $x^2 \leq x^2+2$

→ 개념1
일차부등식

02 다음 일차부등식을 풀고, 그 해를 수직선 위에 나타내어라.

(1) $5x-3>7$　　(2) $-4x+2 \geq -2$

→ 개념2
일차부등식의 풀이

03 일차부등식 $-5x+2 \leq -3x+10$의 해를 다음 수직선 위에 나타내어라.

→ 개념2
일차부등식의 풀이

04 다음 일차부등식을 풀어라.

(1) $\dfrac{3}{2}+\dfrac{1}{3}x \leq \dfrac{1}{2}x$　　(2) $0.5x \geq -0.3x+4$

→ 개념2
일차부등식의 풀이

05 다음 일차부등식을 풀어라.

(1) $2x-3>7x+12$　　(2) $-x+4 \leq 2x-1$

→ 개념2
일차부등식의 풀이

유형·check

정답과 해설 14~15쪽 | 워크북 21~23쪽

유형·1 부등식의 해 구하기

다음 중 [ ] 안의 수가 주어진 부등식의 해인 것은?

① $x-6>2x-5$ $[2]$

② $3x<x+5$ $[3]$

③ $2x+1≥3x-4$ $[5]$

④ $-(x-3)≥0$ $[4]$

⑤ $\dfrac{x+1}{3}>0$ $[-2]$

》 닮은꼴 문제

1-1

x의 값이 1, 2, 3, 4, 5일 때, 부등식 $3x-5≥3$을 만족시키는 해의 개수는?

① 1개　　　　② 2개　　　　③ 3개

④ 4개　　　　⑤ 5개

1-2

다음 중 방정식 $5x+4=-6$을 만족시키는 x의 값을 해로 갖는 부등식은?

① $3-x>7$　　　　② $x+2>0$

③ $3x-5≥-11$　　④ $\dfrac{x}{2}+3>-\dfrac{3}{2}x$

⑤ $4x-7≥x+2$

유형·2 부등식의 성질

$a<b$일 때, 다음 중 옳은 것은?

① $3a>3b$　　　　② $4a+3>4b+3$

③ $\dfrac{5}{3}a-4>\dfrac{5}{3}b-4$　　④ $2-\dfrac{a}{3}<2-\dfrac{b}{3}$

⑤ $-\dfrac{1}{7}a+2>-\dfrac{1}{7}b+2$

》 닮은꼴 문제

2-1

다음 □ 안에 알맞은 부등호를 써넣어라.

(1) $a+5>b+5$이면 a □ b

(2) $-3a>-3b$이면 a □ b

2-2

$1-3a<1-3b$일 때, 다음 중 옳지 <u>않은</u> 것을 모두 고르면? (정답 2개)

① $a>b$　　　　② $4a<4b$

③ $-2a<-2b$　　④ $9a-3>9b-3$

⑤ $5-a>5-b$

유형·3 일차부등식

다음 중 일차부등식인 것을 모두 고르면? (정답 2개)

① $x>x-2$ ② $x(x-2)+1\leq0$

③ $5-1\leq4$ ④ $x(x+6)\leq x^2-6$

⑤ $-2(x-1)>x+5$

» 닮은꼴 문제

3-1

다음 중 일차부등식이 <u>아닌</u> 것은?

① $x<-9$ ② $\dfrac{1}{x}-1>1$

③ $2x+4>x-1$ ④ $2x+9>3x+9$

⑤ $x^2-2x>x^2+x$

3-2

부등식 $ax-13>7-x$가 일차부등식일 때, 다음 중 상수 a의 값이 될 수 <u>없는</u> 것은?

① -2 ② -1 ③ 0

④ 1 ⑤ 2

유형·4 일차부등식의 풀이

다음 일차부등식 중 해가 $x\geq-2$인 것은?

① $x+9\leq7$ ② $x+1\leq-1$

③ $5x-2\leq-12$ ④ $2-3x\leq8$

⑤ $2x+4\leq3x+2$

» 닮은꼴 문제

4-1

다음 중 일차부등식의 해가 나머지 넷과 <u>다른</u> 하나는?

① $2x<-6$ ② $-x-2x>9$

③ $3x+5<-4$ ④ $x+7<3x+1$

⑤ $4x+5<x-4$

4-2

다음 일차부등식 중 그 해를 수직선 위에 나타내었을 때, 오른쪽 그림과 같은 것은?

① $9x-3x<12$ ② $2x-7<7$

③ $11\leq3(x+2)-5$ ④ $3x+2\geq5x+8$

⑤ $7(x-3)-8\leq20$

일차부등식 $2x+3 \leq 4(x-1)-1$의 해는?

① $x \leq -4$　　　② $x \leq \dfrac{5}{2}$　　　③ $x \leq 4$

④ $x \geq \dfrac{5}{2}$　　　⑤ $x \geq 4$

>> 닮은꼴 문제

5-1

일차부등식 $-4(2x-3)+2x \geq 5-3x$를 만족시키는 자연수 x의 값의 합을 구하여라.

5-2

일차부등식 $2(4x+3) > 3(2x-1)+7$을 만족시키는 x의 값 중에서 가장 작은 정수는?

① -2　　　② -1　　　③ 0

④ 1　　　⑤ 2

일차부등식 $\dfrac{x-2}{4} - \dfrac{2x-3}{5} < 1$을 풀면?

① $x < -6$　　　② $x > -6$　　　③ $x < -1$

④ $x < 6$　　　⑤ $x > 6$

>> 닮은꼴 문제

6-1

일차부등식 $\dfrac{2}{5}x + \dfrac{1}{10} < 0.25x - 1$을 만족시키는 x의 값 중에서 가장 큰 정수는?

① -10　　　② -9　　　③ -8

④ -7　　　⑤ -6

6-2

일차부등식 $0.5 - x > \dfrac{1}{2}(x-5)$를 참이 되게 하는 자연수 x의 개수를 구하여라.

x의 계수가 문자인 일차부등식의 풀이　　　》 닮은꼴 문제

$a>0$일 때, x에 대한 일차부등식 $2ax<8$의 해는?

① $x>\dfrac{4}{a}$　　② $x<\dfrac{4}{a}$　　③ $x>-\dfrac{4}{a}$

④ $x<-\dfrac{4}{a}$　　⑤ $x<4$

7-1

$a<0$일 때, x에 대한 일차부등식 $3ax>6+2(ax+2)$의 해는?

① $x<-\dfrac{10}{a}$　　② $x>\dfrac{10}{a}$　　③ $x<\dfrac{10}{a}$

④ $x>10a$　　⑤ $x<10a$

7-2

x에 대한 일차부등식 $ax-3<5$의 해가 $x<2$일 때, 상수 a의 값은?

① -4　　　② -2　　　③ 1

④ 2　　　⑤ 4

일차부등식의 해의 조건이 주어질 때 미지수 구하기　》 닮은꼴 문제

두 일차부등식 $2x+5\geq3x-2$, $2x-4\leq-x+a$의 해가 같을 때, 상수 a의 값을 구하여라.

8-1

두 일차부등식 $\dfrac{2}{3}x<\dfrac{1}{2}x+\dfrac{4}{3}$, $3(x-1)<2x-a$의 해가 같을 때, 상수 a의 값은?

① -11　　　② -9　　　③ -7

④ -5　　　⑤ -3

8-2

일차부등식 $2x+a>3x$를 만족시키는 자연수 x의 개수가 3일 때, 상수 a의 값의 범위를 구하여라.

13 ◆ 일차부등식의 활용

개념 1 │ 일차부등식의 활용

(1) 일차부등식의 활용 문제 풀이 순서

❶ 미지수 정하기: 문제의 뜻을 파악하여 구하려는 것을 미지수 x로 놓는다.

❷ 부등식 세우기: 문제에서 주어진 수량 사이의 관계를 이용하여 부등식을 세운다.

❸ 부등식 풀기: 부등식을 푼다.

❹ 확인하기: 구한 해가 문제의 뜻에 맞는지 확인한다.

(2) 여러 가지 일치부등식의 활용

① 수에 대한 문제

• 차가 a인 두 정수 ➔ x, $x+a$

• 연속하는 세 정수 ➔ $x-1$, x, $x+1$ 또는 x, $x+1$, $x+2$

• 연속하는 세 홀수(짝수) ➔ $x-2$, x, $x+2$ 또는 x, $x+2$, $x+4$

② 원가, 정가에 대한 문제

• x원에서 $a\%$ 인상한 가격 ➔ $x\left(1+\dfrac{a}{100}\right)$원

• x원에서 $b\%$ 할인한 가격 ➔ $x\left(1-\dfrac{b}{100}\right)$원

③ 거리, 속력, 시간에 대한 문제

• (거리)=(속력)×(시간), (속력)=$\dfrac{(거리)}{(시간)}$, (시간)=$\dfrac{(거리)}{(속력)}$

④ 농도에 대한 문제

• (소금물의 농도)=$\dfrac{(소금의 양)}{(소금물의 양)}×100(\%)$

• (소금의 양)=$\dfrac{(소금물의 농도)}{100}×(소금물의 양)$

> **풍쌤의 point** │ 일차부등식의 활용 문제를 풀 때, 사람 수, 물건의 개수, 나이, 길이, 넓이, 부피 등을 구하는 문제는 답이 양수야.
>
> 특히 사람 수, 물건의 개수, 나이 등은 답이 자연수이어야 함을 잊지 말도록 해.

◆일차부등식의 활용 문제 풀이 순서

미지수 정하기
↓
부등식 세우기
↓
부등식 풀기
↓
문제에 맞는 답 구하기

◆예제 1◆

다음은 어떤 정수를 3배하여 2를 빼면 28보다 클 때, 이와 같은 정수 중 가장 작은 수를 구하는 과정이다. □ 안에 알맞은 것을 써넣어라.

❶ 어떤 정수를 x라 하자.

❷ x를 3배하여 2를 빼면 28보다 크므로
　　□ > 28

❸ □ x > □ 이므로 x > □

❹ 따라서 가장 작은 정수는 □이다.

> 답　$3x-2$, 3, 30, 10, 11

◆확인 1◆

다음은 가로의 길이가 10 cm인 직사각형의 둘레의 길이가 38 cm 이상일 때, 세로의 길이는 몇 cm 이상인지 구하는 과정이다. □ 안에 알맞은 것을 써넣어라.

❶ 직사각형의 세로의 길이를 x cm라 하자.

❷ 가로의 길이가 10 cm인 직사각형의 둘레의 길이가 38 cm 이상이므로 □ ≥ 38

❸ □ x ≥ □ 이므로 x ≥ □

❹ 따라서 세로의 길이는 □ cm 이상이다.

01 연속하는 두 짝수의 합이 23보다 작을 때, 합이 가장 큰 두 자연수 중 작은 수를 구하여라.

→ 개념1
일차부등식의 활용

02 밑변의 길이가 8 cm인 삼각형의 넓이가 100 cm^2 이상일 때, 삼각형의 높이는 몇 cm 이상인지 구하여라.

→ 개념1
일차부등식의 활용

03 한 개에 1500원인 빵과 한 개에 1200원인 음료수를 합하여 10개를 사려고 한다. 전체 가격이 14500원 이하가 되게 하려면 빵은 최대 몇 개까지 살 수 있는지 구하여라.

→ 개념1
일차부등식의 활용

04 지연이가 산책을 하는데 어느 지점까지 갔다가 다시 그 길을 따라 돌아오려고 한다. 갈 때는 시속 2 km, 올 때는 시속 3 km로 걸어서 왕복 소요 시간이 2시간 30분 이하가 되도록 하려면 출발 지점에서 최대 몇 km 떨어진 곳까지 갔다 올 수 있는지 구하여라.

→ 개념1
일차부등식의 활용

05 5 %의 소금물 200 g이 있다. 이 소금물에 몇 g 이상의 물을 더 넣으면 4 % 이하인 소금물이 되는지 구하여라.

→ 개념1
일차부등식의 활용

유형 · check

유형 · 1 수에 대한 문제

어떤 자연수를 3으로 나눈 후 4를 뺀 수는 4에서 그 자연수를 뺀 후 3으로 나눈 수보다 작다고 한다. 이러한 자연수의 개수는?

① 4개 ② 5개 ③ 6개

④ 7개 ⑤ 8개

》 닮은꼴 문제

1-1

연속하는 세 자연수의 합이 48보다 작다고 한다. 이와 같은 수 중에서 가장 큰 세 자연수를 구하여라.

1-2

연속하는 세 정수에 대하여 작은 두 수의 합에서 가장 큰 수를 뺀 것이 6보다 작다. 이와 같은 수 중에서 가장 큰 세 정수를 구하여라.

유형 · 2 도형에 대한 문제

길이가 x cm, $(x+6)$ cm, $(x+8)$ cm인 세 변으로 삼각형을 만들 때, 다음 중 x의 값으로 옳지 <u>않은</u> 것은?

① 2 ② 3 ③ 4

④ 5 ⑤ 6

》 닮은꼴 문제

2-1

아랫변의 길이가 4 cm이고 높이가 2 cm인 사다리꼴이 있다. 이 사다리꼴의 넓이가 12 cm² 이하일 때, 윗변의 길이는 몇 cm 이하이어야 하는가?

① 8 cm ② 9 cm ③ 10 cm

④ 11 cm ⑤ 12 cm

2-2

반지름의 길이가 6 cm인 원을 밑면으로 하는 원뿔에 대하여 높이를 몇 cm 이상으로 하여야 부피가 60π cm³ 이상이 되는가?

① 4 cm ② 5 cm ③ 6 cm

④ 7 cm ⑤ 8 cm

최대 개수에 대한 문제

2000원짜리 바구니에 한 개에 1500원 하는 사과를 넣어서 전체 가격이 30000원 이하가 되게 하려고 할 때, 사과는 최대 몇 개까지 넣을 수 있는가?

① 14개 ② 16개 ③ 18개
④ 20개 ⑤ 22개

» 닮은꼴 문제

3-1

어느 가게에서 한 개에 1500원 하는 음료수와 한 개에 2000원 하는 샌드위치를 합하여 29개를 팔았다고 한다. 총 판매액이 50000원 이상이라면 음료수는 최대 몇 개까지 팔았는지 구하여라.

3-2

지민이는 책이 가득 든 상자들을 엘리베이터를 이용해서 1층에서 10층까지 옮기려고 한다. 각 상자의 무게는 25 kg이고, 지민이의 몸무게는 55 kg이다. 이 엘리베이터에는 한번에 최대 300 kg까지 실을 수 있다고 할 때, 한 번에 실을 수 있는 상자는 최대 몇 개인가?

① 8개 ② 9개 ③ 10개
④ 11개 ⑤ 12개

유형·4 금액에 대한 문제

현재 민수의 예금액은 9000원이다. 내일부터 매일 400원씩 예금한다고 할 때, 민수의 예금액이 16000원보다 많아지는 것은 며칠째부터인지 구하여라.

» 닮은꼴 문제

4-1

어느 박물관의 입장료는 20명까지는 1인당 1000원이고 20명을 초과하면 초과된 사람에 한하여 1인당 600원이라 한다. 이때 30000원으로 이 박물관에 입장할 수 있는 인원은 최대 몇 명인지 구하여라.

4-2

현재 준호의 예금액은 2000원, 건우의 예금액은 5000원이다. 다음 주부터 매주 준호는 1200원씩, 건우는 500원씩 예금한다고 할 때, 준호의 예금액이 건우의 예금액보다 많아지는 것은 몇 주 째부터인가?

① 5주 째 ② 6주 째 ③ 7주 째
④ 8주 째 ⑤ 9주 째

원가가 5500원인 상품에 $x \%$의 이익을 붙여서 판매하려고 한다. 1개를 팔 때마다 1100원 이상의 이익을 얻으려고 할 때, x의 최솟값을 구하여라.

5-1

원가가 4200원인 물건을 정가의 30 %를 할인하여 팔아서 원가의 40 % 이상의 이익을 얻으려고 한다. 이때 이 물건의 정가는 얼마 이상으로 정하면 되는가?

① 8000원   ② 8200원   ③ 8400원

④ 8600원   ⑤ 8800원

5-2

어느 제품의 원가에 20 %의 이익을 붙여 정한 정가에서 840원을 할인해서 판매하였더니 이익이 원가의 15 % 이상이었다. 이때 이 제품의 원가는 얼마 이상인지 구하여라.

집 근처의 가게에서 1개에 3000원인 물건이 할인 매장에서는 2500원이라 한다. 할인 매장에 다녀오는 데 교통비가 3500원이 든다고 할 때, 이 물건을 적어도 몇 개 이상 사면 할인 매장을 이용하는 것이 유리한지 구하여라.

6-1

어느 통신사의 한 달 요금제는 다음과 같이 A, B 두 종류가 있다. 몇 분을 초과해서 통화할 때, A 요금제를 택하는 것이 유리한지 구하여라.

	A 요금제	B 요금제
기본료(원)	15000	9000
1초당 통화료(원)	1.8	2.6

6-2

동네 시장에서는 사과 한 개의 가격이 800원인데 도매시장에서는 500원이고, 동네 시장에서는 전 품목을 20 % 할인하여 팔고 있다. 도매 시장에 갔다 오는 데 교통비가 2800원이 든다면 사과를 몇 개 이상 사야 도매 시장에서 사는 것이 유리한가?

① 20개   ② 21개   ③ 22개

④ 23개   ⑤ 24개

>> 닮은꼴 문제

유형·7 사칙연산이 혼합된 식의 계산

형돈이의 집에서 공원까지의 거리는 3 km이다. 형돈이가 집을 출발하여 처음에는 시속 4 km로 걷다가 도중에 시속 6 km로 달려서 40분 이내에 공원에 도착하려고 한다. 형돈이가 걸어서 갈 수 있는 거리는 최대 몇 km인지 구하여라.

7-1

정진이는 5 km 코스의 걷기 대회에 참가하였다. 처음에는 분속 30 m로 걷다가 도중에 분속 50 m로 걸어서 2시간 이내에 완주하였다. 정진이가 분속 30 m로 걸은 거리는 최대 몇 m인지 구하여라.

7-2

역에서 기차를 기다리는데 출발 시각까지 1시간의 여유가 있어서 이 시간 동안 상점에서 물건을 사오려고 한다. 물건을 사는 데 20분이 걸리고 시속 3 km로 걸을 때, 최대 몇 km 이내에 있는 상점을 이용할 수 있는가?

① 0.5 km   ② 1 km   ③ 1.5 km

④ 2 km   ⑤ 2.5 km

유형·8 농도에 대한 문제

20 %의 설탕물 400 g에서 물을 증발시켜 25 % 이상의 설탕물을 만들려고 한다. 증발시켜야 하는 물의 양은 최소 몇 g인지 구하여라.

>> 닮은꼴 문제

8-1

15 %의 소금물 200 g에 10 %의 소금물을 섞어서 12 % 이하의 소금물을 만들려고 한다. 10 %의 소금물은 몇 g 이상 넣어야 하는가?

① 200 g   ② 250 g   ③ 300 g

④ 350 g   ⑤ 400 g

8-2

8 %의 소금물 800 g에 소금을 더 넣어 12 % 이상의 소금물을 만들려고 한다. 넣어야 하는 소금의 양은 몇 g 이상인지 구하여라.

01 다음 수량 사이의 관계를 부등식으로 바르게 나타낸 것은?

> 800원짜리 빵 x개와 500원짜리 바구니의 값의 합은 5000원보다 싸지 않다.

① $800x + 500 < 5000$

② $800x + 500 > 5000$

③ $800x + 500 \geq 5000$

④ $500x + 800 \leq 5000$

⑤ $500x + 800 \geq 5000$

02 다음 중 옳지 <u>않은</u> 것은?

① $a + c > b + c$이면 $a > b$이다.

② $a < b$이고 $c > 0$이면 $ac < bc$이다.

③ $a - b \leq 0$이고 $c < 0$이면 $\dfrac{a}{c} \geq \dfrac{b}{c}$이다.

④ $-2a + 3 > -2b + 3$이면 $a > b$이다.

⑤ $5a > 5b$이면 $-3a < -3b$이다.

03 $-3 \leq x < 1$이고 $A = -3x + 5$일 때, A의 값 중에서 가장 큰 자연수는?

① 2　　　　② 3　　　　③ 13

④ 14　　　　⑤ 15

04 다음 일차부등식 중 해가 나머지 넷과 <u>다른</u> 하나는?

① $2x < 6$　　　　② $5x > -3 + 6x$

③ $-x + 7 < -2x + 10$　④ $-\dfrac{1}{3}x > -1$

⑤ $7x - 5 > 3x + 7$

05 다음 일차부등식 중 그 해를 수 직선 위에 나타내었을 때, 오른 쪽 그림과 같은 것은?

① $3x + 2 > 8$　　　② $-2x + 6 \leq 10$

③ $5 + 2x \leq 1$　　　④ $5 - x \geq 9$

⑤ $4x + 5 < 1$

06 일차부등식 $0.2(x - 1) \geq -0.6 + 0.3x$를 만족시키는 자연수 x의 개수는?

① 1　　　　② 2　　　　③ 3

④ 4　　　　⑤ 5

07 일차부등식 $\dfrac{x + 2}{4} - \dfrac{3x - 7}{5} > 1$을 만족시키는 x의 값 중 가장 큰 정수는?

① -2　　　② -1　　　③ 1

④ 2　　　　⑤ 3

08 일차부등식 $2.2x - \dfrac{3}{10} \leq 2\left(x + \dfrac{1}{5}\right) + 0.5$를 만족시키는 모든 자연수 x의 값의 합은?

① 3　　　　② 6　　　　③ 10

④ 15　　　　⑤ 21

09 일차부등식 $2ax-4<1-x$의 해가 $x>-1$일 때, 상수 a의 값은?

① -3 ② -2 ③ -1

④ 1 ⑤ 4

10 두 일차부등식 $\dfrac{3}{2}x-3>-x+2$, $3x-a>8$의 해가 서로 같을 때, 상수 a의 값은?

① -2 ② -1 ③ 0

④ 1 ⑤ 2

11 일차부등식 $5x+a\geq6x-1$을 만족시키는 자연수 x가 2개일 때, 상수 a의 값의 범위는?

① $0<a\leq1$ ② $1<a\leq2$ ③ $1\leq a<2$

④ $2<a\leq3$ ⑤ $2\leq a<3$

12 600원짜리 음료수와 300원짜리 아이스크림을 합하여 20개를 사고 그 값이 10000원 이하가 되도록 할 때, 살 수 있는 음료수는 최대 몇 개인가?

① 11개   ② 12개   ③ 13개

④ 14개   ⑤ 15개

13 연속하는 두 짝수가 있다. 두 수 중 작은 수의 4배에서 2를 뺀 수는 큰 수의 5배에서 15를 뺀 수보다 작다고 한다. 이를 만족하는 두 수의 합의 최솟값을 구하여라.

14 집에서 도서관까지 가는데 갈 때는 시속 12 km로 자전거를 타고, 올 때는 같은 길을 시속 4 km로 걸어서 왔다. 도서관에서 소요한 시간 10분을 포함하여 왕복 2시간 이내에 집에 돌아오려면 도서관은 집에서 몇 km 이내에 있어야 하는가?

① 5.5 km   ② 6 km   ③ 6.5 km

④ 7.5 km   ⑤ 8 km

15 어느 옷가게에서 15000원에 판매하는 셔츠를 온라인 매장에서 10 % 할인된 가격으로 판매하고 있다. 온라인 매장에서 구입할 경우 배송료가 3000원이 추가된다고 할 때, 이 셔츠를 적어도 몇 벌 이상 사면 온라인 매장을 이용하는 것이 유리한가?

① 1벌   ② 2벌   ③ 3벌

④ 4벌   ⑤ 5벌

16 10 %의 소금물 300 g과 5 %의 소금물을 섞어서 8 % 이하의 소금물을 만들려고 한다. 5 %의 소금물을 몇 g 이상 넣어야 하는가?

① 50 g   ② 100 g   ③ 150 g

④ 200 g   ⑤ 250 g

≡ 서술형 꽉 잡기 ≡

주어진 단계에 따라 쓰는 유형

17 $a-2b=4$이고 x에 대한 일차부등식 $ax-2b\leq-3x-b$의 해가 $x\leq-\frac{1}{5}$일 때, 상수 a, b에 대하여 $a+b$의 값을 구하여라.

・생각해 보자・

구하는 것은? 조건을 만족하는 일차부등식의 해가
$$x\leq-\frac{1}{5}일 때, a+b의 값$$

주어진 것은? $a-2b=4$
$$ax-2b\leq-3x-b의 해가 x\leq-\frac{1}{5}$$

▶풀이

[1단계] 일차부등식 $ax-2b\leq-3x-b$를 풀기 (50 %)

[2단계] a, b의 값 구하기 (40 %)

[3단계] $a+b$의 값 구하기 (10 %)

▶답

풀이 과정을 자세히 쓰는 유형

18 다음 두 일차부등식의 해가 서로 같을 때, 상수 a의 값을 구하여라.

$$-8x>3-5(x+3), \quad 4x-1<ax+11$$

▶풀이

▶답

19 어느 상품의 원가에 40 %의 이익을 붙여서 정가를 정하였다. 여름 정기 세일 기간에 정가의 20 %를 할인하여 판매하였더니 상품 1개당 이익금이 3000원 이상이었다. 이 상품의 원가는 얼마 이상인지 구하여라.

▶풀이

▶답

2. 연립일차방정식

14 미지수가 2개인 일차방정식

개념 1 │ 미지수가 2개인 일차방정식

미지수가 2개이고, 차수가 1인 방정식

$$ax+by+c=0 \text{ (단, } a, b, c\text{는 상수, } a\neq0, b\neq0)$$

예 ① $3x+4y-2=0$, $2x-5y=0$은 미지수가 2개인 일차방정식이다.

② $3x+2y+3$, $x-2=0$, $x^2+y-1=0$은 미지수가 2개인 일차방정식이 아니다.

차수 1
$3\underline{x}+2\underline{y}=20$
미지수 2개

• 미지수가 1개인 일차방정식
➡ $ax+b=0$
　　(단, a, b는 상수, $a\neq0$)

풍쌤의 point ▷ 미지수가 2개인 일차방정식은 모든 항을 좌변으로 이항하여 간단히 정리하였을 때, $ax+by+c=0$ $(a\neq0, b\neq0)$ 꼴인 것을 찾으면 돼.

◆ 예제 1 ◆

다음 방정식을 보고, 미지수가 2개인 일차방정식인 것은 ○표, 그렇지 않은 것은 ×표를 하여라.

(1) $x-3y=0$ 　　　　　　 (　　　)

(2) $x^2+x-1=0$ 　　　　 (　　　)

▶ 풀이 (1) 미지수가 2개인 일차방정식
　　　　 (2) 미지수가 1개인 이차방정식

▶ 답 (1) ○ 　 (2) ×

◆ 확인 1 ◆

다음 방정식을 보고, 미지수가 2개인 일차방정식인 것은 ○표, 그렇지 않은 것은 ×표를 하여라.

(1) $4x+y=2(2x-1)$ 　　 (　　　)

(2) $8x-y=x+2y-4$ 　　 (　　　)

개념 2 │ 미지수가 2개인 일차방정식의 해

미지수가 2개인 일차방정식을 만족시키는 x, y의 값 또는 그 순서쌍 (x, y)

예 x, y가 자연수일 때, $x+y=5$의 해를 순서쌍으로 나타내면 $(1, 4)$, $(2, 3)$, $(3, 2)$, $(4, 1)$이다.

x	1	2	3	4	5	6	⋯
y	4	3	2	1	0	−1	⋯

• 미지수가 1개인 일차방정식의 해는 $x=a$ 꼴이며 오직 한 개 뿐이지만, 미지수가 2개인 일차방정식의 해는 $x=a$, $y=b$ 또는 (a, b) 꼴이며 여러 쌍일 수도 있다.

풍쌤의 point ▷ x, y의 값의 범위를 정수 또는 유리수로 확장하면 미지수가 2개인 일차방정식의 해는 무수히 많아.

◆ 예제 2 ◆

일차방정식 $2x+y=8$에 대하여 다음 물음에 답하여라.

(1) 다음 표를 완성하여라.

x	1	2	3	4	⋯
y					⋯

(2) x, y가 자연수일 때, 위의 일차방정식의 해를 순서쌍으로 나타내어라.

▶ 풀이

x	1	2	3	4	⋯
y	6	4	2	0	⋯

▶ 답 (1) 풀이 참조 　 (2) $(1, 6)$, $(2, 4)$, $(3, 2)$

◆ 확인 2 ◆

일차방정식 $3x+y=12$에 대하여 다음 물음에 답하여라.

(1) 다음 표를 완성하여라.

x	1	2	3	4	5	⋯
y						⋯

(2) x, y가 자연수일 때, 위의 일차방정식의 해를 순서쌍으로 나타내어라.

개념·check

정답과 해설 20쪽 ㅣ 워크북 28쪽

01 다음 중 미지수가 2개인 일차방정식인 것은?

① $3x-2=3$ ② $2x-5y+3$ ③ $x(x+2)=y$

④ $xy-x=6$ ⑤ $x^2+x+2=x^2-2y-1$

→ 개념1
미지수가 2개인 일차방정식

02 다음 중 미지수가 2개인 일차방정식이 <u>아닌</u> 것은?

① $x+y=2$ ② $x(x+1)+y=y-1$

③ $5x=3y$ ④ $2x^2+y=2x^2-x+2$

⑤ $x^2+y=x(x+1)$

→ 개념1
미지수가 2개인 일차방정식

03 다음 일차방정식에 대하여 표를 완성하고 x, y의 값이 자연수일 때, 해를 구하여라.

(1) $y=-2x+9$

x	1	2	3	4	5	⋯
y						⋯

(2) $y=15-3x$

x	1	2	3	4	5	⋯
y						⋯

→ 개념2
미지수가 2개인 일차방정식의 해

04 다음 일차방정식 중 순서쌍 $(2, 5)$가 해가 되는 것은?

① $x-2y=4$ ② $2x-3y=11$ ③ $4y=7x+6$

④ $5x-y=0$ ⑤ $-x+2y=7$

→ 개념2
미지수가 2개인 일차방정식의 해

05 x, y가 자연수일 때, 일차방정식 $3x+2y=15$의 해를 구하여라.

→ 개념2
미지수가 2개인 일차방정식의 해

15 ◆ 미지수가 2개인 연립일차방정식

개념1 │ 미지수가 2개인 연립일차방정식

(1) 미지수가 2개인 연립일차방정식

미지수가 2개인 두 일차방정식을 한 쌍으로 묶어 놓은 것

예 $\begin{cases} x+y=5 \\ x-y=3 \end{cases}$

> ◆ 미지수가 2개인 연립일차방정식을 간단히 연립방정식이라 한다.

(2) 연립방정식의 해

연립방정식에서 두 일차방정식을 동시에 만족시키는 x, y의 값 또는 그 순서쌍 (x, y)

풍쌤의 point 연립방정식의 해는 두 방정식을 동시에 만족시키는 값이므로 두 일차방정식에 각각 대입해도 등식이 성립해야 해.

(3) 연립방정식을 푼다

연립방정식의 해를 구하는 것

◆ 예제 1 ◆

x, y의 값이 자연수일 때, 연립방정식

$\begin{cases} x+y=6 & \cdots\cdots ㉠ \\ 3x+y=11 & \cdots\cdots ㉡ \end{cases}$ 에 대하여 다음 과정을 완성하여라.

(1) ㉠ $x+y=6$

x	1	2	3	4	5
y					

(2) ㉡ $3x+y=11$

x	1	2	3	4
y				

(3) 연립방정식 $\begin{cases} x+y=6 \\ 3x+y=11 \end{cases}$ 의 해 : _____

> **답** (1) 5, 4, 3, 2, 1 (2) 8, 5, 2, −1 (3) 해가 없다.

◆ 확인 1 ◆

x, y의 값이 자연수일 때, 연립방정식

$\begin{cases} x+y=5 & \cdots\cdots ㉠ \\ 2x-y=1 & \cdots\cdots ㉡ \end{cases}$ 에 대하여 다음 과정을 완성하여라.

(1) ㉠ $x+y=5$

x	1	2	3	4
y				

(2) ㉡ $2x-y=1$

x	1	2	3	4	$\cdots$
y					

(3) 연립방정식 $\begin{cases} x+y=5 \\ 2x-y=1 \end{cases}$ 의 해 : _____

◆ 예제 2 ◆

다음 연립방정식 중 순서쌍 $(3, 1)$을 해로 갖는 것에는 ○표, 해로 갖지 <u>않는</u> 것에는 ×표를 하여라.

(1) $\begin{cases} x+2y=5 \\ 2x+3y=9 \end{cases}$ (   ) (2) $\begin{cases} 2x+y=4 \\ x+y=4 \end{cases}$ (   )

> **풀이** $x=3$, $y=1$을 각각의 일차방정식에 대입하면
> (1) $3+2=5$ (참), $6+3=9$ (참)
>   따라서 순서쌍 $(3, 1)$을 해로 갖는다.
> (2) $6+1=7 \neq 4$ (거짓), $3+1=4$ (참)
>   따라서 순서쌍 $(3, 1)$을 해로 갖지 않는다.

> **답** (1) ○ (2) ×

◆ 확인 2 ◆

다음 연립방정식 중 순서쌍 $(4, 2)$를 해로 갖는 것에는 ○표, 해로 갖지 <u>않는</u> 것에는 ×표를 하여라.

(1) $\begin{cases} 2x+y=10 \\ x+3y=10 \end{cases}$ (   ) (2) $\begin{cases} 3x+2y=8 \\ x-y=-1 \end{cases}$ (   )

개념·check

정답과 해설 20~21쪽 ㅣ 워크북 29쪽

01 다음 문장을 x, y에 대한 연립방정식으로 나타내어라.

> 현재 x세인 형과 y세인 동생의 나이의 합은 41세이고, 두 사람의 나이의 차는 3세이다.

→ 개념1
미지수가 2개인 연립일차방정식

02 x, y가 자연수일 때, 연립방정식 $\begin{cases} x+5y=18 \\ 2x+y=9 \end{cases}$ 의 해를 구하여라.

→ 개념1
미지수가 2개인 연립일차방정식

03 다음 중 연립방정식 $\begin{cases} x+2y=5 \\ -2x+3y=4 \end{cases}$ 의 해는?

① $(-3, 4)$ ② $(-2, 0)$ ③ $(-1, 3)$

④ $(1, 2)$ ⑤ $(2, 1)$

→ 개념1
미지수가 2개인 연립일차방정식

04 다음 연립방정식 중 $x=1$, $y=-2$를 해로 갖는 것은?

① $\begin{cases} 2x+3y=-4 \\ x+y=3 \end{cases}$ ② $\begin{cases} 4x-y=2 \\ 3x-2y=7 \end{cases}$ ③ $\begin{cases} 4x+y=2 \\ x-2y=4 \end{cases}$

④ $\begin{cases} x-2y=5 \\ 3x-2y=2 \end{cases}$ ⑤ $\begin{cases} 3x+y=1 \\ x-y=3 \end{cases}$

→ 개념1
미지수가 2개인 연립일차방정식

05 다음 〈보기〉의 일차방정식 중 두 식을 짝지어 만든 연립방정식의 해가 $(-1, 1)$인 것은?

> **보기**
>
> ㄱ. $-5x-3y=8$ ㄴ. $4x+5y=1$
>
> ㄷ. $-2x+y-3=0$ ㄹ. $3x=-2y+1$

① ㄱ과 ㄴ   ② ㄱ과 ㄷ   ③ ㄴ과 ㄷ

④ ㄴ과 ㄹ   ⑤ ㄷ과 ㄹ

→ 개념1
미지수가 2개인 연립일차방정식

유형·check

정답과 해설 21~22쪽 | 워크북 28~29쪽

유형·1 미지수가 2개인 일차방정식

다음 〈보기〉 중 미지수가 2개인 일차방정식의 개수는?

보기

ㄱ. $2x+3y=-2$　　ㄴ. $(x-1)(y-3)=5$
ㄷ. $x=3y-4$　　　ㄹ. $2(3x-1)=3(y+2x)$
ㅁ. $x^2-3x-10=0$　ㅂ. $5x+2y-1=x+3y$

① 1　　　　② 2　　　　③ 3
④ 4　　　　⑤ 5

》 닮은꼴 문제

1-1

다음 〈보기〉 중 미지수가 2개인 일차방정식의 개수는?

보기

ㄱ. $5x-y=0$　　　ㄴ. $x=2x^2-3$
ㄷ. $\dfrac{x}{3}-\dfrac{y}{4}=6$　　ㄹ. $x(2-y)=3$
ㅁ. $x+2y+2=x-5y$　ㅂ. $2x+3=0$

① 1　　　　② 2　　　　③ 3
④ 4　　　　⑤ 5

1-2

다음 중 미지수가 2개인 일차방정식을 모두 고르면?

(정답 2개)

① $\dfrac{5}{x}-\dfrac{y}{2}=6$　　　② $5x=2y-3+5x$

③ $3(x-2y)=7$　　　④ $y=xy+2x-1$

⑤ $3x-4y+12=0$

유형·2 x, y가 자연수일 때, 일차방정식의 해 구하기

x, y가 자연수일 때, 일차방정식 $x+3y=10$의 해의 개수는?

① 3　　　　② 4　　　　③ 5
④ 6　　　　⑤ 7

》 닮은꼴 문제

2-1

x, y가 음이 아닌 정수일 때, 일차방정식 $2x+y=7$을 만족시키는 순서쌍 (x, y)의 개수를 구하여라.

2-2

x, y가 자연수일 때, 일차방정식 $3x+y=11$의 해는 a개, 일차방정식 $x+2y=9$의 해는 b개이다. ab의 값은?

① 6　　　　② 8　　　　③ 10
④ 12　　　　⑤ 15

농장에서 돼지 x마리와 닭 y마리를 기르고 있다. 돼지와 닭은 모두 15마리이고, 다리의 개수의 합은 46개일 때, 이를 x, y에 대한 연립방정식으로 나타내면?

① $\begin{cases} x+y=15 \\ x-y=46 \end{cases}$ ② $\begin{cases} x-y=15 \\ x+y=46 \end{cases}$

③ $\begin{cases} x+y=15 \\ 4x+2y=46 \end{cases}$ ④ $\begin{cases} x+y=46 \\ 4x+2y=15 \end{cases}$

⑤ $\begin{cases} x+y=15 \\ 2x+4y=46 \end{cases}$

3-1

어느 놀이공원의 어린이 3명과 어른 2명의 입장료는 11000원이고, 어린이 1명과 어른 3명의 입장료는 13000원이다. 어린이 한 명의 입장료를 x원, 어른 한 명의 입장료를 y원이라 할 때, x, y에 대한 연립방정식을 세워라.

3-2

어느 가게에서 A음료수 5캔과 B과자 2봉지를 사고 4700원을 지불하였고, A음료수 3캔과 B과자 2봉지를 사고 3300원을 지불하였다. A음료수 한 캔의 가격을 x원, B과자 한 봉지의 가격을 y원이라 할 때, x, y에 대한 연립방정식을 세워라.

연립방정식 $\begin{cases} 3x-2y=a \\ x+by=7 \end{cases}$ 의 해가 $(3, -2)$일 때, 상수 a, b에 대하여 $a+b$의 값은?

① -15 ② -11 ③ 2

④ 11 ⑤ 15

4-1

연립방정식 $\begin{cases} x-y=a \\ x+3y=8 \end{cases}$ 을 만족시키는 x의 값이 5일 때, 상수 a의 값은?

① 1 ② 2 ③ 3

④ 4 ⑤ 5

4-2

연립방정식 $\begin{cases} x-y=a \\ bx+5y=19 \end{cases}$ 의 해가 $x=2$, $y=3$일 때, 상수 a, b에 대하여 $3a-b$의 값을 구하여라.

16 · 연립방정식의 풀이

개념1 식의 대입을 이용한 연립방정식의 풀이

① 연립방정식의 두 방정식 중 어느 한 방정식을 $x=(y$에 대한 식$)$
   또는 $y=(x$에 대한 식$)$ 꼴로 변형한다.
② ①에서 변형한 식을 다른 방정식에 대입하여 일차방정식의 해를 구한다.
③ ②에서 구한 해를 ①의 방정식에 대입하여 다른 미지수의 값을 구한다.

> ◆ 연립방정식을 풀기 위하여 한 미지수를 없애는 것을 '그 미지수를 소거한다.'라고 한다. (사라질 消(소), 버릴 去(거))

풍쌤의 point 연립방정식에서 한 방정식의 x 또는 y의 계수의 절댓값이 1이거나 한 방정식이 '$x=\sim$' 또는 '$y=\sim$' 꼴인 경우에는 식의 대입을 이용하는 것이 편리해.

◆ 예제 1 ◆

다음은 연립방정식 $\begin{cases} y=x-2 & \cdots\cdots \ ㉠ \\ x+2y=8 & \cdots\cdots \ ㉡ \end{cases}$ 을 식의 대입을 이용하여 푸는 과정이다. ☐ 안에 알맞은 것을 써넣어라.

> ㉠을 ㉡에 대입하면 $x+2(\boxed{})=8$, $x=\boxed{}$
> $x=\boxed{}$를 ㉠에 대입하면 $y=\boxed{}$
> 따라서 연립방정식의 해는 $x=\boxed{}$, $y=\boxed{}$이다.

❯ 답 $x-2$, 4, 4, 2, 4, 2

◆ 확인 1 ◆

다음은 연립방정식 $\begin{cases} y=2x-3 & \cdots\cdots \ ㉠ \\ 3x+2y=8 & \cdots\cdots \ ㉡ \end{cases}$ 을 식의 대입을 이용하여 푸는 과정이다. ☐ 안에 알맞는 것을 써넣어라.

> ㉠을 ㉡에 대입하면 $3x+2(\boxed{})=8$, $x=\boxed{}$
> $x=\boxed{}$를 ㉠에 대입하면 $y=\boxed{}$
> 따라서 연립방정식의 해는 $x=\boxed{}$, $y=\boxed{}$이다.

개념2 두 식의 합 또는 차를 이용한 연립방정식의 풀이

① 적당한 수를 곱하여 x 또는 y의 계수의 절댓값을 같게 만든다.
② 두 식을 더하거나 빼어서 한 미지수를 없앤 후, 일차방정식의 해를 구한다.
   이때 없애려는 미지수의 계수의 부호가 $\begin{cases} 같으면 \rightarrow 두 방정식을 변끼리 뺀다. \\ 다르면 \rightarrow 두 방정식을 변끼리 더한다. \end{cases}$
③ ②에서 구한 해를 한 일차방정식에 대입하여 다른 미지수의 값을 구한다.
   └ 계산이 간단해지는 것을 택한다.

> ◆ 미지수를 소거할 때, x나 y 중에서 소거하기 편한 쪽을 택한다. 그러나 어떤 것을 소거하여 풀어도 해는 같다.

풍쌤의 point 미지수의 계수를 같게 하려면 최소공배수를 이용해야 해.

◆ 예제 2 ◆

다음은 연립방정식 $\begin{cases} x+y=2 & \cdots\cdots \ ㉠ \\ -x+3y=-10 & \cdots\cdots \ ㉡ \end{cases}$ 을 두 식의 합 또는 차를 이용하여 푸는 과정이다. ☐ 안에 알맞은 것을 써넣어라.

> ㉠+㉡을 하면 $4y=\boxed{}$, $y=\boxed{}$
> $y=\boxed{}$를 ㉠에 대입하면 $x=\boxed{}$
> 따라서 연립방정식의 해는 $x=\boxed{}$, $y=\boxed{}$이다.

❯ 답 -8, -2, -2, 4, 4, -2

◆ 확인 2 ◆

다음은 연립방정식 $\begin{cases} x-2y=1 & \cdots\cdots \ ㉠ \\ x+y=4 & \cdots\cdots \ ㉡ \end{cases}$ 를 두 식의 합 또는 차를 이용하여 푸는 과정이다. ☐ 안에 알맞은 것을 써넣어라.

> ㉠-㉡을 하면 $-3y=\boxed{}$, $y=\boxed{}$
> $y=\boxed{}$을 ㉡에 대입하면 $x=\boxed{}$
> 따라서 연립방정식의 해는 $x=\boxed{}$, $y=\boxed{}$이다.

개념 ✦ check

정답과 해설 22~23쪽 ㅣ 워크북 30쪽

01 다음 연립방정식을 식의 대입을 이용하여 풀어라.

(1) $\begin{cases} 4x - y = 10 \\ y = x - 1 \end{cases}$
(2) $\begin{cases} x - y = 3 \\ 3x + 2y = -1 \end{cases}$

→ 개념1
식의 대입을 이용한 연립방정식의 풀이

02 다음 연립방정식을 식의 대입을 이용하여 풀어라.

(1) $\begin{cases} x - 2y = -4 \\ 2y = 3x + 8 \end{cases}$
(2) $\begin{cases} 3x = -y + 6 \\ 3x = 2y - 3 \end{cases}$

→ 개념1
식의 대입을 이용한 연립방정식의 풀이

03 다음 연립방정식을 두 식의 합 또는 차를 이용하여 풀어라.

(1) $\begin{cases} 2x + y = 7 \\ 3x - y = 3 \end{cases}$
(2) $\begin{cases} 4x + y = -2 \\ 4x - 3y = -2 \end{cases}$

→ 개념2
두 식의 합 또는 차를 이용한 연립방정식의 풀이

04 다음 연립방정식을 두 식의 합 또는 차를 이용하여 풀어라.

(1) $\begin{cases} 4x + 3y = -4 \\ 2x - y = 8 \end{cases}$
(2) $\begin{cases} 2x - 3y = 12 \\ 3x + 2y = 5 \end{cases}$

→ 개념2
두 식의 합 또는 차를 이용한 연립방정식의 풀이

05 연립방정식 $\begin{cases} 3x + 2y = 5 & \cdots\cdots ㉠ \\ 4x - 4y = 1 & \cdots\cdots ㉡ \end{cases}$ 을 두 식의 합 또는 차를 이용하여 풀 때, 미지수 x를 소거하는 식으로 적당한 것은?

① ㉠×2+㉡
② ㉠×2−㉡
③ ㉠×2+㉡×3
④ ㉠×4+㉡×3
⑤ ㉠×4−㉡×3

→ 개념2
두 식의 합 또는 차를 이용한 연립방정식의 풀이

17 ◆ 복잡한 연립방정식의 풀이

개념 1 복잡한 연립방정식의 풀이

(1) 괄호가 있을 때: 분배법칙을 이용하여 괄호를 푼 후 동류항끼리 정리하여 푼다.

(2) 계수가 분수일 때: 양변의 모든 항에 분모의 최소공배수를 곱하여 계수를 정수로 고친 후 푼다.

(3) 계수가 소수일 때: 양변의 모든 항에 10의 거듭제곱을 곱하여 계수를 정수로 고친 후 푼다.
└─10, 100, 1000, …

예 $\begin{cases} \dfrac{x}{2} - \dfrac{y}{3} = 1 & \cdots\cdots \text{㉠} \\ 0.3x + 0.17y = 0.6 & \cdots\cdots \text{㉡} \end{cases}$ 계수를 정수로 $\xrightarrow{\text{㉠}\times 6,\ \text{㉡}\times 100}$ $\begin{cases} 3x - 2y = 6 \\ 30x + 17y = 60 \end{cases}$

풍쌤의 point 방정식의 양변에 적당한 수를 곱하여 계수를 정수로 고칠 때에는 모든 항에 똑같이 곱하도록 해야 해.

◆ 분수나 소수인 계수를 정수로 고칠 때, 이미 정수인 계수에도 같은 수를 반드시 곱해야 한다.
예 $0.1x + 2y = 3$에서
$x + 20y = 30$ (○)
$x + 2y = 3$ (×)

◆ 계수가 소수인 연립방정식은 소수점 아래 자릿수가 가장 많은 항을 기준으로 양변에 10의 거듭제곱을 곱한다.

◆ 예제 1 ◆

다음은 연립방정식 $\begin{cases} x + 3y = 6 & \cdots\cdots \text{㉠} \\ 3x - 2(x-y) = 5 & \cdots\cdots \text{㉡} \end{cases}$ 의 해를 구하는 과정이다. ☐ 안에 알맞은 것을 써넣어라.

┌─────────────────────────┐
㉡을 간단히 하면
$3x - 2x + \boxed{}y = 5$, $x + \boxed{}y = 5$ ····· ㉢
㉠$\boxed{}$㉢을 하면 $y = \boxed{}$
$y = \boxed{}$을 ㉠에 대입하면
$x + \boxed{} = 6$ ∴ $x = \boxed{}$
└─────────────────────────┘

▶ 답 2, 2, −, 1, 1, 3, 3

◆ 확인 1 ◆

다음은 연립방정식 $\begin{cases} 2(x-y) + 3y = 8 & \cdots\cdots \text{㉠} \\ x + y = 5 & \cdots\cdots \text{㉡} \end{cases}$ 의 해를 구하는 과정이다. ☐ 안에 알맞은 것을 써넣어라.

┌─────────────────────────┐
㉠을 간단히 하면
$\boxed{}x - 2y + 3y = 8$, $\boxed{}x + y = 8$ ····· ㉢
㉢$\boxed{}$㉡을 하면 $x = \boxed{}$
$x = \boxed{}$을 ㉡에 대입하면
$\boxed{} + y = 5$ ∴ $y = \boxed{}$
└─────────────────────────┘

◆ 예제 2 ◆

다음은 연립방정식 $\begin{cases} \dfrac{x}{2} - y = -1 & \cdots\cdots \text{㉠} \\ \dfrac{x}{3} - \dfrac{y}{2} = \dfrac{1}{6} & \cdots\cdots \text{㉡} \end{cases}$ 의 해를 구하는 과정이다. ☐ 안에 알맞은 것을 써넣어라.

┌─────────────────────────┐
㉠, ㉡의 계수를 정수로 만들면
㉠$\times \boxed{}$ ➡ $x - \boxed{}y = -2$ ····· ㉢
㉡$\times \boxed{}$ ➡ $\boxed{}x - 3y = 1$ ····· ㉣
㉢$\times 2 -$㉣을 하면
$\boxed{} = -5$ ∴ $y = \boxed{}$
$y = \boxed{}$를 ㉢에 대입하면
$x - \boxed{} = -2$ ∴ $x = \boxed{}$
└─────────────────────────┘

▶ 답 2, 2, 6, 2, $-y$, 5, 5, 10, 8

◆ 확인 2 ◆

다음은 연립방정식 $\begin{cases} 0.1x - 0.1y = 1 & \cdots\cdots \text{㉠} \\ 0.04x - 0.01y = -0.05 & \cdots\cdots \text{㉡} \end{cases}$ 의 해를 구하는 과정이다. ☐ 안에 알맞은 것을 써넣어라.

┌─────────────────────────┐
㉠, ㉡의 계수를 정수로 만들면
㉠$\times \boxed{}$ ➡ $x - y = \boxed{}$ ····· ㉢
㉡$\times \boxed{}$ ➡ $\boxed{}x - y = -5$ ····· ㉣
㉢$-$㉣을 하면
$\boxed{}x = 15$ ∴ $x = \boxed{}$
$x = \boxed{}$를 ㉢에 대입하면
$\boxed{} - y = 10$ ∴ $y = \boxed{}$
└─────────────────────────┘

개념 ✦ check

정답과 해설 23~24쪽 ㅣ 워크북 31쪽

01 다음 연립방정식을 풀어라.

(1) $\begin{cases} x-2(3x-2y)=11 \\ x=3y \end{cases}$

(2) $\begin{cases} x+3y-11=0 \\ 3(x-y)+2y=13 \end{cases}$

→ 개념1
복잡한 연립방정식의 풀이

02 다음 연립방정식을 풀어라.

(1) $\begin{cases} 2(x+y)+3y=8 \\ x-3(x+y)=-4 \end{cases}$

(2) $\begin{cases} 5x-3(x-y)=-5 \\ 2(2x-y)-y=17 \end{cases}$

→ 개념1
복잡한 연립방정식의 풀이

03 다음 연립방정식을 풀어라.

(1) $\begin{cases} \dfrac{1}{5}x-\dfrac{1}{4}y=-1 \\ x-3y=-26 \end{cases}$

(2) $\begin{cases} 0.2x+0.1y=0.5 \\ 3x+y=4 \end{cases}$

→ 개념1
복잡한 연립방정식의 풀이

04 다음 연립방정식을 풀어라.

(1) $\begin{cases} \dfrac{1}{2}x+\dfrac{1}{3}y=2 \\ \dfrac{1}{2}x-\dfrac{1}{5}y=\dfrac{2}{5} \end{cases}$

(2) $\begin{cases} \dfrac{6x-5}{7}=\dfrac{1}{2}y \\ -\dfrac{1}{2}x+\dfrac{1}{4}y=-\dfrac{1}{3} \end{cases}$

→ 개념1
복잡한 연립방정식의 풀이

05 다음 연립방정식을 풀어라.

(1) $\begin{cases} 0.9x-y=-1.1 \\ 0.3x+0.2y=0.7 \end{cases}$

(2) $\begin{cases} 0.2x+0.3y=0.7 \\ 0.02x+0.05y=0.21 \end{cases}$

→ 개념1
복잡한 연립방정식의 풀이

18 · $A=B=C$ 꼴, 해가 특수한 연립방정식의 풀이

개념 1 $A=B=C$ 꼴의 연립방정식의 풀이

$A=B=C$ 꼴의 연립방정식은 다음 세 연립방정식과 그 해가 같으므로 세 가지 중 어느 하나를 선택하여 푼다.

$$\rightarrow \begin{cases} A=B \\ A=C \end{cases} \text{또는} \begin{cases} A=B \\ B=C \end{cases} \text{또는} \begin{cases} A=C \\ B=C \end{cases}$$

> • $A=B=C$에서 $A=B$, $B=C$, $A=C$ 중 두 식으로 연립방정식을 만들 때, 간단한 식이 중복되게 선택한다.

✦ 예제 1 ✦

다음 $A=B=C$ 꼴의 방정식을 주어진 연립방정식의 형태로 나타내어라.

$$2x+y=3x-y=5$$
$$\begin{cases} A=C \\ B=C \end{cases} \rightarrow \begin{cases} \boxed{} \\ \boxed{} \end{cases}$$

> **풀이** $\begin{cases} 2x+y=5 \\ 3x-y=5 \end{cases}$

> **답** 풀이 참조

✦ 확인 1 ✦

다음 $A=B=C$ 꼴의 방정식을 주어진 연립방정식의 형태로 나타내어라.

$$4x-3y+10=3x+4y=5x+9y-12$$
$$\begin{cases} A=B \\ B=C \end{cases} \rightarrow \begin{cases} \boxed{} \\ \boxed{} \end{cases}$$

개념 2 해가 특수한 연립방정식의 풀이

연립방정식 $\begin{cases} ax+by+c=0 \\ a'x+b'y+c'=0 \end{cases}$ 의 해는 다음의 세 가지 중 하나이다.

(1) 해가 오직 한 쌍인 경우: $\dfrac{a}{a'} \neq \dfrac{b}{b'}$

(2) 해가 무수히 많은 경우: $\boxed{\dfrac{a}{a'} = \dfrac{b}{b'} = \dfrac{c}{c'}}$ ← x의 계수, y의 계수, 상수항의 비가 같다.

(3) 해가 없는 경우: $\boxed{\dfrac{a}{a'} = \dfrac{b}{b'} \neq \dfrac{c}{c'}}$ ← x의 계수의 비와 y의 계수의 비는 같고, 상수항의 비는 다르다.

> **풍쌤의 point** 연립방정식의 '해가 무수히 많다.'는 조건을 '해가 2개 이상이다.'의 발문으로 출제되는 경우도 있어.

> • 일차방정식 $ax=b$에서
> ① $0 \cdot x=0$ 꼴, 즉 $a=0$, $b=0$
> ➜ 해가 무수히 많다.
> ② $0 \cdot x=k$ ($k \neq 0$인 상수) 꼴, 즉 $a=0$, $b \neq 0$ ➜ 해가 없다.

> • 두 식의 합 또는 차를 이용하여 연립방정식을 풀었을 때
> ① $0=0$ 꼴이 된다.
> ➜ 해가 무수히 많다.
> ② $0=(0$이 아닌 수$)$ 꼴이 된다.
> ➜ 해가 없다.

✦ 예제 2 ✦

다음은 연립방정식 $\begin{cases} x+y=-1 & \cdots\cdots ㉠ \\ 3x+3y=-3 & \cdots\cdots ㉡ \end{cases}$ 의 해를 구하는 과정이다. □ 안에 알맞은 것을 써넣어라.

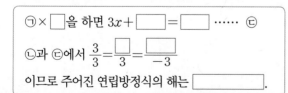

㉠×$\boxed{}$을 하면 $3x+\boxed{}=\boxed{}$ $\cdots\cdots$ ㉢

㉡과 ㉢에서 $\dfrac{3}{3}=\dfrac{\boxed{}}{3}=\dfrac{\boxed{}}{-3}$

이므로 주어진 연립방정식의 해는 $\boxed{}$.

> **답** 3, $3y$, -3, 3, -3, 무수히 많다

✦ 확인 2 ✦

다음은 연립방정식 $\begin{cases} -x+4y=2 & \cdots\cdots ㉠ \\ 2x-8y=4 & \cdots\cdots ㉡ \end{cases}$ 의 해를 구하는 과정이다. □ 안에 알맞은 것을 써넣어라.

㉠×($\boxed{}$)을 하면 $2x+\boxed{}=\boxed{}$ $\cdots\cdots$ ㉢

㉡과 ㉢에서 $\dfrac{2}{2}=\dfrac{\boxed{}}{-8} \neq \dfrac{\boxed{}}{4}$

이므로 주어진 연립방정식의 해는 $\boxed{}$.

개념 ✦ check

정답과 해설 24~25쪽 ❘ 워크북 32쪽

01 다음 연립방정식을 풀어라.

(1) $x-2y=4x+y=3$

(2) $6=3x-y=-3x+3y$

→ 개념1
$A=B=C$ 꼴의 연립방정식의 풀이

02 다음 연립방정식을 풀어라.

(1) $2x-3=y-1=-x+3y$

(2) $x-y=2x+4=-x+3y+8$

→ 개념1
$A=B=C$ 꼴의 연립방정식의 풀이

03 다음 연립방정식을 풀어라.

(1) $3x+2y-5=2x-y-6=-1$

(2) $3x-2y+9=2x+3y=4x+8y-12$

→ 개념1
$A=B=C$ 꼴의 연립방정식의 풀이

04 다음 연립방정식을 풀어라.

(1) $\begin{cases} 3x+2y=3 \\ 6x+4y=6 \end{cases}$

(2) $\begin{cases} 2x-y=3 \\ 4x-2y=6 \end{cases}$

→ 개념2
해가 특수한 연립방정식의 풀이

05 다음 연립방정식을 풀어라.

(1) $\begin{cases} 3x+y=5 \\ 6x+2y=7 \end{cases}$

(2) $\begin{cases} -2x+6y=6 \\ 8x+24y=24 \end{cases}$

→ 개념2
해가 특수한 연립방정식의 풀이

유형·1 식의 대입을 이용한 연립방정식의 풀이

연립방정식 $\begin{cases} x=4y-3 & \cdots\cdots\ \text{㉠} \\ 2x-5y=9 & \cdots\cdots\ \text{㉡} \end{cases}$ 를 풀기 위하여 ㉠을 ㉡에 대입하여 x를 소거하였더니 $ay=15$가 되었다. 상수 a의 값은?

① -3 ② -1 ③ 1

④ 3 ⑤ 5

》 닮은꼴 문제

1-1
연립방정식 $\begin{cases} x+2y=8 \\ y=2x-1 \end{cases}$ 의 해가 $(a,\ b)$일 때, $b-a$의 값을 구하여라.

1-2
연립방정식 $\begin{cases} 2x-y=a \\ x+2y=7-a \end{cases}$ 를 만족시키는 x의 값이 y의 값의 2배이다. 상수 a의 값을 구하여라.

유형·2 두 식의 합 또는 차를 이용한 연립방정식의 풀이

연립방정식 $\begin{cases} 7x-2y=8 \\ 5x+3y=19 \end{cases}$ 의 해가 $x=a,\ y=b$일 때, $a+2b$의 값을 구하여라.

》 닮은꼴 문제

2-1
연립방정식 $\begin{cases} -2x+3y=1 & \cdots\cdots\ \text{㉠} \\ 5x+2y=3 & \cdots\cdots\ \text{㉡} \end{cases}$ 을 두 식의 합 또는 차를 이용하여 풀 때, 미지수 x를 소거하는 식으로 적당한 것은?

① ㉠$\times5-$㉡$\times2$ ② ㉠$\times5+$㉡$\times2$

③ ㉠$\times3-$㉡$\times2$ ④ ㉠$\times1-$㉡$\times3$

⑤ ㉠$\times2+$㉡$\times3$

2-2
다음 연립방정식의 해가 나머지 넷과 <u>다른</u> 하나는?

① $\begin{cases} 3x+y=5 \\ 2x+5y=-1 \end{cases}$ ② $\begin{cases} x-5y=-3 \\ x+3y=5 \end{cases}$

③ $\begin{cases} 5x+2y=8 \\ 2x+y=3 \end{cases}$ ④ $\begin{cases} 2x-y=5 \\ 2x+3y=1 \end{cases}$

⑤ $\begin{cases} x+y=1 \\ x-y=3 \end{cases}$

연립방정식 $\begin{cases} ax+by=3 \\ ax-by=-5 \end{cases}$ 의 해가 $x=-1$, $y=2$일 때, 상수 a, b에 대하여 ab의 값은?

① 1　　　　② 2　　　　③ 3

④ 4　　　　⑤ 5

» 닮은꼴 문제

3-1

순서쌍 $(3, 1)$이 연립방정식 $\begin{cases} ax-by=6 \\ 2ax+5by=33 \end{cases}$ 의 해일 때, 상수 a, b에 대하여 $a+b$의 값은?

① 3　　　　② 4　　　　③ 5

④ 6　　　　⑤ 8

3-2

연립방정식 $\begin{cases} ax+by=1 \\ bx+ay=-5 \end{cases}$ 에서 잘못하여 상수 a, b를 바꾸어 놓고 풀었더니 해가 $x=3$, $y=1$이었다. 처음에 주어진 연립방정식의 해를 구하여라.

연립방정식 $\begin{cases} 3(x-y)+5y=2 \\ 7x-2(3x-y)=14 \end{cases}$ 의 해가 (a, b)일 때, $a+b$의 값은?

① 1　　　　② 2　　　　③ 3

④ 4　　　　⑤ 5

» 닮은꼴 문제

4-1

연립방정식 $\begin{cases} 4x-2(x+y)=6 \\ 3x+4(x-y)=27 \end{cases}$ 의 해가 (a, b)일 때, $a-b$의 값은?

① 1　　　　② 2　　　　③ 3

④ 4　　　　⑤ 5

4-2

연립방정식 $\begin{cases} 5x-2(3-2x)=8-4y \\ \dfrac{x}{2}+\dfrac{y}{3}=\dfrac{5}{3} \end{cases}$ 의 해가 일차방정식 $ax+2y-10=0$을 만족시킬 때, 상수 a의 값을 구하여라.

계수가 분수 또는 소수인 연립방정식의 풀이　　≫ 닮은꼴 문제

연립방정식 $\begin{cases} 0.04x+0.03y=0.18 \\ \dfrac{x}{2}-\dfrac{y}{4}=1 \end{cases}$ 의 해가 $x=a,\ y=b$ 일 때, ab의 값은?

① -4　　　　② -2　　　　③ 2

④ 4　　　　⑤ 6

5-1

연립방정식 $\begin{cases} \dfrac{x}{4}-\dfrac{y}{5}=\dfrac{2}{5} \\ 0.3x-0.2y=0.8 \end{cases}$ 을 만족시키는 $x,\ y$에 대하여 $x-\dfrac{1}{2}y$의 값을 구하여라.

5-2

연립방정식 $\begin{cases} x+\dfrac{2}{3}y=1 \\ \dfrac{x+y}{2}-y=-2 \end{cases}$ 의 해가 일차방정식 $2x-y=k$를 만족시킬 때, 상수 k의 값을 구하여라.

유형 · **6**　**$A=B=C$ 꼴의 연립방정식의 풀이**　　≫ 닮은꼴 문제

다음 연립방정식을 풀어라.

$$\dfrac{x+2y}{3}=\dfrac{3x+y}{4}=5$$

6-1

연립방정식 $\dfrac{2x+y}{4}=\dfrac{5x+3y-3}{2}=\dfrac{x-y-1}{6}$의 해가 $(a,\ b)$일 때, $a-b$의 값은?

① -4　　　　② -2　　　　③ 0

④ 2　　　　⑤ 4

6-2

연립방정식 $x+3y+2=ax+5y-4=1$의 해가 $x=5,\ y=b$일 때, 상수 $a,\ b$에 대하여 $a+b$의 값은?

① -1　　　　② 1　　　　③ 3

④ 5　　　　⑤ 7

» 닮은꼴 문제

유형·7 해가 특수한 연립방정식의 풀이

다음 연립방정식 중 해가 무수히 많은 것은?

① $\begin{cases} x+y=5 \\ x-y=5 \end{cases}$ ② $\begin{cases} x+y=4 \\ x+y=7 \end{cases}$

③ $\begin{cases} x=2y-3 \\ 2x+3y=5 \end{cases}$ ④ $\begin{cases} 2x+y=1 \\ 6x+3y=3 \end{cases}$

⑤ $\begin{cases} x-3y=2 \\ 2x-3y=4 \end{cases}$

7-1

연립방정식 $\begin{cases} ax-2y=-1 \\ 9x+6y=b \end{cases}$ 의 해가 무수히 많을 때, 상수 a, b에 대하여 $a+b$의 값은?

① -3 ② -1 ③ 0

④ 1 ⑤ 3

7-2

두 일차방정식 $2x-3y=-4$, $6x-9y=a$에 대하여 공통인 해가 없을 때, 다음 중 상수 a의 값이 될 수 없는 것은?

① -12 ② -6 ③ 1

④ 6 ⑤ 12

유형·8 해가 서로 같은 두 연립방정식

두 연립방정식 $\begin{cases} 3x-by=1 \\ 2x-3y=5 \end{cases}$, $\begin{cases} 3x-y=4 \\ ax+y=7 \end{cases}$ 의 해가 서로 같을 때, 상수 a, b에 대하여 $a+b$의 값은?

① -10 ② -6 ③ -2

④ 6 ⑤ 10

8-1

다음 두 연립방정식의 해가 서로 같을 때, 상수 a, b에 대하여 ab의 값은?

$$\begin{cases} 2x+y=2 \\ 3x-by=a+3 \end{cases}, \begin{cases} 3x+2y=1 \\ ax-y=b \end{cases}$$

① -4 ② -1 ③ 0

④ 1 ⑤ 4

8-2

다음 4개의 일차방정식이 한 개의 공통인 해를 가질 때, 상수 a, b에 대하여 $a+2b$의 값을 구하여라.

(가) $x+2y=7$ (나) $ax+by=-1$

(다) $4x-y=1$ (라) $bx+ay=5$

19 ◆ 연립방정식의 활용(1)

개념 1 연립방정식의 활용 문제 풀이(1)

❶ 미지수 정하기: 문제의 뜻을 파악하고 구하려는 것을 x, y로 놓는다.

❷ 연립방정식 세우기: 수량 사이의 관계를 찾아 연립방정식을 세운다.

❸ 연립방정식 풀기: 연립방정식을 풀어 x, y의 값을 구한다.

❹ 확인하기: 구한 x, y의 값이 문제의 뜻에 맞는지 확인한다.

> ◆ 나이, 개수, 횟수 등은 그 범위가 자연수이어야 하고, 길이, 거리, 농도 등은 양수이어야 한다.

> **풍쌤티** 합이 10이고 차가 6인 두 자연수 구하기
> ❶ 미지수 정하기: 두 자연수 중 큰 수를 x, 작은 수를 y로 놓으면
> ❷ 연립방정식 세우기: 합이 10, 차가 6이므로 $\begin{cases} x+y=10 \\ x-y=6 \end{cases}$
> ❸ 연립방정식 풀기: 연립방정식을 풀면 $x=8$, $y=2$
> ❹ 확인하기: 두 수의 합은 $8+2=10$, 차는 $8-2=6$이므로 구한 해, 즉 두 수 8과 2는 문제의 뜻에 맞는다.

◆ 예제 1 ◆

다음은 합이 63이고 차가 17인 두 정수를 구하는 과정이다. □ 안에 알맞은 것을 써넣어라.

> ❶ 미지수 정하기
>   두 수 중 큰 수를 x, 작은 수를 y라 하자.
> ❷ 연립방정식 세우기
>   조건에 맞게 연립방정식을 세우면
> $\begin{cases} x+y=\boxed{} \\ \boxed{} \end{cases}$
> ❸ 연립방정식 풀기
>   연립방정식을 풀면 $x=\boxed{}$, $y=\boxed{}$
> ❹ 확인하기
>   구한 x, y의 값이 문제의 조건을 만족시키므로 구하는 두 수는 $\boxed{}$, $\boxed{}$이다.

▶ **풀이** 두 수 중 큰 수를 x, 작은 수를 y라 하자.
조건에 맞게 연립방정식을 세우면
$\begin{cases} x+y=63 & \cdots\cdots ㉠ \\ x-y=17 & \cdots\cdots ㉡ \end{cases}$
㉠+㉡을 하면 $2x=80$ ∴ $x=40$
$x=40$을 ㉠에 대입하면
$40+y=63$ ∴ $y=23$
따라서 연립방정식의 해는 $x=40$, $y=23$
구한 x, y의 값이 문제의 조건을 만족시키므로 구하는 두 수는 40, 23이다.

▶ **답** 63, $x-y=17$, 40, 23, 40, 23

◆ 확인 1 ◆

닭과 토끼를 합해서 모두 30마리가 있고, 이들의 다리의 개수의 합이 80개일 때, 다음은 닭과 토끼의 수를 구하는 과정이다. □ 안에 알맞은 것을 써넣어라.

> ❶ 미지수 정하기
>   닭의 수를 x마리, 토끼의 수를 y마리라 하자.
> ❷ 연립방정식 세우기
>   조건에 맞게 연립방정식을 세우면
> $\begin{cases} \boxed{} \\ \boxed{} \end{cases}$
> ❸ 연립방정식 풀기
>   연립방정식을 풀면 $x=\boxed{}$, $y=\boxed{}$
> ❹ 확인하기
>   구한 x, y의 값이 문제의 조건을 만족시키므로 닭은 $\boxed{}$마리, 토끼는 $\boxed{}$마리이다.

개념 ✦ check

정답과 해설 28쪽 | 워크북 33~34쪽

01 합이 64이고 차가 38인 두 자연수를 구하여라.

→ 개념1
연립방정식의 활용 문제 풀이(1)

02 어느 중고차 매장에는 오토바이와 자동차를 합해서 모두 34대가 있고, 모든 바퀴의 수가 112개이다. 이 매장의 자동차 수를 구하여라.

→ 개념1
연립방정식의 활용 문제 풀이(1)

03 둘레의 길이가 24 cm이고, 가로의 길이가 세로의 길이보다 4 cm만큼 긴 직사각형이 있다. 이 직사각형의 가로와 세로의 길이를 각각 구하여라.

→ 개념1
연립방정식의 활용 문제 풀이(1)

04 어느 박물관의 입장료는 성인이 5000원, 청소년이 3000원이다. 성인과 청소년을 합하여 13명이 입장하고 57000원을 내었을 때, 입장한 청소년은 몇 명인지 구하여라.

→ 개념1
연립방정식의 활용 문제 풀이(1)

05 현재 형과 동생의 나이의 합은 30세이고, 3년 후에 형의 나이는 동생 나이의 2배가 된다고 한다. 현재 동생의 나이를 구하여라.

→ 개념1
연립방정식의 활용 문제 풀이(1)

20 · 연립방정식의 활용 (2)

개념1 │ 연립방정식의 활용 문제 풀이 (2)

(1) 거리, 속력, 시간에 대한 문제

① (거리) = (속력) × (시간)

② (속력) = $\dfrac{(거리)}{(시간)}$　③ (시간) = $\dfrac{(거리)}{(속력)}$

(2) 농도에 대한 문제

① (소금물의 농도) = $\dfrac{(소금의 양)}{(소금물의 양)} \times 100(\%)$

② (소금의 양) = $\dfrac{(소금물의 농도)}{100} \times (소금물의 양)$

풍쌤의 point 농도가 다른 두 소금물을 섞으면 농도는 변하지만 소금의 양은 변하지 않아. 즉, (섞기 전의 소금의 양) = (섞은 후의 소금의 양)이므로 소금의 양을 이용하여 식을 세워야 해.

- 시속은 1시간 동안 이동한 거리이므로 '시속 ■ km'로 주어지면 단위를 'km'와 '시간'으로 통일한다.
- 분속(초속)은 1분 (1초) 동안 이동한 거리이므로 '분속(초속) ● m'로 주어지면 단위를 'm'와 '분(초)'로 통일한다.
- 소금물의 농도란 소금물에서 소금이 차지하는 비율을 말한다.
- 소금물에 물을 더 넣거나 증발시켜도 소금의 양은 변하지 않는다.

✦ 예제 1 ✦

다음은 서영이가 등산을 하는데 올라갈 때는 시속 3 km로 걷고, 내려올 때는 다른 길을 택하여 시속 5 km로 걸어서 4시간 동안 총 14 km를 걸었다고 할 때, 서영이가 올라간 거리를 구하는 과정이다. □ 안에 알맞은 것을 써넣어라.

❶ 올라간 거리를 x km, 내려온 거리를 y km라 하자.

❷ 올라간 거리와 내려온 거리의 합이 14 km이고, 걸린 시간이 4시간이므로 조건에 맞게 연립방정식을 세우면 $\begin{cases} x+y= \boxed{} \\ \dfrac{x}{3} + \boxed{} = 4 \end{cases}$

❸ 연립방정식을 풀면 $x = \boxed{}$, $y = \boxed{}$

❹ 따라서 올라간 거리는 □ km, 내려온 거리는 □ km이다.

▶ **풀이** 연립방정식을 세우면

$\begin{cases} x+y=14 \\ \dfrac{x}{3} + \dfrac{y}{5} = 4 \end{cases}$ 에서 $\begin{cases} x+y=14 & \cdots\cdots \text{㉠} \\ 5x+3y=60 & \cdots\cdots \text{㉡} \end{cases}$

㉠×5 − ㉡을 하면 $2y=10$　∴ $y=5$

$y=5$를 ㉠에 대입하면 $x+5=14$　∴ $x=9$

따라서 올라간 거리는 9 km, 내려온 거리는 5 km이다.

▶ **답** 　14, $\dfrac{y}{5}$, 9, 5, 9, 5

✦ 확인 1 ✦

다음은 5 %의 소금물과 10 %의 소금물을 섞어서 7 %의 소금물 400 g을 만들었을 때, 5 %의 소금물과 10 %의 소금물의 양을 각각 구하는 과정이다. □ 안에 알맞은 것을 써넣어라.

❶ 5 %의 소금물의 양을 x g, 10 %의 소금물의 양을 y g이라 하자.

❷ 5 %의 소금물의 소금의 양은 $\left(\dfrac{5}{100} \times x \right)$ g이고, 10 %의 소금물의 소금의 양은 $\left(\boxed{} \right)$ g, 7 %의 소금물 400 g의 소금의 양은 $\dfrac{7}{100} \times 400 = 28$ (g)이므로 조건에 맞게 연립방정식을 세우면 $\begin{cases} x+y= \boxed{} \\ \dfrac{5}{100} x + \boxed{} = 28 \end{cases}$

❸ 연립방정식을 풀면 $x = \boxed{}$, $y = \boxed{}$

❹ 따라서 구한 x, y의 값이 문제의 조건을 만족시키므로 5 %의 소금물의 양은 □ g, 10 %의 소금물의 양은 □ g이다.

01 영준이가 등산을 하는데 올라갈 때는 시속 $3\,km$로 걷고, 내려올 때는 시속 $5\,km$로 걸어서 총 5시간이 걸렸다. 왕복 거리가 $19\,km$일 때, 올라간 거리를 구하여라.

→ 개념1
연립방정식의 활용 문제 풀이 (2)

02 등산을 하는 데 올라갈 때는 시속 $3\,km$로 걷고, 내려올 때는 올라갈 때보다 $3\,km$ 더 먼 길을 시속 $4\,km$로 걸어서 총 2시간 30분이 걸렸다. 올라간 거리를 구하여라.

→ 개념1
연립방정식의 활용 문제 풀이 (2)

03 8 %의 소금물과 5 %의 소금물을 섞어서 6 %의 소금물 $600\,g$을 만들었다. 8 % 의 소금물과 5 %의 소금물은 각각 몇 g을 섞었는지 구하여라.

→ 개념1
연립방정식의 활용 문제 풀이 (2)

04 10 %의 소금물에 소금을 더 넣어 25 %의 소금물 $300\,g$을 만들었다. 더 넣은 소금의 양을 구하여라.

→ 개념1
연립방정식의 활용 문제 풀이 (2)

05 4 %의 소금물과 9 %의 소금물을 섞어서 5 %의 소금물 $300\,g$을 만들었다. 섞은 두 소금물의 양의 차를 구하여라.

→ 개념1
연립방정식의 활용 문제 풀이 (2)

유형·1 수에 대한 문제

두 자리의 자연수가 있다. 각 자리의 숫자의 합은 9이고, 이 수의 십의 자리의 숫자와 일의 자리의 숫자를 바꾼 두 자리의 수는 처음 수보다 27이 작다. 처음 두 자리의 자연수는?

① 27   ② 36   ③ 45
④ 54   ⑤ 63

≫ 닮은꼴 문제

1-1

두 자리의 자연수가 있다. 이 수는 각 자리의 숫자의 합의 4배이고, 십의 자리의 숫자와 일의 자리의 숫자를 바꾼 수는 처음 수의 2배보다 12가 작다고 한다. 처음 두 자리의 자연수를 구하여라.

1-2

합이 45인 두 자연수가 있다. 큰 수를 작은 수로 나누면 몫이 6이고 나머지는 3일 때, 작은 수를 구하여라.

유형·2 가격에 대한 문제

사과 5개와 배 2개의 값은 5000원이고, 사과 3개와 배 4개의 값은 7200원이다. 사과 한 개와 배 한 개의 값을 각각 구하여라.

≫ 닮은꼴 문제

2-1

종현이는 120원짜리 우표와 500원짜리 우표를 합하여 9장을 사고 그 값으로 2600원을 지불하였다. 120원짜리 우표와 500원짜리 우표를 각각 몇 장씩 샀는지 구하여라.

2-2

A, B 두 종류의 과자가 있다. A 과자 4봉지와 B 과자 3봉지의 가격은 6200원이고, B 과자 한 봉지의 가격은 A 과자 한 봉지의 가격보다 200원 더 비싸다고 한다. A 과자 한 봉지의 가격을 구하여라.

유형·3 나이에 대한 문제

현재 어머니의 나이와 딸의 나이의 합은 51세이고, 12년 후에는 어머니의 나이가 딸의 나이의 2배가 된다고 한다. 현재 어머니의 나이와 딸의 나이를 각각 구하여라.

» 닮은꼴 문제

3-1

3년 전 어머니의 나이는 딸의 나이의 4배였는데, 현재로부터 2년 후에는 어머니의 나이가 딸의 나이의 3배가 된다고 한다. 현재 어머니의 나이와 딸의 나이를 각각 구하여라.

3-2

다음 두 사람의 대화를 읽고, 선생님의 물음에 답하여라.

> 효　림: 선생님, 10년 전에 선생님의 나이는 제 나이의 6배였어요.
>
> 선생님: 그랬니?
>
> 효　림: 그런데 10년 후엔 선생님의 나이가 제 나이의 2배가 돼요.
>
> 선생님: 현재 선생님하고 효림이의 나이 차는 얼마나 되지?

유형·4 일에 대한 문제

종혁이와 준수가 함께 일하면 4시간 만에 끝내는 일을 종혁이가 혼자 2시간 일하고 나서 준수가 혼자 8시간을 하여 끝냈다. 이 일을 준수가 혼자 한다면 몇 시간이 걸리는지 구하여라.

» 닮은꼴 문제

4-1

두 사람 A, B가 함께 일하면 6일 걸려서 끝내던 일을 A가 혼자 3일 하고 나머지는 B가 혼자 8일 하여 끝냈다. 이 일을 B가 혼자 한다면 며칠이 걸리는지 구하여라.

4-2

어떤 물탱크에 물을 가득 채우는데, A 호스로만 15분 동안 넣고 B 호스로만 8분 동안 넣으면 물이 가득 찬다. 또, 이 물탱크에 A 호스로만 10분 동안 넣고 B 호스로만 16분 동안 넣으면 물이 가득 찬다. A 호스로만 물을 가득 채우는 데 걸리는 시간을 구하여라.

증가, 감소에 대한 문제

작년 A 중학교의 학생은 모두 520명이었다. 올해는 작년에 비하여 여학생 수는 10 % 감소하고, 남학생 수는 20 % 증가하여 모두 540명이 되었다. A 중학교의 올해의 여학생 수와 남학생 수를 각각 구하여라.

» 닮은꼴 문제

5-1

어느 학교에서 올해는 작년에 비하여 남학생은 6 % 감소하고, 여학생은 2 % 증가하여 전체적으로 20명이 감소하였다고 한다. 올해 이 학교의 학생 수가 780명일 때, 올해의 여학생 수를 구하여라.

5-2

A, B 두 제품을 생산하는 어느 공장에서 지난 달에는 두 제품을 합하여 총 600개를 만들었다. 이번 달에는 지난달에 비하여 A 제품의 생산량이 7 % 증가하고, B 제품의 생산량이 5 % 감소하여 전체적으로 지난달보다 생산량이 1 % 감소하였다고 한다. 이번 달에 생산한 A 제품과 B 제품의 개수를 각각 구하여라.

유형·6 **거리, 속력, 시간에 대한 문제(1)**

수진이네 집은 학교로부터 1.5 km 떨어져 있다. 어느 날 수진이가 등교하는데 분속 60 m로 걷다가 늦을 것 같아서 분속 120 m로 뛰어갔더니 20분 만에 학교에 도착하였다. 수진이가 분속 120 m로 뛰어간 거리는 몇 m인지 구하여라.

» 닮은꼴 문제

6-1

소연이는 걷기 운동을 하는데 처음에는 시속 4 km로 걷다가 나중에는 시속 6 km로 걸어서 2시간 30분이 걸렸다. 소연이가 걸은 거리가 총 13 km일 때, 시속 6 km로 걸은 거리를 구하여라.

6-2

1.6 km 떨어진 두 지점에서 서준이와 윤정이가 마주 보고 동시에 출발하여 도중에 만났다. 서준이는 분속 300 m로 자전거를 타고 가고 윤정이는 분속 100 m로 걸어갔을 때, 서준이가 자전거를 타고 간 거리는 몇 km인지 구하여라.

일정한 속력으로 달리는 기차가 900 m 길이의 다리를 완전히 지나가는 데 1분이 걸리고, 1900 m 길이의 터널을 완전히 통과하는 데 2분이 걸린다고 한다. 기차의 길이는?

① 100 m   ② 150 m   ③ 250 m
④ 300 m   ⑤ 350 m

» 닮은꼴 문제

7-1

일정한 속력으로 달리는 기차가 1 km 길이의 터널을 완전히 통과하는 데 1분 40초가 걸리고, 400 m 길이의 다리를 완전히 지나가는 데 50초가 걸린다고 한다. 기차의 길이와 속력을 각각 구하여라.

7-2

속력이 일정한 배를 타고 길이가 36 km인 강을 거슬러 올라가는 데 3시간이 걸렸고, 강을 따라 내려오는 데 2시간이 걸렸다. 정지하고 있는 물에서의 배의 속력과 강물의 속력을 각각 구하여라. (단, 강물의 속력은 일정하다.)

농도가 다른 두 소금물 A, B가 있다. A 소금물 200 g과 B 소금물 400 g을 섞으면 7 %의 소금물이 되고, A 소금물 400 g과 B 소금물 200 g을 섞으면 6 %의 소금물이 될 때, A 소금물의 농도를 구하여라.

» 닮은꼴 문제

8-1

4 %의 소금물과 6 %의 소금물을 섞은 후 물 100 g을 더 넣어 3 %의 소금물 300 g을 만들었다. 4 %의 소금물은 몇 g을 섞었는가?

① 50 g   ② 100 g   ③ 150 g
④ 200 g   ⑤ 250 g

8-2

A는 구리를 15 %, 주석을 15 % 포함한 합금이고, B는 구리를 10 %, 주석을 30 % 포함한 합금이다. 이 두 종류의 합금을 녹여서 구리를 50 g, 주석을 60 g 포함하는 합금을 만들려고 할 때, 필요한 합금 A, B의 양은 각각 몇 g인지 구하여라.

01 x, y에 대한 일차방정식 $5x-ay=4$의 한 해가 $(a, 3)$이고 $x=-4$일 때, $y=b$이다. 상수 a, b에 대하여 $a-b$의 값은?

① 15   ② 14   ③ 13

④ 12   ⑤ 11

02 연립방정식 $\begin{cases} x-y=4 \\ ax+y=11 \end{cases}$ 의 해가 $(3, b)$일 때, 상수 a의 값은?

① -4 ② -2 ③ 0

④ 2 ⑤ 4

03 연립방정식 $\begin{cases} 2x-3y=-7 \\ 4x+5y=-3 \end{cases}$ 을 만족시키는 x, y에 대하여 x^2-xy+y^2의 값은?

① 3   ② 5   ③ 7

④ 9   ⑤ 11

04 다음 세 일차방정식을 동시에 만족시키는 해가 (a, b)일 때, 상수 m의 값은?

$$x+2y=8,\ y=2x-1,\ mx-3y=-7$$

① 1   ② 2   ③ 3

④ 4   ⑤ 5

05 찬우와 태균이가 연립방정식 $\begin{cases} ax+y=-4 \\ x+by=7 \end{cases}$ 을 푸는데 찬우는 a를 잘못 보고 풀어 해를 $x=5$, $y=1$로 구하였고, 태균이는 b를 잘못 보고 풀어 해를 $x=-3$, $y=-10$으로 구하였다. 처음 연립방정식의 해는?

(단, a, b는 상수)

① $x=-1$, $y=2$ ② $x=1$, $y=-2$

③ $x=2$, $y=3$ ④ $x=3$, $y=2$

⑤ $x=3$, $y=3$

06 연립방정식 $\begin{cases} \dfrac{1}{3}x-\dfrac{1}{2}y=\dfrac{5}{6} \\ 0.1x+0.3y=-0.2 \end{cases}$ 의 해가 (a, b)일 때, $10ab$의 값은?

① -6 ② -7 ③ -8

④ -9 ⑤ -10

07 연립방정식 $\begin{cases} x-2y=-6 \\ ax+4y=3 \end{cases}$ 의 해가 $x:y=2:3$을 만족시킬 때, 상수 a의 값은?

① -8 ② -5 ③ -1

④ 5 ⑤ 8

08 다음 등식을 만족시키는 x, y에 대하여 x^2+y^2의 값은?

$$x-y+7=3x+y+5=2x-3y$$

① 5   ② 7   ③ 13

④ 17   ⑤ 25

09 연립방정식 $\begin{cases} 2x+ay=5 \\ bx+9y=15 \end{cases}$ 의 해가 2개 이상일 때,
상수 a, b에 대하여 $b-a$의 값은?

① 1   ② 2   ③ 3

④ 4   ⑤ 5

10 연립방정식 $\begin{cases} 3x+ay=3 \\ bx+2y=1 \end{cases}$ 의 해가 없을 때, 자연수
a, b의 순서쌍 (a, b)의 개수는?

① 2   ② 3   ③ 4

④ 5   ⑤ 6

11 두 자리의 자연수가 있다. 각 자리의 숫자의 합은 13
이고, 이 수의 십의 자리의 숫자와 일의 자리의 숫자
를 바꾼 수는 처음 수보다 9가 클 때, 각 자리의 숫자
의 제곱의 합은?

① 41   ② 85   ③ 97

④ 113   ⑤ 145

12 환경 콘서트에 어느 학교의 전체 학생 300명 중 남학
생의 $\frac{1}{8}$과 여학생의 $\frac{3}{10}$이 참가하였다. 참가한 학생
이 모두 62명일 때, 이 학교의 남학생과 여학생은 각
각 몇 명인지 구하여라.

13 집에서 학교까지 가는데 형이 출발한 지 30분 후에
동생이 출발하였다. 형이 시속 4 km로 걸어서 가고
동생은 시속 12 km로 자전거를 타고 갈 때, 동생은
출발한 지 몇 분 후에 형을 만나게 되는가?

① 12분   ② 15분   ③ 30분

④ 40분   ⑤ 45분

14 2 %의 소금물 200 g이 있다. 이 소금물에서 x g을
덜어낸 후 10 %의 소금물 y g을 섞었더니 4 %의 소
금물 120 g이 되었다. $x+y$의 값을 구하여라.

15 다음은 고대 그리스의 수학자 유클리드의 시화집에
실린 글이다.

> 당나귀와 노새가 터벅터벅 자루를 운반하고 있
> 었네. 너무도 짐이 무거워 당나귀가 한탄하네.
> 노새가 당나귀에게 말하길
>   "연약한 소녀가 울 듯이 어째서 너는 한탄하
>   고 있니? 네가 진 짐 중 한 자루를 내 등에
>   옮겨 놓으면 내 짐은 네 짐의 2배가 되는걸.
>   내 짐 중 한 자루를 네 등에 옮겨 놓으면 네
>   짐과 내 짐은 같게 되지."
> 수학을 아는 사람들이여, 어서어서 가르쳐 주
> 세요. 노새와 당나귀의 짐이 몇자루인지를.

연립방정식을 이용하여 당나귀와 노새가 진 짐의 개
수를 차례로 구하면?

① 3자루, 5자루   ② 4자루, 6자루

③ 5자루, 7자루   ④ 6자루, 8자루

⑤ 7자루, 9자루

≡ 서술형 꽉 잡기 ≡

주어진 단계에 따라 쓰는 유형

16 연립방정식 $\begin{cases} 3x-y=4 \\ x+2y=-k \end{cases}$ 를 만족시키는 y의 값이 x의 값의 2배보다 1이 작다고 한다. 상수 k의 값을 구하여라.

> **· 생각해 보자 ·**
>
> **구하는 것은?** 상수 k의 값
>
> **주어진 것은?** ① 연립방정식 $\begin{cases} 3x-y=4 \\ x+2y=-k \end{cases}$
>
>   ② y의 값이 x의 값의 2배보다 1이 작다.

> 풀이

[1단계] 주어진 조건을 식으로 나타내기 (30 %)

[2단계] x, y의 값 구하기 (40 %)

[3단계] 상수 k의 값 구하기 (30 %)

> 답

풀이 과정을 자세히 쓰는 유형

17 연립방정식 $3x-7y-4=-5x+3y=-9$의 해가 일차방정식 $ax+4y=5$를 만족시킬 때, 상수 a의 값을 구하여라.

> 풀이

> 답

18 길이가 5.3 km인 터널을 완전히 통과하는 데 2분이 걸리는 기차가 길이가 0.8 km인 철교를 완전히 통과하는 데 20초가 걸린다고 한다. 기차의 길이와 기차의 속력을 각각 구하여라. (단, 기차의 속력은 일정하고, 단위는 초속으로 나타내어라.)

> 풀이

> 답

III. 일차함수

1. 일차함수와 그래프

21 함수와 함숫값

개념1 ꠸ 함수와 함숫값

(1) 함수

두 변수 x, y에 대하여 x의 값이 변함에 따라 y의 값이 하나씩 정해지는 두 양 사이의 대응 관계가 성립할 때, y를 x의 함수라 하고, 기호 $y=f(x)$로 나타낸다.

예 $y=2x$ $\xrightarrow[y는\ x의\ 함수]{y=f(x)}$ $f(x)=2x$

(2) 함숫값

함수 $y=f(x)$에서 x의 값에 따라 하나로 정해지는 y의 값을 x의 함숫값이라 하며, 이것을 기호 $f(x)$로 나타낸다.

예 함수 $f(x)=3x+1$에서 $x=2$일 때의 함숫값은 $f(2)=3\times2+1=7$
x에 2를 대입

(3) 함수의 그래프

함수 $y=f(x)$에서 x의 값과 그 값에 따라 하나로 정해지는 함숫값 y의 순서쌍 (x, y)를 좌표로 하는 점을 좌표평면 위에 모두 나타낸 것을 그 함수의 그래프라 한다.

> • x의 값이 하나일 때
> → y의 값도 하나 ⇒ 함수 (○)
> y의 값이 없거나 여러 개 ⇒ 함수 (×)

> • 함숫값의 표현
> 함수 $f(x)$에서 $f(a)$
> ⟺ $x=a$일 때, y의 값
> ⟺ $x=a$에서 함숫값 y
> ⟺ $f(x)$에 x 대신 a를 대입하여 얻은 값

> • x의 값에 따른 함수의 그래프
> 함수 $y=f(x)$의 그래프를 그릴 때, x의 값이 3개가 주어지면 좌표평면 위의 점은 3개이다.

✦예제 1✦

한 개에 600원인 아이스크림 x개의 가격을 y원이라 할 때, 다음 물음에 답하여라.

(1) x의 값이 변함에 따라 정해지는 y의 값을 나타낸 다음 표를 완성하여라.

x(개)	1	2	3	4	⋯
y(원)					⋯

(2) x와 y 사이의 관계식을 구하여라.

(3) $x=12$일 때의 함숫값을 구하여라.

▶풀이 (1)

x(개)	1	2	3	4	⋯
y(원)	600	1200	1800	2400	⋯

▶답 (1) 풀이 참조 (2) $y=600x$ (3) 7200

✦확인 1✦

하루 24시간 중 낮의 길이를 x시간, 밤의 길이를 y시간이라 할 때, 다음 물음에 답하여라.

(1) x의 값이 변함에 따라 정해지는 y의 값을 나타낸 다음 표를 완성하여라.

x(시간)	10	11	12	13	⋯
y(시간)					⋯

(2) x와 y 사이의 관계식을 구하여라.

(3) $f(18)$의 값을 구하여라.

✦예제 2✦

함수 $y=-2x$에서 x의 값이 -2, -1, 0, 1, 2일 때, 함수의 그래프를 오른쪽 좌표평면 위에 그려라.

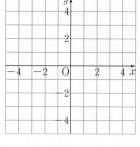

▶답

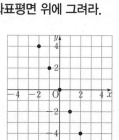

✦확인 2✦

함수 $y=\dfrac{1}{3}x$에서 x의 값이 -6, -3, 0, 3, 6일 때, 함수의 그래프를 오른쪽 좌표평면 위에 그려라.

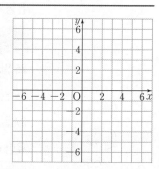

01 길이가 30 cm인 초에 불을 붙이면 초는 1분에 2 cm씩 타서 줄어든다. 불을 붙인 지 x분 후 남은 초의 길이를 y cm라 할 때, 물음에 답하여라.

→ 개념1
함수와 함숫값

(1) 다음 표를 완성하여라.

x(분)	1	2	3	4	5
y(cm)					

(2) x와 y 사이의 관계식을 구하여라.

02 다음 중 y가 x의 함수이면 ○표, 함수가 아니면 ×표를 ( ) 안에 써넣어라.

→ 개념1
함수와 함숫값

(1) 한 개에 900원인 사과 x개의 값 y원 ( )

(2) 자연수 x보다 작은 홀수 y ( )

(3) 가로의 길이가 5 cm, 세로의 길이가 x cm인 직사각형의 넓이 y cm² ( )

03 함수 $f(x)=3x$에 대하여 다음을 구하여라.

→ 개념1
함수와 함숫값

(1) $x=4$일 때의 함숫값   (2) $f(-2)$의 값

04 x의 값이 -4, -2, 0, 2, 4일 때, 다음 함수의 그래프를 좌표평면 위에 각각 그려라.

→ 개념1
함수와 함숫값

(1) $y=\dfrac{1}{2}x$

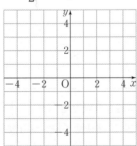

(2) $y=-x$

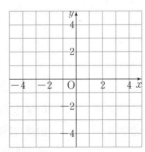

22·일차함수와 그 그래프

개념1 │ 일차함수

함수 $y=f(x)$에서

$$y=ax+b \ (a, \ b는 \ 상수, \ a \neq 0)$$

와 같이 y가 x에 대한 일차식으로 나타내어질 때, 이 함수를 x의 일차함수라 한다.

예 $y=2x+4,\ y=-3x,\ y=\dfrac{1}{3}x-2$는 일차함수이다.

> **풍쌤의 point** 함수에서 특별한 언급이 없을 때는 x, y의 값은 수 전체로 생각해.

> · a, b는 상수이고 $a \neq 0$일 때,
> ① $ax+b$ ⇒ 일차식
> ② $ax+b=0$ ⇒ 일차방정식
> ③ $ax+b>0$ ⇒ 일차부등식
> ④ $y=ax+b$ ⇒ 일차함수

◆ 예제 1 ◆

다음 중 일차함수이면 ○표, 일차함수가 아니면 ×표를 ( ) 안에 써넣어라.

(1) $y=3x-4$ ( )　　(2) $y=8$ ( )

> **풀이** (1) y가 x에 대한 일차식이므로 일차함수이다.
> (2) y가 x에 대한 일차식이 아니므로 일차함수가 아니다.

> **답** (1) ○　(2) ×

◆ 확인 1 ◆

다음 중 일차함수이면 ○표, 일차함수가 아니면 ×표를 ( ) 안에 써넣어라.

(1) $y=\dfrac{1}{2}x+1$ ( )　　(2) $y=-\dfrac{3}{x}$ ( )

개념2 │ 일차함수 $y=ax+b \ (a \neq 0)$의 그래프

(1) x의 값의 범위가 수 전체일 때, 일차함수 $y=ax+b$의 그래프는 직선이 된다. 이때 서로 다른 두 점을 지나는 직선은 오직 하나뿐이므로 일차함수 $y=ax+b$의 그래프는 그래프가 지나는 서로 다른 두 점을 찾아 직선으로 연결하여 그릴 수 있다.

(2) **평행이동**: 한 도형을 일정한 방향으로 일정한 거리만큼 옮기는 것을 평행이동이라 한다.

> **풍쌤의 point** 평행이동을 하여도 도형의 모양은 변하지 않아.

(3) 일차함수 $y=ax+b \ (a \neq 0)$의 그래프
일차함수 $y=ax+b$의 그래프는 일차함수 $y=ax$의 그래프를 y축의 방향으로 b만큼 평행이동한 것이다.

예 일차함수 $y=3x-4$의 그래프는 일차함수 $y=3x$의 그래프를 y축의 방향으로 -4만큼 평행이동한 것이다.

> · 일차함수 $y=ax+b(a \neq 0)$의 그래프 그리기
> ① $b>0$이면 일차함수 $y=ax$의 그래프를 y축의 양의 방향으로 $|b|$만큼 평행이동하여 그린다.
> ② $b<0$이면 일차함수 $y=ax$의 그래프를 y축의 음의 방향으로 $|b|$만큼 평행이동하여 그린다.

◆ 예제 2 ◆

다음 일차함수의 그래프를 y축의 방향으로 [ ] 안의 수만큼 평행이동한 직선을 그래프로 하는 일차함수의 식을 구하여라.

(1) $y=2x$ $[\ 3\ ]$　　(2) $y=-x$ $[\ 1\ ]$

> **답** (1) $y=2x+3$　(2) $y=-x+1$

◆ 확인 2 ◆

다음 일차함수의 그래프를 y축의 방향으로 [ ] 안의 수만큼 평행이동한 직선을 그래프로 하는 일차함수의 식을 구하여라.

(1) $y=5x$ $\left[\ -\dfrac{2}{7}\ \right]$　　(2) $y=-\dfrac{3}{4}x$ $[\ -2\ ]$

개념 ✦ check

정답과 해설 34쪽 ㅣ 워크북 39~40쪽

01 다음 〈보기〉 중 일차함수인 것을 모두 골라라.

> 보기
>
> ㄱ. $y=3$ ㄴ. $y=3x+4$ ㄷ. $y=2(x-2)$ ㄹ. $y=x(x+5)$
>
> ㅁ. $y=6-x$ ㅂ. $y=\dfrac{2}{x}+4$ ㅅ. $y=\dfrac{x}{3}+5$ ㅇ. $y=x^2-4$

➔ 개념1
일차함수

02 다음에서 y를 x에 대한 식으로 나타내고, y가 x의 일차함수인 것을 모두 골라라.

(1) 올해 15세인 윤정이의 x년 후의 나이는 y세이다.

(2) 하루 중 낮의 길이를 x시간이라 할 때, 밤의 길이는 y시간이다.

(3) 한 변의 길이가 x cm인 정사각형의 넓이는 y cm^{2}이다.

(4) 시속 x km로 2시간 동안 달린 거리는 y km이다.

➔ 개념1
일차함수

03 다음 일차함수의 그래프를 y축의 방향으로 [   ] 안의 수만큼 평행이동한 직선을 그래프로 하는 일차함수의 식을 구하여라.

(1) $y=\dfrac{3}{2}x+2$ $[\,-4\,]$ (2) $y=-3x+5$ $[\,3\,]$

(3) $y=-4x-1$ $[\,-2\,]$ (4) $y=-\dfrac{3}{5}x-3$ $[\,7\,]$

➔ 개념2
일차함수 $y=ax+b\,(a\neq0)$의
그래프

04 다음 그림은 두 일차함수 $y=\dfrac{1}{3}x$, $y=-2x$의 그래프이다. 이 그래프를 이용하여 다음 일차함수의 그래프를 그려라.

(1) $y=\dfrac{1}{3}x-1$ (2) $y=-2x+3$

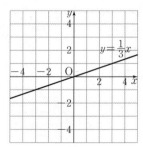

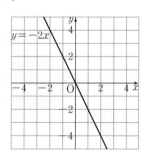

➔ 개념2
일차함수 $y=ax+b\,(a\neq0)$의
그래프

23 · 일차함수의 그래프의 x절편, y절편

개념 1 x절편과 y절편

(1) x절편: 일차함수의 그래프가 x축과 만나는 점의 x좌표 ➜ $y=0$일 때의 x의 값
(2) y절편: 일차함수의 그래프가 y축과 만나는 점의 y좌표 ➜ $x=0$일 때의 y의 값
(3) 일차함수 $y=ax+b$의 그래프의 x절편, y절편

　① $y=0$일 때 $x=-\dfrac{b}{a}$, 즉 x절편 ➜ $-\dfrac{b}{a}$

　② $x=0$일 때 $y=b$, 즉 y절편 ➜ b(상수항)

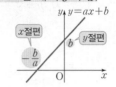

> ◆ x절편과 y절편을 좌표로 표현하지 않도록 주의한다.
> ➜ x절편: -2 (○)
> 　 y절편: $(0,\ -2)$ (×)

◆ 예제 1 ◆

다음은 일차함수 $y=-x+3$의 그래프의 x절편과 y절편을 구하는 과정이다. ☐ 안에 알맞은 수를 써넣어라.

> x절편: $y=-x+3$에 $y=$☐을 대입하면
> 　　　　☐$=-x+3$　∴ $x=3$
> y절편: $y=-x+3$에 $x=$☐을 대입하면 $y=$☐
> 따라서 일차함수 $y=-x+3$의 그래프의 x절편
> 은 ☐이고, y절편은 ☐이다.

▷ 답　0, 0, 0, 3, 3, 3

◆ 확인 1 ◆

다음은 일차함수 $y=2x+1$의 그래프의 x절편과 y절편을 구하는 과정이다. ☐ 안에 알맞은 수를 써넣어라.

> x절편: $y=2x+1$에 $y=$☐을 대입하면
> 　　　　☐$=2x+1$　∴ $x=$☐
> y절편: $y=2x+1$에 $x=$☐을 대입하면 $y=$☐
> 따라서 일차함수 $y=2x+1$의 그래프의 x절편은
> 　　☐이고, y절편은 ☐이다.

개념 2 x절편과 y절편을 이용하여 일차함수의 그래프 그리기

❶ x절편과 y절편을 각각 구한다.
❷ x축, y축과 만나는 두 점 (x절편, 0), (0, y절편)을 좌표평면 위에 나타낸다.
❸ 두 점을 직선으로 연결한다.

> **풍쌤의 point**　서로 다른 두 점을 지나는 직선은 오직 하나뿐이므로 x절편과 y절편을 알면
> 　　　　　　　　일차함수의 그래프를 쉽게 그릴 수 있어.

◆ 예제 2 ◆

어떤 일차함수의 그래프의 x절편이 -2, y절편이 1일 때, 오른쪽 좌표평면 위에 그 그래프를 그려라.

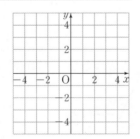

▷ 답

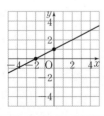

◆ 확인 2 ◆

어떤 일차함수의 그래프의 x절편이 3, y절편이 2일 때, 오른쪽 좌표평면 위에 그 그래프를 그려라.

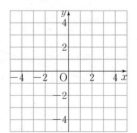

개념◆check

정답과 해설 35쪽 l 워크북 41쪽

01 다음 일차함수의 그래프를 보고, x절편과 y절편을 각각 구하여라.

(1) $y=\dfrac{1}{2}x+1$ (2) $y=-3x+3$

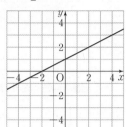 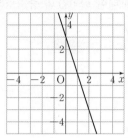

→ 개념1
x절편과 y절편

02 다음 일차함수의 x절편과 y절편을 각각 구하여라.

(1) $y=3x-6$ (2) $y=-4x+10$

→ 개념1
x절편과 y절편

03 일차함수 $y=-\dfrac{2}{3}x+2$에 대하여 다음 물음에 답하여라.

(1) x절편과 y절편을 각각 구하여라.

(2) 다음 □ 안에 알맞은 수를 써넣고, 그 그래프를 그려라.

> 일차함수 $y=-\dfrac{2}{3}x+2$의 그래프는 두 점 (□, 0), (0, □)를 지나므로 이 두 점을 직선으로 연결하면 오른쪽 그림과 같다.
>
>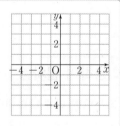

→ 개념2
x절편과 y절편을 이용하여 일차함수의 그래프 그리기

04 다음 일차함수의 그래프의 x절편과 y절편을 각각 구하고, 이를 이용하여 그 그래프를 그려라.

(1) $y=\dfrac{3}{2}x-3$ (2) $y=-x-2$

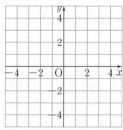 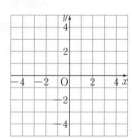

→ 개념2
x절편과 y절편을 이용하여 일차함수의 그래프 그리기

24 · 일차함수의 그래프의 기울기

개념1 일차함수 $y=ax+b\,(a\neq0)$의 그래프의 기울기

일차함수 $y=ax+b$에서 x의 값의 증가량에 대한 y의 값의 증가량의 비율은 항상 일정하며, 그 비율은 x의 계수 a와 같다.

이 증가량의 비율 a를 일차함수 $y=ax+b$의 그래프의 기울기라 한다.

$$(\text{기울기})=\frac{(y\text{의 값의 증가량})}{(x\text{의 값의 증가량})}=a$$
　$\underset{x\text{의 계수}}{}$

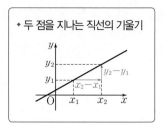

$y=ax+b$
기울기　y절편

풍쌤tip 일차함수의 그래프가 두 점 $(x_1,\,y_1)$, $(x_2,\,y_2)$를 지날 때의 기울기는
→ $\dfrac{y_2-y_1}{x_2-x_1}=\dfrac{y_1-y_2}{x_1-x_2}=a$ (단, $x_1\neq x_2$)

· 두 점을 지나는 직선의 기울기

◆예제 1◆

일차함수의 그래프의 x의 값의 증가량에 대한 y의 값의 증가량이 다음과 같을 때, 기울기를 구하여라.

> x의 값이 1만큼 증가할 때, y의 값이 4만큼 증가
>
> → $(\text{기울기})=\dfrac{(y\text{의 값의 증가량})}{(x\text{의 값의 증가량})}=\dfrac{\boxed{}}{\boxed{}}=\boxed{}$

〉답　4, 1, 4

◆확인 1◆

일차함수의 그래프의 x의 값의 증가량에 대한 y의 값의 증가량이 다음과 같을 때, 기울기를 구하여라.

> x의 값이 -2만큼 증가할 때, y의 값이 -3만큼 증가
>
> → $(\text{기울기})=\dfrac{(y\text{의 값의 증가량})}{(x\text{의 값의 증가량})}=\dfrac{\boxed{}}{\boxed{}}=\boxed{}$

개념2 기울기와 y절편을 이용하여 일차함수 $y=ax+b\,(a\neq0)$의 그래프 그리기

❶ y절편이 b이므로 점 $(0,\,b)$를 좌표평면 위에 나타낸다.
❷ 기울기를 이용하여 그래프가 지나는 다른 한 점을 찾는다.
❸ ❶, ❷의 두 점을 직선으로 연결한다.

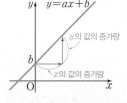

· 일차함수 $y=ax+b\,(a\neq0)$의 그래프는 점 $(0,\,b)$와 이 점에서 x축, y축의 방향으로 각각 1만큼, a만큼 이동한 점 $(1,\,a+b)$를 지난다.

◆예제 2◆

어떤 일차함수의 그래프의 기울기가 2, y절편이 -1일 때, 오른쪽 좌표평면 위에 그 그래프를 그려라.

〉답

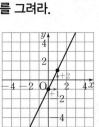

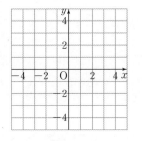

◆확인 1◆

어떤 일차함수의 그래프의 기울기가 $-\dfrac{1}{2}$, y절편이 2일 때, 오른쪽 좌표평면 위에 그 그래프를 그려라.

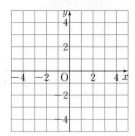

개념 ✦ check

정답과 해설 35~36쪽 ㅣ 워크북 42쪽

01 다음 일차함수의 그래프에서 x의 값의 증가량에 대한 y의 값의 증가량의 비율을 구하여라.

(1) $y=\dfrac{5}{4}x-5$

(2) $y=-x+4$

(3) $y=7-3x$

(4) $y=x+2$

→ 개념1
일차함수 $y=ax+b$ $(a\neq 0)$의
그래프의 기울기

02 일차함수의 그래프의 기울기를 이용하여 다음을 구하여라.

(1) $y=-x+3$의 그래프에서 x의 값의 증가량이 4일 때, y의 값의 증가량

(2) $y=\dfrac{2}{5}x-1$의 그래프에서 x의 값이 -1에서 9까지 증가할 때, y의 값의 증가량

→ 개념1
일차함수 $y=ax+b$ $(a\neq 0)$의
그래프의 기울기

03 다음 두 점을 지나는 직선의 기울기를 구하여라.

(1) $(-1, 1)$, $(1, 3)$

(2) $(0, 1)$, $(2, 5)$

(3) $(1, -3)$, $(-11, 3)$

(4) $(1, 2)$, $(3, -7)$

→ 개념1
일차함수 $y=ax+b$ $(a\neq 0)$의
그래프의 기울기

04 다음 일차함수의 그래프의 기울기와 y절편을 각각 구하고, 이를 이용하여 그 그래프를 그려라.

(1) $y=\dfrac{1}{3}x-2$

(2) $y=-2x+2$

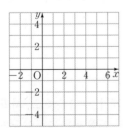

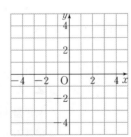

→ 개념2
기울기와 y절편을 이용하여 일차함수 $y=ax+b$ $(a\neq 0)$의 그래프 그리기

유형·check

유형·1 함숫값

다음 함수 $f(x)$에 대하여 $f(12)$의 값을 구하여라.

(1) $f(x) = -\dfrac{3}{4}x + 1$

(2) $f(x) = \dfrac{3}{x}$

» 닮은꼴 문제

1-1

함수 $f(x) = -\dfrac{1}{2}x + 3$에 대하여 $f(-4) - f(2)$의 값을 구하여라.

1-2

함수 $f(x) = 2x + 5$에 대하여 $f\left(\dfrac{3}{2}\right) = a$, $f(b) = -3$일 때, $\dfrac{a}{b}$의 값은?

① -2 ② $-\dfrac{1}{2}$ ③ $\dfrac{1}{2}$

④ $\dfrac{3}{2}$ ⑤ 2

유형·2 일차함수

다음 중 y가 x의 일차함수인 것을 모두 고르면?

(정답 3개)

① 반지름의 길이가 x cm인 원의 넓이 y cm²

② 10 km의 거리를 x시간 동안 달린 자전거의 속력 시속 y km

③ 500원짜리 과자 1봉지와 700원짜리 초콜릿 x개의 가격 y원

④ 전교생이 300명이고 여학생 수가 x명인 어느 중학교의 남학생 수 y명

⑤ 가로의 길이가 5 cm이고 세로의 길이가 x cm인 직사각형의 넓이 y cm²

» 닮은꼴 문제

2-1

다음 〈보기〉 중 y가 x의 일차함수인 것을 모두 골라라.

> **보기**
>
> ㄱ. 놀이공원의 입장료가 1인당 x원일 때, 12명의 놀이공원의 입장료는 y원이다.
>
> ㄴ. 밑변의 길이가 x cm, 높이가 y cm인 삼각형의 넓이는 20 cm²이다.
>
> ㄷ. 온도가 40 ℃인 어떤 물체의 온도가 1분에 3 ℃씩 올라갈 때, x분 후의 온도는 y ℃이다.

2-2

사과를 나르는 트럭의 무게가 2000 kg이고, 사과 한 개의 무게가 0.2 kg이다. 사과 x개를 실은 트럭의 무게를 y kg이라 하자. x와 y 사이의 관계식을 구하고, y가 x의 일차함수인지 말하여라.

유형·3 일차함수 $y=ax+b$ $(a \neq 0)$의 그래프

일차함수 $y=-3x+p$의 그래프를 y축의 방향으로 2만큼 평행이동하였더니 일차함수 $y=qx-1$의 그래프가 되었다. 상수 p, q에 대하여 $p-q$의 값을 구하여라.

» 닮은꼴 문제

3-1

일차함수 $y=2x-3$의 그래프는 일차함수 $y=ax$의 그래프를 y축의 방향으로 b만큼 평행이동한 것이다. a, b에 대하여 ab의 값을 구하여라. (단, a는 상수)

3-2

다음 일차함수의 그래프 중 일차함수 $y=-\dfrac{1}{2}x$의 그래프를 평행이동하였을 때 겹쳐지는 것은?

① $y=-2x$ 　　② $y=-x+1$

③ $y=-\dfrac{1}{2}x+4$ 　　④ $y=\dfrac{1}{2}x-3$

⑤ $y=2x-3$

유형·4 일차함수의 그래프의 x절편, y절편

일차함수 $y=2x$의 그래프를 y축의 방향으로 -3만큼 평행이동한 그래프의 x절편, y절편을 각각 구하여라.

» 닮은꼴 문제

4-1

일차함수 $y=\dfrac{1}{3}x-b$의 그래프가 오른쪽 그림과 같을 때, 점 A의 좌표는? (단, b는 상수)

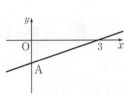

① $(-1, 0)$ 　　② $(0, -2)$

③ $(0, -1)$ 　　④ $(0, 1)$

⑤ $(1, 0)$

4-2

일차함수 $y=ax+b$의 그래프의 x절편이 3, y절편이 -2일 때, 상수 a, b에 대하여 $a+b$의 값은?

① $-\dfrac{5}{3}$ 　　② $-\dfrac{4}{3}$ 　　③ -1

④ $-\dfrac{2}{3}$ 　　⑤ $-\dfrac{1}{3}$

다음 일차함수의 그래프 중 x의 값이 3만큼 증가할 때, y의 값이 6만큼 감소하는 것은?

① $y=-4x+1$ ② $y=-2x-3$

③ $y=-x+1$ ④ $y=2x+4$

⑤ $y=3x-5$

>> 닮은꼴 문제

5-1

일차함수 $y=ax+3$의 그래프에서 x의 값이 2만큼 증가할 때, y의 값은 4만큼 감소한다. 상수 a의 값을 구하여라.

5-2

x절편이 3이고, y절편이 -2인 일차함수의 그래프의 기울기는?

① $-\dfrac{3}{2}$ ② $-\dfrac{2}{3}$ ③ $\dfrac{2}{3}$

④ $\dfrac{3}{2}$ ⑤ 3

세 점 $(1, 0)$, $(-3, 4)$, $(6, k)$가 한 직선 위에 있을 때, k의 값을 구하여라.

>> 닮은꼴 문제

6-1

두 점 $(4k, k+1)$, $(2, -1)$을 지나는 직선 위에 점 $(-2, -3)$이 있을 때, k의 값을 구하여라.

6-2

세 점 $(-1, 6)$, $(1, 3a-4)$, $(2, a-2)$가 한 직선 위에 있을 때, a의 값을 구하여라.

유형·7 일차함수의 그래프 그리기

다음 중 일차함수 $y=\dfrac{3}{5}x-3$의 그래프로 알맞은 것은?

① 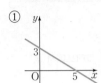 ②

③   ④

⑤

》 닮은꼴 문제

7-1

기울기가 $\dfrac{2}{3}$, y절편이 -2인 일차함수의 그래프가 지나지 않는 사분면은?

① 제1사분면   ② 제2사분면

③ 제3사분면   ④ 제4사분면

⑤ 모든 사분면을 지난다.

7-2

x절편이 5, y절편이 -2인 일차함수의 그래프가 지나지 않는 사분면을 구하여라.

유형·8 일차함수의 그래프와 도형의 넓이

일차함수 $y=\dfrac{1}{2}x+3$의 그래프와 x축, y축으로 둘러싸인 도형의 넓이를 구하여라.

》 닮은꼴 문제

8-1

두 일차함수 $y=x+5$, $y=-x+5$의 그래프와 x축으로 둘러싸인 도형의 넓이를 구하여라.

8-2

오른쪽 그림은 일차함수 $y=ax+5$의 그래프이다. 이 그래프와 x축, y축으로 둘러싸인 도형의 넓이가 10일 때, 상수 a의 값을 구하여라. (단, $a<0$)

25 · 일차함수 $y=ax+b$의 그래프의 성질

개념 1   일차함수 $y=ax+b\,(a\neq0)$의 그래프의 성질

(1) a의 부호

　① $a>0$: x의 값이 증가할 때 y의 값도 증가한다.
　　　→ 그래프는 오른쪽 위로 향하는 직선이다.

　② $a<0$: x의 값이 증가할 때 y의 값은 감소한다.
　　　→ 그래프는 오른쪽 아래로 향하는 직선이다.

(2) b의 부호

　① $b>0$: y절편이 양수 → y축과 양의 부분에서 만난다.

　② $b<0$: y절편이 음수 → y축과 음의 부분에서 만난다.

　풍쌤의 point 일차함수 $y=ax+b$의 그래프에서 기울기 a의 절댓값이 클수록 그래프는 y축에 가까워져.

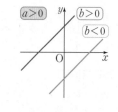

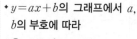

$y=ax+b$의 그래프에서 a, b의 부호에 따라

① $a>0$, $b>0$
　→ 제1, 2, 3사분면

② $a>0$, $b<0$
　→ 제1, 3, 4사분면

③ $a<0$, $b>0$
　→ 제1, 2, 4사분면

④ $a<0$, $b<0$
　→ 제2, 3, 4사분면

◆ 예제 1 ◆

다음 〈보기〉의 일차함수의 그래프 중 아래 조건을 만족시키는 것을 모두 골라라.

> **보기**
>
> ㄱ. $y=-x+5$　　　ㄴ. $y=2x-1$
>
> ㄷ. $y=x+3$　　　ㄹ. $y=-2x-3$

(1) 오른쪽 위로 향하는 직선

(2) x의 값이 증가할 때 y의 값도 증가하는 직선

(3) y축과 양의 부분에서 만나는 직선

▶ **풀이** (1), (2) 기울기가 양수인 것은 ㄴ, ㄷ이다.
　　　　(3) y절편이 양수인 것은 ㄱ, ㄷ이다.

▶ **답** (1) ㄴ, ㄷ　(2) ㄴ, ㄷ　(3) ㄱ, ㄷ

◆ 확인 1 ◆

다음 〈보기〉의 일차함수의 그래프 중 아래 조건을 만족시키는 것을 모두 골라라.

> **보기**
>
> ㄱ. $y=\dfrac{1}{2}x+1$　　　ㄴ. $y=-\dfrac{2}{3}x-1$
>
> ㄷ. $y=-\dfrac{1}{3}x+5$　　　ㄹ. $y=\dfrac{3}{4}x-2$

(1) 오른쪽 아래로 향하는 직선

(2) x의 값이 증가할 때 y의 값은 감소하는 직선

(3) y축과 음의 부분에서 만나는 직선

◆ 예제 2 ◆

일차함수 $y=ax+b$의 그래프가 다음 그림과 같을 때, 상수 a, b의 부호를 각각 정하여라.

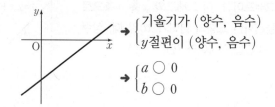

→ 기울기가 (양수, 음수)
　y절편이 (양수, 음수)

→ $\begin{cases} a \bigcirc 0 \\ b \bigcirc 0 \end{cases}$

▶ **답** 양수, 음수, $>$, $<$

◆ 확인 2 ◆

일차함수 $y=ax+b$의 그래프가 다음 그림과 같을 때, 상수 a, b의 부호를 각각 정하여라.

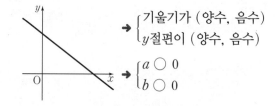

→ 기울기가 (양수, 음수)
　y절편이 (양수, 음수)

→ $\begin{cases} a \bigcirc 0 \\ b \bigcirc 0 \end{cases}$

개념◆check

01 다음 〈보기〉의 일차함수의 그래프 중 아래 조건을 만족시키는 것을 모두 골라라.

→ 개념1
일차함수 $y=ax+b\,(a\neq0)$의
그래프의 성질

> **보기**
>
> ㄱ. $y=3x+1$ ㄴ. $y=\dfrac{1}{2}x-3$ ㄷ. $y=5-x$
>
> ㄹ. $y=-5x$ ㅁ. $y=-2x-\dfrac{1}{3}$ ㅂ. $y=5+3x$

⑴ 오른쪽 위로 향하는 직선

⑵ 원점을 지나는 직선

⑶ y축과 음의 부분에서 만나는 직선

02 일차함수 $y=ax+b$의 그래프가 다음 그림과 같을 때, 상수 a, b의 부호를 정하여라.

→ 개념1
일차함수 $y=ax+b\,(a\neq0)$의
그래프의 성질

⑴ 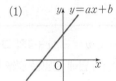 ⑵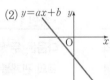

03 $a>0$, $b<0$일 때, 일차함수 $y=ax-b$의 그래프가 지나지 <u>않는</u> 사분면을 구하여라.

→ 개념1
일차함수 $y=ax+b\,(a\neq0)$의
그래프의 성질

04 일차함수 $y=-ax+b$의 그래프가 오른쪽 그림과 같을 때, 다음 중 옳은 것은? (단, a, b는 상수이다.)

→ 개념1
일차함수 $y=ax+b\,(a\neq0)$의
그래프의 성질

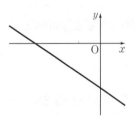

① $a>0$, $b>0$ ② $a>0$, $b<0$

③ $a<0$, $b>0$ ④ $a<0$, $b<0$

⑤ $a<0$, $b=0$

26 · 일차함수의 그래프의 평행과 일치

개념1 두 일차함수의 그래프의 평행과 일치

기울기가 같은 두 일차함수의 그래프는 서로 평행하거나 일치한다.

두 일차함수 $y=ax+b$, $y=a'x+b'$에 대하여

(1) **기울기가 같고** y**절편이 다르면** 두 그래프는 **서로 평행하다.**

→ $a=a'$, $b \neq b'$이면 평행

예 두 일차함수 $y=-2x+3$과 $y=-2x+10$의 그래프는 서로 평행하다.

《풍쌤의 point》 서로 평행한 두 일차함수의 그래프의 기울기는 같아.

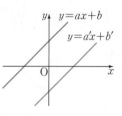

(2) **기울기가 같고** y**절편도 같으면** 두 그래프는 **일치한다.**

→ $a=a'$, $b=b'$이면 일치

> ◆ 두 직선이 만나지 않는다.
> → 두 직선이 서로 평행하다.
> → 기울기가 같고, y절편이 다르다.

> ◆ 두 일차함수
> $y=ax+b$, $y=a'x+b'$가
> 한 점에서 만날 조건
> → $a \neq a'$

◆예제 1◆

다음은 두 일차함수 $y=2x+2$, $y=2x-3$의 그래프의 관계를 알아보는 과정이다. ☐ 안에 알맞은 것을 써넣어라.

(1) $y=2x$ ──y축의 방향으로 ☐만큼 평행이동──→ $y=2x+2$

(2) $y=2x$ ──y축의 방향으로 ☐만큼 평행이동──→ $y=2x-3$

(3) 두 일차함수 $y=2x+2$, $y=2x-3$의 그래프의 기울기는 모두 ☐로 같고 y절편은 다르므로 두 그래프는 서로 ☐☐☐☐.

▶ **답** (1) 2 (2) −3 (3) 2, 평행하다

◆확인 1◆

다음은 두 일차함수 $y=-3x-1$, $y=-3x+4$의 그래프의 관계를 알아보는 과정이다. ☐ 안에 알맞은 것을 써넣어라.

(1) $y=-3x$ ──y축의 방향으로 ☐만큼 평행이동──→ $y=-3x-1$

(2) $y=-3x$ ──y축의 방향으로 ☐만큼 평행이동──→ $y=-3x+4$

(3) 두 일차함수 $y=-3x-1$, $y=-3x+4$의 그래프의 기울기는 모두 ☐으로 같고 y절편은 다르므로 두 그래프는 서로 ☐☐☐☐.

◆예제 2◆

다음 두 일차함수가 일치할 때, 상수 a의 값을 구하여라.

(1) $y=x+2$, $y=x+a$

(2) $y=ax-2$, $y=-2x-2$

▶ **풀이** 기울기와 y절편이 각각 같을 때, 두 일차함수는 일치한다.

▶ **답** (1) 2 (2) −2

◆확인 2◆

다음 두 일차함수가 일치할 때, 상수 a의 값을 구하여라.

(1) $y=3x-\dfrac{1}{2}$, $y=3x+a$

(2) $y=ax+4$, $y=-\dfrac{3}{2}x+4$

개념·check

정답과 해설 38쪽 | 워크북 44~45쪽

01 다음 〈보기〉의 일차함수 중 그 그래프가 서로 평행한 것과 일치하는 것끼리 각각 짝지어라.

> **보기**
>
> ㄱ. $y=-2x+3$　　　ㄴ. $y=\dfrac{3}{2}x-3$　　　ㄷ. $y=3x+1$
>
> ㄹ. $y=\dfrac{3}{2}x+3$　　　ㅁ. $y=\dfrac{2}{3}x+3$　　　ㅂ. $y=3(x-1)+4$

→ 개념1
　두 일차함수의 그래프의 평행과 일치

02 두 일차함수 $y=-2ax+3$, $y=3x-5$의 그래프가 서로 평행할 때, 상수 a의 값을 구하여라.

→ 개념1
　두 일차함수의 그래프의 평행과 일치

03 다음 두 일차함수의 그래프가 서로 평행할 때, 상수 a의 값을 구하여라.

(1) $y=ax-1$, $y=4x+3$

(2) $y=-\dfrac{1}{3}x-7$, $y=ax+4$

→ 개념1
　두 일차함수의 그래프의 평행과 일치

04 두 일차함수 $y=\dfrac{3}{2}x+\dfrac{b}{2}$, $y=-ax+4$의 그래프가 일치할 때, 상수 a, b의 값을 각각 구하여라.

→ 개념1
　두 일차함수의 그래프의 평행과 일치

27 ✦ 일차함수의 식 구하기

개념1 일차함수의 식 구하기

(1) 기울기와 y절편을 알 때

기울기가 a이고 y절편이 b인 직선을 그래프로 하는 일차함수의 식

➡ $y=ax+b$

풍쌤의 point 일차함수의 그래프의 기울기와 y절편을 알면 그 일차함수의 식을 구할 수 있어.

(2) 기울기와 한 점을 알 때

기울기가 a이고 점 (p, q)를 지나는 직선을 그래프로 하는 일차함수의 식을 구하는 방법

❶ 기울기가 a이므로 일차함수의 식을 $y=ax+b$로 놓는다.

❷ $x=p$, $y=q$를 $y=ax+b$에 대입하여 b의 값을 구한다.

> ✦ 기울기가 a이고, 한 점 (x_1, y_1)을 지나는 직선을 그래프로 하는 일차함수의 식
> ➡ $y-y_1=a(x-x_1)$

(3) 서로 다른 두 점을 알 때

두 점 (x_1, y_1), (x_2, y_2)를 지나는 직선을 그래프로 하는 일차함수의 식을 구하는 방법 (단, $x_1 \neq x_2$)

❶ 기울기 a를 구한다. ➡ $a=\dfrac{y_2-y_1}{x_2-x_1}=\dfrac{y_1-y_2}{x_1-x_2}$

❷ 일차함수의 식을 $y=ax+b$로 놓고 두 점 중 한 점의 좌표를 대입하여 b의 값을 구한다.

> ✦ 서로 다른 두 점 (x_1, y_1), (x_2, y_2)를 지나는 직선을 그래프로 하는 일차함수의 식
> ➡ $y-y_1=\dfrac{y_2-y_1}{x_2-x_1}(x-x_1)$
> (단, $x_1 \neq x_2$)

(4) x절편과 y절편을 알 때

x절편이 m, y절편이 n인 직선을 그래프로 하는 일차함수의 식을 구하는 방법

❶ 두 점 $(m, 0)$, $(0, n)$을 지나는 직선의 기울기 a를 구한다.

➡ $a=\dfrac{n-0}{0-m}=-\dfrac{n}{m}$

❷ y절편이 n이므로 일차함수의 식은 $y=-\dfrac{n}{m}x+n$

> ✦ x절편이 m, y절편이 n인 일차함수의 식
> ➡ $\dfrac{x}{m}+\dfrac{y}{n}=1$
> ➡ $y=-\dfrac{n}{m}x+n$

✦ 예제 1 ✦

다음은 기울기가 2이고 y절편이 4인 직선을 그래프로 하는 일차함수의 식을 구하는 과정이다. □ 안에 알맞은 것을 써넣어라.

> 기울기가 2이므로 구하는 일차함수의 식을
> $y=\boxed{}x+b$로 놓으면 y절편이 4이므로 $b=\boxed{}$
> 따라서 구하는 일차함수의 식은 $y=\boxed{}x+\boxed{}$

❯ 답 2, 4, 2, 4

✦ 확인 1 ✦

다음은 x절편이 -4, y절편이 2인 직선을 그래프로 하는 일차함수의 식을 구하는 과정이다. □ 안에 알맞은 것을 써넣어라.

> x절편이 -4, y절편이 2이므로 두 점 $(-4, 0)$, $(0, 2)$를 지나고, 이 직선의 기울기는
> $\dfrac{\boxed{}-0}{0-(\boxed{})}=\dfrac{\boxed{}}{\boxed{}}=\boxed{}$
> 구하는 일차함수의 식을 $y=\boxed{}x+b$로 놓자.
> 점 $(0, 2)$를 지나므로 $x=0$, $y=2$를 대입하면
> $2=\boxed{}+b$ ∴ $b=\boxed{}$
> 따라서 구하는 일차함수의 식은
> $y=\boxed{}x+\boxed{}$ 이다.

개념 ✦ check

정답과 해설 38~39쪽 | 워크북 45~46쪽

01 다음과 같은 직선을 그래프로 하는 일차함수의 식을 구하여라.

(1) 기울기가 -3이고 y절편이 -2인 직선

(2) 기울기가 2이고 y절편이 $\dfrac{1}{3}$인 직선

→ 개념1
일차함수의 식 구하기

02 다음과 같은 직선을 그래프로 하는 일차함수의 식을 구하여라.

(1) 기울기가 2이고 점 $(1, 3)$을 지나는 직선

(2) 기울기가 -4이고 점 $(1, 4)$를 지나는 직선

→ 개념1
일차함수의 식 구하기

03 다음과 같은 직선을 그래프로 하는 일차함수의 식을 구하여라.

(1) 두 점 $(1, 2)$, $(3, -4)$를 지나는 직선

(2) 두 점 $(4, 2)$, $(6, 8)$을 지나는 직선

→ 개념1
일차함수의 식 구하기

04 다음과 같은 직선을 그래프로 하는 일차함수의 식을 구하여라.

(1) x절편이 -2, y절편이 4인 직선

(2) x절편이 4, y절편이 2인 직선

→ 개념1
일차함수의 식 구하기

유형 · check

유형 · 1 일차함수의 그래프의 성질

다음 중 일차함수 $y=3x-6$의 그래프에 대한 설명으로 옳지 <u>않은</u> 것은?

① 오른쪽 위로 향하는 직선이다.

② y축과 양의 부분에서 만난다.

③ 제2사분면을 지나지 않는다.

④ 점 $(2, 0)$을 지나는 직선이다.

⑤ x의 값이 증가하면 y의 값도 증가한다.

》 닮은꼴 문제

1-1

다음 〈보기〉 중 일차함수 $y=-2x+4$의 그래프에 대한 설명으로 옳은 것을 모두 골라라.

보기

ㄱ. x의 값이 증가하면 y의 값도 증가한다.

ㄴ. 점 $(3, -2)$를 지난다.

ㄷ. 오른쪽 아래로 향하는 직선이다.

ㄹ. 제1, 2, 3사분면을 지난다.

1-2

다음 〈보기〉의 일차함수의 그래프 중 오른쪽 위로 향하는 직선인 것을 모두 골라라.

보기

ㄱ. $y=\dfrac{1}{2}x+1$ ㄴ. $y=-\dfrac{2}{3}x+3$

ㄷ. $y=-4x-3$ ㄹ. $y=0.5x-2.5$

유형 · 2 기울기와 y절편의 부호

일차함수 $y=-abx+b$의 그래프가 오른쪽 그림과 같을 때, 상수 a, b의 부호를 각각 정하여라.

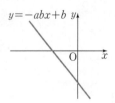

》 닮은꼴 문제

2-1

일차함수 $y=-ax+b$의 그래프가 오른쪽 그림과 같을 때, 일차함수 $y=-\dfrac{b}{a}x-a$의 그래프가 지나지 <u>않는</u> 사분면을 구하여라.

(단, a, b는 상수)

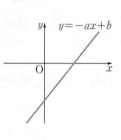

2-2

$\dfrac{b}{a}<0$, $a>b$일 때, 일차함수 $y=ax+b$의 그래프가 지나지 <u>않는</u> 사분면을 구하여라. (단, a, b는 상수)

유형·3 일차함수의 그래프의 평행

두 일차함수 $y=ax+2$와 $y=-x-b$의 그래프가 서로 평행하기 위한 상수 a, b의 조건을 각각 구하여라.

3-1

다음 일차함수의 그래프 중 오른쪽 그림의 그래프와 평행한 것은?

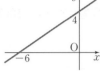

① $y=-\dfrac{3}{2}x-6$

② $y=-\dfrac{2}{3}x+4$ ③ $y=\dfrac{2}{3}x-6$

④ $y=\dfrac{2}{3}x+4$ ⑤ $y=\dfrac{3}{2}x-6$

3-2

두 일차함수 $y=(2a+1)x-3$, $y=-(a+5)x+2$의 그래프가 서로 평행할 때, 상수 a의 값은?

① -2 ② -1 ③ 0
④ 1 ⑤ 2

유형·4 일차함수의 그래프의 일치

두 일차함수 $y=3x-\dfrac{b}{2}$, $y=\dfrac{a}{2}x+\dfrac{3}{2}$의 그래프가 일치할 때, 상수 a, b에 대하여 $\dfrac{b}{a}$의 값은?

① -2 ② -1 ③ $-\dfrac{1}{2}$
④ 1 ⑤ 2

4-1

두 일차함수 $y=-3x+2b$, $y=2ax+5$의 그래프가 일치할 때, 상수 a, b에 대하여 $a-b$의 값을 구하여라.

4-2

일차함수 $y=-2x+7$의 그래프를 y축의 방향으로 b만큼 평행이동하였더니 일차함수 $y=3ax-5$의 그래프와 일치하였다. 상수 a, b의 값을 각각 구하여라.

오른쪽 그림의 직선과 평행하고 y절편이 4인 직선을 그래프로 하는 일차함수의 식을 구하여라.

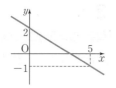

» 닮은꼴 문제

5-1

기울기와 y절편이 같은 일차함수의 그래프가 점 $(4, 5)$를 지날 때, 이 일차함수의 식을 구하여라.

5-2

두 일차함수 $y=x-2$, $y=ax+b$의 그래프가 서로 평행하고 두 그래프가 y축과 만나는 점을 각각 P, Q라 할 때, $\overline{PQ}=3$이다. 상수 a, b에 대하여 $a+b$의 값을 구하여라. (단, $b>-2$)

x의 값이 2만큼 증가할 때, y의 값은 6만큼 감소하는 직선이 점 $(-2, 3)$을 지날 때, 이 직선을 그래프로 하는 일차함수의 식은 $y=ax+b$이다. 상수 a, b에 대하여 $\dfrac{b}{a}$의 값을 구하여라.

» 닮은꼴 문제

6-1

x의 값이 -3에서 -1까지 증가할 때, y의 값은 6만큼 증가하는 직선이 점 $(3, 7)$을 지날 때, 이 직선을 그래프로 하는 일차함수의 식은 $y=ax+b$이다. 상수 a, b에 대하여 $a+b$의 값은?

① -3 ② -2 ③ -1
④ 1 ⑤ 2

6-2

일차함수 $y=4x-2$의 그래프와 서로 평행하고 직선 $y=2x+6$과 x축 위에서 만나는 직선을 그래프로 하는 일차함수의 식을 구하여라.

» 닮은꼴 문제

유형 · 7 일차함수의 식 구하기–서로 다른 두 점을 알 때

오른쪽 그림과 같은 직선을 그래프로 하는 일차함수의 식을 구하여라.

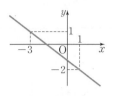

7-1

오른쪽 그림과 같은 일차함수의 그래프가 점 $(3, k)$를 지날 때, k의 값을 구하여라.

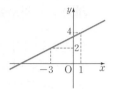

7-2

두 점 $(1, 2)$, $(3, -4)$를 지나는 직선을 y축의 방향으로 -2만큼 평행이동한 직선을 그래프로 하는 일차함수의 식을 구하여라.

유형 · 8 일차함수의 식 구하기–x절편과 y절편을 알 때

» 닮은꼴 문제

x절편이 3이고 y절편이 -2인 직선이 점 $(3a, a)$를 지날 때, a의 값은?

① -2 ② -1 ③ 0

④ 1 ⑤ 2

8-1

x절편이 3, y절편이 4인 직선을 y축의 방향으로 -8만큼 평행이동한 직선의 x절편은?

① -3 ② $-\dfrac{5}{2}$ ③ -2

④ $-\dfrac{3}{2}$ ⑤ -1

8-2

일차함수 $y = \dfrac{1}{3}x + 1$의 그래프와 x축 위에서 만나고 $y = -\dfrac{1}{2}x + 5$의 그래프와 y축 위에서 만나는 직선을 그래프로 하는 일차함수의 식을 구하여라.

28 · 일차함수의 활용

개념1 | 일차함수의 활용 문제 해결

❶ 변수 정하기: 변하는 두 양을 x, y로 놓는다.

❷ 일차함수 구하기: x와 y 사이의 관계를 일차함수 $y=ax+b$로 나타낸다.

❸ 구하는 값 찾기: 관계식을 이용하여 구하려는 x의 값 또는 y의 값을 구한다.

❹ 확인하기: 구한 값이 문제의 조건에 맞는지 확인한다.

풍쌤의 point 실생활 문제에서 나타나는 일차함수의 그래프를 그릴 때에는 x의 범위가 수 전체가 아닐 수도 있음에 유의해야 해.

✦ 예제 1 ✦

길이가 60 mm인 용수철의 끝에 물건을 매달았을 때, 매단 물건의 무게가 1 g 늘어날 때마다 용수철의 길이는 3 mm씩 늘어난다고 한다. 이 용수철에 매단 물건의 무게가 x g이고 용수철의 길이를 y mm라 할 때, 다음 물음에 답하여라.

(1) x의 값의 변화에 따른 y의 값의 변화를 나타낸 아래 표를 완성하여라.

x(g)	0	1	2	3	4	5
y(mm)						

(2) x와 y 사이의 관계를 식으로 나타내어라.

▶ **풀이** (1)

x(g)	0	1	2	3	4	5
y(mm)	60	63	66	69	72	75

(2) 1 g 늘어날 때마다 3 mm씩 늘어나므로 $y=3x+60$

▶ **답** (1) 풀이 참조 (2) $y=3x+60$

✦ 예제 2 ✦

지면에서 10 km까지는 높이가 1 km씩 높아짐에 따라 기온이 6 ℃씩 내려간다고 한다. 지면의 기온이 18 ℃일 때, 지면에서 높이가 3 km인 산 정상의 기온을 구하려고 한다. 다음을 완성하여라.

---
❶ 지면으로부터의 높이를 x km, 이때의 기온을 y ℃라 하자.

❷ 지면의 기온은 ☐ ℃이고, 높이가 x km 높아질 때 기온은 ☐ ℃ 낮아지므로 x와 y 사이의 관계를 식으로 나타내면 $y=$ ☐ 이다.

❸ 구하는 값은 $x=$☐일 때, y의 값이므로 $y=$☐

❹ 구한 값이 문제의 조건을 만족시키므로 지면에서 높이가 3 km인 산 정상의 기온은 ☐ ℃이다.

▶ **답** 18, 6x, 18−6x, 3, 0, 0

✦ 확인 1 ✦

온도가 10 ℃인 물을 주전자에 담아 끓일 때, 물의 온도는 2분마다 6 ℃씩 올라간다고 한다. 물을 끓이기 시작한 지 x분 후의 물의 온도를 y ℃라 할 때, 다음을 물음에 답하여라.

(1) x의 값의 변화에 따른 y의 값의 변화를 나타낸 아래 표를 완성하여라.

x(분)	0	1	2	3	4	5
y(℃)						

(2) x와 y 사이의 관계를 식으로 나타내어라.

✦ 확인 2 ✦

어떤 환자가 1분에 3 mL씩 들어가는 링거 주사를 맞고 있다. 900 mL가 들어 있는 병의 링거 주사를 맞기 시작하여 링거 주사를 다 맞는데 걸리는 시간을 구하려고 한다. 다음을 완성하여라.

---
❶ x분 후 병에 남아 있는 링거액의 양을 y mL라 하자.

❷ 처음 링거액의 양은 ☐ mL이고, x분이 지남에 따라 링거액의 양은 ☐ mL씩 줄어들기 때문에 x와 y 사이의 관계를 식으로 나타내면 $y=$ ☐ 이다.

❸ 구하는 값은 $y=$☐일 때, x의 값이므로 $x=$ ☐

❹ 구한 값이 문제의 조건을 만족시키므로 ☐ 분 후에 링거 주사를 다 맞게 된다.

01 기온이 0 ℃일 때 소리의 속력은 초속 331 m이고, 기온이 1 ℃ 오를 때마다 소리의 속력은 초속 0.6 m씩 증가한다고 한다. 기온이 15 ℃일 때 소리의 속력을 구하려고 할 때, 다음 물음에 답하여라.

(1) x와 y 사이의 관계를 식으로 나타내어라.

(2) 기온이 15 ℃일 때 소리의 속력을 구하여라.

→ 개념1
일차함수의 활용 문제 해결

02 휘발유 1 L로 12 km를 달리는 자동차가 있다. 현재 이 자동차에 60 L의 휘발유가 들어 있다. 300 km를 달린 후에 남아 있는 휘발유의 양을 구하려고 할 때, 다음 물음에 답하여라.

(1) x와 y 사이의 관계를 식으로 나타내어라.

(2) 300 km를 달린 후에 남아 있는 휘발유의 양을 구하여라.

→ 개념1
일차함수의 활용 문제 해결

03 10 cm 높이까지 물이 담겨 있는 통에 물의 높이가 2분마다 4 cm씩 높아지도록 물을 채우고 있다. 물의 높이가 26 cm가 되는 것은 물을 채우기 시작한 지 몇 분 후인지 구하려고 할 때, 다음 물음에 답하여라.

(1) x와 y 사이의 관계를 식으로 나타내어라.

(2) 물의 높이가 26 cm가 되는 것은 물을 채우기 시작한 지 몇 분 후인지 구하여라.

→ 개념1
일차함수의 활용 문제 해결

04 지면으로부터 150 m 높이에 있는 물건이 지면에 수직으로 5초에 40 m씩 일정한 속력으로 떨어지고 있다. x초 후의 물건의 높이를 y m라 할 때, 다음 물음에 답하여라.

(1) x와 y 사이의 관계를 식으로 나타내어라.

(2) 16초 후의 물건의 높이를 구하여라.

→ 개념1
일차함수의 활용 문제 해결

유형 • check

유형·1 일차함수의 활용 (1)

불을 붙이면 3분마다 1 cm씩 길이가 짧아지는 양초가 있다. 처음 양초의 길이가 25 cm일 때, 양초의 길이가 5 cm가 되는 것은 불을 붙인 지 몇 분 후인지 구하여라.

» 닮은꼴 문제

1-1

300 L의 물을 담을 수 있는 물통에 120 L의 물이 들어 있다. 이 물통에 5분에 20 L의 물을 더 넣는다고 할 때, 물통을 가득 채우는 데 걸리는 시간을 구하여라.

1-2

오른쪽 그림은 용량이 40 mL인 레몬향 방향제를 개봉하고 x일이 지난 후에 남아 있는 방향제의 용량을 y mL라 할 때, x와 y 사이의 관계를 그래프로 나타낸 것이다. 남아 있는 방향제의 용량이 15 mL일 때는 개봉하고 며칠이 지난 후인가?

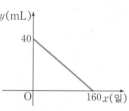

① 92일   ② 96일   ③ 100일
④ 104일   ⑤ 108일

유형·2 일차함수의 활용 (2)

수하네 가족은 자동차를 타고 집에서 240 km 떨어져 있는 할머니 댁에 가려고 한다. 시속 60 km로 달리는 자동차를 타고 갈 때, 출발한 지 3시간 후 할머니 댁까지 남은 거리를 구하여라.

» 닮은꼴 문제

2-1

효림이가 집에서 출발하여 2 km 떨어진 공원까지 분속 50 m로 걷고 있다. 효림이가 집에서 출발한 지 몇 분 후에 공원까지의 남은 거리가 500 m가 되는지 구하여라.

2-2

높이가 160 m인 40층짜리 빌딩이 있다. 이 빌딩의 엘리베이터가 40층에서 출발하여 초속 4 m로 내려온다고 한다. 엘리베이터가 높이가 60 m인 15층에 도착하는 것은 출발한 지 몇 초 후인지 구하여라.

≫ 닮은꼴 문제

오른쪽 그림과 같은 직사각형 ABCD에서 점 P가 점 C를 출발하여 변 CD를 따라 점 D까지 1초에 0.5 cm씩 움직이고 있다. x초 후의 △APD의 넓이를 y cm²라 할 때, 출발한 지 8초 후의 △APD의 넓이를 구하여라.

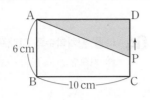

3-1

오른쪽 그림과 같은 △ABC에서 점 P가 점 B를 출발하여 변 BC를 따라 점 C까지 1초에 2 cm씩 움직이고 있다. x초 후의 △APC의 넓이를 y cm²라 할 때, △APC의 넓이가 112 cm²가 되는 때는 출발한 지 몇 초 후인지 구하여라.

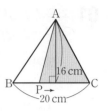

3-2

오른쪽 그림과 같은 직사각형 ABCD에서 점 P는 점 B를 출발하여 점 C까지 1초에 1 cm씩 사각형의 변을 따라 움직인다. 점 P가 점 B를 출발한 지 x초 후의 △APC의 넓이를 y cm²라 할 때, △APC의 넓이가 9 cm²가 되는 것은 점 B를 출발한 지 몇 초 후인지 구하여라.

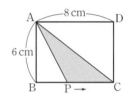

≫ 닮은꼴 문제

어떤 액체를 가열한 지 x분 후의 온도를 y ℃라 할 때, y는 x의 일차함수가 된다고 한다. 가열한 지 8분 후의 온도가 34 ℃, 20분 후의 온도가 40 ℃일 때, x와 y 사이의 관계를 식으로 나타내어라.

4-1

어떤 용수철에 x g의 추를 매달았을 때 용수철의 길이를 y mm라 하면 y는 x의 일차함수가 된다고 한다. 이 용수철에 10 g의 추를 매달면 용수철의 길이는 35 mm가 되고, 16 g의 추를 매달면 용수철의 길이는 53 mm가 될 때, x와 y 사이의 관계를 식으로 나타내어라.

4-2

물이 들어 있는 원기둥 모양의 물통이 있다. 이 물통에 일정한 속도로 물을 채우기 시작하여 10분 후와 15분 후의 물의 높이는 각각 45 cm, 55 cm가 되었다. 처음 들어 있던 물의 높이를 구하여라.

01 다음 〈보기〉에서 x와 y 사이의 관계가 함수인 것을 모두 고른 것은?

> **보기**
> ㄱ. 한 자루에 x원인 연필 5자루의 값은 y원
> ㄴ. 한 변의 길이가 x cm인 정육각형의 둘레의 길이는 y cm
> ㄷ. x보다 작은 소수 y
> ㄹ. 자연수 x의 약수
> ㅁ. 10 m의 거리를 매분 x m로 걸어가는 데 걸린 시간 y분

① ㄱ, ㄴ   ② ㄱ, ㄷ   ③ ㄱ, ㄴ, ㄷ
④ ㄱ, ㄴ, ㅁ   ⑤ ㄴ, ㄷ, ㅁ

02 두 함수 $f(x)=ax$, $g(x)=\dfrac{b}{x}$에 대하여 $f(-4) \times g(2)=6$일 때, 상수 a, b에 대하여 ab의 값은?

① -3 ② -1 ③ 0
④ 1 ⑤ 2

03 일차함수 $y=3x$의 그래프를 y축의 방향으로 -4만큼 평행이동하였더니 점 $(-1, q)$를 지났다. q의 값은?

① -9 ② -7 ③ -5
④ -3 ⑤ -1

04 다음 일차함수의 그래프 중 x절편이 나머지 넷과 다른 것은?

① $y=-x+2$ ② $y=\dfrac{1}{3}x-\dfrac{2}{3}$
③ $y=3x+6$ ④ $y=x-2$
⑤ $y=-\dfrac{1}{2}x+1$

05 일차함수 $y=ax-6$의 그래프와 x축, y축으로 둘러싸인 삼각형의 넓이가 12일 때, 상수 a의 값은?
(단, $a>0$)

① 1 ② $\dfrac{3}{2}$ ③ 2
④ $\dfrac{5}{2}$ ⑤ 3

06 두 점 $(3, k)$, $(-1, 6)$을 지나는 직선의 기울기가 -2일 때, k의 값은?

① -6 ② -5 ③ -4
④ -3 ⑤ -2

07 세 점 $(-1, 2)$, $(2, 4)$, $(a, a+4)$가 한 직선 위에 있을 때, a의 값은?

① -5 ② -4 ③ -3
④ -2 ⑤ -1

08 일차함수 $y=2x+b$의 그래프를 y축의 방향으로 3만큼 평행이동하면 일차함수 $y=ax-1$의 그래프와 일치한다고 할 때, 상수 a, b에 대하여 $a-b$의 값을 구하여라.

09 일차함수 $y=ax-2$의 그래프는 일차함수 $y=-\dfrac{1}{2}x+5$의 그래프와 서로 평행하고 점 $(2, b)$를 지날 때, a, b에 대하여 $a+b$의 값은? (단, a는 상수)

① $-\dfrac{11}{2}$ ② $-\dfrac{9}{2}$ ③ $-\dfrac{7}{2}$

④ $-\dfrac{5}{2}$ ⑤ $-\dfrac{3}{2}$

10 오른쪽 그림과 같은 직선을 그래프로 하는 일차함수의 식은?

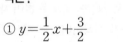

① $y=\dfrac{1}{2}x+\dfrac{3}{2}$

② $y=\dfrac{1}{2}x+\dfrac{5}{2}$ ③ $y=\dfrac{3}{4}x+\dfrac{3}{2}$

④ $y=\dfrac{3}{4}x+\dfrac{7}{4}$ ⑤ $y=\dfrac{5}{4}x+\dfrac{7}{4}$

11 x절편이 2, y절편이 2인 일차함수의 그래프에 대한 다음 설명 중 옳지 <u>않은</u> 것은?

① 기울기는 -1이다.

② 점 $(4, -2)$를 지난다.

③ 제3사분면을 지나지 않는다.

④ $y=-x+5$의 그래프와 서로 평행하다.

⑤ x의 값이 증가하면 y의 값도 증가한다.

12 두 점 $(-1, 8)$, $(6, -6)$을 지나는 일차함수의 그래프의 기울기를 a, x절편을 b, y절편을 c라 할 때, $ab+c$의 값은?

① -2 ② -1 ③ 0

④ 1 ⑤ 2

13 상혁이는 5 km 단축마라톤 대회에 참가하여 분속 210 m로 달리고 있다. 출발한 지 x분 후에 상혁이의 위치에서 결승점까지의 거리를 y km라 할 때, x와 y 사이의 관계를 식으로 나타내면?

① $y=-0.21x+5$ ② $y=-210x+5000$

③ $y=0.21x$ ④ $y=210x$

⑤ $y=0.21x+5$

14 온도가 5 °C인 물을 가열할 때, 열을 가한 지 1분마다 물의 온도가 2.5 °C씩 높아진다고 한다. 물의 온도가 55 °C가 될 때는 열을 가한 지 몇 분 후인지 구하여라.

15 다음 그림과 같이 한 변의 길이가 1 cm인 정육각형 모양의 블록을 한 변에 한 개씩 이어 붙여 새로운 도형을 만들려고 한다. x개의 블록으로 만든 도형의 둘레의 길이를 y cm라 할 때, x와 y 사이의 관계를 식으로 나타낸 것과 50개의 블록으로 만든 도형의 둘레의 길이를 차례로 구한 것은?

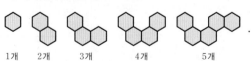

1개　2개　3개　4개　5개

① $y=3x+2$, 152 cm ② $y=3x+6$, 156 cm

③ $y=4x+2$, 202 cm ④ $y=4x+6$, 206 cm

⑤ $y=5x+2$, 252 cm

서술형 꽉 잡기

주어진 단계에 따라 쓰는 유형

16 다음 조건을 만족시키는 일차함수의 식을 구하고, 아래 좌표평면 위에 그 그래프를 그려라.

> (가) 두 점 $(3, 2)$, $(9, -6)$을 지나는 직선과 평행하다.
> (나) $y = 2x - 6$의 그래프와 x축 위에서 만난다.

· 생각해 보자 ·
구하는 것은? 주어진 조건을 만족시키는 일차함수의 식을 구하고, 그래프 그리기
주어진 것은? 기울기와 지나는 한 점

> 풀이
[1단계] 조건 (가)를 이용하여 기울기 구하기 (30 %)

[2단계] 조건 (나)를 이용하여 일차함수의 식 구하기 (40 %)

[3단계] 일차함수의 그래프 그리기 (30 %)

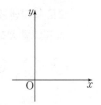

> 답

풀이 과정을 자세히 쓰는 유형

17 오른쪽 그림의 두 점 $A(1, 3)$, $B(4, 1)$에 대하여 일차함수 $y = ax - 1$의 그래프가 두 점 A, B를 이은 선분 AB와 만나도록 하는 상수 a의 값의 범위를 구하여라.

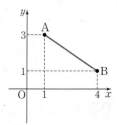

> 풀이

> 답

18 물이 들어 있는 물통에서 일정한 속도로 물이 새어 나갈 때, 물이 새어 나가기 시작하여 3분 후에 물통에 남아 있는 물의 양이 240 L, 10분 후에 물통에 남아 있는 물의 양이 100 L라 한다. 물이 새어 나가기 시작하여 x분 후에 물통에 남아 있는 물의 양을 y L라 할 때, 다음 물음에 답하여라.

(1) x와 y 사이의 관계를 식으로 나타내어라.
(2) 물통에 남아 있는 물의 양이 60 L일 때는 물이 새어 나가기 시작한 지 몇 분 후인지 구하여라.

> 풀이

> 답

2. 일차함수와 일차방정식의 관계

29 ◆ 일차함수와 일차방정식

개념1 일차함수와 일차방정식의 그래프

(1) 직선의 방정식

x, y의 값의 범위가 수 전체일 때, 일차방정식

$$ax+by+c=0 \ (a, b, c는 상수, a\neq0 \ 또는 \ b\neq0)$$

의 해는 무수히 많고, 이 해의 순서쌍 (x, y)를 좌표로 하는 점을 좌표평면 위에 나타내면 직선이 된다.

이 직선을 일차방정식 $ax+by+c=0$의 그래프라 하고, 일차방정식 $ax+by+c=0$을 직선의 방정식이라 한다.

(2) 미지수가 2개인 일차방정식과 일차함수의 그래프

미지수가 2개인 일차방정식 $ax+by+c=0 \ (a, b, c는 상수, \underline{a\neq0, b\neq0})$의 그래프는 일차함수 $y=-\dfrac{a}{b}x-\dfrac{c}{b}$의 그래프와 같다.

└ $a\neq0$이고 $b\neq0$

◆ $a\neq0$, $b\neq0$일 때, 일차방정식 $ax+by+c=0$ 의 그래프의 기울기는 $-\dfrac{a}{b}$, x절편은 $-\dfrac{c}{a}$, y절편은 $-\dfrac{c}{b}$ 이다.

풍쌤의 point

$$\begin{array}{ccc} ax+by+c=0 \\ (a\neq0, b\neq0) \end{array} \xleftarrow[일차방정식]{그래프} \boxed{직선} \xrightarrow[일차함수]{그래프} \boxed{y=-\dfrac{a}{b}x-\dfrac{c}{b}}$$

◆ 예제 1 ◆

x, y의 값의 범위가 수 전체일 때, 오른쪽 좌표평면 위에 일차방정식 $2x+y+1=0$의 그래프를 그려라.

> 답

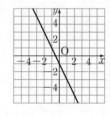

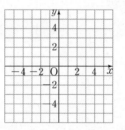

◆ 확인 1 ◆

x, y의 값의 범위가 수 전체일 때, 오른쪽 좌표평면 위에 일차방정식 $x+2y-2=0$의 그래프를 그려라.

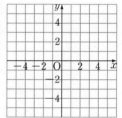

◆ 예제 2 ◆

다음 일차방정식의 그래프와 일차함수의 그래프가 일치하는 것끼리 연결하여라.

(1) $2x-2y+4=0$ •   • ㄱ. $y=-\dfrac{1}{3}x+2$

(2) $-x-3y+6=0$ •   • ㄴ. $y=x+2$

> 풀이 (1) $2x-2y+4=0$에서 $2y=2x+4$

$\therefore y=x+2$

(2) $-x-3y+6=0$에서 $3y=-x+6$

$\therefore y=-\dfrac{1}{3}x+2$

> 답 (1)—ㄴ (2)—ㄱ

◆ 확인 2 ◆

다음 일차방정식의 그래프와 일차함수의 그래프가 일치하는 것끼리 연결하여라.

(1) $4x+2y=5$ •   • ㄱ. $y=\dfrac{2}{3}x+2$

(2) $2x-3y+6=0$ •   • ㄴ. $y=-2x+\dfrac{5}{2}$

개념 ✦ check

정답과 해설 45쪽 Ⅰ 워크북 51쪽

01 다음 일차방정식을 일차함수 $y=ax+b$ (a, b는 상수, $a \neq 0$)의 꼴로 나타내어라.

(1) $x-y-5=0$

(2) $3x+y-6=0$

(3) $x-2y+4=0$

(4) $4x+3y-12=0$

→ **개념1**
일차함수와 일차방정식의 그래프

02 다음 일차방정식의 그래프의 기울기, x절편, y절편을 각각 구하여라.

(1) $2x-y+8=0$

(2) $5x+y-15=0$

(3) $x+2y-6=0$

(4) $3x+4y-8=0$

→ **개념1**
일차함수와 일차방정식의 그래프

03 다음 일차방정식의 그래프의 x절편과 y절편을 이용하여 좌표평면 위에 그 그래프를 그려라.

(1) $2x-y+4=0$

x절편: ☐ , y절편: ☐

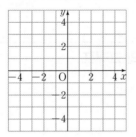

(2) $x+3y-3=0$

x절편: ☐ , y절편: ☐

→ **개념1**
일차함수와 일차방정식의 그래프

04 다음 중 오른쪽 그림과 같은 직선을 그래프로 하는 일차방정식은?

① $2x-3y+6=0$

② $2x+3y+6=0$

③ $3x-2y-6=0$

④ $3x+2y-6=0$

⑤ $3x+2y+6=0$

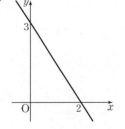

→ **개념1**
일차함수와 일차방정식의 그래프

30 · 일차방정식 $x=p,\ y=q$의 그래프

개념 1 일차방정식 $x=p$ (p는 상수)의 그래프

(1) 점 $(p, 0)$을 지나고 y축에 평행한 직선이다.
    └ x축에 수직인 직선
(2) $x=0$의 그래프는 y축을 나타낸다.

> **예** 일차방정식 $x=-2$의 그래프는 점 $(-2, 0)$을 지나고 y축에 평행한 직선이다.

> **풍쌤의 point** $x=p$는 x의 값 하나에 무수히 많은 y의 값이 대응되므로 함수가 아니야.

◆ 직선의 방정식
$ax+by+c=0$에서
$a\neq0$, $b=0$
➔ $x=-\dfrac{c}{a}$
➔ y축에 평행한 직선,
   x축에 수직인 직선

◆ 예제 1 ◆

방정식 $x=2$의 그래프를 오른쪽 좌표평면 위에 그려라.

▶ 풀이

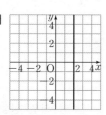

▶ 답 풀이 참조

◆ 확인 1 ◆

방정식 $x=-3$의 그래프를 오른쪽 좌표평면 위에 그려라.

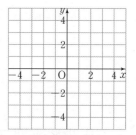

개념 2 일차방정식 $y=q$ (q는 상수)의 그래프

(1) 점 $(0, q)$를 지나고 x축에 평행한 직선이다.
    └ y축에 수직인 직선
(2) $y=0$의 그래프는 x축을 나타낸다.

> **예** 일차방정식 $y=-2$의 그래프는 점 $(0, -2)$를 지나고 x축에 평행한 직선이다.

> **풍쌤의 point** $y=q$는 x의 값이 하나로 정해질 때마다 y의 값이 항상 q로 일정하므로 함수이지만 일차함수는 아니야.

◆ 직선의 방정식
$ax+by+c=0$에서
$a=0$, $b\neq0$
➔ $y=-\dfrac{c}{b}$
➔ x축에 평행한 직선,
   y축에 수직인 직선

◆ 예제 2 ◆

방정식 $y=3$의 그래프를 오른쪽 좌표평면 위에 그려라.

▶ 풀이

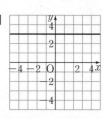

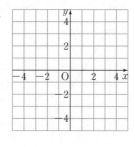

▶ 답 풀이 참조

◆ 확인 2 ◆

방정식 $y=-2$의 그래프를 오른쪽 좌표평면 위에 그려라.

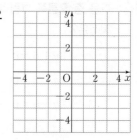

개념◆check

정답과 해설 45~46쪽 | 워크북 52쪽

01 다음 일차방정식의 그래프를 아래 좌표평면 위에 그려라.

(1) $x - 3 = 0$

(2) $2y + 10 = 0$

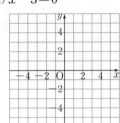

→ 개념1, 2
일차방정식 $x = p$, $y = q$
(p, q는 상수)의 그래프

02 다음 조건을 만족시키는 직선의 방정식을 구하여라.

(1) 점 $(-3, 2)$를 지나고 y축에 평행한 직선

(2) 점 $(2, -6)$을 지나고 x축에 평행한 직선

→ 개념1, 2
일차방정식 $x = p$, $y = q$
(p, q는 상수)의 그래프

03 다음 조건을 만족시키는 직선의 방정식을 구하여라.

(1) 점 $(3, 1)$을 지나고 y축에 수직인 직선

(2) 점 $(2, -3)$을 지나고 x축에 수직인 직선

→ 개념1, 2
일차방정식 $x = p$, $y = q$
(p, q는 상수)의 그래프

04 오른쪽 그래프가 나타내는 직선의 방정식을 각각 구하여라.

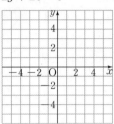

→ 개념1, 2
일차방정식 $x = p$, $y = q$
(p, q는 상수)의 그래프

31 · 연립일차방정식과 그래프

개념1 **연립일차방정식의 해와 그래프**

연립방정식 $\begin{cases} ax+by=c \\ a'x+b'y=c' \end{cases}$ $(a\neq0,\ b\neq0,\ a'\neq0,\ b'\neq0)$의

해는 두 일차함수 $y=-\dfrac{a}{b}x+\dfrac{c}{b}$, $y=-\dfrac{a'}{b'}x+\dfrac{c'}{b'}$의 그래

프의 **교점의 좌표**와 같다.

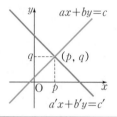

> ◆ 두 일차방정식의 그래프의 교
> 점의 좌표는 연립방정식의 해
> 를 이용하여 구할 수 있다.

$$\boxed{\text{연립일차방정식의 해 } x=p,\ y=q} \iff \boxed{\text{두 그래프의 교점의 좌표 } (p,\ q)}$$

◆ 예제 1 ◆

오른쪽 그래프를 이용하여

연립방정식 $\begin{cases} x+y=1 \\ x-y=-3 \end{cases}$ 의

해를 구하여라.

> ▶ 풀이 두 일차방정식의 그래프
> 의 교점의 좌표가 $(-1, 2)$
> 이므로 연립방정식의 해는 $x=-1, y=2$
>
> ▶ 답 $x=-1, y=2$

◆ 확인 1 ◆

오른쪽 그래프를 이용하여

연립방정식 $\begin{cases} x-y=-3 \\ 3x-y=-15 \end{cases}$

의 해를 구하여라.

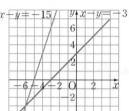

개념2 **연립방정식의 해의 개수와 두 그래프의 위치 관계**

연립방정식 $\begin{cases} ax+by+c=0 \\ a'x+b'y+c'=0 \end{cases}$ 의 해의 개수는 두 일차방정식

$ax+by+c=0$, $a'x+b'y+c'=0$의 그래프의 교점의 개수와 같다.

즉, 두 일차방정식의 그래프를 그렸을 때, 다음이 성립한다.

> ◆ 두 일차방정식의 그래프가 일
> 치하면 연립방정식의 해는 그
> 직선 위의 모든 점의 좌표이
> 다. 즉, 연립방정식의 해는 무
> 수히 많다.

두 일차방정식의 그래프	교점이 1개	교점이 무수히 많다.	교점이 없다.
두 그래프의 위치 관계	한 점에서 만난다.	일치한다.	평행하다.
연립방정식의 해	해는 하나이다.	해는 무수히 많다.	해는 없다.
기울기, y절편의 특징	$\dfrac{a}{a'}\neq\dfrac{b}{b'}$	$\dfrac{a}{a'}=\dfrac{b}{b'}=\dfrac{c}{c'}$	$\dfrac{a}{a'}=\dfrac{b}{b'}\neq\dfrac{c}{c'}$

◆ 예제 2 ◆

오른쪽 좌표평면 위에 두 일
차방정식의 그래프를 각각
그리고, 연립방정식

$\begin{cases} x-y=1 \\ -2x+2y=-2 \end{cases}$ 의 해를

구하여라.

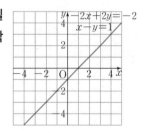

> ▶ 풀이 두 일차방정식 모두 $y=x-1$로 그 그래프가 일치하므
> 로 연립방정식의 해는 무수히 많다.
>
> ▶ 답 풀이 참조, 해는 무수히 많다.

◆ 확인 2 ◆

오른쪽 좌표평면 위에 두 일차
방정식의 그래프를 각각 그리고,

연립방정식 $\begin{cases} x+2y=-4 \\ 3x+6y=6 \end{cases}$ 의

해를 구하여라.

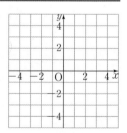

개념 ✦ check

정답과 해설 46쪽 ┃ 워크북 53~54쪽

01 오른쪽 좌표평면 위에 두 일차방정식 $x+y=4$, $x-y=2$의 그래프를 그리고, 그래프를 이용하여 연립방정식 $\begin{cases} x+y=4 \\ x-y=2 \end{cases}$ 의 해를 구하여라.

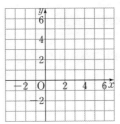

➜ **개념1**
연립일차방정식의 해와 그래프

02 오른쪽 그림은 연립방정식 $\begin{cases} ax+by=c \\ px+qy=r \end{cases}$ 를 풀기 위하여 두 일차방정식의 그래프를 그린 것이다. 이 연립방정식의 해를 구하여라. (단, a, b, c, p, q, r는 상수)

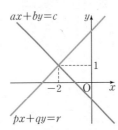

➜ **개념1**
연립일차방정식의 해와 그래프

03 연립방정식 $\begin{cases} 5x-y=b \\ ax+y=4 \end{cases}$ 의 해가 다음과 같도록 하는 상수 a, b의 조건을 구하여라.

(1) 해는 하나이다.

(2) 해는 무수히 많다.

(3) 해는 없다.

➜ **개념2**
연립방정식의 해의 개수와 두 그래프의 위치 관계

04 다음 연립방정식 중 해가 오직 한 쌍 존재하는 것은?

① $\begin{cases} x+y=1 \\ x+y=5 \end{cases}$ ② $\begin{cases} 2x+y=1 \\ 2x-y=1 \end{cases}$ ③ $\begin{cases} 3x+2y=3 \\ 6x+4y=6 \end{cases}$

④ $\begin{cases} x+3y=-1 \\ 3x+9y=-3 \end{cases}$ ⑤ $\begin{cases} 2x-y=3 \\ 4x-2y=5 \end{cases}$

➜ **개념2**
연립방정식의 해의 개수와 두 그래프의 위치 관계

유형·1 일차함수와 일차방정식의 그래프

다음 중 일차방정식 $3x-2y+1=0$의 그래프에 대한 설명으로 옳지 **않은** 것은?

① x절편은 $-\dfrac{1}{3}$이다.

② y절편은 $\dfrac{1}{2}$이다.

③ 제1, 2, 3사분면을 지난다.

④ x의 값이 증가할 때 y의 값도 증가한다.

⑤ 일차함수 $y=-\dfrac{3}{2}x-1$의 그래프와 서로 평행하다.

» **닮은꼴 문제**

1-1

일차방정식 $ax+by-15=0$의 그래프와 일차함수 $y=\dfrac{2}{3}x-5$의 그래프가 일치할 때, 상수 a, b의 값을 각각 구하면?

① $a=-2$, $b=-3$ ② $a=2$, $b=-3$

③ $a=2$, $b=3$ ④ $a=-2$, $b=3$

⑤ $a=\dfrac{2}{3}$, $b=1$

1-2

일차함수 $y=ax+b$의 그래프는 일차방정식 $4x-2y+10=0$의 그래프와 서로 평행하고, 일차방정식 $x+2y-4=0$의 그래프와 y축 위에서 만난다. 상수 a, b에 대하여 ab의 값을 구하여라.

유형·2 일차방정식의 그래프 위의 점

일차방정식 $ax-2y-6=0$의 그래프가 점 $(4, 3)$을 지날 때, 이 그래프의 기울기는? (단, a는 상수)

① -3 ② $-\dfrac{3}{2}$ ③ -1

④ $\dfrac{3}{2}$ ⑤ 3

» **닮은꼴 문제**

2-1

일차방정식 $3ax+2y-4b=0$의 그래프가 오른쪽 그림과 같을 때, 상수 a, b에 대하여 $3a+b$의 값을 구하여라.

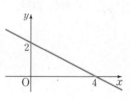

2-2

일차방정식 $2x-y+5=0$의 그래프가 점 $(a, a+3)$을 지날 때, a의 값은?

① -4 ② -3 ③ -2

④ -1 ⑤ 0

일차방정식 $ax+y-b=0$의 그래프가 오른쪽 그림과 같을 때, 다음 중 옳은 것은? (단, a, b는 상수)

① $a>0$, $b>0$

② $a>0$, $b<0$

③ $a>0$, $b=0$

④ $a<0$, $b>0$

⑤ $a<0$, $b<0$

» 닮은꼴 문제

3-1

일차방정식 $x+ay+b=0$의 그래프가 제1, 3, 4사분면을 모두 지날 때, 상수 a, b의 부호를 정하여라.

3-2

일차방정식 $ax-by+1=0$의 그래프가 오른쪽 그림과 같을 때, 상수 a, b의 부호를 정하면?

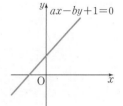

① $a>0$, $b>0$

② $a<0$, $b<0$

③ $a<0$, $b>0$

④ $a>0$, $b<0$

⑤ $a<0$, $b=0$

두 점 $(3, 1)$, $(3, -4)$를 지나는 직선의 방정식은?

① $y=-\dfrac{3}{4}x+1$ 　　② $y=\dfrac{3}{4}x+1$

③ $x=-3$ 　　④ $x=3$

⑤ $y=1$

» 닮은꼴 문제

4-1

두 점 $(2, a-3)$, $(-3, 3a+4)$를 지나는 직선이 x축에 평행할 때, a의 값은?

① $-\dfrac{3}{2}$ 　　② -2 　　③ $-\dfrac{5}{2}$

④ -3 　　⑤ $-\dfrac{7}{2}$

4-2

두 점 $(-3a+7, 5)$, $(2a+2, -3)$을 지나는 직선이 y축에 평행할 때, a의 값은?

① 1 　　② 2 　　③ 3

④ 4 　　⑤ 5

두 일차방정식 $2x-y-7=0$, $3x-y+3=0$의 그래프의 교점의 좌표가 (a, b)일 때, $a-b$의 값은?

① 11　　　② 14　　　③ 17

④ 20　　　⑤ 23

5-1

두 일차방정식 $x+y=4$, $ax-2y=-1$의 그래프가 오른쪽 그림과 같을 때, 상수 a의 값은?

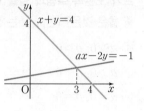

① $\dfrac{1}{3}$　　　② $\dfrac{1}{4}$

③ $\dfrac{1}{5}$　　　④ $\dfrac{1}{6}$

⑤ $\dfrac{1}{7}$

5-2

두 직선 $3x-y=-6$, $2x+y=1$의 교점이 직선 $x+2y=8+k$ 위의 점일 때, 상수 k의 값은?

① -5　　　② -4　　　③ -3

④ -2　　　⑤ -1

두 일차방정식 $x+ay-3=0$, $bx+9y+3=0$의 그래프의 교점이 무수히 많을 때, 상수 a, b에 대하여 ab의 값을 구하여라.

6-1

두 일차방정식 $ax-y=-5$, $3x+y=b$의 그래프의 교점이 존재하지 않을 때, 상수 a, b의 조건을 각각 구하여라.

6-2

오른쪽 그림은 연립방정식 $\begin{cases} 4x+2y=5 \\ 3ax-y=-1 \end{cases}$의 두 방정식의 그래프를 나타낸 것이다. 상수 a의 값이 될 수 없는 것은?

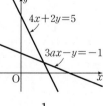

① $-\dfrac{2}{3}$　　　② $-\dfrac{1}{4}$　　　③ $-\dfrac{1}{5}$

④ $-\dfrac{2}{15}$　　　⑤ $-\dfrac{1}{21}$

다음 세 일차방정식의 그래프가 한 점에서 만날 때, 상수 a의 값을 구하여라.

$$x-y=4, \quad -x+2y=-6, \quad -2x+3y+a=0$$

» 닮은꼴 문제

7-1

방정식 $x=2$의 그래프가 두 직선 $ax-y+1=0$, $\dfrac{1}{2}x-y-2=0$의 교점을 지날 때, 상수 a의 값을 구하여라.

7-2

두 점 $(-1, 2)$, $(1, 6)$을 지나는 직선 위에 두 직선 $y-x-1=0$, $y-ax-2=0$의 교점이 있다. 상수 a의 값을 구하여라.

오른쪽 그림과 같이 두 직선 $x+y-1=0$, $2x-y+4=0$의 교점을 P, 두 직선이 x축과 만나는 점을 각각 A, B라 할 때, 삼각형 PBA의 넓이를 구하여라.

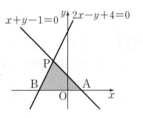

» 닮은꼴 문제

8-1

오른쪽 그림과 같이 두 직선 $x-y-3=0$, $x+4y-8=0$과 y축으로 둘러싸인 도형의 넓이를 구하여라.

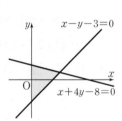

8-2

세 직선 $2x+y+2=0$, $y=2$, $3x-3=0$으로 둘러싸인 도형의 넓이는?

① 6　　　　② 8　　　　③ 9

④ 10　　　　⑤ 12

01 일차방정식 $x+ay-4=0$의 그래프가 점 $(-2, 3)$을 지날 때, 상수 a의 값은?

① -2 ② -1 ③ 0
④ 1 ⑤ 2

02 일차방정식 $4x+3y-1=0$의 그래프가 두 점 $(1, 2a)$, $(-b, 3)$을 지날 때, ab의 값은?

① -1 ② -2 ③ -3
④ -4 ⑤ -5

03 다음 중 일차방정식 $3x-2y+4=0$의 그래프에 대한 설명으로 옳지 <u>않은</u> 것은?

① x절편은 $-\dfrac{4}{3}$, y절편은 2이다.
② x의 값이 증가하면 y의 값도 증가한다.
③ 점 $(2, -1)$을 지난다.
④ 제4사분면을 지나지 않는다.
⑤ $y=\dfrac{3}{2}x-7$의 그래프와 서로 평행하다.

04 일차방정식 $ax-by-4=0$의 그래프가 오른쪽 그림과 같을 때, 상수 a, b에 대하여 $a+b$의 값은?

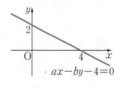

① -2 ② -1 ③ 0
④ 1 ⑤ 2

05 일차방정식 $ax+by+c=0$의 그래프가 오른쪽 그림과 같을 때, 다음 중 상수 a, b, c의 부호로 가능한 것은?

① $a<0, b<0, c<0$ ② $a<0, b>0, c<0$
③ $a>0, b>0, c<0$ ④ $a>0, b<0, c<0$
⑤ $a>0, b>0, c>0$

06 일차방정식 $ax+by+2=0$의 그래프는 기울기가 3이고 점 $(2, 4)$를 지날 때, 상수 a, b의 값을 각각 구하여라.

07 두 점 $(5a-2, 4)$, $(7a+2, 10)$을 지나는 직선이 직선 $x=3$에 평행할 때, a의 값은?

① -5 ② -4 ③ -3
④ -2 ⑤ -1

08 일차방정식 $ax+by+6=0$의 그래프가 오른쪽 그림과 같을 때, 상수 a, b에 대하여 $a-b$의 값을 구하여라.

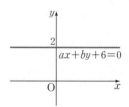

09 다음 네 직선으로 둘러싸인 도형의 넓이가 30일 때, 양수 k의 값은?

$$x=-2,\ x-3=0,\ y=k,\ y=4k$$

① 1 　　　② 2 　　　③ 3
④ 4 　　　⑤ 5

10 오른쪽 그림은 연립방정식
$\begin{cases} ax+y=6 \\ x-by=-3 \end{cases}$ 의 해를 구하기 위해 각 일차방정식의 그래프를 그린 것이다. 상수 a, b에 대하여 $a+b$의 값은?

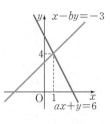

① 1 　　　② 3 　　　③ 5
④ 7 　　　⑤ 9

11 두 일차방정식 $2x-y=5$, $2x+y=3$의 그래프의 교점과 점 $(1, -2)$를 지나는 직선의 방정식이 $ax+by-3=0$일 때, 상수 a, b에 대하여 $a+b$의 값을 구하여라.

12 두 직선 $2x-y-4=0$, $mx-y-2=0$의 교점이 제1사분면 위에 있도록 하는 상수 m의 값의 범위는?

① $m<1$ 　　　② $m>2$ 　　　③ $0<m<2$
④ $1<m<2$ 　　　⑤ $1\leq m\leq 2$

13 다음 세 직선이 한 점에서 만날 때, 상수 a의 값을 구하여라.

$$3x+y=7,\ 2x-y=3,\ ax-3y=-5$$

14 두 직선 $3x+ay=2$, $6x+2y=b$의 교점이 무수히 많을 때, 상수 a, b에 대하여 $a+b$의 값을 구하여라.

15 일차방정식 $ax+y+b=0$의 그래프는 $4x-2y-1=0$의 그래프와 만나지 않고, $x+3y+15=0$의 그래프와 y축 위에서 만난다. 상수 a, b에 대하여 ab의 값은?

① -10 　　　② -5 　　　③ 1
④ 5 　　　⑤ 10

16 두 직선 $ax-y=5$, $5x-2y=3$의 교점이 없을 때, 상수 a의 값을 구하여라.

≡ 서술형 꽉 잡기 ≡

주어진 단계에 따라 쓰는 유형

17 일차방정식 $2x-y+4=0$의 그래프 위의 점 $\mathrm{P}(m, m+1)$을 지나고 y축에 수직인 직선의 방정식을 구하여라.

> • 생각해 보자 •
> 구하는 것은? 점 P를 지나고 y축에 수직인 직선의 방정식
> 주어진 것은? ① 일차방정식 $2x-y+4=0$
> ② 그래프 위의 점 $\mathrm{P}(m, m+1)$

➤ 풀이

[1단계] m의 값 구하기 (50 %)

[2단계] 점 P의 좌표 구하기 (10 %)

[3단계] y축에 수직인 직선의 방정식 구하기 (40 %)

➤ 답

풀이 과정을 자세히 쓰는 유형

18 세 직선 $x-y=1$, $x+2y=4$, $ax-y=5$로 둘러싸인 도형이 삼각형이 되지 않도록 하는 모든 상수 a의 값의 합을 구하여라.

➤ 풀이

➤ 답

19 오른쪽 그림과 같이 세 직선 $x+y=5$, $x-2y=2$, $x=-2$에 대하여 다음 물음에 답하여라.

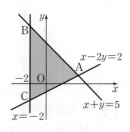

(1) 점 A의 좌표를 구하여라.

(2) 두 점 B, C의 좌표를 각각 구하여라.

(3) 삼각형 ABC의 넓이를 구하여라.

➤ 풀이

➤ 답

이 책을 검토한 선생님들

중학 풍산자로 개념 과 문제 를 꼼꼼히 풀면
성적이 지속적으로 향상됩니다

상위권으로의 도약을 위한 중학 풍산자 로드맵

원리 개념서	기초 반복 훈련서	실전 평가 테스트	실전 문제 유형서
▶ 풍산자 개념완성	▶ 풍산자 반복수학	▶ 풍산자 테스트북	▶ 풍산자 필수유형

중학 풍산자 교재			하	중하	중	상

강남구청 인터넷수능방송 강의교재

원리 개념서
풍산자 개념완성

필수 문제로 개념 정복, 개념 학습 완성

강남구청 인터넷수능방송 강의교재

기초 반복훈련서
풍산자 반복수학

개념 및 기본 연산 정복, 기초 실력 완성

실전평가 테스트
풍산자 테스트북

단원별 엄선 문제, 실력 점검 및 실전 대비

강남구청 인터넷수능방송 강의교재

실전 문제유형서
풍산자 필수유형

모든 기출 유형 정복, 시험 준비 완료

풍산자 개념완성

체계적인 개념 설명과
필수 핵심 문제로
**개념을 확실하게 다져주는
개념기본서!**

중학수학 2-1

풍산자수학연구소 지음

워크북

지학사

완벽한 개념으로 실전에 강해지는

개념기본서

풍산자 개념완성

중학수학 2-1

워크북

1· 유리수와 순환소수

정답과 해설 52쪽 | 개념북 8~17쪽

01 유한소수와 무한소수

01 다음 분수를 소수로 나타내고, 유한소수와 무한소수로 구분하여라.

(1) $\dfrac{3}{5}$ (2) $-\dfrac{3}{12}$ (3) $\dfrac{4}{7}$

02 다음 〈보기〉 중 유한소수를 모두 골라라.

보기

ㄱ. 0.7 ㄴ. -0.44 ㄷ. $1.2323\cdots$

ㄹ. $0.1234\cdots$ ㅁ. π ㅂ. -3.2468

03 다음 분수를 순환소수로 나타내어라.

(1) $\dfrac{3}{11}$ (2) $\dfrac{6}{7}$

04 다음 중 순환마디를 바르게 나타낸 것은?

① $0.8333\cdots \to 33$

② $0.545454\cdots \to 45$

③ $0.15909090\cdots \to 90$

④ $0.273273273\cdots \to 2732$

⑤ $5.714285714285714285\cdots \to 571428$

05 다음 분수를 순환소수로 나타낼 때, 순환마디가 나머지 넷과 **다른** 하나는?

① $\dfrac{1}{3}$ ② $\dfrac{13}{30}$ ③ $\dfrac{11}{12}$

④ $\dfrac{8}{15}$ ⑤ $\dfrac{5}{6}$

06 다음 중 순환소수의 표현으로 옳지 <u>않은</u> 것을 모두 고르면? (정답 2개)

① $0.5333\cdots = 0.5\dot{3}$

② $1.212121\cdots = \dot{1}.\dot{2}$

③ $0.707070\cdots = 0.\dot{7}0$

④ $3.162162162\cdots = 3.\dot{1}6\dot{2}$

⑤ $2.472472472\cdots = 2.\dot{4}7\dot{2}$

07 분수 $\dfrac{1}{7}$과 $\dfrac{3}{11}$을 소수로 나타내었을 때의 순환마디의 숫자의 개수를 각각 x, y라 할 때, $x+y$의 값을 구하여라.

08 분수 $\dfrac{31}{111}$과 $\dfrac{2}{165}$를 순환소수로 나타내었을 때의 순환마디의 모든 숫자의 합을 각각 a, b라 할 때, $a+b$의 값을 구하여라.

09 분수 $\dfrac{11}{12}$을 소수로 나타낼 때, 소수점 아래 50번째 자리의 숫자를 구하여라.

10 분수 $\dfrac{2}{7}$에 대하여 다음 물음에 답하여라.

(1) $\dfrac{2}{7}$를 순환소수로 나타내어라.

(2) 소수점 아래 70번째 자리의 숫자를 구하여라.

11 소수 $1.23\dot{4}56\dot{7}$의 소수점 아래 100번째 자리의 숫자를 a, 분수 $\dfrac{48}{55}$을 소수로 나타낼 때, 소수점 아래 126번째 자리의 숫자를 b라 하자. 이때 $b-a$의 값을 구하여라.

12 분수 $\dfrac{8}{27}$을 소수로 나타낼 때, 소수점 아래 첫 번째 자리의 숫자부터 소수점 아래 50번째 자리의 숫자까지의 모든 숫자의 합을 구하여라.

02 유한소수로 나타낼 수 있는 분수

01 다음은 분수 $\dfrac{26}{400}$을 유한소수로 나타내는 과정이다. ㉠~㉣에 알맞은 것을 써넣어라.

$$\frac{26}{400}=\frac{㉠}{200}=\frac{㉠\times㉡}{200\times㉡}=\frac{㉢}{1000}=\boxed{㉣}$$

02 분수 $\dfrac{19}{250}$를 유한소수로 나타내려고 한다. 분모, 분자에 공통으로 곱해야 할 가장 작은 자연수를 구하여라.

03 분수 $\dfrac{9}{40}$를 $\dfrac{a}{10^n}$로 고쳐서 유한소수로 나타낼 때, 자연수 a, n에 대하여 $a+n$의 최솟값을 구하여라.

04 다음 〈보기〉의 분수 중 유한소수로 나타낼 수 있는 것을 모두 골라라.

보기

ㄱ. $\dfrac{15}{2^2\times3^2\times5}$ ㄴ. $\dfrac{30}{3\times5^2}$ ㄷ. $\dfrac{12}{2^3\times3\times5}$

ㄹ. $\dfrac{2^2}{24}$ ㅁ. $\dfrac{2^2\times3^2}{72}$ ㅂ. $\dfrac{2^3}{45}$

05 다음 분수 중 분모를 10의 거듭제곱으로 나타낼 수 없는 것을 모두 고르면? (정답 2개)

① $\dfrac{9}{30}$ ② $\dfrac{6}{28}$ ③ $\dfrac{13}{65}$

④ $\dfrac{3}{16}$ ⑤ $\dfrac{3}{18}$

06 분모가 12인 10개의 분수 $\dfrac{1}{12}$, $\dfrac{2}{12}$, $\dfrac{3}{12}$, $\cdots$, $\dfrac{10}{12}$ 을 각각 소수로 나타내었을 때, 유한소수로 나타낼 수 없는 분수는 모두 몇 개인지 구하여라.

07 $\dfrac{1}{7}$ 과 $\dfrac{4}{5}$ 사이의 분모가 35인 분수 중에서 유한소수로 나타낼 수 있는 분수의 개수는?

① 1 ② 2 ③ 3

④ 4 ⑤ 5

08 분수 $\dfrac{5}{2^3 \times 7}$ 에 자연수 a를 곱한 분수가 유한소수로 나타내어진다고 한다. 다음 중 a의 값으로 알맞은 것은?

① 2 ② 3 ③ 5

④ 7 ⑤ 8

09 분수 $\dfrac{a}{525}$ 를 소수로 나타내면 유한소수가 된다고 할 때, 다음 물음에 답하여라.

(1) a가 될 수 있는 가장 작은 자연수를 구하여라.

(2) a가 될 수 있는 가장 큰 두 자리의 자연수를 구하여라.

10 분수 $\dfrac{42}{30 \times x}$ 가 유한소수로 나타내어질 때, 다음 중 x의 값이 될 수 없는 것은?

① 7 ② 14 ③ 21

④ 28 ⑤ 35

11 두 분수 $\dfrac{6}{90}$, $\dfrac{11}{280}$ 에 어떤 자연수 N을 각각 곱하여 모두 유한소수가 되게 하려고 한다. 이러한 N의 값 중 가장 작은 자연수를 구하여라.

12 $\dfrac{x}{90}$ 를 소수로 나타내면 유한소수가 되고, 이 분수를 기약분수로 나타내면 $\dfrac{1}{y}$ 이다. x가 $10 < x < 20$인 자연수일 때, $x + 2y$의 값을 구하여라.

03 순환소수의 분수 표현

01 순환소수 $0.46\dot{1}$을 x로 놓을 때, $1000x-10x$의 값을 구하여라.

02 다음은 순환소수 $5.2\dot{3}\dot{4}$를 분수로 나타내는 과정이다. (가)~(마)에 들어갈 알맞은 수를 구하여라.

$x=5.2\dot{3}\dot{4}$로 놓으면
$x=5.2343434\cdots$ ······㉠
㉠의 양변에 (가) , (나) 을 각각 곱하면
 (가) $x=5234.343434\cdots$ ······㉡
 (나) $x=52.343434\cdots$ ······㉢
㉡－㉢을 하면 (다) $x=$ (라)
$\therefore x=$ (마)

03 순환소수 $x=0.1\dot{8}\dot{5}$를 분수로 나타낼 때, 다음 중 계산 결과가 정수인 것은?

① $10x-x$ ② $100x-x$
③ $100x-10x$ ④ $1000x-x$
⑤ $1000x-100x$

04 다음 순환소수를 x로 놓을 때, 분수로 나타내기 위하여 가장 편리한 식을 찾아 연결하여라.

(1) $2.\dot{1}\dot{3}$ •　　　　　• ㄱ. $1000x-10x$
(2) $0.5\dot{6}\dot{7}$ •　　　　　• ㄴ. $100x-x$
(3) $3.2\dot{4}\dot{5}$ •　　　　　• ㄷ. $1000x-100x$
(4) $5.43\dot{1}$ •　　　　　• ㄹ. $1000x-x$

05 다음 중 옳지 <u>않은</u> 것은?

① $3.\dot{1}\dot{7}=\dfrac{317-3}{99}$ ② $2.\dot{1}3\dot{4}=\dfrac{2134-2}{999}$
③ $1.0\dot{5}\dot{7}=\dfrac{1057-10}{990}$ ④ $0.0\dot{9}1\dot{3}=\dfrac{913}{9990}$
⑤ $5.1\dot{2}=\dfrac{512-51}{900}$

06 다음 순환소수를 기약분수로 나타내어라.

(1) $0.2\dot{5}$　　　　　(2) $2.\dot{3}\dot{2}$
(3) $0.4\dot{3}\dot{5}$　　　　　(4) $0.58\dot{3}$
(5) $1.\dot{2}3\dot{4}$　　　　　(6) $2.7\dot{3}\dot{5}$

07 순환소수 $1.2\dot{3}$에 자연수 a를 곱하면 그 결과는 유한소수가 된다고 한다. 다음 중 a의 값이 될 수 <u>없는</u> 수는?

① 3　　　② 5　　　③ 6
④ 9　　　⑤ 12

08 서로소인 두 자연수 a, b에 대하여 $\dfrac{b}{a}$를 소수로 나타내면 $0.2\dot{7}$이다. 이때 $\dfrac{a}{b}$를 순환소수로 나타내어라.

09 다음 두 수의 대소를 비교하여 □ 안에 >, =, < 중 알맞은 것을 써넣어라.

(1) $0.\dot{1}\dot{3}$ □ $0.1\dot{3}$ (2) $0.2\dot{5}$ □ 0.25

(3) $0.\dot{3}2\dot{1}$ □ $0.3\dot{2}\dot{1}$ (4) 1 □ $0.\dot{9}$

(5) $0.12\dot{3}\dot{5}$ □ $0.123\dot{5}$ (6) 0.5 □ $0.4\dot{9}$

10 다음 중 가장 큰 수는?

① 0.48 ② $0.\dot{4}\dot{8}$ ③ $0.4\dot{8}$

④ $0.\dot{4}8\dot{0}$ ⑤ $0.48\dot{0}$

11 $\dfrac{1}{4} < 0.\dot{a} \leq \dfrac{2}{3}$ 를 만족하는 모든 한 자리의 자연수 a의 값의 합을 구하여라.

12 $0.\dot{5}$보다 $0.\dot{7}$만큼 큰 수는?

① $1.\dot{2}\dot{0}$ ② $1.\dot{2}$ ③ $1.\dot{3}\dot{0}$

④ $1.\dot{3}$ ⑤ $1.\dot{4}\dot{0}$

13 $0.\dot{3}1\dot{2} = 312 \times$ □ 일 때, □ 안에 알맞은 수는?

① $0.00\dot{1}$ ② $0.0\dot{0}\dot{1}$ ③ $0.\dot{0}0\dot{1}$

④ $0.1\dot{0}\dot{1}$ ⑤ $0.\dot{1}0\dot{1}$

14 $0.\dot{6}$에 기약분수 x를 곱하였더니 그 결과가 $3.\dot{8}$이 되었다고 한다. 이때 x의 값을 구하여라.

15 어떤 기약분수를 순환소수로 나타내는데 수현이는 분모를 잘못 보고 $0.34\dot{5}$로 나타내고, 기우는 분자를 잘못 보고 $0.8\dot{4}$로 나타내었다. 처음의 기약분수를 순환소수로 나타내어라. (단, 수현이와 기우가 잘못 본 분수도 기약분수이다.)

16 다음 중 옳은 것을 모두 고르면? (정답 2개)

① 모든 유한소수는 유리수이다.
② 순환소수 중에는 유리수가 아닌 것도 있다.
③ 순환소수는 무한소수이다.
④ 1은 순환소수로 나타낼 수 없다.
⑤ 모든 기약분수는 유한소수로 나타낼 수 있다.

17 다음 〈보기〉 중 옳지 <u>않은</u> 것을 모두 골라라.

보기

ㄱ. 순환소수는 유리수이다.

ㄴ. 유한소수로 나타낼 수 없는 분수는 모두 순환소수로 나타낼 수 있다.

ㄷ. 순환소수 중에는 분수로 나타낼 수 없는 수도 있다.

ㄹ. 모든 무한소수는 유리수가 아니다.

ㅁ. 0이 아닌 유리수는 유한소수 또는 순환소수로 나타낼 수 있다.

단원·마무리

정답과 해설 54쪽 | 개념북 18~20쪽

01 다음 중 유리수가 <u>아닌</u> 것은?

① π ② -3 ③ 0

④ 5.2 ⑤ $2.1\dot{3}\dot{5}$

02 다음 중 유한소수로 나타낼 수 있는 것은?

① $\dfrac{1}{18}$ ② $\dfrac{14}{15}$ ③ $\dfrac{15}{450}$

④ $\dfrac{21}{2^2 \times 3 \times 7}$ ⑤ $\dfrac{32}{2^2 \times 3 \times 5}$

03 분수 $\dfrac{\square}{60}$ 를 소수로 나타내면 유한소수가 된다고 할 때, 다음 중 $\square$ 안에 들어갈 수 있는 수는?

① 4 ② 5 ③ 8

④ 9 ⑤ 10

04 분수 $\dfrac{3}{175}$ 에 자연수 a를 곱하면 유한소수로 나타내어질 때, 자연수 a의 값 중 가장 작은 두 자리의 수는?

① 10 ② 12 ③ 14

④ 16 ⑤ 18

05 10 이하의 자연수 a에 대하여 $\dfrac{3}{2^2 \times a}$ 이 무한소수로만 나타내어지도록 하는 모든 a의 값의 합을 구하여라.

06 분수 $\dfrac{4}{11}$ 를 소수로 나타낼 때, 소수점 아래 33번째 자리의 숫자는?

① 2 ② 3 ③ 4

④ 6 ⑤ 8

07 분수 $\dfrac{2}{13}$ 를 소수로 나타낼 때, 소수점 아래 100번째 자리까지의 숫자 중 8이 나오는 횟수는?

① 16번   ② 17번   ③ 18번

④ 19번   ⑤ 20번

08 순환소수 $2.1\dot{9}$ 를 분수로 나타내려고 한다. $x=2.1\dot{9}$ 로 놓을 때, 가장 편리한 식은?

① $10x-x$ ② $100x-10x$

③ $100x-x$ ④ $1000x-100x$

⑤ $1000x-x$

09 순환소수 $1.2343434\cdots$를 분수로 나타내어라.

10 다음 중 순환소수를 분수로 잘못 나타낸 것은?

① $0.\dot{5} = \dfrac{5}{9}$ 　　② $0.\dot{2}\dot{5} = \dfrac{25}{99}$

③ $2.1\dot{5} = \dfrac{97}{45}$ 　　④ $0.0\dot{1}\dot{5} = \dfrac{5}{33}$

⑤ $0.\dot{1}0\dot{5} = \dfrac{35}{333}$

11 다음 〈보기〉 중 부등식 $\dfrac{1}{5} < x < \dfrac{1}{2}$을 만족시키는 x의 값의 개수는?

> **보기**
>
> $0.\dot{1}$　　$0.\dot{2}$　　$0.\dot{3}$　　$0.\dot{4}$　　$0.\dot{5}$

① 1　　　　② 2　　　　③ 3

④ 4　　　　⑤ 5

12 $\dfrac{17}{30} = x + 0.0\dot{1}$일 때, x를 순환소수로 나타내면?

① $0.0\dot{5}$　　② $0.\dot{4}$　　③ $0.4\dot{5}$

④ $0.5\dot{2}$　　⑤ $0.\dot{5}$

13 순환소수 $0.01\dot{4}$에 30 이하의 자연수 a를 곱하면 유한소수가 된다고 할 때, a의 값을 모두 구하여라.

14 다음 중 옳지 않은 것을 모두 고르면? (정답 2개)

① 모든 자연수는 순환소수로 나타낼 수 있다.

② 유한소수로 나타낼 수 없는 분수는 순환소수로 나타낼 수 있다.

③ 무한소수는 모두 유리수가 아니다.

④ 원주율 π는 유리수이다.

⑤ 순환소수가 아닌 무한소수는 분수로 나타낼 수 없다.

서술형

15 분수 $\dfrac{a}{180}$를 소수로 나타내면 유한소수가 되고, 기약분수로 나타내면 $\dfrac{7}{b}$이 된다. a, b가 100 이하의 자연수일 때, $a+b$의 값을 구하여라.

서술형

16 서로소인 두 자연수 a, b에 대하여 $1.\dot{8}\dot{1} \times \dfrac{b}{a} = 1.\dot{3}$일 때, $a-b$의 값을 구하여라.

1 · 지수법칙

정답과 해설 55쪽 | 개념북 22~27쪽

04 지수법칙(1), (2)

01 다음 식을 간단히 하여라.

(1) $3 \times 3^2 \times 3^3$　　　　(2) $a^3 \times a \times a^6$

(3) $x^4 \times x^3$　　　　(4) $x^2 \times y^2 \times x^3 \times y^5$

02 다음 □ 안에 알맞은 것을 써넣어라.

(1) $2^2 \times 2^{\square} = 2^5$　　　　(2) $x^{\square} \times x \times x^3 = x^8$

(3) $3^2 \times 81 = 3^{\square}$　　　　(4) $2^{x+4} = \boxed{} \times 2^x$

03 $5^3 + 5^3 + 5^3 + 5^3 + 5^3$을 간단히 하면?

① 5^3　　　② 5^4　　　③ 5^5

④ 5^{15}　　　⑤ 5^{243}

04 $3^3 \times 9 \times 81 = 3^n$일 때, n의 값을 구하여라.

05 $5 \times 6 \times 7 \times 8 \times 9 \times 10 = 2^a \times 3^b \times 5^c \times 7^d$일 때, 자연수 a, b, c, d에 대하여 $a+b+c+d$의 값을 구하여라.

06 다음 식을 간단히 하여라.

(1) $(7^2)^4$　　　　(2) $(a^2)^3 \times a$

(3) $\{(x^4)^3\}^2$　　　　(4) $(a^4)^2 \times (b^5)^3 \times a \times b^2$

07 다음을 만족시키는 k의 값을 구하여라.

(1) $(a^3)^k = a^{18}$

(2) $(2^2)^5 \times (2^k)^3 = 2^{16}$

(3) $x^3 \times (x^k)^2 = (x^2)^4 \times x^7$

08 $9^{2x+3} = 3^{x+12}$을 만족시키는 x의 값을 구하여라.

09 $3^x = A$일 때, 27^x을 A를 사용하여 나타내어라.

10 $2^5 = x$일 때, 32^2을 x를 사용하여 나타내면?

① $2x$　　　② x^2　　　③ $2x^2$

④ x^3　　　⑤ x^4

05 지수법칙(3), (4)

01 다음 식을 간단히 하여라.

(1) $a^7 \div a^3$ (2) $a^4 \div a^4$

(3) $a^2 \div a^6$ (4) $x^{10} \div x^2 \div x$

(5) $\dfrac{x^{21}}{x^7}$ (6) $(a^2)^8 \div a^4$

(7) $(x^4)^3 \div (x^5)^2$ (8) $a^8 \times a^3 \div a^6$

02 다음 중 계산 결과가 나머지 넷과 <u>다른</u> 하나는?

① $x^5 \div x^3$ ② $x^7 \div x^5$ ③ $x \times x$

④ $x^4 \div x^2$ ⑤ $x \div x^2$

03 $x^4 \div x^{\square} = \dfrac{1}{x^3}$ 일 때, □ 안에 알맞은 수는?

① 1 ② 3 ③ 5

④ 7 ⑤ 9

04 다음 중 계산 결과가 $a^7 \div a^3 \div a$와 같은 것은?

① $a^7 \times a^3 \div a$ ② $a^7 \div a^3 \times a$

③ $a^7 \times (a^3 \div a)$ ④ $a^7 \div (a^3 \times a)$

⑤ $a^7 \div (a^3 \div a)$

05 다음 □ 안에 알맞은 수 중 가장 큰 것은?

① $x^{20} \div x^{10} = x^{\square}$ ② $x^8 \times x^7 \div x^2 = x^{\square}$

③ $x^{20} \div x^4 \div x^2 = x^{\square}$ ④ $x^{18} \div (x^5 \div x^2) = x^{\square}$

⑤ $x^{15} \div (x^3 \times x^2) = x^{\square}$

06 $x - y = 3$일 때, $2^y \div 2^x$의 값을 구하여라.

07 $(a^4)^3 \div \{(a^4)^3 \div a^2\}$을 간단히 하면?

① a^2 ② a^3 ③ a^4

④ a^5 ⑤ a^6

08 $3^4 \div 9^n \times 27^2 = 729$일 때, n의 값은?

① 1 ② 2 ③ 3

④ 4 ⑤ 5

09 다음 식을 만족시키는 상수 x, y 에 대하여 $x - y$의 값을 구하여라.

$$(a^3)^2 \times a^x = a^8, \quad (b^2)^y \div b^6 = \dfrac{1}{b^2}$$

10 다음 식을 간단히 하여라.

(1) $(x^5y^3)^7$

(2) $(a^2bc^3)^4$

(3) $\left(\dfrac{x^8}{y^5}\right)^5$

(4) $\left(\dfrac{x^2y}{3}\right)^3$

11 다음 중 계산 결과가 나머지 넷과 <u>다른</u> 하나는?

① $a \times a^7$

② $(a^4)^2$

③ $a^{16} \div a^8$

④ $a^9 \div (a^3)^3$

⑤ $\dfrac{(a^2b^2)^4}{(b^2)^4}$

12 다음 중 옳지 <u>않은</u> 것을 모두 고르면? (정답 2개)

① $(x^3y^4)^6 = x^{18}y^{24}$

② $\left(\dfrac{x^2y}{5}\right)^3 = \dfrac{x^6y^3}{125}$

③ $(-2a^5b^3)^2 = -4a^{10}b^6$

④ $\left(\dfrac{3}{x^2y}\right)^4 = \dfrac{81}{x^8y^4}$

⑤ $\left(-\dfrac{x}{2y^2}\right)^3 = -\dfrac{x^3}{8y^2}$

13 $(x^2y^a)^3 = x^by^{15}$일 때, 자연수 a, b의 값을 구하여라.

14 다음을 만족시키는 자연수 a, b, c의 값을 구하여라.

(1) $(-2x^a)^b = 16x^{12}$

(2) $(3x^ay^3z^b)^5 = 243x^{10}y^{15}z^{20}$

(3) $\left(\dfrac{2x^a}{y}\right)^b = \dfrac{32x^{15}}{y^c}$

15 $360^2 = (2^3 \times 3^a \times 5)^2 = 2^b \times 3^c \times 5^2$일 때, $a+b+c$의 값을 구하여라. (단, a, b, c는 자연수)

16 다음 물음에 답하여라.

(1) $a = 2^{x-1}$일 때, 8^x을 a를 사용하여 나타내어라.

(2) $a = 3^{x+1}$일 때, 9^x을 a를 사용하여 나타내어라.

(3) $2^x = a$일 때, 8^{x+1}을 a를 사용하여 나타내어라.

17 $2^{10} \times 5^6$이 n자리의 자연수일 때, 다음 물음에 답하여라.

(1) 자연수 a, k에 대하여 $2^{10} \times 5^6$을 $a \times 10^k$ 꼴로 나타낼 때, a의 최솟값과 그때의 k의 값을 구하여라.

(2) n의 값을 구하여라.

2· 단항식의 곱셈과 나눗셈

정답과 해설 56쪽 | 개념북 28~33쪽

06 단항식의 곱셈과 나눗셈

01 다음 식을 간단히 하여라.

(1) $2x^3 \times (-4x)$ (2) $(-3y^2) \times 5x^2y$

(3) $\dfrac{2}{3}x^3y^2 \times (-6x^4y)$ (4) $2a^2b \times (-3b^3)^2$

02 다음 식을 간단히 하여라.

(1) $4a^5 \div (-2a^2)$ (2) $-9ab^3 \div 12b^2$

(3) $12x^2y^4 \div \left(-\dfrac{3}{4}xy\right)$ (4) $(-2x^2)^3 \div \left(\dfrac{2}{3}x\right)^3$

03 다음 식을 간단히 하여라.

(1) $xy^2 \times (-3xy^2)^3 \times (-x^3y^2)^5$

(2) $(-x^2y)^2 \times \left(-\dfrac{x}{y^2}\right)^2 \times \left(\dfrac{y^3}{x}\right)^3$

(3) $(-7a^2b^5)^2 \div \left(-\dfrac{7}{a^2b^6}\right) \div a^3b^7$

04 다음을 만족시키는 자연수 x, y에 대하여 $x+y$의 값을 구하여라.

(1) $(2a^2b)^3 \times (-ab^2)^2 = 8a^xb^y$

(2) $(5ab^x)^2 \div (a^4b^2)^3 = \dfrac{25b^2}{a^y}$

07 단항식의 곱셈과 나눗셈의 혼합계산

01 다음 식을 간단히 하여라.

(1) $2x^2 \div 4x^3 \times 3x$

(2) $2x^2y \times 4y \div xy$

02 다음 식을 간단히 하여라.

(1) $5xy \times (3xy)^2 \div 3x^2y^5$

(2) $(-2xy)^3 \div (-4x) \times \dfrac{2}{3}xy^2$

(3) $\left(-\dfrac{3}{2}xy^2\right)^3 \times \left(\dfrac{x^2}{y}\right)^4 \div (-6x^4y)$

03 다음 계산 과정에서 ㈎, ㈏에 알맞은 식을 각각 구하여라.

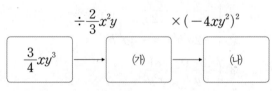

$$\frac{3}{4}xy^3 \xrightarrow{\div \frac{2}{3}x^2y} (\text{㈎}) \xrightarrow{\times (-4xy^2)^2} (\text{㈏})$$

04 다음을 만족시키는 두 자연수 x, y의 값을 구하여라.

(1) $(a^2b^x)^3 \times \left(\dfrac{a^3}{b}\right)^2 \div a^yb = a^6b^9$

(2) $12a^xb^5 \div (-6ab^y) \times (-ab)^3 = 2a^5b^6$

05 $x=-2, y=3$일 때, 다음 식의 값을 구하여라.

$$(xy)^3 \times xy^2 \div (-3x^3y)^2$$

06 다음 □ 안에 알맞은 식을 구하여라.

(1) $2x^2 \times \boxed{} = 6x^5y$

(2) $8a^5b^7 \div \boxed{} = -2ab^4$

07 $12x^6y^8$을 어떤 식으로 나누었더니 몫이 $(-2x^2y^3)^2$이 되었다. 어떤 식을 구하여라.

08 다음 □ 안에 알맞은 식을 구하여라.

(1) $6x^3y \div \boxed{} \times 4xy^2 = 2x^3y^2$

(2) $(-x^2y)^4 \div \boxed{} \times x^2y = \dfrac{x^7}{y}$

(3) $(-2xy^3)^3 \times \left(\dfrac{x^2}{y}\right)^2 \div \boxed{} = 2x^4y$

09 오른쪽 그림과 같이 밑변의 길이가 $4a^2b$이고 높이가 $8ab^2$인 삼각형의 넓이를 구하여라.

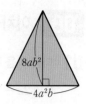

10 오른쪽 그림과 같이 밑면의 가로의 길이가 $4a$, 세로의 길이가 $12ab$인 직육면체의 부피가 $240a^3b^4$일 때, 이 직육면체의 높이를 구하여라.

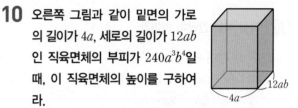

11 밑면의 반지름의 길이가 $3a^2b$인 원뿔의 부피가 $12\pi a^6b^5$일 때, 이 원뿔의 높이를 구하여라.

12 다음 그림과 같은 직사각형과 삼각형의 넓이가 서로 같을 때, 삼각형의 밑변의 길이를 구하여라.

3· 다항식의 계산

08 이차식의 덧셈과 뺄셈

01 다음 식을 간단히 하여라.

(1) $(2a-3b)+(-8a+b)$

(2) $(4x-7y)-(x-3y)$

02 다음 식을 간단히 하여라.

(1) $(3x+5y-4)+(2x-3y-1)$

(2) $(4x-3y)-2(3x+y)$

(3) $\dfrac{-a+5b}{3}+\dfrac{2a-b}{4}$

(4) $\left(-\dfrac{1}{4}x+\dfrac{1}{3}y\right)-2\left(\dfrac{x}{5}-\dfrac{3}{4}y\right)$

03 $2(3x-y-4)-3(x-5y+1)=Ax+By+C$일 때, 상수 A, B, C에 대하여 $A+B-2C$의 값을 구하여라.

04 다음 식을 간단히 하여라.

$$a-\dfrac{4a-b}{3}+\dfrac{2a-4b}{5}$$

05 다음 중 이차식인 것을 모두 고르면? (정답 2개)

① $2x+1$
② x^2-3x-x^2
③ $3(x^2-2x)$
④ x^3+x^2-4
⑤ $-2x^2$

06 다음 식을 간단히 하여라.

(1) $(-7x^2-5x+1)+(x^2-6x)$

(2) $(5x^2-6x)-(-3x^2+8x-2)$

(3) $2(3x^2-2x-1)+(-9x^2-7x+3)$

(4) $\dfrac{2x^2-5x+4}{3}-\dfrac{x^2+3x+1}{2}$

07 $(-x^2+3x-2)-(-3x^2+2x-6)$을 간단히 하였을 때, 각 항의 계수와 상수항의 합을 구하여라.

08 다음 두 다항식 A, B에 대하여 $A-B$를 간단히 하여라.

$$A=(a^2-2a)+(-7a^2+6)$$
$$B=(a^2+3a+7)-(-2a^2+5a-1)$$

09 다음 식을 간단히 하여라.

(1) $4a-\{6b-(3a-5b)\}$

(2) $2x-\{3x-2y-(5-6x)+8\}$

10 $x-2y-[y-\{2y-(x+3y)\}+4x]=ax+by$일 때, 상수 a, b에 대하여 $a+b$의 값은?

① -8 ② -6 ③ -4

④ -2 ⑤ 0

11 다음 식을 간단히 하여라.

(1) $x-[x-\{x-(x-1)\}]$

(2) $2x^2-[7x-3-\{-(x^2-1)-3x^2+2x\}]$

(3) $9x-1-[y-3x-\{x+5y-(3x-6)\}]$

12 다음 □ 안에 알맞은 식을 구하여라.

(1) $3a-b+\boxed{}=-a+4b$

(2) $3x^2-x+7-\boxed{}=-5x^2+2x-1$

13 다음 □ 안에 알맞은 식을 구하여라.

$$\dfrac{x^2-3x+1}{4}-\boxed{}=\dfrac{3x^2+7x-1}{12}$$

14 $5x-3y$의 3배에서 어떤 다항식 A를 빼면 $-x-2y$의 2배가 된다고 한다. 어떤 다항식 A를 구하여라.

15 $x-2y+5$에 어떤 식을 더해야 할 것을 잘못하여 빼었더니 $4x-3y+7$이 되었다. 바르게 계산한 식을 구하여라.

16 어떤 식에서 $-x^2-5x+1$을 빼어야 할 것을 잘못하여 더하였더니 $3x^2+6x-2$가 되었다. 바르게 계산한 식을 구하여라.

09 단항식과 다항식의 곱셈과 나눗셈

01 다음 식을 전개하여라.

(1) $2x(3x-4y)$ (2) $5a(-x+3y)$

(3) $-5x(x-2y)$ (4) $-a(-a-b+1)$

(5) $(a^2b+ab^2) \times (-3x)$

(6) $(6x^2y-9xy^2) \times \left(\dfrac{1}{27}xy\right)$

02 다음 식을 간단히 하여라.

(1) $a(3a+2)-3a(-a+7)$

(2) $2a(a-b)+3b(2a-5b)$

(3) $-3x(x+2y)+2x(x-5y)$

(4) $4x\left(\dfrac{1}{2}x-3\right)-6x\left(\dfrac{1}{3}x-\dfrac{1}{2}\right)$

03 $-2x(x^2-4x+1)=ax^3+bx^2+cx$일 때, 상수 a, b, c에 대하여 abc의 값은?

① -32 ② -16 ③ -8

④ 16 ⑤ 32

04 $ax(4x+y+b)=-8x^2+cxy-10x$일 때, 상수 a, b, c에 대하여 $a+b+c$의 값을 구하여라.

05 $(4x^2-2xy+6y^2) \times \dfrac{3}{2}x$를 전개하였을 때, xy^2의 계수는?

① -6 ② -3 ③ 3

④ 6 ⑤ 9

06 $ax(2x-3y-2)=bx^2+12xy+cx$일 때, 상수 a, b, c에 대하여 $a+b+c$의 값은?

① -17 ② -7 ③ -4

④ 7 ⑤ 13

07 다음 식을 간단히 하여라.

(1) $(14x^2-21x) \div \dfrac{7}{3}x$

(2) $(4a^2-9ab) \div \left(-\dfrac{a}{2}\right)$

(3) $(4x^2-3xy+6x) \div 2x$

(4) $(12xy^2-6x^2y-9x) \div (-3x)$

08 $(x^3-2x^2) \div \left(-\dfrac{x}{6}\right)$를 간단히 했을 때, 각 항의 계수의 합을 구하여라.

09 다음을 만족시키는 상수 a, b, c의 값을 구하여라.

(1) $\left(-\dfrac{2}{3}x^2y - \dfrac{1}{4}xy^2\right) \div \left(-\dfrac{1}{12}xy\right) = ax + by$

(2) $(15x^2y - 9xy^2 + 24xy) \div 3xy = ax + by + c$

10 $x = -1$, $y = 4$일 때, $(12x^3y - 8x^2y^2) \div 4xy$의 값은?

① 10   ② 11   ③ 12

④ 13   ⑤ 14

11 $\boxed{} \times (-4xy) = (2x^2y - 8xy^2 + 3xy)$일 때, ☐ 안에 알맞은 식을 구하여라.

12 어떤 식을 $3x$로 나누었더니 $\dfrac{4}{3}x^2 - 2x$가 되었다. 어떤 식을 구하여라.

13 어떤 식을 $-\dfrac{3}{2}x$로 나누어야 하는데 잘못하여 곱하였더니 $3x^2y - 12x^2 + 4x$가 되었다. 어떤 식을 구하여라.

14 오른쪽 그림과 같이 두 대각선의 길이가 각각 $5x+1$, $2y$인 마름모의 넓이를 구하여라.

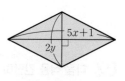

15 오른쪽 그림과 같은 직육면체의 부피가 $18x^2y - 12xy^2$일 때, 직육면체의 높이는?

① $3xy$ ② $3x - 2y$ ③ $6x - 4y$

④ $-6x + 4y$ ⑤ $-4x + 6y$

16 오른쪽 그림과 같이 윗변의 길이가 $3x^2$, 아랫변의 길이가 $4y$, 높이가 $2xy$인 사다리꼴의 넓이를 구하여라.

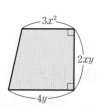

10 사칙연산이 혼합된 식의 계산

01 다음 식을 간단히 하여라.

(1) $(12xy-9xy^2)\div 3y - \dfrac{16x^2-8x}{4x}$

(2) $(10x^2-6xy)\div 2x + (4xy-8y^2)\div \dfrac{2}{3}y$

02 다음 식을 간단히 하면?

$$(x^3y^2-3x^2y^2)\div(-xy)+2xy(x-2)$$

① x^2y-xy ② x^2y-7xy ③ x^2y-7xy^2

④ $2x^2y-xy$ ⑤ $2x^2y+3xy$

03 $x=5$, $y=-2$일 때, 다음 식의 값을 구하여라.

$$\left(6x^2y-\dfrac{1}{3}x^2y^2\right)\div xy - \dfrac{2xy^2-9xy}{3y}$$

04 $\left(\dfrac{7}{3}x^4+\dfrac{5}{6}x^3\right)\div\dfrac{2}{3}x^2-\dfrac{3}{4}x\left(8x-\dfrac{1}{3}\right)$을 간단히 하였을 때, 각 항의 계수의 합을 구하여라.

05 $\dfrac{2x^4+4x^3-x^2}{x^2}-\dfrac{2(x^5-x^4+3x^3)}{x^3}$을 간단히 하였을 때, x의 계수를 A, 상수항을 B라 하자. 이때 $A-B$의 값은?

① 10   ② 11   ③ 12

④ 13   ⑤ 14

06 다음 □ 안에 알맞은 식을 구하여라.

$$2a(3a-4)-(8a^3b^2-\boxed{})\div 2ab^2=2a^2-5a$$

07 $2x(x-1)-\{x^2-2x(-x+3)\}\div(-x)$를 간단히 하면 ax^2+bx+c가 될 때, 상수 a, b, c에 대하여 $a+b-c$의 값은?

① -9 ② -3 ③ 0

④ 3 ⑤ 9

08 오른쪽 그림과 같이 밑면의 가로의 길이가 $3ab$, 세로의 길이가 b인 직육면체의 부피가 $6a^2b^2+15ab^2$일 때, 이 직육면체의 겉넓이를 구하여라.

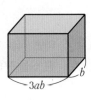

단원·마무리

01 다음 중 계산 결과가 나머지 넷과 <u>다른</u> 하나는?

① $3^2+3^2+3^2$ 　　　② 3×3^2

③ $(3^2)^3$ 　　　④ $3^5 \div 3^2$

⑤ $(3^2)^2 \div 3$

02 $(a^4 b^x)^3 = a^y b^9$일 때, 자연수 x, y에 대하여 $x+y$의 값은?

① 7　　　② 13　　　③ 15

④ 21　　　⑤ 51

03 다음 등식을 만족시키는 자연수 x, y에 대하여 $x+y$의 값은?

$$12^3 = (2^x \times 3)^3 = 2^y \times 3^3$$

① 7　　　② 8　　　③ 9

④ 10　　　⑤ 11

04 $5^x = A$일 때, 25^{x+1}을 A를 사용하여 나타내면?

① A^2　　　② A^4　　　③ $25A^2$

④ $50A^2$　　　⑤ $50A^4$

05 $2^{17} \times 5^{12}$은 몇 자리의 자연수인지 구하여라.

06 $(-2ab^2)^2 \times 3ab \div 8a^4 b^3$을 간단히 하면?

① $-\dfrac{3b^2}{2a}$　　　② $-\dfrac{3b}{2a}$　　　③ $\dfrac{3b}{2a}$

④ $\dfrac{3b^2}{2a}$　　　⑤ $\dfrac{3b}{4a^2}$

07 $8x^a y^6 \div \left(\dfrac{2xy}{3}\right)^2 \times \dfrac{5}{3x^3 y} = bx^5 y^c$일 때, 자연수 a, b, c에 대하여 $a+b+c$의 값은?

① 27　　　② 37　　　③ 40

④ 43　　　⑤ 45

08 $(-6x^2 y^3) \div 3xy^2 \times \boxed{} = 2xy^2$일 때, $\boxed{}$ 안에 알맞은 식은?

① $-x$　　　② $-y$　　　③ $-\dfrac{y}{x}$

④ $-\dfrac{x}{y}$　　　⑤ $-xy$

09 $x=2$, $y=-1$일 때, 다음 식의 값을 구하여라.

$$(-xy^3)^2 \times \{-(x^3 y^2)^3\} \div (-x^2 y)^3$$

10 $(6x^2-x-1)-(8x^2-5x+7)$을 간단히 하면?

① $2x^2-6x+6$ ② $-2x^2-6x+6$

③ $-2x^2+4x-8$ ④ $2x^2+4x+6$

⑤ $-2x^2-6x-8$

11 $\dfrac{3(a-b)}{2}-\dfrac{4(a-2b)}{3}=\square a+\square b$에서

$\square$ 안에 알맞은 두 수의 차는?

① $\dfrac{5}{6}$ ② 1 ③ $\dfrac{7}{6}$

④ 2 ⑤ 3

12 $(3x^2y^2-4x)\div\dfrac{1}{2}x$를 간단히 하면?

① $\dfrac{3}{2}x^3y^2-2x^2$ ② $\dfrac{3}{2}xy^2-2x^2$

③ $\dfrac{3}{2}xy^2-2$ ④ $6x^3y^2-8x^2$

⑤ $6xy^2-8$

13 $3xy\left(\dfrac{1}{x}-\dfrac{1}{y}\right)-2xy\left(\dfrac{1}{x}+\dfrac{1}{y}\right)$을 간단히 하면

$ax+by$일 때, 상수 a, b에 대하여 ab의 값을 구하여라.

14 $(6a^2-3ab)\div3a-(5ab+10b^2)\div(-5b)$를 간단히 하면?

① $1-3b$ ② $3a-3b$ ③ $3a+b$

④ $a+b$ ⑤ $a+3b$

15 밑면의 가로, 세로의 길이가 각각 $4a$, $3a$인 직육면체의 부피가 $12a^3+24a^2b$일 때, 높이를 구하여라.

16 오른쪽 그림과 같이 $\angle C=90°$인 직각삼각형 ABC를 직선 AC를 축으로 하여 1회전시킬 때 생기는 입체도형의 부피를 구하여라.

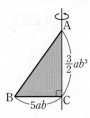

17 다음 조건을 모두 만족시키는 두 다항식 A, B에 대하여 $3A-5B$를 구하여라.

> ㈎ 다항식 A에서 $2x^2+3$을 빼었더니 $-x^2-1$이 되었다.
>
> ㈏ 다항식 A에 $2x^2+3x-1$을 더하였더니 B가 되었다.

1 · 일차부등식

정답과 해설 62쪽 | 개념북 48~55쪽

11 부등식의 해와 그 성질

01 다음 중 문장을 부등식으로 나타낸 것으로 옳지 <u>않은</u> 것은?

① 어떤 수 x와 -2의 합을 4배한 것은 x의 3배보다 작지 않다. ➡ $4(x-2) \geq 3x$

② 한 권에 x원 하는 공책 4권의 값은 6000원 이하이다. ➡ $4x \leq 6000$

③ 8%의 소금물 x g에 녹아 있는 소금의 양은 50 g 미만이다. ➡ $\dfrac{2}{25}x < 50$

④ 승용차를 타고 시속 60 km로 x시간 동안 달린 거리는 150 km 이상 200 km 미만이다.
➡ $150 \leq 60x < 200$

⑤ 한 개에 a원인 사탕 20개를 1500원짜리 바구니에 담았더니 그 값이 7000원을 넘지 않았다. ➡ $20a + 1500 < 7000$

02 다음 중 [ ] 안의 수가 주어진 부등식의 해가 <u>아닌</u> 것을 모두 고르면? (정답 2개)

① $7x - 2 \leq 1$ [0] ② $2x < x + 3$ [3]

③ $-x \geq 3x$ [−1] ④ $\dfrac{x-5}{2} \leq x$ [1]

⑤ $\dfrac{x}{3} - \dfrac{x}{2} < -1$ [2]

03 x가 절댓값이 2 이하인 정수일 때, 부등식 $-2(x-1) < x$의 해의 개수를 구하여라.

04 $a \leq b$일 때, 다음 □ 안에 알맞은 부등호를 써넣어라.

(1) $a + 5$ □ $b + 5$ (2) $a - 1$ □ $b - 1$

(3) $6a$ □ $6b$ (4) $-\dfrac{a}{4}$ □ $-\dfrac{b}{4}$

05 $a > b$일 때, 다음 □ 안에 들어갈 부등호의 방향이 나머지 넷과 <u>다른</u> 하나는?

① $a + (-7)$ □ $b + (-7)$

② $-\dfrac{a}{5}$ □ $-\dfrac{b}{5}$

③ $3a - 1$ □ $3b - 1$

④ $2 + 4a$ □ $2 + 4b$

⑤ $5a + 7$ □ $5b + 7$

06 $7 - 3a > 7 - 3b$일 때, 다음 중 옳지 <u>않은</u> 것은?

① $a < b$ ② $2a < 2b$

③ $\dfrac{a}{5} < \dfrac{b}{5}$ ④ $-4a < -4b$

⑤ $\dfrac{a-3}{5} < \dfrac{b-3}{5}$

07 $a < b < 0$일 때, 다음 중 옳은 것을 모두 고르면?

(정답 2개)

① $a - b > 0$ ② $a + b > 0$

③ $\dfrac{1}{a} > \dfrac{1}{b}$ ④ $\dfrac{a}{b} > 1$

⑤ $a^2 < b^2$

08 $-2\le x<1$일 때, 다음 식의 값의 범위를 구하여라.

(1) $x+1$

(2) $x-3$

(3) $\dfrac{x}{2}$

(4) $-x$

(5) $5-2x$

(6) $\dfrac{x-4}{2}$

09 $-2<x<3$일 때, $a<4-3x<b$이다. 이때 상수 a, b에 대하여 $a+b$의 값을 구하여라.

10 $-7<1-4x\le13$일 때, x의 값의 범위는?

① $-2<x\le3$

② $-2\le x<3$

③ $-2<x<3$

④ $-3\le x<2$

⑤ $-3<x\le2$

11 두 수 a, b에 대하여 $-5\le a\le2$이고 $a-b=3$일 때, b의 값의 범위를 구하여라.

---

12 일차부등식의 풀이

01 다음 중 일차부등식을 모두 고르면? (정답 2개)

① $2x+3\ge-5+x$

② $x+3=2x$

③ $x^2+1<x+5$

④ $4x-5<5+4x$

⑤ $5x-1<0$

02 일차부등식 $x-8\le4x-2$의 해를 수직선 위에 바르게 나타낸 것은?

①

②

③

④

⑤

03 다음 일차부등식을 만족시키는 자연수 x를 모두 구하여라.

$$x+9>4(x-1)-1$$

04 일차부등식 $0.5x+3\le1-\dfrac{2x+4}{3}$ 를 만족시키는 가장 큰 정수 x는?

① -5

② -4

③ -3

④ -2

⑤ -1

05 $a>0$일 때, 다음 일차부등식을 풀어라.

(1) $ax>5a$ (2) $3ax<-6$

06 $a<0$일 때, 일차부등식 $4ax+10>3(ax+2)$를 풀어라.

07 $a<-1$일 때, 일차부등식 $x+4\leq1-ax$를 풀어라.

08 일차부등식 $ax+17>-1$의 해가 $x>-3$일 때, 상수 a의 값을 구하여라.

09 일차부등식 $ax+2<x$의 해가 $x>\dfrac{2}{5}$일 때, 상수 a의 값은?

① -5 ② -4 ③ -3
④ -2 ⑤ -1

10 다음 두 일차부등식의 해가 같을 때, 상수 a의 값을 구하여라.

$$x+8<8x+15,\ a-x<3x-a$$

11 두 일차부등식
$$2(2x-3)\leq3x-1,\ 2x-5\geq3x-a$$
의 해가 같을 때, 상수 a의 값은?

① 7 ② 8 ③ 9
④ 10 ⑤ 11

12 부등식 $x-a\leq-3x$를 만족시키는 자연수 x가 존재하지 않을 때, 상수 a의 값의 범위를 구하여라.

13 일차부등식 $5x\geq-(k-7x)-1$을 만족시키는 자연수가 2개일 때, 상수 k의 값의 범위를 구하여라. (단, 풀이에 수직선을 이용하여라.)

2 · 일차부등식의 활용

정답과 해설 63쪽 | 개념북 56~61쪽

13 일차부등식의 활용

01 어떤 자연수에서 8을 뺀 후 2배 하면 그 수는 처음 자연수보다 작다고 한다. 이를 만족시키는 자연수의 개수는?

① 13　　　② 14　　　③ 15
④ 16　　　⑤ 17

02 차가 9인 두 정수의 합이 20보다 작다고 한다. 두 수 중 큰 수를 x라고 할 때, x의 최댓값을 구하여라.

03 연속하는 세 짝수의 합이 78보다 작다고 한다. 이를 만족시키는 세 짝수 중 가장 큰 경우를 구하여라.

04 현정이는 안개꽃 한 다발에 카네이션을 섞어 꽃다발을 만들려고 한다. 카네이션은 한 송이에 900원이고, 안개꽃 한 다발은 2000원이다. 꽃다발의 가격이 10000원을 넘지 않게 할 때, 카네이션은 최대 몇 송이까지 살 수 있는지 구하여라. (단, 포장비용은 무시한다.)

05 어떤 대형 할인점에서 아이스크림은 한 개에 700원, 음료수는 한 개에 650원에 팔고 있다. 20000원을 가지고 아이스크림과 음료수를 섞어서 30개를 살 때, 아이스크림은 최대 몇 개까지 살 수 있는가?

① 9개　　　② 10개　　　③ 11개
④ 12개　　　⑤ 13개

06 준영이가 등산을 하는데 올라갈 때는 시속 2 km로, 내려올 때는 같은 길을 시속 3 km로 걸어서 4시간 이내에 등산을 마치려고 한다. 이때 출발 지점에서 최대 몇 km 떨어진 곳까지 올라갈 수 있는지 구하여라.

07 버스 터미널에서 버스가 출발하기까지 30분의 여유가 있다. 이 시간을 이용하여 우체국에 가서 소포를 부치려고 하는데 우체국에 갈 때는 분속 60 m, 올 때는 분속 40 m로 걷고, 소포를 부치는 데 5분이 걸린다면 버스 터미널에서 우체국까지의 거리는 몇 m 이내이어야 하는지 구하여라.

08 우리 동네 꽃집에서는 한 송이에 800원인 장미가 도매 시장에서는 한 송이에 600원이다. 도매 시장까지 갔다 오는 데 차비가 1800원 든다면 장미를 몇 송이 이상 살 때, 도매 시장에 가서 사는 게 더 유리한지 구하여라.

09 어느 박물관의 입장료는 3000원인데 30명 이상의 단체에 대해서는 입장료의 15 %를 할인해 준다고 한다. 30명 미만의 단체가 몇 명 이상일 때 30명의 단체 입장권을 사는 것이 더 유리한지 구하여라.

10 다음 표는 어느 통신사의 두 휴대전화 요금제 A, B를 비교한 것이다. 몇 분을 초과해서 통화해야 A 요금제를 선택하는 것이 더 유리한지 구하여라.

	A 요금제	B 요금제
기본요금(원)	24000	15000
1분당 통화요금(원)	60	180

11 8 %의 소금물 100 g이 있다. 여기에 5 %의 소금물을 섞어 농도가 6 % 이상인 소금물을 만들려고 할 때, 5 %의 소금물은 최대 몇 g까지 넣을 수 있는지 구하여라.

12 10 %의 소금물 300 g이 있다. 물을 증발시켜서 농도가 12 % 이상인 소금물을 만들려고 할 때, 적어도 몇 g의 물을 증발시켜야 하는지 구하여라.

13 삼각형의 세 변의 길이가 각각 $(x+2)$cm, x cm, $(x+6)$ cm일 때, x의 값의 범위를 구하여라.

(단, $x>0$)

14 현재 형은 4000원, 동생은 1500원을 저금하였다. 앞으로 매달 형은 1000원씩, 동생은 1500원씩 저금한다면 동생의 저금액이 형의 저금액보다 많아지는 것은 몇 개월 후부터인가?

① 6개월   ② 7개월   ③ 8개월
④ 9개월   ⑤ 10개월

15 원가가 5000원인 물건에 x %의 이익을 붙여 판매하려고 한다. 한 개를 팔 때마다 1200원 이상의 이익을 얻으려고 할 때, x의 최솟값을 구하여라.

16 어느 공원의 입장료는 20명까지는 1인당 900원이고, 20명을 초과하면 초과된 사람부터는 1인당 600원이라고 한다. 30000원으로 최대 몇 명까지 입장할 수 있는지 구하여라.

단원·마무리

정답과 해설 64쪽 | 개념북 62~64쪽

01 다음 중 해가 $x=0$인 부등식을 모두 고르면?

(정답 2개)

① $x-2>0$ ② $2x+5<2$

③ $3x\leq x$ ④ $x\geq 4-x$

⑤ $\dfrac{x-2}{5}<\dfrac{x}{3}$

02 x의 값이 $-3, -2, -1, 0, 1, 2$일 때, 부등식 $x\leq 7x-4$의 해의 개수는?

① 1   ② 2   ③ 3

④ 4   ⑤ 5

03 $a>b$일 때, 다음 중 옳은 것은?

① $3a<3b$ ② $-2a-1>-2b-1$

③ $\dfrac{a}{2}-7<\dfrac{b}{2}-7$ ④ $a+3<b+3$

⑤ $1-a<1-b$

04 $-2\leq x<3$일 때, $-\dfrac{1}{2}x+5$의 값의 범위를 구하여라.

05 다음 부등식 중 해가 나머지 넷과 다른 하나는?

① $3x<9$ ② $x-2x>-3$

③ $-4x>-2x-18$ ④ $-2x+2>x-7$

⑤ $4x+1<4+3x$

06 일차부등식 $\dfrac{x-4}{5}+\dfrac{x-1}{2}\leq 2$를 만족시키는 자연수 x의 개수는?

① 1   ② 2   ③ 3

④ 4   ⑤ 5

07 일차부등식 $0.7x-\dfrac{1}{10}<2+\dfrac{3x-1}{2}$의 해는?

① $x>-2$ ② $x>-\dfrac{11}{8}$

③ $x<-\dfrac{1}{2}$ ④ $x>-\dfrac{1}{4}$

⑤ $x>2$

08 $a<0$일 때, 일차부등식 $-3ax<9$의 해는?

① $x>-\dfrac{3}{a}$ ② $x<-\dfrac{3}{a}$

③ $x>\dfrac{3}{a}$ ④ $x<\dfrac{3}{a}$

⑤ $x<-3a$

09 일차부등식 $4x-1\leq 2x+a$를 만족시키는 자연수 x가 2개일 때, 상수 a의 값의 범위는?

① $2\leq a<3$ ② $3\leq a<4$

③ $3\leq a<5$ ④ $4\leq a<6$

⑤ $5\leq a<7$

10 일차부등식 $5-3x \le a$를 만족시키는 가장 작은 자연수가 2일 때, 상수 a의 최솟값은?

① -1 ② 0 ③ 1

④ 2 ⑤ 3

11 수지는 지난 세 번의 수학 시험에서 86점, 90점, 88점을 받았다. 총 네 번의 수학 시험의 평균이 90점 이상이 되려면 네 번째 수학 시험에서 몇 점 이상을 받아야 하는지 구하여라.

12 원가가 1000원인 물건을 정가의 2할을 할인하여 팔아서 원가의 2할 이상의 이익을 얻으려고 한다. 정가를 얼마 이상으로 정해야 하는지 구하여라.

13 6 %의 소금물 400 g에 소금을 더 넣어 농도가 20 % 이상인 소금물을 만들려고 한다. 몇 g 이상의 소금을 더 넣어야 하는지 구하여라.

14 준상이네 집에서 공원까지의 거리는 4 km이다. 준상이가 집을 출발하여 처음에는 시속 3 km로 걷다가 도중에 시속 6 km로 달려서 1시간 10분 이내로 공원에 도착하려고 한다. 집에서 몇 km 떨어진 지점까지 걸어가도 되는지 구하여라.

서술형

15 다음 두 일차부등식의 해가 같을 때, 상수 a의 값을 구하여라.

$$1 > 3 - ax, \quad 3 - \frac{x-2}{4} < \frac{1}{2} - x$$

서술형

16 어떤 미술관의 관람 요금이 성인은 1500원, 학생은 1000원이고, 20명 이상이면 단체 요금을 적용하여 무조건 1인당 800원이라고 한다. 선생님 2명과 학생들이 함께 미술관 관람을 하려고 한다. 학생이 몇 명 이상일 때, 20명의 단체 요금을 내는 것이 더 유리한지 구하여라.

1· 미지수가 2개인 연립일차방정식

정답과 해설 65쪽 ㅣ 개념북 66~71쪽

14 미지수가 2개인 일차방정식

01 다음 〈보기〉 중 미지수가 2개인 일차방정식을 모두 골라라.

> **보기**
> ㄱ. $3x-5y$　　ㄴ. $x+2y=0$
> ㄷ. $x^2-y=7$　　ㄹ. $\dfrac{1}{x}+\dfrac{1}{y}=2$
> ㅁ. $\dfrac{x}{2}-\dfrac{y}{5}=4$　　ㅂ. $x^2-y=x(x-2)$
> ㅅ. $x+xy-3=0$　ㅇ. $x-6y=2(x-3y)+5$

02 $2x+(a-4)y+3=3x+2y-6$이 x, y에 대한 일차방정식일 때, 상수 a의 값이 될 수 없는 것은?

① 5　　　② 6　　　③ 7
④ 8　　　⑤ 9

03 다음 중 일차방정식 $3x+y=14$의 해가 <u>아닌</u> 것은?

① $(0, 14)$　② $(2, 8)$　③ $(-3, 24)$
④ $(5, -1)$　⑤ $\left(-\dfrac{1}{3}, 15\right)$

04 다음 일차방정식 중에서 점 $(-1, 3)$을 해로 가지는 것은?

① $x+y=5$　　　② $3x-4y=-12$
③ $2x-\dfrac{2}{3}y=-4$　　④ $5x-y-8=0$
⑤ $4x+2y-1=0$

05 x, y가 자연수일 때, 다음 일차방정식의 해를 구하여라.

(1) $x+y=4$　　　(2) $2x+y=10$
(3) $x+3y=9$　　　(4) $3x+5y=16$

06 x, y가 자연수일 때, 일차방정식 $2x+3y=20$을 만족시키는 해의 개수는?

① 2　　　② 3　　　③ 4
④ 5　　　⑤ 6

07 일차방정식 $ax+y=1$의 한 해가 $(3, -5)$일 때, 상수 a의 값을 구하여라.

08 두 순서쌍 $(a, 4)$, $(b+1, 6)$이 모두 일차방정식 $2x-3y+6=0$의 해일 때, $a+b$의 값을 구하여라.

15 미지수가 2개인 연립일차방정식

01 다음 문장을 x, y에 대한 연립방정식으로 나타내어라.

(1) 한 개에 300원인 귤 x개와 한 개에 500원인 사과 y개를 합하여 12개 샀더니 총 가격이 4000원이었다.

(2) 우리 안에 강아지 x마리와 오리 y마리가 함께 있는데 머리의 수는 모두 7이고, 다리의 수는 모두 20이다.

(3) 농구 경기에서 3점 슛 x개, 2점 슛 y개를 넣어 총 32점을 득점하였는데 2점 슛이 3점 슛보다 6개 더 많았다.

02 다음 연립방정식 중 $x=3$, $y=-1$을 해로 갖는 것은?

① $\begin{cases} x+y=5 \\ x+2y=1 \end{cases}$
② $\begin{cases} y=x+7 \\ 5x-3y=18 \end{cases}$

③ $\begin{cases} 2x-y=7 \\ x+3y=-1 \end{cases}$
④ $\begin{cases} 3x-y=10 \\ 2x-3y=9 \end{cases}$

⑤ $\begin{cases} 2x+y=5 \\ 5x+2y=12 \end{cases}$

03 다음 〈보기〉의 일차방정식 중 2개의 식으로 연립방정식을 만들 때, 그 해가 $(2, 4)$가 되는 것은?

보기
ㄱ. $x+y=6$ ㄴ. $2x+5y=20$
ㄷ. $y=2x-2$ ㄹ. $3x+2y=14$
ㅁ. $5x-3y=-4$

① ㄱ과 ㄴ ② ㄱ과 ㄹ ③ ㄴ과 ㄷ
④ ㄴ과 ㄹ ⑤ ㄷ과 ㅁ

04 x, y가 자연수일 때, 다음 연립방정식의 해를 구하여라.

(1) $\begin{cases} x+y=6 \\ x+3y=12 \end{cases}$
(2) $\begin{cases} 2x+3y=14 \\ x-2y=0 \end{cases}$

05 연립방정식 $\begin{cases} x+2y=a \\ x-y=b \end{cases}$ 의 해가 $x=1$, $y=-1$일 때, 상수 a, b에 대하여 $a+b$의 값을 구하여라.

06 연립방정식 $\begin{cases} 4x-y=k \\ x+3y=-1 \end{cases}$ 을 만족시키는 x의 값이 -4일 때, 상수 k의 값을 구하여라.

07 연립방정식 $\begin{cases} ax+by=-3 \\ x+3y=b \end{cases}$ 의 해가 $(-4, 1)$일 때, 상수 a, b에 대하여 $2a-b$의 값을 구하여라.

2. 연립일차방정식의 풀이

16 연립방정식의 풀이

01 다음 연립방정식을 식의 대입을 이용하여 풀어라.

(1) $\begin{cases} x=2y+1 \\ x-4y=1 \end{cases}$
(2) $\begin{cases} y=4x-7 \\ 2x-5y=-1 \end{cases}$

(3) $\begin{cases} 3x=2y+8 \\ 3x-4y=-2 \end{cases}$
(4) $\begin{cases} 2y=3x+2 \\ 2y=-2x-3 \end{cases}$

02 연립방정식 $\begin{cases} x-2y=1 & \cdots\cdots ㉠ \\ 3x+y=8 & \cdots\cdots ㉡ \end{cases}$ 을 식의 대입을 이용하여 풀기 위하여 ㉠을 변형하여 ㉡에 대입하여 정리하였더니 $ay=5$가 되었다. 이때 상수 a의 값을 구하여라.

03 연립방정식 $\begin{cases} 2x-3y=7 & \cdots\cdots ㉠ \\ 3x+5y=1 & \cdots\cdots ㉡ \end{cases}$ 을 두 식의 합 또는 차를 이용하여 풀 때, x를 소거하는 식으로 적당한 것은?

① ㉠×3+㉡×2
② ㉠×5+㉡×3
③ ㉠×3-㉡×2
④ ㉠×5-㉡×3
⑤ ㉠×2-㉡×3

04 다음 연립방정식을 두 식의 합 또는 차를 이용하여 풀어라.

(1) $\begin{cases} x+y=7 \\ 2x-y=5 \end{cases}$
(2) $\begin{cases} 3x+5y=7 \\ 3x+y=-1 \end{cases}$

(3) $\begin{cases} x-5y=-5 \\ 2x-7y=-1 \end{cases}$
(4) $\begin{cases} -3x+7y=-4 \\ 4x-3y=-1 \end{cases}$

05 연립방정식 $\begin{cases} ax+y=6 \\ 2x+by=-8 \end{cases}$ 의 해가 $x=2$, $y=4$일 때, 상수 a, b의 값을 구하여라.

06 연립방정식 $\begin{cases} 3ax+4by=-1 \\ 5ax-2by=7 \end{cases}$ 의 해가 $(1,\,1)$일 때, 상수 a, b에 대하여 a^2+b^2의 값을 구하여라.

07 연립방정식 $\begin{cases} x-2y=-1 \\ 2x-5y=-4 \end{cases}$ 를 푸는데 $x-2y=-1$의 -1을 잘못 보고 풀어서 $y=6$을 얻었다. -1을 무엇으로 잘못 보고 풀었는가?

① -3
② -2
③ 1
④ 2
⑤ 3

08 다음 두 연립방정식의 해가 같을 때, 상수 a, b에 대하여 $a+b$의 값을 구하여라.

$$\begin{cases} 5x+3y=7 \\ ax-5y=13 \end{cases},\ \begin{cases} 2x-by=-1 \\ 4x-7y=15 \end{cases}$$

17 복잡한 연립방정식의 풀이

01 다음 연립방정식을 풀어라.

(1) $\begin{cases} 5(2x-1)+y=2 \\ 3x-y=6 \end{cases}$ (2) $\begin{cases} 2(x+y)+3y=4 \\ 5x-4(x-y)=5 \end{cases}$

02 연립방정식 $\begin{cases} 3(x+2y)-7y=-14 \\ 3x-2(x-y)=7 \end{cases}$ 의 해가

$(a,\,b)$일 때, a^2+b^2의 값을 구하여라.

03 다음 연립방정식을 풀어라.

(1) $\begin{cases} \dfrac{1}{2}x-\dfrac{1}{3}y=\dfrac{2}{3} \\ \dfrac{1}{3}x+\dfrac{1}{6}y=\dfrac{5}{6} \end{cases}$ (2) $\begin{cases} \dfrac{x-1}{2}+y=-1 \\ \dfrac{1}{5}x-\dfrac{2}{3}y=3 \end{cases}$

04 다음 연립방정식을 풀어라.

(1) $\begin{cases} 0.2x+y=3 \\ 0.5x-0.3y=1.9 \end{cases}$ (2) $\begin{cases} 0.2x-0.5y=-0.2 \\ 0.05x+0.1y=0.4 \end{cases}$

05 다음 연립방정식을 풀어라.

(1) $\begin{cases} 0.3x+y=-0.4 \\ \dfrac{3}{4}x+\dfrac{5}{3}y=-\dfrac{1}{6} \end{cases}$ (2) $\begin{cases} \dfrac{1}{5}x+0.4y=6 \\ 0.3x-\dfrac{1}{4}y=-8 \end{cases}$

06 연립방정식 $\begin{cases} 0.2x-0.3y=0.9 \\ \dfrac{3}{2}(x-5y)+4y=\dfrac{11}{2} \end{cases}$ 의 해가

$(a,\,b)$일 때, $2a-b$의 값을 구하여라.

07 다음 연립방정식을 풀어라.

$$\begin{cases} 2(x-y)+1=5-2(x-1) \\ x:y=1:3 \end{cases}$$

08 일차방정식 $\dfrac{x-y}{2}=\dfrac{1}{6}-\dfrac{1}{3}y$를 만족시키는 $x,\,y$에

대하여 $x:y=1:5$일 때, $x+y$의 값을 구하여라.

18 $A=B=C$ 꼴, 해가 특수한 연립방정식의 풀이

01 연립방정식 $2x+y=x=4x-5y+4$의 해가
$x=a$, $y=b$일 때, $a-b$의 값을 구하여라.

02 다음 연립방정식을 풀어라.

$$\frac{2y-7}{3}=\frac{3x-4y+7}{2}=\frac{3x+2y-2}{5}$$

03 다음 연립방정식의 해를 구하여라.

(1) $\begin{cases} 4x-2y=8 \\ 2x-y=4 \end{cases}$ (2) $\begin{cases} 4x-5y=2 \\ 12x-15y=4 \end{cases}$

(3) $\begin{cases} x+2y=5 \\ -2x-4y=-10 \end{cases}$ (4) $\begin{cases} 2x-y=-3 \\ 6x-3y=6 \end{cases}$

04 다음 연립방정식의 해가 무수히 많을 때, 상수 a의 값을 구하여라.

(1) $\begin{cases} x+ay=3 \\ 2x+4y=6 \end{cases}$ (2) $\begin{cases} 2x+3y=a \\ -6x-9y=-12 \end{cases}$

05 연립방정식 $\begin{cases} ax+3y=12 \\ 4x-y=b \end{cases}$ 의 해가 무수히 많을 때,
상수 a, b에 대하여 $a-b$의 값을 구하여라.

06 다음 연립방정식 중에서 해가 <u>없는</u> 것은?

① $\begin{cases} x+y=3 \\ 3x+3y=9 \end{cases}$ ② $\begin{cases} x+3y=3 \\ 4x=12-4y \end{cases}$

③ $\begin{cases} 3x+y=5 \\ 3x-y=9 \end{cases}$ ④ $\begin{cases} -2x+4y=5 \\ 4x=-10-8y \end{cases}$

⑤ $\begin{cases} x-2y=-1 \\ 2x-4y=7 \end{cases}$

07 연립방정식 $\begin{cases} x-3y=a \\ 4x+by=8 \end{cases}$ 의 해가 없을 때, 상수 a,
b의 조건을 각각 구하여라.

08 연립방정식 $\begin{cases} x-\dfrac{1}{2}y=2a \\ 2(x-y)=2-y \end{cases}$ 의 해가 없을 때, 다음 중 상수 a의 값이 될 수 <u>없는</u> 것은?

① $-\dfrac{1}{2}$ ② 0 ③ $\dfrac{1}{2}$

④ 1 ⑤ 2

3 · 연립방정식의 활용

정답과 해설 69쪽 | 개념북 82~89쪽

19 연립방정식의 활용 (1)

01 500원짜리 사과와 600원짜리의 배를 합하여 11개를 샀더니 총 가격이 6000원이었다. 사과의 개수를 x, 배의 개수를 y라 할 때, □ 안에 알맞은 수를 써넣어라.

> (1) 연립방정식을 세우면
> $$\begin{cases} x+y=\boxed{} \\ \boxed{}x+\boxed{}y=6000 \end{cases}$$
> (2) 연립방정식을 풀면 $x=\boxed{}$, $y=\boxed{}$이다.
> (3) 사과의 개수는 $\boxed{}$, 배의 개수는 $\boxed{}$이다.

02 연필 3자루, 지우개 2개를 사면 1400원이고 연필 6자루, 지우개 5개를 사면 3050원이라 할 때, 연필 한 자루의 가격을 구하여라.

03 장미 6송이와 튤립 4송이를 사면 가격이 10200원이고, 튤립 한 송이의 가격은 장미 한 송이의 가격보다 300원 비싸다고 한다. 장미 2송이와 튤립 3송이를 샀을 때의 가격을 구하여라.

04 민하네 집에서는 7월 한 달 동안 500 mL짜리 우유를 하루에 한 개씩 배달시켜 먹었다. 처음에는 우유한 개에 1000원이었는데 도중에 1200원으로 올라서 7월 한 달간의 우유값은 총 33600원이었다. 우유값이 인상된 날은 언제부터인지 구하여라. (단, 7월은 31일까지이다.)

05 합이 12인 두 수가 있다. 큰 수가 작은 수보다 4만큼 클 때, 두 수의 곱을 구하여라.

06 합이 64인 두 자연수가 있다. 큰 수를 작은 수로 나누면 몫이 4이고, 나머지가 4일 때, 큰 수를 구하여라.

07 두 자리 자연수가 있다. 이 수의 각 자리의 숫자의 합은 14이고, 십의 자리의 숫자와 일의 자리의 숫자를 바꾼 수는 처음 수보다 18이 크다. 이때 처음 자연수를 구하여라.

08 현재 어머니와 딸의 나이의 합은 44세이고, 2년 후에 어머니의 나이는 딸의 나이의 5배가 된다고 한다. 현재 어머니와 딸의 나이를 각각 구하여라.

09 현재 이모의 나이는 조카의 나이의 2배이고, 8년 전에는 이모의 나이가 조카의 나이의 4배였다고 한다. 현재 이모와 조카의 나이를 각각 구하여라.

10 재희와 민수 두 사람이 6일 동안 함께 일을 하면 끝낼 수 있는 일이 있다. 이 일을 재희가 먼저 2일 동안 혼자 하고, 나머지는 민수가 8일 동안 혼자 하여 끝냈다고 한다. 재희와 민수가 처음부터 끝까지 혼자서 하여 이 일을 끝내려면 각각 며칠이 걸리는지 구하여라.

11 어느 물통에 물을 가득 채우는 데 A호스로 8분 넣고 B호스로 12분 넣었더니 물이 가득 찼다. 같은 물통에 A호스로 물을 10분 동안 넣고 B호스로 물을 6분 동안 넣었더니 물이 가득 찼을 때, B호스로만 물을 가득 채우는 데 걸리는 시간을 구하여라.

12 병학이와 혜진이가 함께 120개의 종이학을 접는데, 처음부터 함께 접으면 4시간이 걸린다고 한다. 또, 병학이가 2시간 동안 접고 혜진이가 5시간 동안 접으면 120개의 종이학을 접을 수 있다고 한다. 120개의 종이학을 병학이가 혼자서 접는다면 몇 시간이 걸리는지 구하여라.

20 연립방정식의 활용 (2)

01 수정이네 집에서 기차역까지의 거리는 2 km이다. 수정이는 집에서 출발하여 기차역을 향해 분속 60 m로 걷다가 기차 시간에 늦을 것 같아서 도중에 분속 100 m로 뛰어서 28분 만에 기차역에 도착하였다. 이때 수정이가 뛰어간 거리를 구하여라.

02 18 km 떨어진 두 지점에서 은혜와 종현이가 마주 보고 동시에 출발하여 도중에 만났다. 은혜는 시속 2 km로 걷고, 종현이는 시속 7 km로 자전거를 타고 갔을 때, 두 사람이 만날 때까지 은혜가 걸은 거리를 구하여라.

03 영환이와 희경이가 달리기를 하는데 희경이가 영환이보다 30 m 앞에 있다. 두 사람이 동시에 출발하여 영환이는 초속 8 m로, 희경이는 초속 6 m로 달렸을 때, 두 사람은 출발한 지 몇 초 후에 만나게 되는지 구하여라.

04 진구와 유정이가 둘레의 길이가 2 km인 공원을 각각 일정한 속력으로 걷고 있다. 진구가 300 m를 걷는 동안 유정이는 200 m를 걷는다고 한다. 두 사람이 같은 지점에서 출발하여 서로 반대 방향으로 돌면 10분 만에 처음으로 만날 때, 이 공원을 유정이가 혼자서 한 바퀴 도는 데 몇 분이 걸리는지 구하여라.

05 일정한 속력으로 달리는 기차가 길이가 800 m인 터널을 완전히 통과하는 데 23초가 걸리고, 길이가 400 m인 다리를 완전히 통과하는 데 13초가 걸린다고 한다. 이 기차의 길이와 속력을 각각 구하여라.

06 4 %의 소금물과 7 %의 소금물을 섞어서 5 %의 소금물 600 g을 만들었다. 이때 4 %의 소금물의 양을 구하여라.

07 농도가 다른 두 종류의 소금물 A, B가 있다. A 소금물 200 g과 B 소금물 400 g을 섞었더니 8 %의 소금물이 되었고, A 소금물 400 g과 B 소금물 200 g을 섞었더니 6 %의 소금물이 되었다. 두 소금물 A, B의 농도를 각각 구하여라.

08 30 %의 설탕물이 너무 달아서 물을 조금 더 넣었더니 10 %의 설탕물 300 g이 되었다. 처음 설탕물의 양과 더 넣은 물의 양을 각각 구하여라.

09 구리가 90 % 포함된 합금 A와 구리가 60 % 포함된 합금 B를 섞어서 구리가 70 % 포함된 합금 45 kg을 만들려고 한다. 합금 B는 몇 kg 섞으면 되는지 구하여라.

10 10 %의 소금물에 소금을 더 넣어 28 %의 소금물 300 g을 만들었다. 이때 10 %의 소금물의 양과 더 넣은 소금의 양을 각각 구하여라.

11 다음 표는 두 식품 A, B의 100 g당 열량과 단백질의 양을 각각 나타낸 것이다. 두 식품 A, B의 열량의 합이 1560 kcal, 단백질의 양의 합이 100 g이 되었을 때, 두 식품 A, B의 양을 각각 구하여라.

	열량 (kcal)	단백질의 양 (g)
A	120	20
B	300	10

12 진희네 중학교의 작년도 신입생 수는 남녀를 합하여 1200명이었다. 올해의 신입생 수는 남학생 수가 10 % 줄고, 여학생 수는 20 % 늘어서 전체적으로 24명이 늘었다고 한다. 올해 신입생의 남학생 수와 여학생 수를 각각 구하여라.

단원·마무리

정답과 해설 72쪽 | 개념북 90~92쪽

01 다음 중 미지수가 2개인 일차방정식은?

① $x+3=6$ ② $x+y+z=1$

③ $3x-2y=1$ ④ $x-2y+3$

⑤ $x^2-y^2=0$

02 x, y가 자연수일 때, 일차방정식 $4x+y=12$의 해의 개수는?

① 1 ② 2 ③ 3

④ 4 ⑤ 5

03 다음 연립방정식 중 해가 $x=1$, $y=-2$인 것을 모두 고르면? (정답 2개)

① $\begin{cases} x+y=-1 \\ x-y=2 \end{cases}$ ② $\begin{cases} 2x+y=0 \\ x-y=3 \end{cases}$

③ $\begin{cases} x+y=1 \\ -3x+4y=11 \end{cases}$ ④ $\begin{cases} x=y+3 \\ x=2y \end{cases}$

⑤ $\begin{cases} y=x-3 \\ y=-2x \end{cases}$

04 연립방정식 $\begin{cases} x-y=m \\ 2x+3y=n \end{cases}$ 의 해가 $(2, -1)$일 때, 상수 m, n에 대하여 $m+n$의 값은?

① 1 ② 2 ③ 3

④ 4 ⑤ 5

05 연립방정식 $\begin{cases} 2x=7-y \\ 2x=3y-1 \end{cases}$ 의 해는?

① $x=5, y=2$ ② $x=\dfrac{9}{2}, y=-2$

③ $x=3, y=4$ ④ $x=\dfrac{5}{2}, y=2$

⑤ $x=\dfrac{3}{2}, y=4$

06 다음 두 연립방정식의 해가 같을 때, 상수 a, b에 대하여 $a+b$의 값은?

$$\begin{cases} x-ay=-5 \\ 5x-y=3 \end{cases} , \quad \begin{cases} 3x-y=1 \\ bx+5y=2 \end{cases}$$

① -7 ② -5 ③ -3

④ 1 ⑤ 3

07 연립방정식 $\begin{cases} 3a-x=-1 \\ x-y=14-a \end{cases}$ 의 해가 일차방정식 $x+y=2$를 만족시킨다고 할 때, 상수 a의 값은?

① -2 ② -1 ③ 1

④ 2 ⑤ 3

08 연립방정식 $\begin{cases} 0.6x+0.5y=2.8 \\ \dfrac{1}{3}x+\dfrac{1}{2}y=2 \end{cases}$ 의 해가 (a, b)일 때, $a-b$의 값은?

① -2 ② -1 ③ 1

④ 2 ⑤ 3

09 연립방정식 $\dfrac{x+3}{2}=y=\dfrac{2x+y}{3}$ 의 해가 일차방정식 $ax-3y=-3$을 만족시킬 때, 상수 a의 값은?

① -3 ② -1 ③ 2

④ 4 ⑤ 6

10 연립방정식 $\begin{cases} ax+5y=-1 \\ 3x+by=1 \end{cases}$ 의 해를 구하는데 a를 잘못 보고 구하였더니 해가 $x=7$, $y=-2$이었고, b를 잘못 보고 구하였더니 해가 $x=2$, $y=-1$이었다. 처음 연립방정식의 해를 구하여라.

(단, a, b는 상수)

11 십의 자리의 숫자가 일의 자리의 숫자보다 5만큼 작은 두 자리 자연수가 있다. 십의 자리의 숫자와 일의 자리의 숫자를 바꾼 수는 처음 수의 4배보다 3이 작다고 한다. 처음 자연수의 십의 자리의 숫자와 일의 자리의 숫자의 합을 구하여라.

12 일정한 속력으로 달리고 있는 기차가 길이 $800\,\mathrm{m}$인 다리를 완전히 통과하는 데 1분이 걸리고, 길이 $1.8\,\mathrm{km}$인 터널을 완전히 통과하는 데 2분이 걸린다고 한다. 이 기차의 길이는?

① $50\,\mathrm{m}$ ② $80\,\mathrm{m}$ ③ $120\,\mathrm{m}$

④ $180\,\mathrm{m}$ ⑤ $200\,\mathrm{m}$

13 둘레의 길이가 $4\,\mathrm{km}$인 호수가 있다. 이 호숫가의 한 지점에서 보라와 효빈이가 동시에 출발하여 각각 일정한 속력으로 걷기로 하였다. 같은 방향으로 돌면 1시간 후에 처음으로 만나고, 서로 반대 방향으로 돌면 30분 후에 처음으로 만난다고 한다. 보라의 걷는 속도가 효빈이보다 빠를 때, 보라와 효빈이가 1시간 동안 움직인 거리를 각각 구하여라.

14 농도가 $12\,\%$인 소금물과 농도가 $8\,\%$인 소금물을 섞어서 농도가 $9\,\%$인 소금물 $200\,\mathrm{g}$을 만들려고 한다. $12\,\%$의 소금물은 얼마나 섞어야 하는가?

① $45\,\mathrm{g}$ ② $50\,\mathrm{g}$ ③ $60\,\mathrm{g}$

④ $80\,\mathrm{g}$ ⑤ $150\,\mathrm{g}$

`서술형`

15 연립방정식 $\begin{cases} 3x-y=4 \\ x+4y=k \end{cases}$ 를 만족시키는 y의 값이 x의 값의 2배보다 1이 작다고 한다. 상수 k의 값을 구하여라.

`서술형`

16 재준이와 영숙이가 일을 하는 데 재준이가 먼저 3일 동안 혼자 하고 나머지는 영숙이가 8일 동안 혼자 하여 끝냈다고 한다. 또 재준이가 먼저 6일 동안 혼자 하고 나머지는 영숙이가 4일 동안 혼자 하여 끝냈다고 한다. 재준이와 영숙이가 각각 이 일을 혼자서 끝내려면 며칠이 걸리는지 구하여라.

1· 함수와 함숫값

정답과 해설 74쪽 | 개념북 95쪽

21 함수와 함숫값

01 다음 〈보기〉 중 y가 x의 함수인 것의 개수는?

> **보기**
> ㄱ. x의 절댓값 y
> ㄴ. 자연수 x의 약수의 개수 y
> ㄷ. 자연수 x의 배수 y
> ㄹ. 하루 중 낮의 길이는 x시간, 밤의 길이는 y시간

① 1   ② 2   ③ 3
④ 4   ⑤ 없다.

02 다음 중 y가 x의 함수가 <u>아닌</u> 것을 모두 고르면?
(정답 2개)

① 한 개에 x원인 물건 6개의 가격 y원
② 넓이가 16인 직사각형의 가로의 길이가 x, 세로의 길이가 y
③ 1시간에 80 km를 가는 자동차 x시간 동안 간 거리 y km
④ 자연수 x보다 큰 자연수 y
⑤ 약수의 개수가 x인 자연수 y

03 함수 $f(x)=-2x+3$에 대하여 $f(a)=5$, $f\left(\dfrac{1}{2}\right)=b$일 때, 상수 a, b에 대하여 $b-a$의 값을 구하여라.

04 두 함수 $f(x)-\dfrac{1}{2}x+4$, $g(x)=3x-2$에 대하여 $f(-4)=a$일 때, $g(a)$의 값은?

① -1 ② 2   ③ 3
④ 4   ⑤ 6

05 함수 $f(x)=ax+2$에 대하여 $f(-1)=6$일 때, $f\left(\dfrac{1}{2}\right)+f(-3)$의 값을 구하여라. (단, a는 상수)

06 함수 $f(x)=-\dfrac{1}{2}x+a$에 대하여 $f(2)=3$일 때, 다음 중 옳지 <u>않은</u> 것은? (단, a는 상수)

① $f(0)=4$ ② $f(-2)=5$
③ $f(-1)+f(1)=8$ ④ $f(4)-f(2)=-3$
⑤ $\dfrac{f(-4)}{f(6)}=6$

07 점 $(a, 6)$이 함수 $y=\dfrac{1}{2}x+1$의 그래프 위의 점일 때, a의 값을 구하여라.

08 함수 $y=-4x$의 그래프가 두 점 $(-3, a)$, $(b, -4)$를 지날 때, $a+b$의 값을 구하여라.

09 점 $(1+a, 9-2a)$가 함수 $y=3x+1$의 그래프 위의 점일 때, a의 값은?

① -3 ② -2 ③ -1
④ 1   ⑤ 2

2 · 일차함수와 그 그래프

정답과 해설 74쪽 ㅣ 개념북 96~105쪽

22 일차함수와 그 그래프

01 다음 〈보기〉 중 y가 x의 일차함수인 것은 모두 골라라.

> **보기**
>
> ㄱ. $y=-6$ 　　　 ㄴ. $y=3-2x$
>
> ㄷ. $y=\dfrac{1}{3}x$ 　　 ㄹ. $y=\dfrac{1}{4x}$
>
> ㅁ. $y=5(-x+1)$ ㅂ. $y=x^2-x$
>
> ㅅ. $y=-(x+1)+x$ ㅇ. $2x+y=x+4$

02 $y=(-m+2)x-5$가 일차함수일 때, 상수 m의 값이 될 수 <u>없는</u> 것은?

① -2 　　 ② $-\dfrac{1}{2}$ 　　 ③ 0

④ $\dfrac{1}{2}$ 　　 ⑤ 2

03 다음 중 y가 x의 일차함수가 <u>아닌</u> 것은?

① 한 변의 길이가 x cm인 정삼각형의 둘레의 길이는 y cm이다.

② 시속 4 km의 속력으로 x시간 동안 걸어간 거리는 y km이다.

③ 100원짜리 지우개 1개와 200원짜리 연필 x자루의 가격의 합은 y원이다.

④ 반지름의 길이가 x cm인 원의 둘레의 길이는 y cm이다.

⑤ 가로, 세로의 길이가 각각 x cm, $(x+3)$ cm인 직사각형의 넓이는 y cm^{2}이다.

04 일차함수 $f(x)=-4x+1$에 대하여 다음을 구하여라.

(1) $f(-1)$ 　　　 (2) $f(0)$

(3) $f(1)$ 　　　 (4) $f(3)$

05 일차함수 $y=f(x)$에 대하여 $f(x)=-3x+4$에 대하여 다음을 구하여라.

(1) $2f(1)-f(-1)$의 값

(2) $f(a)=-2$일 때, a의 값

06 일차함수 $f(x)=-\dfrac{1}{2}x+k$에 대하여 $f(-2)=-3$일 때, $f(a)=0$이 되는 a의 값을 구하여라. (단, k는 상수)

07 일차함수 $f(x)=-\dfrac{2}{3}x-1$에서 $f(6)=a$, $f(b)=5$일 때, $a-b$의 값을 구하여라.

08 일차함수 $f(x)=ax+b$에 대하여 $f(-1)=-7$, $f(2)=-1$일 때, $f(5)$의 값을 구하여라. (단, a, b는 상수)

09 다음 일차함수의 그래프를 y축의 방향으로 [ ] 안의 수만큼 평행이동한 그래프의 식을 구하여라.

(1) $y=x$ $[\,7\,]$

(2) $y=-2x$ $[\,1\,]$

(3) $y=\dfrac{1}{2}x$ $[\,-4\,]$

(4) $y=-\dfrac{1}{4}x$ $\left[\,-\dfrac{1}{3}\,\right]$

10 일차함수 $y=-\dfrac{3}{2}x+b$의 그래프는 일차함수 $y=ax$의 그래프를 y축의 방향으로 6만큼 평행이동한 것이다. 상수 a, b에 대하여 ab의 값을 구하여라.

11 일차함수 $y=-x+4$의 그래프를 y축의 방향으로 -5만큼 평행이동하였더니 일차함수 $y=ax+b$의 그래프가 되었다. 상수 a, b에 대하여 ab의 값을 구하여라.

12 다음 중 일차함수 $y=-\dfrac{1}{4}x$의 그래프를 y축의 방향으로 -7만큼 평행이동한 그래프 위에 있지 <u>않은</u> 점은?

① $(-12, -4)$

② $(-8, -5)$

③ $(-4, -6)$

④ $(2, -8)$

⑤ $(8, -9)$

13 일차함수 $y=-2x$의 그래프를 y축의 방향으로 -3만큼 평행이동한 그래프는 점 $(2, k)$를 지난다. k의 값을 구하여라.

14 일차함수 $y=\dfrac{2}{3}x+1$의 그래프를 y축의 방향으로 n만큼 평행이동한 그래프가 점 $(3, 4)$를 지날 때, n의 값을 구하여라.

15 점 $(-2, 3)$을 지나는 일차함수 $y=ax+1$의 그래프를 y축의 방향으로 5만큼 평행이동한 그래프는 점 $(2, b)$를 지난다. b의 값을 구하여라. (단, a는 상수)

16 일차함수 $y=ax+b$의 그래프를 y축의 방향으로 -2만큼 평행이동한 그래프는 두 점 $(3, 1)$, $(-6, 4)$를 지난다. 상수 a, b에 대하여 $9a+b$의 값을 구하여라.

23 일차함수의 그래프의 x절편, y절편

01 다음 일차함수의 그래프의 x절편과 y절편을 각각 구하여라.

(1) $y=-x+3$　　(2) $y=2x-1$

(3) $y=-\dfrac{1}{2}x-2$　　(4) $y=\dfrac{2}{3}x+6$

02 일차함수 $y=-\dfrac{2}{3}x+2$의 그래프가 x축과 만나는 점의 x좌표를 m, y축과 만나는 점의 y좌표를 n이라 할 때, $3m-n$의 값을 구하여라.

03 일차함수 $y=4x$의 그래프를 y축의 방향으로 -2만큼 평행이동한 그래프의 x절편을 a, y절편을 b라 할 때, ab의 값을 구하여라.

04 일차함수 $y=-2x+k$의 그래프의 x절편이 $\dfrac{5}{2}$일 때, 상수 k의 값을 구하여라.

05 일차함수 $y=ax+b$의 y절편은 -2이다. 이 그래프가 점 $(2, 1)$을 지날 때, 상수 a, b에 대하여 ab의 값을 구하여라.

06 일차함수 $y=ax+b$의 그래프는 일차함수 $y=\dfrac{2}{5}x-4$의 그래프와 y축 위에서 만나고, 일차함수 $y=2x+1$의 그래프와 x축 위에서 만난다. 상수 a, b에 대하여 $a+b$의 값을 구하여라.

07 일차함수 $y=x+4$의 그래프와 x축, y축으로 둘러싸인 삼각형의 넓이를 구하여라.

08 다음을 구하여라.

(1) 두 일차함수 $y=2x+2$, $y=-\dfrac{1}{2}x+2$의 그래프와 x축으로 둘러싸인 삼각형의 넓이

(2) 두 일차함수 $y=x-3$, $y=-\dfrac{1}{3}x+1$의 그래프와 y축으로 둘러싸인 삼각형의 넓이

09 일차함수 $y=ax+2$의 그래프와 x축, y축으로 둘러싸인 부분의 넓이가 4일 때, 상수 a의 값을 모두 구하여라.

24 일차함수의 그래프의 기울기

01 다음 일차함수의 그래프 중 x의 값이 2만큼 증가할 때, y의 값은 8만큼 감소하는 것은?

① $y=-8x-2$ 　　② $y=-4x-8$

③ $y=-\dfrac{1}{4}x-4$ 　　④ $y=4x-2$

⑤ $y=8x-4$

02 일차함수 $y=\dfrac{2}{3}x-2$에서 x의 값이 2에서 5까지 증가할 때, y의 값의 증가량을 구하여라.

03 일차함수 $y=ax+4$의 그래프에서 x의 값이 3만큼 증가할 때, y의 값은 15만큼 감소한다. 상수 a의 값을 구하여라.

04 일차함수 $y=f(x)$에 대하여 $f(-2)=1$, $f(3)=5$일 때, 이 함수의 그래프의 기울기를 구하여라.

05 일차함수 $f(x)=ax-3$에 대하여 $f(1)=-7$일 때, $\dfrac{f(15)-f(3)}{15-3}$의 값을 구하여라. (단, a는 상수)

06 다음 그림과 같은 일차함수의 그래프의 기울기를 구하여라.

(1) 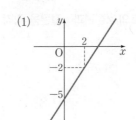　　(2)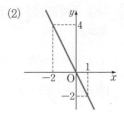

07 두 점 $(3, k)$, $(-2, -k+3)$을 지나는 직선의 기울기가 1일 때, k의 값을 구하여라.

08 세 점 $(-5, a)$, $(-3, 7)$, $(1, 1)$이 한 직선 위에 있을 때, a의 값을 구하여라.

09 일차함수 $y=-2x-2$의 그래프를 다음을 이용하여 좌표평면 위에 그려라.

(1) x절편, y절편　　(2) y절편, 기울기

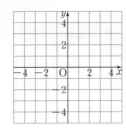　　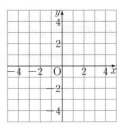

10 기울기가 $\dfrac{3}{5}$이고, y절편이 1인 일차함수의 그래프가 지나지 <u>않는</u> 사분면을 구하여라.

3 · 일차함수의 그래프의 성질

정답과 해설 77쪽 ┃ 개념북 106~119쪽

25 일차함수 $y=ax+b$의 그래프의 성질

01 다음 〈보기〉 중 아래의 조건을 만족시키는 직선을 그래프로 하는 일차함수의 식을 모두 골라라.

보기
ㄱ. $y=2x-4$ ㄴ. $y=3-x$
ㄷ. $y=5x+7$ ㄹ. $y=-\dfrac{3}{2}x-1$
ㅁ. $y=\dfrac{1}{3}x$ ㅂ. $y=-4x+2$

(1) 오른쪽 위로 향하는 직선
(2) 오른쪽 아래로 향하는 직선
(3) y축과 양의 부분에서 만나는 직선
(4) y축과 음의 부분에서 만나는 직선
(5) 원점을 지나는 직선
(6) x의 값이 증가할 때 y의 값이 증가하는 직선
(7) x의 값이 증가할 때 y의 값이 감소하는 직선

02 다음 일차함수 중 그 그래프가 오른쪽 위로 향하는 직선인 것을 모두 고르면? (정답 2개)

① $y=-\dfrac{2}{5}x+1$ ② $y=\dfrac{1}{2}x+1$

③ $y=-x+1$ ④ $y=\dfrac{2}{3}x+1$

⑤ $y=-\dfrac{1}{4}x+1$

03 다음 중 일차함수 $y=-\dfrac{1}{2}x+4$의 그래프에 대한 설명으로 옳지 <u>않은</u> 것을 모두 고르면? (정답 2개)

① 오른쪽 아래로 향하는 직선이다.
② 점 $(0, 4)$를 지난다.
③ 제2사분면을 지나지 않는다.
④ x의 값이 2만큼 증가할 때 y의 값은 1만큼 감소한다.
⑤ x의 값이 증가할 때 y의 값도 증가하는 직선이다.

04 다음 중 일차함수 $y=ax+b$의 그래프에 대한 설명으로 옳지 <u>않은</u> 것은? (단, a, b는 상수)

① 기울기는 a, y절편은 b이다.
② $a<0$일 때, 오른쪽 아래로 향하는 직선이다.
③ $b>0$일 때, y축과 양의 부분에서 만난다.
④ x의 값이 증가하면 y의 값도 증가한다.
⑤ 일차함수 $y=ax$의 그래프를 y축의 방향으로 b만큼 평행이동한 것이다.

05 일차함수 $y=ax+b$의 그래프가 다음 그림과 같을 때, 상수 a, b의 부호를 정하여라.

(1) 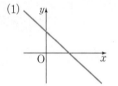 (2)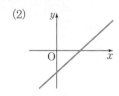

06 일차함수 $y=-ax-b$의 그래프가 오른쪽 그림과 같을 때, 상수 a, b의 부호를 정하여라.

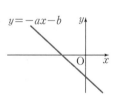

07 일차함수 $y=-\dfrac{1}{a}x+\dfrac{b}{a}$의 그래프가 오른쪽 그림과 같을 때, 상수 a, b의 부호를 정하여라.

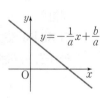

08 다음 일차함수 중 그 그래프가 제1사분면을 지나지 <u>않는</u> 것은?

① $y=\dfrac{3}{5}x-1$ ② $y=x+4$

③ $y=-\dfrac{1}{3}x+4$ ④ $y=2x$

⑤ $y=-2x-3$

09 $ab<0$, $a-b>0$일 때, 일차함수 $y=-ax+b$의 그래프가 지나지 <u>않는</u> 사분면을 구하여라.

10 일차함수 $y=-ax-b$의 그래프가 오른쪽 그림과 같을 때, 일차함수 $y=ax+b$의 그래프가 지나는 사분면을 모두 구하여라. (단, a, b는 상수)

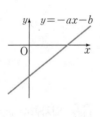

11 일차함수 $y=-\dfrac{b}{a}x+b$의 그래프가 오른쪽 그림과 같을 때, 일차함수 $y=bx+a-b$의 그래프가 지나지 <u>않는</u> 사분면을 구하여라. (단, a, b는 상수)

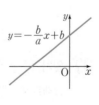

26 일차함수의 그래프의 평행과 일치

01 다음 일차함수 중 그 그래프가 일차함수 $y=-2x+6$의 그래프와 평행한 것은?

① $y=x+6$ ② $y=2x+6$

③ $y=-2x+6$ ④ $y=-2x-6$

⑤ $y=-\dfrac{1}{2}x+6$

02 두 일차함수 $y=-ax+3$과 $y=\dfrac{1}{2}x+6b$의 그래프가 서로 평행하기 위한 상수 a, b의 조건을 각각 구하여라.

03 일차함수 $y=ax+4$의 그래프가 오른쪽 그림의 직선과 평행할 때, 상수 a의 값을 구하여라.

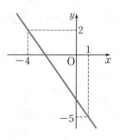

04 두 점 $(2, 5)$, $(5, k)$를 지나는 직선과 x절편이 3, y절편이 -4인 직선이 서로 평행할 때, k의 값을 구하여라.

05 다음 두 일차함수의 그래프가 일치할 때, 상수 a, b의 값을 각각 구하여라.

(1) $y = \dfrac{2}{3}x - 2b$, $y = ax + 6$

(2) $y = 2ax - 4$, $y = -x + 3b$

06 일차함수 $y = 2ax - 1$의 그래프를 y축의 방향으로 k만큼 평행이동하였더니 일차함수 $y = -4x - 5$의 그래프와 일치하였다. 이때 ak의 값을 구하여라.

(단, a는 상수)

07 다음 〈보기〉 중 그 그래프가 서로 평행한 것과 일치하는 것끼리 각각 짝지어라.

┌─ 보기 ─────────────────────┐
│ ㄱ. $y = -3x + 4$ ㄴ. $y = \dfrac{3}{4}x - 2$ │
│ ㄷ. $y = 2x - 5$ ㄹ. $y = \dfrac{4}{3}x - 2$ │
│ ㅁ. $y = 2(x - 2) - 1$ ㅂ. $y = \dfrac{3}{4}x + 2$ │
└──────────────────────────┘

08 오른쪽 그림은 일차함수 $y = ax + b$의 그래프이다. 다음 〈보기〉 중 그래프가 아래와 같은 일차함수의 식을 골라라.

┌─ 보기 ─────────────────────┐
│ ㄱ. $y = -3x + 6$ ㄴ. $y = -\dfrac{1}{3}x + 6$ │
│ ㄷ. $y = -3(x + 1)$ ㄹ. $y = -\dfrac{1}{3}(x - 3)$ │
└──────────────────────────┘

(1) $y = ax + b$의 그래프와 평행한 직선

(2) $y = ax + b$의 그래프와 일치하는 직선

---

27 **일차함수의 식 구하기**

01 다음과 같은 직선을 그래프로 하는 일차함수의 식을 구하여라.

(1) 기울기가 -1이고 y절편이 $\dfrac{1}{2}$인 직선

(2) 기울기가 $\dfrac{2}{5}$이고 y절편이 -3인 직선

(3) 기울기가 3이고 점 $(0, -9)$를 지나는 직선

02 일차함수 $y = 2x + 5$의 그래프와 평행하고 점 $(0, -8)$을 지나는 직선을 그래프로 하는 일차함수의 식을 구하여라.

03 오른쪽 그림의 직선과 평행하고 y절편이 -2인 직선을 그래프로 하는 일차함수의 식을 구하여라.

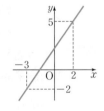

04 다음과 같은 직선을 그래프로 하는 일차함수의 식을 구하여라.

(1) 기울기가 -1이고 점 $(2, 3)$을 지나는 직선

(2) 기울기가 $\dfrac{1}{2}$이고 점 $(-4, 5)$를 지나는 직선

05 다음과 같은 직선을 그래프로 하는 일차함수의 식을 구하여라.

(1) 일차함수 $y = \dfrac{3}{4}x - 1$의 그래프와 평행하고 점 $(4, -1)$을 지나는 직선

(2) 기울기가 -2이고 일차함수 $y = \dfrac{1}{3}x - 1$의 그래프와 x축 위에서 만나는 직선

06 오른쪽 그림은 기울기가 $\dfrac{3}{2}$이고 점 $(5, a)$를 지나는 일차함수의 그래프이다. a의 값을 구하여라.

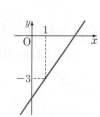

07 다음 두 점을 지나는 직선을 그래프로 하는 일차함수의 식을 구하여라.

(1) $(0, 3)$, $(-1, 1)$　　(2) $(2, -2)$, $(-1, -1)$

08 두 점 $(-1, 10)$, $(3, 4)$를 지나는 직선을 그래프로 하는 일차함수의 식이 $y = ax + b$일 때, 상수 a, b에 대하여 $a + b$의 값을 구하여라.

09 두 점 $(2, -1)$, $(-2, 1)$을 지나는 직선을 y축의 방향으로 2만큼 평행이동한 직선을 그래프로 하는 일차함수의 식을 구하여라.

10 두 점 $(-1, 10)$, $(2, -2)$를 지나는 직선을 y축의 방향으로 -4만큼 평행이동한 일차함수의 그래프가 점 $\left(\dfrac{3}{2}, k\right)$를 지날 때, k의 값을 구하여라.

11 다음과 같은 직선을 그래프로 하는 일차함수의 식을 구하여라.

(1) 두 점 $(6, 0)$, $(0, -3)$을 지나는 직선
(2) x절편이 3, y절편이 2인 직선
(3) x절편이 1, y절편이 -2인 직선

12 x절편이 5, y절편이 -3인 일차함수의 그래프가 점 $(-5p, p)$를 지날 때, p의 값을 구하여라.

28 일차함수의 활용

01 다음 표는 길이가 30 cm인 양초에 불을 붙인 후 1분마다 양초의 길이를 재어 나타낸 것이다. x분 후의 남은 양초의 길이를 y cm라고 할 때, 다음 물음에 답하여라.

시간(분)	0	1	2	3	4
남은 양초의 길이(cm)	30	28	26	24	22

(1) x와 y 사이의 관계를 식으로 나타내어라.

(2) 불을 붙인 지 12분 후의 남은 양초의 길이를 구하여라.

(3) 남은 양초의 길이가 14 cm가 되는 것은 불을 붙인 지 몇 분 후인지 구하여라.

02 다음 표는 기온에 따라 일정하게 증가하는 소리의 속력을 나타낸 것이다. 기온이 35 ℃인 날의 소리의 속력을 구하여라.

기온(℃)	0	5	10	15
소리의 속력(m/초)	331	334	337	340

03 비커에 100 ℃의 물이 들어 있다. 이 비커를 실온에 놓은 지 2분 후의 물의 온도가 96 ℃이었다. 물의 온도가 50 ℃가 되는 것은 비커를 실온에 놓은 지 몇 분 후인지 구하여라. (단, 물의 온도는 일정하게 내려간다.)

04 이어도는 제주도 남쪽의 마라도에서 149 km 떨어져 있는 섬이다. 마라도에서 배를 타고 시속 40 km의 속력으로 이어도까지 가려고 한다. 출발한 지 x시간 후의 이어도까지 남은 거리를 y km라 할 때, 다음 물음에 답하여라.

(1) x와 y 사이의 관계를 식으로 나타내어라.

(2) 이어도까지 남은 거리가 29 km라면 마라도에서 배로 몇 시간 동안 간 것인지 구하여라.

05 선희는 둘레의 길이가 2000 m인 호수의 둘레를 분속 50 m로 한 바퀴 걸으려고 한다. 선희가 출발한 지 x분 후의 남은 거리를 y m라 할 때, 출발한 지 25분 후의 남은 거리는?

① 1250 m ② 1000 m ③ 900 m
④ 750 m ⑤ 600 m

06 형철이는 4 km 오래달리기 시합에 참가하여 분속 200 m로 달린다고 한다. 출발한 지 x분 후에 결승점까지 남은 거리를 y m라 할 때, 결승점까지 1800 m 남은 지점을 통과하는 것은 형철이가 출발한 지 몇 분 후인지 구하여라.

07 어느 건물의 20층에 엘리베이터가 있을 때, 지면으로부터 엘리베이터 바닥까지의 높이가 60 m이다. 이 엘리베이터가 중간에 서지 않고 20층에서 출발하여 초속 3 m의 속력으로 내려올 때, 지면으로부터 엘리베이터 바닥의 높이가 15 m인 순간은 출발한 지 몇 초 후인지 구하여라. (단, 엘리베이터 바닥의 두께는 무시한다.)

08 어느 친환경 자동차는 1 L의 휘발유로 25 km를 갈 수 있다고 한다. 이 자동차가 70 L의 휘발유를 넣고 출발하였다. 휘발유가 20 L 남았을 때, 이 자동차가 달린 거리를 구하여라.

09 오른쪽 그림과 같은 직사각형 ABCD에서 점 P가 점 B를 출발하여 점 C까지 변 BC 위를 초속 0.5 cm로 움직이고 있다. x초 후의 △ABP의 넓이를 y cm²라 할 때, 다음 물음에 답하여라.

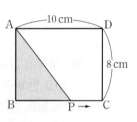

(1) x와 y 사이의 관계를 식으로 나타내어라.

(2) △ABP의 넓이가 30 cm²가 되는 것은 출발한 지 몇 초 후인지 구하여라.

10 오른쪽 그림과 같은 직사각형 ABCD에서 점 P가 점 B를 출발하여 점 C까지 변 BC 위를 초속 2 cm로 움직이고 있다. 점 P가 출발한 지 x초 후 사다리꼴 APCD의 넓이를 y cm²라 할 때, 사다리꼴 APCD의 넓이가 64 cm²가 되는 것은 출발한 지 몇 초 후인지 구하여라.

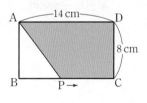

11 다음 그림과 같이 길이가 18 cm인 선분 BC 위를 점 P가 움직이고 있다. $\overline{BP}=x$ cm일 때의 △ABP와 △DPC의 넓이의 합을 y cm²라 하자. 두 삼각형의 넓이의 합이 80 cm²일 때의 $\overline{BP}$의 길이를 구하여라.

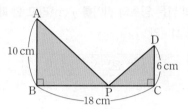

12 어떤 용수철에 x g의 추를 달았을 때, 용수철의 길이를 y cm라 하면 y는 x의 일차함수가 된다. 이 용수철에 10 g의 추를 달면 용수철의 길이는 27 cm가 되고, 20 g의 추를 달면 29 cm가 될 때, x와 y 사이의 관계를 식으로 나타내어라.

13 어떤 양초에 불을 붙인 지 x분 후의 양초의 길이를 y cm라 하면 y는 x의 일차함수가 된다. 이 양초에 불을 붙인 지 6분 후 양초의 길이는 17 cm가 되고, 10분 후에는 15 cm가 된다. 이 양초가 다 타는 데 걸리는 시간을 구하여라.

14 높이가 1 m인 원기둥 모양의 물통에 물이 들어 있다. 이 물통에 일정한 속도로 물을 채우기 시작하여 10분 후와 15분 후에 물의 높이를 재었더니 각각 30 cm, 33 cm이었다. 처음에 들어 있던 물의 높이를 구하여라.

단원·마무리

정답과 해설 82쪽 | 개념북 120~122쪽

01 다음 〈보기〉 중 x와 y 사이의 관계가 아래에 알맞은 것을 모두 골라라.

보기

ㄱ. 자연수 x보다 작은 소수의 개수 y

ㄴ. 자연수 x를 4로 나눈 나머지 y

ㄷ. 한 자루에 700원인 볼펜 x자루를 사고 5000원을 냈을 때의 거스름돈 y원

ㄹ. 기온이 x ℃일 때의 강우량 y mm

ㅁ. 절댓값이 x인 수 y

ㅂ. 반지름의 길이가 x cm인 원의 원주 y cm

(1) 함수　　　　　(2) 일차함수

02 일차함수 $f(x) = -\dfrac{1}{2}x + 4$에 대하여 $f(-4) + f(2)$의 값은?

① 1　　　② 3　　　③ 5

④ 7　　　⑤ 9

03 일차함수 $y = -3x + b$의 그래프를 y축의 방향으로 8만큼 평행이동하면 점 $(2, -1)$을 지난다. 이때 상수 b의 값은?

① -5　　　② -3　　　③ -1

④ 1　　　⑤ 3

04 일차함수 $y = ax + 2$의 그래프의 x절편이 $\dfrac{4}{3}$일 때, 상수 a의 값은?

① -2　　　② $-\dfrac{3}{2}$　　　③ $-\dfrac{1}{2}$

④ $\dfrac{1}{2}$　　　⑤ $\dfrac{3}{2}$

05 다음 중 일차함수 $y = \dfrac{3}{2}x - 6$의 그래프는?

① 　② 　③

④ 　⑤

06 일차함수 $y = -\dfrac{2}{3}x - 8$의 그래프와 x축, y축으로 둘러싸인 삼각형의 넓이는?

① 38　　　② 42　　　③ 48

④ 52　　　⑤ 60

07 좌표평면 위의 세 점 $(1, a)$, $(3, 2)$, $(4, 4)$가 한 직선 위에 있을 때, a의 값은?

① -2　　　② -1　　　③ 0

④ 1　　　⑤ 2

08 일차함수 $y = ax + 5$의 그래프가 두 점 $(-2, 1)$, $(1, -5)$를 지나는 직선과 평행할 때, 상수 a의 값은?

① -3　　　② -2　　　③ -1

④ 1　　　⑤ 2

09 다음 중 오른쪽 그림과 같은 일차함수의 그래프에 대한 설명으로 옳은 것은?

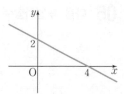

① 기울기는 -2이다.

② x절편은 2이다.

③ 일차함수 $y=\dfrac{1}{2}x$의 그래프와 평행하다.

④ $y=x+2$의 그래프와 같은 사분면을 지난다.

⑤ 점 $(-2, 3)$을 지난다.

10 오른쪽 그림은 일차함수 $y=ax+b$의 그래프이다. $y=-bx-ab$의 그래프가 지나지 <u>않는</u> 사분면은?
(단, a, b는 상수)

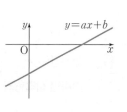

① 제1사분면   ② 제2사분면   ③ 제3사분면

④ 제4사분면   ⑤ 없다.

11 오른쪽 그림과 같은 일차함수의 그래프의 x절편은?

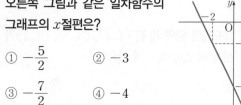

① $-\dfrac{5}{2}$ ② -3

③ $-\dfrac{7}{2}$ ④ -4

⑤ $-\dfrac{9}{2}$

12 길이가 20 cm인 용수철의 끝에 매단 물건의 무게가 5 g씩 늘어날 때마다 용수철의 길이가 1 cm씩 늘어난다고 한다. x g의 물건을 달 때의 용수철의 길이를 y cm라 할 때, x와 y 사이의 관계를 식으로 나타낸 것은?

① $y=x+20$ ② $y=\dfrac{1}{2}x+20$

③ $y=\dfrac{1}{5}x+20$ ④ $y=\dfrac{1}{5}x$

⑤ $y=x$

13 다음 그림과 같이 크기가 같은 정육각형을 이어서 그려나갈 때, 정육각형 x개를 그리면 선분은 y개가 된다고 하자.

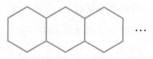

정육각형 100개를 그릴 때의 선분의 개수는?

① 499 ② 501 ③ 506

④ 511 ⑤ 516

서술형
14 일차함수 $y=\dfrac{2}{3}x+4$의 그래프와 평행하고, 일차함수 $y=-3(x-1)$의 그래프를 y축의 방향으로 -5만큼 평행이동한 그래프와 y축 위에서 만나는 직선을 그래프로 하는 일차함수의 식을 구하여라.

서술형
15 300 L의 물이 들어 있는 물통에서 5분마다 7.5 L씩의 비율로 물이 새어 나가고 있다. 새어 나가기 시작한 지 x분 후에 남아 있는 물의 양을 y L라 할 때, 다음 물음에 답하여라.

(1) x와 y 사이의 관계를 식으로 나타내어라.

(2) 물통에서 물이 다 새어 나갈 때까지 몇 분이 걸리는 지 구하여라.

1 · 일차함수와 일차방정식

정답과 해설 84쪽 | 개념북 124~133쪽

29 일차함수와 일차방정식

01 다음 일차방정식의 그래프와 일차함수의 그래프가 서로 일치하는 것끼리 짝지어라.

(1) $x+2y-4=0$ ·　　· ㄱ. $y=-\dfrac{5}{2}x-5$

(2) $x-3y-5=0$ ·　　· ㄴ. $y=-\dfrac{1}{2}x+2$

(3) $3x-4y+6=0$ ·　　· ㄷ. $y=\dfrac{3}{4}x+\dfrac{3}{2}$

(4) $5x+2y+10=0$ ·　　· ㄹ. $y=\dfrac{1}{3}x-\dfrac{5}{3}$

02 일차방정식 $3x+y-2=0$의 그래프와 일차함수 $y=ax+b$의 그래프가 일치할 때, 상수 a, b에 대하여 $a+b$의 값을 구하여라.

03 다음 중 일차방정식 $2x-3y+6=0$의 그래프에 대한 설명으로 옳지 <u>않은</u> 것은?

① y절편은 2이다.

② x절편은 3이다.

③ 점 $(-6, -2)$를 지난다.

④ 일차함수 $y=\dfrac{2}{3}x$의 그래프와 서로 평행하다.

⑤ 일차함수 $y=\dfrac{2}{3}x+2$의 그래프와 일치한다.

04 일차방정식 $ax+by-c=0$에서 $ab>0$, $bc>0$일 때, 이 방정식의 그래프가 지나지 <u>않는</u> 사분면을 말하여라. (단, a, b, c는 상수)

05 일차방정식 $3x-y-4=0$의 그래프가 점 $(a, -1)$을 지날 때, a의 값을 구하여라.

06 일차방정식 $x-2y+8=0$의 그래프가 두 점 $(2a, 1)$, $(-4, b)$를 지날 때, $b-a$의 값을 구하여라.

07 일차방정식 $ax-y+c=0$의 그래프가 오른쪽 그림과 같을 때, 다음 중 이 일차방정식의 해가 <u>아닌</u> 것은? (단, a, c는 상수)

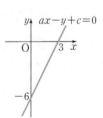

① $(-1, -8)$

② $(0, -6)$

③ $(1, -4)$

④ $(2, 2)$

⑤ $(4, 2)$

08 일차방정식 $ax+by+6=0$의 그래프가 오른쪽 그림과 같을 때, 상수 a, b에 대하여 $a+b$의 값을 구하여라.

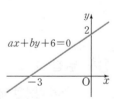

30 일차방정식 $x=p$, $y=q$의 그래프

01 다음을 만족시키는 직선의 방정식을 구하여라.

(1) 점 $(3, -1)$을 지나고 x축에 평행한 직선

(2) 점 $\left(-2, \dfrac{1}{2}\right)$을 지나고 y축에 수직인 직선

(3) 두 점 $(-3, 7)$, $(2, 7)$을 지나는 직선

(4) 두 점 $(-4, 0)$, $(7, 0)$을 지나는 직선

02 다음을 만족시키는 직선의 방정식을 구하여라.

(1) 점 $\left(3, -\dfrac{7}{2}\right)$을 지나고 y축에 평행한 직선

(2) 점 $(-5, 2)$를 지나고 x축에 수직인 직선

(3) 두 점 $(-4, 0)$, $(-4, 10)$을 지나는 직선

(4) 두 점 $(0, 2)$, $(0, 5)$를 지나는 직선

03 두 점 $(-3, a)$, $(5, -3a+8)$을 지나는 직선이 x축에 평행할 때, a의 값을 구하여라.

04 두 점 $(5-a, -4)$, $\left(2a-1, \dfrac{9}{2}\right)$를 지나는 직선이 y축에 평행할 때, a의 값을 구하여라.

05 직선 $y=-2x+5$ 위의 점 $(-2, k)$를 지나고 y축에 수직인 직선의 방정식을 구하여라.

06 일차방정식 $ax+by=1$의 그래프가 오른쪽 그림과 같을 때, 상수 a, b에 대하여 $3a+b$의 값을 구하여라.

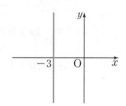

07 두 직선 $x=-2$, $y=4$와 x축, y축으로 둘러싸인 도형의 넓이를 구하여라.

08 다음 네 직선으로 둘러싸인 도형의 넓이를 구하여라.

$$-x=0,\ x-3=0,\ y+1=0,\ 3y-9=0$$

09 다음 네 직선으로 둘러싸인 도형의 넓이가 42일 때, 양수 k의 값을 구하여라.

$$x-4=0,\ 2x+6=0,\ y+k=0,\ y-2k=0$$

2 · 연립일차방정식과 그래프

정답과 해설 85쪽 | 개념북 128~133쪽

31 연립일차방정식과 그래프

01 두 일차방정식 $x-y=2$, $x+2y=-1$의 그래프가 오른쪽 그림과 같을 때, 연립방정식

$$\begin{cases} x-y=2 \\ x+2y=-1 \end{cases}$$의 해를 구하여라.

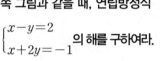
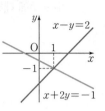

02 다음 두 일차방정식의 그래프의 교점의 좌표를 구하여라.

(1) $x-y-4=0$, $2x+y-2=0$

(2) $5x+y+3=0$, $2x-y-10=0$

03 두 일차방정식 $3x-y=6$, $2x+y=-1$의 그래프의 교점을 지나고, x축에 수직인 직선의 방정식을 구하여라.

04 다음 세 일차방정식의 그래프로 둘러싸인 부분의 넓이를 구하여라.

$$x+y=3, \quad 2x-y+6=0, \quad y-2=0$$

05 오른쪽 그림은 연립방정식

$$\begin{cases} ax+y=7 \\ 2x-by=3 \end{cases}$$의 해를 구하기

위해 두 일차방정식 $ax+y=7$, $2x-by=3$의 그래프를 그린 것이다. 상수 a, b에 대하여 $a+b$의 값을 구하여라.

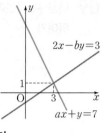

06 두 일차방정식 $x+y=-4$, $kx+2y=1$의 그래프의 교점이 x축 위에 있을 때, 상수 k의 값을 구하여라.

07 오른쪽 그림과 같이 두 일차방정식 $-x+2y=4$, $ax+y=1$의 그래프의 교점의 x좌표가 2일 때, 상수 a의 값을 구하여라.

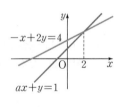

08 두 일차방정식 $2x+3y=7$, $4x+y=-1$의 그래프의 교점이 일차함수 $y=mx+1$의 그래프 위에 있을 때, 상수 m의 값을 구하여라.

09 다음 세 직선이 한 점에서 만날 때, 상수 a의 값을 구하여라.

$$x+y=-5, \quad 2x-7y=8, \quad 3x+ay=13$$

10 다음 조건을 모두 만족시키는 상수 a, b의 값을 각각 구하여라.

(가) 연립방정식 $\begin{cases} 3x-y=1 \\ ax+y=b \end{cases}$ 의 해는 $(1, 2)$이다.

(나) 직선 $ax-y+b=0$의 x절편은 -2이다.

11 다음 세 직선으로 둘러싸인 도형이 삼각형을 만들지 않을 때, 상수 a의 값을 모두 구하여라.

$$x+2y-1=0, \quad x-y+2=0, \quad ax+y+4=0$$

12 연립방정식 $\begin{cases} y=-2x-5 \\ 6x+3y+a=0 \end{cases}$ 의 해가 무수히 많을 때, 상수 a의 값을 구하여라.

13 연립방정식 $\begin{cases} 3x+ay=2 \\ 6x+2y=b \end{cases}$ 의 해가 무수히 많을 때, 상수 a, b에 대하여 $a+b$의 값을 구하여라.

14 두 일차방정식 $2x-ay+b=0$, $4x-3y+1=0$의 교점이 무수히 많을 때, 상수 a, b에 대하여 ab의 값을 구하여라.

15 연립방정식 $\begin{cases} y=-x+2 \\ ax+2y=8 \end{cases}$ 의 해가 없을 때, 상수 a의 값을 구하여라.

16 두 직선 $3x-2ay=6$, $x+y=b$의 교점이 존재하지 않을 때, 상수 a, b의 조건을 각각 구하여라.

17 연립방정식 $\begin{cases} 2x-3y=b \\ ax+y=2 \end{cases}$ 의 해가 없을 조건이 $a=m$, $b \neq n$일 때, mn의 값은? (단, a, b는 상수)

① -4 ② -2 ③ 2

④ 4 ⑤ 6

단원·마무리

정답과 해설 87쪽 ㅣ 개념북 134~136쪽

01 다음 중 일차방정식 $x-2y=3$의 그래프에 대한 설명으로 옳은 것은?

① 기울기는 2이다.

② x절편은 $-\dfrac{1}{2}$이다.

③ y절편은 3이다.

④ 점 $(1, -2)$를 지난다.

⑤ 일차함수 $y=\dfrac{1}{2}x$의 그래프와 서로 평행하다.

02 일차방정식 $ax+y-b=0$의 그래프가 오른쪽 그림과 같을 때, 상수 a, b에 대하여 $a+b$의 값은?

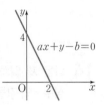

① 2   ② 3

③ 4   ④ 5

⑤ 6

03 일차방정식 $ax+by=1$의 그래프가 두 점 $(-4, 3)$, $(1, -2)$를 지날 때, 상수 a, b에 대하여 ab의 값은?

① -2 ② -1 ③ 0

④ 1   ⑤ 2

04 일차방정식 $ax+by+2=0$의 그래프가 오른쪽 그림과 같을 때, 상수 a, b의 부호를 정하면?

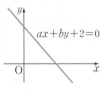

① $a>0, b>0$ ② $a<0, b<0$

③ $a<0, b>0$ ④ $a>0, b<0$

⑤ $a<0, b=0$

05 다음 일차방정식 중 그 그래프가 x축에 평행한 직선인 것은?

① $2x-y+3=0$ ② $x-y=0$

③ $x+y=1$ ④ $3x-1=0$

⑤ $2y+5=0$

06 다음 중 일차방정식 $2x-6=0$의 그래프에 대한 설명으로 옳지 <u>않은</u> 것은?

① 점 $(3, 0)$을 지난다.

② 일차방정식 $x=1$의 그래프와 서로 평행하다.

③ x축에 평행하다.

④ 그래프 위의 점의 x좌표가 항상 3이다.

⑤ 방정식 $x=3$의 그래프와 일치한다.

07 두 점 $(a+3, -1)$, $(2a-1, 2)$를 지나는 직선이 y축에 평행할 때, a의 값은?

① -2 ② -1 ③ 1

④ 2   ⑤ 4

08 일차방정식 $ax+by-6=0$의 그래프가 오른쪽 그림과 같을 때, 상수 a, b에 대하여 $a-b$의 값은?

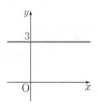

① -1 ② -2

③ -3 ④ -4

⑤ -5

09 오른쪽 그림은 연립방정식 $\begin{cases} x+y=4 \\ 2x+ay=-4 \end{cases}$ 의 해를 그래프로 나타낸 것이다. 상수 a의 값은?

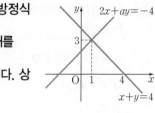

① -2 ② -1 ③ 1

④ 2 ⑤ 3

10 두 일차방정식 $2x-y=5$, $x+3y=-1$의 그래프의 교점과 원점을 지나는 직선의 기울기는?

① -2 ② $-\dfrac{1}{2}$ ③ $\dfrac{1}{2}$

④ 1 ⑤ 2

11 두 일차방정식 $ax-y+2=0$, $-4x-y+b=0$의 그래프의 교점의 좌표가 $(-1, 5)$일 때, 상수 a, b에 대하여 $a+b$의 값은?

① -4 ② -2 ③ 0

④ 2 ⑤ 4

12 두 일차방정식 $ax+y=2$, $3y-2x=4$의 그래프의 교점이 존재하지 않을 때, 상수 a의 값은?

① $-\dfrac{3}{2}$ ② -1 ③ $-\dfrac{2}{3}$

④ $\dfrac{2}{3}$ ⑤ $\dfrac{3}{2}$

13 두 일차방정식 $x-y+4=0$, $x+2y-5=0$의 그래프의 교점을 지나고, 일차방정식 $2x+3y-3=0$의 그래프에 평행한 직선의 방정식이 $ax+by-7=0$일 때, 상수 a, b에 대하여 $a+b$의 값은?

① 1 ② 2 ③ 3

④ 4 ⑤ 5

서술형

14 다음 세 일차방정식의 그래프가 한 점에서 만날 때, 상수 a의 값을 구하여라.

$$x-3y=-13, \quad 4x-y=3, \quad 7x+ay=-1$$

서술형

15 두 일차방정식 $ax-y=-2$, $x+y=b$의 그래프가 오른쪽 그림과 같을 때, 두 직선과 x축으로 둘러싸인 삼각형 ABC의 넓이를 구하여라.
(단, a, b는 상수)

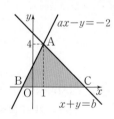

풍산자

개념완성

중학수학 2-1

고등 풍산자와 함께하면
개념부터 ~ 고난도 문제까지!

어떤 시험 문제도 익숙해집니다!

고등 풍산자 1등급 로드맵

고등 풍산자 교재	하	중하	중	상	최상
개념 기본서 1위 — 풍산자 수학(상) 새 교육과정	필수 문제로 개념 정복, 개념 학습 완성				
유형 기본서 — 풍산자 유형기본서 수학(상)		개념 정리부터 유형까지 모두 정복, 유형 학습 완성			
기초 반복 훈련서 — 풍산자 반복수학 새 교육과정		개념 및 기본 연산 정복, 기본 실력 완성			
기본 유형 연습서 — 풍산자 라이트유형 새 교육과정		기본 및 대표 유형 연습, 중위권 실력 완성			
유형서 만족도 1위 — 풍산자 필수유형 새 교육과정			기출 문제로 유형 정복, 시험 준비 완료		
상위권 필독서 — 풍산자 일등급유형 수학(상)			내신과 수능 1등급 도전, 상위권 실력 완성		
단기 특강서 — 풍산자 라이트 수학(상)		개념 및 기본 체크, 단기 실력 점검			

새 교육과정 (2025년부터 고1 적용)은 순차적으로 출간할 예정입니다.

지학사

풍산자 장학생 선발

총 장학금 1,200만 원

지학사에서는 학생 여러분의 꿈을 응원하기 위해
2007년부터 매년 풍산자 장학생을 선발하고 있습니다.
풍산자로 공부한 학생이라면 누.구.나 도전해 보세요.

*연간 장학생 40명 기준

✦ 선발 대상

풍산자 수학 시리즈로 공부한 전국의 중·고등학생 중 성적 향상 및 우수자

조금만 노력하면 누구나 지원 가능!	수학 성적이 잘 나왔다면?
성적 향상 장학생(10명)	**성적 우수 장학생(10명)**
중학 | 수학 점수가 10점 이상 향상된 학생	**중학 |** 수학 점수가 90점 이상인 학생
고등 | 수학 내신 성적이 한 등급 이상 향상된 학생	**고등 |** 수학 내신 성적이 2등급 이상인 학생

✦ 혜택

장학금 30만 원 및 장학 증서
*장학금 및 장학 증서는 각 학교로 전달합니다.

신청자 전원 '풍산자 시리즈'
교재 중 1권 제공

✦ 모집 일정

매년 2월, 7월(총 2회)
*공식 홈페이지 및 SNS를 통해 소식을 받으실 수 있습니다.

풍산자 서포터즈

풍산자 시리즈로 공부하고 싶은 학생들 모두 주목!
매년 2월과 7월에 서포터즈를 모집합니다.
리뷰 작성 및 SNS 홍보 활동을 통해 공부 실력 향상은 물론,
문화 상품권과 미션 선물을 받을 수 있어요!

자세한 내용은 풍산자 홈페이지
(www.pungsanja.com)을 통해
확인해 주세요.

장학 수기)

"풍산자와 기적의 상승곡선 5 ➡ 1등급!" _이○원(해송고)
"수학 A로 가는 모험의 필수 아이템!" _김○은(지도중)
"수학 66점에서 100점으로 향상하다!" _구○경(한영중)

장학 수기
더 보러 가기

풍산자
개념완성
중학수학 2-1

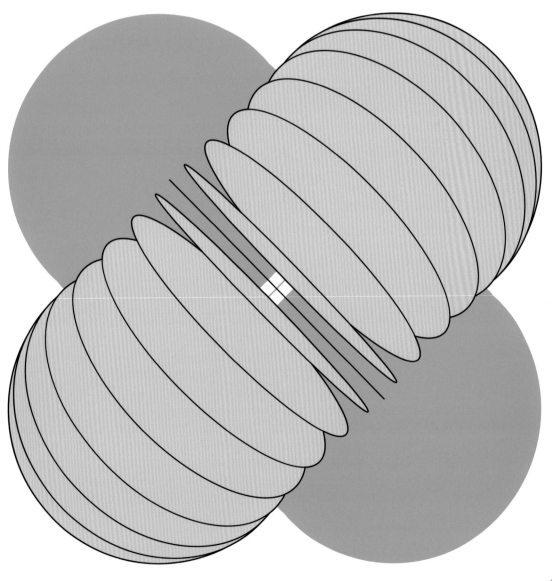

지학사

완벽한 개념으로 실전에 강해지는
개념기본서

풍산자 개념완성

◆
◆
◆

정답과 해설

═ 개념북 ═

중학수학 **2-1**

I | 수와 식의 계산

I-1 | 유리수와 순환소수

1 유리수와 순환소수

01 유한소수와 무한소수　　개념북 8쪽

◆ 확인 1 ◆　답 (1) 유한소수　(2) 무한소수

◆ 확인 2 ◆　답 (1) 375, $0.3\dot{7}\dot{5}$　(2) 43, $0.14\dot{3}$

개념 ◆ check　　개념북 9쪽

01　답 ㄴ, ㄷ
ㄱ. 소수점 아래 8이 무한히 반복되므로 무한소수이다.
ㄴ. 소수점 아래 넷째 자리까지 있으므로 유한소수이다.
ㄷ. 소수점 아래 둘째 자리까지 있으므로 유한소수이다.
ㄹ. 소수점 아래 01이 무한히 반복되므로 무한소수이다.

02　답 (1) 0.6, 유한소수　(2) 0.666…, 무한소수
　　 (3) 0.125, 유한소수　(4) 0.8333…, 무한소수

03　답 ②
① 1.666…=$1.\dot{6}$이므로 순환마디는 6
② 0.2535353…=$0.2\dot{5}\dot{3}$이므로 순환마디는 53
③ 3.24324324…=$3.\dot{2}4\dot{3}$이므로 순환마디는 243
④ 0.7333…=$0.7\dot{3}$이므로 순환마디는 3
⑤ 4.037037037…=$4.\dot{0}3\dot{7}$이므로 순환마디는 037

04　답 ①, ④
① 3.222…=$3.\dot{2}$
② 1.5030303…=$1.5\dot{0}\dot{3}$
③ 4.25425425…=$4.\dot{2}5\dot{4}$
④ 0.1737373…=$0.1\dot{7}\dot{3}$
⑤ 2.609609609…=$2.\dot{6}0\dot{9}$

05　답 (1) $0.1\dot{6}$　(2) $0.\dot{4}2857\dot{1}$
(1) $\dfrac{1}{6}=0.1666…=0.1\dot{6}$
(2) $\dfrac{3}{7}=0.428571428571…=0.\dot{4}2857\dot{1}$

02 유한소수로 나타낼 수 있는 분수　　개념북 10쪽

◆ 확인 1 ◆　답 $\dfrac{4}{25}=\dfrac{2^2}{5^2}=\dfrac{2^2\times\boxed{2^2}}{5^2\times\boxed{2^2}}=\dfrac{16}{\boxed{100}}=\boxed{0.16}$

◆ 확인 2 ◆　답 (1) ×　(2) ○
(1) $\dfrac{8}{75}=\dfrac{2^3}{3\times5^2}$이므로 무한소수이다.
(2) $\dfrac{21}{3\times5^4\times7}=\dfrac{1}{5^4}$이므로 유한소수이다.

개념 ◆ check　　개념북 11쪽

01　답 (1) 5, 5, 15, 0.15　(2) 2^3, 2^3, 56, 0.056

02　답 $a=25$, $b=25$, $c=1000$, $d=0.325$
$\dfrac{13}{40}=\dfrac{13}{2^3\times5}=\dfrac{13\times5^2}{2^3\times5\times5^2}=\dfrac{325}{2^3\times5^3}=\dfrac{325}{1000}=0.325$
$\therefore a=b=5^2=25$, $c=2^3\times5^3=1000$, $d=0.325$

03　답 ⑤
① $\dfrac{5}{12}=\dfrac{5}{2^2\times3}$이므로 무한소수이다.
② $\dfrac{9}{21}=\dfrac{3}{7}$이므로 무한소수이다.
③ $\dfrac{3}{27}=\dfrac{1}{9}=\dfrac{1}{3^2}$이므로 무한소수이다.
④ $\dfrac{3}{51}=\dfrac{1}{17}$이므로 무한소수이다.
⑤ $\dfrac{18}{75}=\dfrac{6}{25}=\dfrac{2\times3}{5^2}$이므로 유한소수이다.

04　답 ④
① $\dfrac{7}{20}=\dfrac{7}{2^2\times5}$이므로 유한소수이다.
② $\dfrac{15}{24}=\dfrac{5}{8}=\dfrac{5}{2^3}$이므로 유한소수이다.
③ $\dfrac{26}{65}=\dfrac{2}{5}$이므로 유한소수이다.
④ $\dfrac{21}{72}=\dfrac{7}{24}=\dfrac{7}{2^3\times3}$이므로 무한소수이다.
⑤ $\dfrac{49}{140}=\dfrac{7}{20}=\dfrac{7}{2^2\times5}$이므로 유한소수이다.

05　답 3개
유한소수로 나타낼 수 없는 분수는 무한소수이고 순환소수가 된다.
ㄱ. $\dfrac{14}{49}=\dfrac{2}{7}$이므로 순환소수이다.
ㄴ. $-\dfrac{3}{51}=-\dfrac{1}{17}$이므로 순환소수이다.
ㄷ. $\dfrac{11}{55}=\dfrac{1}{5}$이므로 유한소수이다.
ㄹ. $\dfrac{18}{2\times3^2\times5^2}=\dfrac{1}{5^2}$이므로 유한소수이다.
ㅁ. $\dfrac{3}{3^2\times5^2}=\dfrac{1}{3\times5^2}$이므로 순환소수이다.
ㅂ. $\dfrac{35}{2^2\times5^2\times7}=\dfrac{1}{2^2\times5}$이므로 유한소수이다.
따라서 순환소수가 되는 분수는 ㄱ, ㄴ, ㅁ의 3개이다.

03 순환소수의 분수 표현　　개념북 12쪽

◆ 확인 1 ◆　답 100, 10, 90, 131, $\dfrac{131}{90}$

◆ 확인 2 ◆　답 $0.17\dot{8}=\dfrac{\boxed{178}-\boxed{1}}{990}=\dfrac{59}{330}$

개념 ◆ check　　개념북 13쪽

01　답 ⑤
$x=0.1\dot{5}=0.1555…$로 놓으면
$\boxed{100}\,x=15.555$　　……㉠
$\boxed{10}\,x=\ 1.555$　　……㉡
㉠-㉡을 하면 $\boxed{90}\,x=\boxed{14}$
$\therefore x=\boxed{\dfrac{7}{45}}$

02 답 (1) $\dfrac{76}{99}$　(2) $\dfrac{14}{9}$　(3) $\dfrac{8}{45}$　(4) $\dfrac{121}{900}$

(1) $x=0.\dot{7}\dot{6}=0.767676\cdots$으로 놓으면
$$100x=76.767676\cdots$$
$$-\underline{)\quad x=\ \ 0.767676\cdots}$$
$$99x=76\qquad\qquad \therefore x=\dfrac{76}{99}$$

(2) $x=1.\dot{5}=1.555\cdots$로 놓으면
$$10x=15.555\cdots$$
$$-\underline{)\quad x=\ \ 1.555\cdots}$$
$$9x=14\qquad\qquad \therefore x=\dfrac{14}{9}$$

(3) $x=0.1\dot{7}=0.1777\cdots$로 놓으면
$$100x=17.777\cdots$$
$$-\underline{)\quad 10x=\ \ 1.777\cdots}$$
$$90x=16\qquad \therefore x=\dfrac{16}{90}=\dfrac{8}{45}$$

(4) $x=0.13\dot{4}=0.13444\cdots$로 놓으면
$$1000x=134.444\cdots$$
$$-\underline{)\quad 100x=\ \ 13.444\cdots}$$
$$900x=121\qquad \therefore x=\dfrac{121}{900}$$

03 답 ④

① $8.\dot{4}=\dfrac{84-8}{9}$

② $0.7\dot{3}=\dfrac{73-7}{90}$

③ $7.\dot{1}\dot{9}=\dfrac{719-7}{99}$

④ $3.7\dot{2}\dot{4}=\dfrac{3724-37}{990}$

⑤ $0.\dot{4}3\dot{2}=\dfrac{432}{999}$

04 답 (1) $\dfrac{2}{11}$　(2) $\dfrac{56}{45}$　(3) $\dfrac{172}{495}$　(4) $\dfrac{1501}{990}$

(1) $0.\dot{1}\dot{8}=\dfrac{18}{99}=\dfrac{2}{11}$

(2) $1.2\dot{4}=\dfrac{124-12}{90}=\dfrac{112}{90}=\dfrac{56}{45}$

(3) $0.3\dot{4}\dot{7}=\dfrac{347-3}{990}=\dfrac{344}{990}=\dfrac{172}{495}$

(4) $1.5\dot{1}\dot{6}=\dfrac{1516-15}{990}=\dfrac{1501}{990}$

05 답 (1) ✕　(2) ○　(3) ✕

(1) $0.010010001\cdots$과 같이 순환하지 않는 무한소수도 있다.
(3) 유리수는 유한소수 또는 순환소수로 나타낼 수 있다. 이때 순환소수는 소수점 아래의 0이 아닌 숫자가 무한히 많은 소수이다.

유형·check 　　　　　　　　　　개념북 14~17쪽

1 답 2

$3.1123123123\cdots=3.1\dot{1}2\dot{3}$이므로 순환마디의 숫자의 개수는 3이다. 　∴ $a=3$

또, $\dfrac{8}{15}=0.5333\cdots=0.5\dot{3}$이므로 순환마디의 숫자의 개수는 1이다. 　∴ $b=1$

∴ $a-b=3-1=2$

1-1 답 6

$\dfrac{5}{6}=0.8333\cdots=0.8\dot{3}$이므로 순환마디의 숫자는 3이다.
∴ $a=3$

또, $\dfrac{4}{33}=0.121212\cdots=0.\dot{1}\dot{2}$이므로 순환마디의 숫자는 1, 2이다. 　∴ $b=1+2=3$ 　∴ $a+b=3+3=6$

1-2 답 ⑤

$\dfrac{9}{11}=\dfrac{81}{99}=0.\dot{8}\dot{1}$이므로 순환마디의 숫자는 8, 1이다.
∴ $a=8+1=9$

$\dfrac{10}{33}=\dfrac{30}{99}=0.\dot{3}\dot{0}$이므로 순환마디의 숫자는 3, 0이다.
∴ $b=3+0=3$ 　∴ $a-b=9-3=6$

2 답 (1) 8154　(2) 8

(1) $0.815481548154\cdots=0.\dot{8}15\dot{4}$이므로 순환마디는 8154이다.
(2) 순환마디의 숫자의 개수가 4이고 $53=4\times13+1$이므로 소수점 아래 53번째 자리의 숫자는 순환마디의 첫 번째 숫자인 8이다.

2-1 답 (1) 538461　(2) 1

(1) $0.538461538461\cdots=0.\dot{5}3846\dot{1}$이므로 순환마디는 538461이다.
(2) 순환마디의 숫자의 개수가 6이고 $90=6\times15$이므로 소수점 아래 90번째 자리의 숫자는 순환마디의 6번째 숫자인 1이다.

2-2 답 7

$\dfrac{3}{7}=0.428571428571\cdots=0.\dot{4}2857\dot{1}$이므로 순환마디의 숫자의 개수는 6이다.
따라서 $101=6\times16+5$이므로 소수점 아래 101번째 자리의 숫자는 순환마디의 5번째 숫자인 7이다.

3 답 40

$\dfrac{21}{50}=\dfrac{21}{2\times5^2}=\dfrac{21\times2}{2\times5^2\times2}=\dfrac{42}{10^2}$
따라서 $n=2$, $a=42$이므로 $a-n=42-2=40$

3-1 답 $\dfrac{6}{12}$, $\dfrac{9}{12}$

두 수 사이의 분모가 12인 분수를 a라 하면
$\dfrac{1}{4}=\dfrac{3}{12}$이고 $\dfrac{5}{6}=\dfrac{10}{12}$이므로 $\dfrac{3}{12}<a<\dfrac{10}{12}$이다.
이때 분모 $12=2^2\times3$이므로 유한소수가 되려면 분자가 3의 배수이어야 한다. 3에서 10 사이의 3의 배수는 6, 9이므로
$a=\dfrac{6}{12}$, $\dfrac{9}{12}$

3-2 답 27

$\dfrac{6}{15}=\dfrac{2}{5}=\dfrac{2\times2}{5\times2}=\dfrac{4}{10}$ 　∴ $<6,\ 15>=2$

$\dfrac{7}{28}=\dfrac{1}{4}=\dfrac{1}{2^2}=\dfrac{1\times5^2}{2^2\times5^2}=\dfrac{25}{10^2}$ 　∴ $<7,\ 28>=5^2=25$

∴ $<6,\ 15>+<7,\ 28>=2+25=27$

4 답 (1) 3 　(2) 12

$\dfrac{a}{30}=\dfrac{a}{2\times3\times5}$가 유한소수가 되려면 분모의 소인수 중 3이 약분되어 없어져야 하므로 a는 3의 배수이어야 한다.

(1) 3의 배수 중 가장 작은 자연수는 3이다.

(2) 3의 배수 중 가장 작은 두 자리의 자연수는 12이다.

4-1 답 13

$\dfrac{7}{2^2\times5\times7\times13}\times\square=\dfrac{1}{2^2\times5\times13}\times\square$가 유한소수가 되려면 분모의 2와 5 이외의 소인수 13이 약분되어 없어져야 하므로 $\square$ 안에 들어갈 수 있는 가장 작은 수는 13이다.

4-2 답 (1) 21 　(2) 105

$\dfrac{13}{420}\times x=\dfrac{13}{2^2\times3\times5\times7}\times x$가 유한소수가 되려면 x는 $3\times7=21$의 배수이어야 한다.

(1) 21의 배수 중 가장 작은 자연수는 21이다.

(2) 21의 배수 중 가장 작은 세 자리의 자연수는
$21\times5=105$이다.

5 답 ④

계산 결과가 가장 작은 정수로 나오는 것을 찾는다.

$x=0.2585858\cdots$, $1000x=258.585858\cdots$,
$10x=2.585858\cdots$

이므로 가장 편리한 식은 ② $1000x-10x$이다.

5-1 답 (개) 10 　(내) 100 　(대) 90 　(래) 641 　(매) $\dfrac{641}{90}$

㉠의 양변에 각각 $\boxed{10}$, $\boxed{100}$을 곱하면

$10x=71.222\cdots$ 　　…… ㉡

$100x=712.222\cdots$ 　　…… ㉢

㉢－㉡을 하면 $\boxed{90}\,x=\boxed{641}$ 　 $\therefore\ x=\boxed{\dfrac{641}{90}}$

5-2 답 ③

$\begin{array}{r}10000x=1530.303030\cdots\\-)\ \ \ 100x=\ \ \ 15.303030\cdots\\\hline 9900x=1515\end{array}$

따라서 ③ $10000x-100x=1515$이다.

6 답 ④

② $0.1\dot{9}\dot{5}=\dfrac{195-1}{990}=\dfrac{194}{990}=\dfrac{97}{495}$

③ $1.\dot{8}\dot{2}=\dfrac{182-1}{99}=\dfrac{181}{99}$

④ $0.4\dot{1}\dot{9}=\dfrac{419-4}{990}=\dfrac{415}{990}=\dfrac{83}{198}$

⑤ $2.5\dot{1}=\dfrac{251-25}{90}=\dfrac{226}{90}=\dfrac{113}{45}$

따라서 옳지 않은 것은 ④이다.

6-1 답 22

$0.4888\cdots=0.4\dot{8}$이므로

$0.4\dot{8}=\dfrac{48-4}{90}=\dfrac{44}{90}=\dfrac{22}{45}$ 　 $\therefore a=22$

6-2 답 $\dfrac{11}{18}$

$\dfrac{16}{99}=0.\dot{1}\dot{6}$이므로 $a=1$, $b=6$

$\therefore 0.\dot{b}a\dot{}=0.\dot{6}\dot{1}=\dfrac{61-6}{90}=\dfrac{55}{90}=\dfrac{11}{18}$

7 답 11

$0.\dot{8}=\dfrac{8}{9}$, $0.2\dot{3}=\dfrac{23-2}{90}=\dfrac{21}{90}$이므로

$0.\dot{8}+0.2\dot{3}=\dfrac{8}{9}+\dfrac{21}{90}=\dfrac{80}{90}+\dfrac{21}{90}=\dfrac{101}{90}$

따라서 $a=90$, $b=101$이므로 $b-a=101-90=11$

7-1 답 244

$1.\dot{7}=\dfrac{17-1}{9}=\dfrac{16}{9}$, $0.\dot{3}\dot{1}=\dfrac{31}{99}$이므로

$1.\dot{7}-0.\dot{3}\dot{1}=\dfrac{16}{9}-\dfrac{31}{99}=\dfrac{176}{99}-\dfrac{31}{99}=\dfrac{145}{99}$

따라서 $a=99$, $b=145$이므로 $a+b=99+145=244$

7-2 답 45

$0.3\dot{5}=\dfrac{35-3}{90}=\dfrac{32}{90}=\dfrac{16}{45}$

$\dfrac{16}{45}\times a$가 자연수가 되려면 a는 45의 배수이어야 한다.

따라서 45의 배수 중 가장 작은 자연수는 45이다.

8 답 ①, ⑤

① 무한소수 중 순환소수는 유리수이다.

④ $0.\dot{9}=1$, $1.\dot{9}=2$, …와 같이 0이 아닌 정수는 순환마디가 9 하나뿐인 순환소수로 나타낼 수 있다.

⑤ 모든 유한소수는 유리수이다.

따라서 옳지 않은 것은 ①, ⑤이다.

8-1 답 ㄴ, ㄷ

ㄴ. 모든 순환소수는 분수로 나타낼 수 있으므로 유리수이다.

ㄷ. $\pi=3.141592\cdots$로 순환하지 않는 무한소수이므로 유리수가 아니다.

따라서 옳지 않은 것은 ㄴ, ㄷ이다.

8-2 답 ③

② 순환하지 않는 무한소수는 유리수가 아니다.

④ 순환소수는 모두 유리수이다.

⑤ 정수가 아닌 유리수 중 유한소수로 나타내어지지 않고 순환소수로 나타내어지는 유리수도 있다.

따라서 옳은 것은 ③이다.

단원 마무리				개념북 18~20쪽
01 ①, ③	**02** ④	**03** ⑤	**04** ⑤	**05** ③
06 ④	**07** ⑤	**08** ④	**09** ②	**10** ④
11 ②, ⑤	**12** ④	**13** ②	**14** ⑤	**15** 11
16 $\dfrac{11}{52}$	**17** $0.7\dot{1}$			

01 ② $0.5555\cdots$는 무한소수이다.

④ $\dfrac{1}{24}=\dfrac{1}{2^3\times3}$이므로 유한소수로 나타낼 수 없다.

⑤ $\dfrac{14}{70}=\dfrac{1}{5}$이므로 유한소수로 나타낼 수 있다.

02 유한소수로 나타낼 수 있는 것은 기약분수로 나타내었을 때 분모의 소인수가 2나 5뿐이다.

$\dfrac{5}{12}=\dfrac{5}{2^2\times3}$, $\dfrac{45}{2^2\times3\times5^2}=\dfrac{3}{2^2\times5}$, $\dfrac{2^2\times3^2}{72}=\dfrac{1}{2}$,

$\dfrac{14}{2^2\times 5}=\dfrac{7}{2\times 5}$, $\dfrac{15}{2^2\times 3^2\times 5}=\dfrac{1}{2^2\times 3}$, $\dfrac{63}{2\times 3^2\times 7}=\dfrac{1}{2}$

따라서 유한소수로 나타낼 수 있는 것을 모두 찾아 그 칸을 색칠하면 ④와 같다.

03 $\dfrac{7}{40}=\dfrac{7}{2^3\times 5}=\dfrac{7\times 5^2}{2^3\times 5\times 5^2}=\dfrac{175}{10^3}=0.175$

따라서 분모, 분자에 공통으로 곱해야 할 가장 작은 자연수는 $5^2=25$이다.

04 주어진 분수를 유한소수로 나타낼 수 있는지 판별하기 위해서는 먼저 기약분수로 나타내어야 한다.

경호: $45=3^2\times 5$에서 분모가 45인 가운데 있는 분수의 분자가 3^2, 즉 9의 배수이면 분모의 소인수가 2나 5뿐인 분수가 되므로 이때는 유한소수로 나타낼 수 있다.

소라: $\dfrac{72}{90}=\dfrac{4}{5}$이므로 유한소수로 나타낼 수 있다.

따라서 잘못 말한 사람은 경호와 소라이다.

05 $\dfrac{45}{2\times 3^2\times a}=\dfrac{5}{2\times a}$이므로 순환소수로만 나타내어지기 위해서는 a를 소인수분해하였을 때, 2나 5 이외의 소인수가 있어야 한다.

따라서 a의 값이 될 수 있는 것은 ③ 6이다.

06 $\dfrac{7}{2^3\times x}$이 유한소수가 되려면 분모의 소인수가 2나 5뿐이어야 하므로 2부터 10까지의 자연수 중 x가 될 수 있는 수는 2, $2^2=4$, $2^3=8$, 5, $2\times 5=10$과 분자 7의 약수 중 1을 제외한 7이다.

따라서 x의 값은 2, 4, 5, 7, 8, 10의 6개이다.

07 $\dfrac{17}{102}=\dfrac{17}{2\times 3\times 17}=\dfrac{1}{2\times ③}$, $\dfrac{9}{130}=\dfrac{9}{2\times 5\times ⑬}$이므로 두 분수에 각각 어떤 자연수 N을 곱하여 모두 유한소수로 나타내려면 N은 3과 13의 공배수이어야 한다. 따라서 가장 작은 자연수 N의 값은 3과 13의 최소공배수인 39이다

08 주어진 분수의 분자에 9를 곱하면 $4\times 9=36$이므로 어떤 분수는 $\dfrac{36}{999}$이다.

따라서 이 분수를 소수로 나타내면 $\dfrac{36}{999}=0.0\dot{3}\dot{6}$

09 $2.4272727\cdots=2.4\dot{2}\dot{7}=\dfrac{2427-24}{990}=\dfrac{2403}{990}=\dfrac{267}{110}$

$\therefore a=2403$, $b=110$

$\therefore a-b=2403-110=2293$

10 순환소수 $0.12\dot{3}4\dot{5}$의 순환마디의 숫자는 3, 4, 5의 3개이다. 이때 소수점 아래 순환하지 않는 숫자가 1, 2의 2개이고 $100=2+3\times 32+2$이므로 소수점 아래 100번째 자리의 숫자는 순환마디의 2번째 숫자인 4이다.

11 $2.\dot{3}=\dfrac{23-2}{9}=\dfrac{21}{9}=\dfrac{7}{3}$이므로 $\dfrac{7}{3}\times k$가 자연수가 되려면 k는 3의 배수이어야 한다.

따라서 k의 값이 될 수 없는 것은 ②, ⑤이다.

12 $0.\dot{4}=a\times 0.\dot{1}$에서 $\dfrac{4}{9}=a\times\dfrac{1}{9}$ ∴ $a=4$

$0.\dot{4}\dot{8}=b\times 0.\dot{0}\dot{1}$에서 $\dfrac{48}{99}=b\times\dfrac{1}{99}$ ∴ $b=48$

$\therefore \dfrac{b}{a}=\dfrac{48}{4}=12$

13 $0.\dot{7}=\dfrac{7}{9}$이므로 $A-\dfrac{7}{9}=\dfrac{13}{90}$

$\therefore A=\dfrac{13}{90}+\dfrac{7}{9}=\dfrac{13}{90}+\dfrac{70}{90}=\dfrac{83}{90}=0.9222\cdots=0.9\dot{2}$

14 $2+0.4+0.04+0.004+\cdots=2.444\cdots=2.\dot{4}$이므로

$\dfrac{1}{22}\times 2.\dot{4}=\dfrac{1}{22}\times\dfrac{24-2}{9}=\dfrac{1}{22}\times\dfrac{22}{9}=\dfrac{1}{9}$

$\therefore x=9$

15 **1단계** $\dfrac{a}{210}=\dfrac{a}{2\times 3\times 5\times 7}$가 유한소수가 되려면 a는 21의 배수이어야 한다. 이때 $a<30$이므로 $a=21$

2단계 $a=21$이므로 $\dfrac{a}{210}=\dfrac{21}{210}=\dfrac{1}{10}$에서 $b=10$

3단계 $a-b=21-10=11$

16 $\dfrac{13}{44}=\dfrac{13}{2^2\times 11}$ ──────── ❶

$\dfrac{13}{2^2\times 11}\times\dfrac{n}{m}$이 유한소수로 나타내어지려면 n은 11의 배수이어야 하고, m은 소인수가 2나 5뿐인 수 또는 13의 약수 또는 이들의 곱으로 이루어진 수이어야 한다. ──── ❷

m의 값이 최대이고 n의 값이 최소일 때 $\dfrac{n}{m}$의 값이 가장 작아지므로 $50\le m\le 60$인 자연수 중 조건을 만족하는 m의 값은 $2^2\times 13=52$이다. ──── ❸

또, 11의 배수 중 최소인 자연수 n의 값은 11이다. ── ❹

따라서 $m=52$, $n=11$이므로

$\dfrac{n}{m}=\dfrac{11}{52}$ ──────── ❺

단계	채점 기준	비율
❶	$\dfrac{13}{44}$의 분모를 소인수분해하기	10 %
❷	m, n의 조건 구하기	30 %
❸	m의 값 구하기	30 %
❹	n의 값 구하기	20 %
❺	$\dfrac{n}{m}$의 값 구하기	10 %

17 $0.47\dot{3}=\dfrac{473-47}{900}=\dfrac{426}{900}=\dfrac{71}{150}$이고 선화는 분자를 제대로 보았으므로 처음 기약분수의 분자는 71이다. ──── ❶

$0.\dot{4}\dot{3}=\dfrac{43}{99}$이고 기영이는 분모를 제대로 보았으므로 처음 기약분수의 분모는 99이다. ──── ❷

따라서 처음 기약분수는 $\dfrac{71}{99}$이고 이것을 순환소수로 나타내면 $0.\dot{7}\dot{1}$이다. ──── ❸

단계	채점 기준	비율
❶	처음 기약분수의 분자 구하기	40 %
❷	처음 기약분수의 분모 구하기	30 %
❸	처음 기약분수를 순환소수로 나타내기	30 %

I-2 | 식의 계산

1 지수법칙

04 지수법칙(1), (2) 개념북 22쪽

◆확인 1◆ 답 (1) $5 \times 5 \times 5 \times 5 \times 5$, 8, 5
  (2) $x \times x \times x$, 9, 3, 4

◆확인 2◆ 답 (1) $7^2 \times 7^2$, 8, 2 (2) $a^3 \times a^3$, 9, 3

개념◆check 개념북 23쪽

01 답 (1) 6^6 (2) a^{10}

02 답 (1) x^{19} (2) x^{10}
  (1) $x^{10} \times x^2 \times x^7 = x^{10+2+7} = x^{19}$
  (2) $x^2 \times x^3 \times x \times x^4 = x^{2+3+1+4} = x^{10}$

03 답 (1) 5^{10} (2) a^{18}
  (1) $(5^2)^5 = 5^{2 \times 5} = 5^{10}$
  (2) $(a^6)^3 = a^{6 \times 3} = a^{18}$

04 답 (1) a^9 (2) x^{16}
  (1) $(a^2)^3 \times a^3 = a^{2 \times 3} \times a^3 = a^6 \times a^3 = a^{6+3} = a^9$
  (2) $(x^2)^2 \times (x^3)^3 \times x^3 = x^{2 \times 2} \times x^{3 \times 3} \times x^3$
      $= x^4 \times x^9 \times x^3 = x^{16}$

05 답 (1) 4 (2) 4
  (1) $3^5 \times 3^{\square} = 3^{5+\square} = 3^9$, $5+\square = 9$ $\therefore \square = 4$
  (2) $(a^3)^{\square} = a^{3 \times \square} = a^{12}$, $3 \times \square = 12$ $\therefore \square = 4$

05 지수법칙(3), (4) 개념북 24쪽

◆확인 1◆ 답 (1) $x \times x \times x$, 2, 3
  (2) $a \times a \times a \ a \times a \times a$, 2, 4

◆확인 2◆ 답 (1) $x^4 y^3 \times x^4 y^3$, $y^3 \times y^3 \times y^3$, 9, 3
  (2) $\dfrac{a^5}{b^2} \times \dfrac{a^5}{b^2}$, $b^2 \times b^2 \times b^2$, 6, 3

개념◆check 개념북 25쪽

01 답 (1) a^6 (2) $\dfrac{1}{x^2}$

02 답 (1) a^3 (2) $\dfrac{1}{x^3}$
  (1) $a^8 \div a^3 \div a^2 = a^{8-3} \div a^2 = a^5 \div a^2 = a^{5-2} = a^3$
  (2) $x^{10} \div x^8 \div x^5 = x^{10-8} \div x^5 = x^2 \div x^5 = \dfrac{1}{x^{5-2}} = \dfrac{1}{x^3}$

03 답 (1) $x^7 y^{14}$ (2) $\dfrac{a^9}{b^3}$
  (1) $(3x^3 y^2)^4 = 3^4 x^{3 \times 4} y^{2 \times 4} = 81 x^{12} y^8$

04 답 (1) $81 x^{12} y^8$ (2) $\dfrac{8a^6}{125 b^9}$

05 답 (1) 7 (2) 4

유형◆check 개념북 26~27쪽

1 답 ⑤
  ⑤ $3^2 \times 3^2 \times 3^2 = 3^{2+2+2} = 3^6$

1-1 답 ③
  $x \times y^2 \times x^3 \times y^4 = x \times x^3 \times y^2 \times y^4 = x^{1+3} \times y^{2+4} = x^4 \times y^6$
  따라서 $a=4$, $b=6$이므로
  $a+b = 4+6 = 10$

1-2 답 7
  $a \times a^{\square} \times a^4 = a^{1+\square+4} = a^{12}$에서 $5+\square = 12$ $\therefore \square = 7$

2 답 ②
  $a^{3 \times 2} \times a^2 = a^{k \times 2}$, $a^{6+2} = a^{2k}$에서 $2k=8$ $\therefore k=4$

2-1 답 ①
  $x^{a \times 3} = x^{15}$에서 $3a=15$ $\therefore a=5$

2-2 답 ③
  $(a^2)^4 \times b \times a^3 \times (b^5)^3 = a^{2 \times 4} \times b \times a^3 \times b^{5 \times 3} = a^{8+3} \times b^{1+15}$
      $= a^{11} b^{16}$

3 답 ④
  ④ $(a^2)^3 \div a^2 = a^6 \div a^2 = a^{6-2} = a^4$

3-1 답 (1) a (2) a^4
  (1) $a^7 \div (a^2)^3 = a^7 \div a^6 = a^{7-6} = a$
  (2) $(a^3)^5 \div (a^4)^2 \div a^3 = a^{15} \div a^8 \div a^3 = a^{15-8} \div a^3$
      $= a^7 \div a^3 = a^{7-3} = a^4$

3-2 답 ⑤
  $a^6 \div a^k = a^2$, $a^{6-k} = a^2$에서 $6-k=2$ $\therefore k=4$

4 답 ④
  ④ $(-x^3 y^2)^3 = (-1)^3 (x^3)^3 (y^2)^3 = -x^9 y^6$

4-1 답 19
  $(xy^2)^3 \times (x^2 y^3)^2 = x^3 y^6 \times x^4 y^6 = x^7 y^{12}$
  따라서 $m=7$, $n=12$이므로 $m+n = 19$

4-2 답 (1) $a=4$, $b=4$ (2) $a=2$, $b=3$
  (1) $(x^2 y^a)^b = x^8 y^{16}$, $x^{2b} y^{ab} = x^8 y^{16}$
    $x^{2b} = x^8$에서 $2b=8$이므로 $b=4$
    $y^{ab} = y^{16}$에서 $ab=16$, $4a=16$이므로 $a=4$
  (2) $\left(-\dfrac{3x^a}{y^4} \right)^b = -\dfrac{27 x^6}{y^{12}}$, $\dfrac{(-3)^b x^{ab}}{y^{4b}} = -\dfrac{27 x^6}{y^{12}}$
    $(-3)^b = -27$, $y^{4b} = y^{12}$에서 $b=3$
    $x^{ab} = x^6$에서 $ab=6$, $3a=6$이므로 $a=2$

2 단항식의 곱셈과 나눗셈

06 단항식의 곱셈과 나눗셈 개념북 28쪽

◆확인 1◆ 답 (1) $4x^5$ (2) $56 x^8 y^8$
  (2) $(-2x^2 y)^3 \times (-7x^2 y^5) = (-8x^6 y^3) \times (-7x^2 y^5)$
      $= 56 x^8 y^8$

◆확인 2◆ 답 (1) $-6ab^2$　　(2) $-18x^3y^2$

(1) $14ab^3 \div \left(-\dfrac{7}{3}b\right) = 14ab^3 \times \left(-\dfrac{3}{7b}\right) = -6ab^2$

(2) $(-3x^2y^3)^2 \div \left(-\dfrac{xy^4}{2}\right) = 9x^4y^6 \times \left(-\dfrac{2}{xy^4}\right)$
$= -18x^3y^2$

개념·check　　　　　　　　　　　　　　개념북 29쪽

01 답 (1) $3a^3b^5$　　(2) $-x^{17}y^9$

(2) $(xy^3)^2 \times (-x^5y)^3 = x^2y^6 \times (-x^{15}y^3) = -x^{17}y^9$

02 답 (1) $8x^8y^7$　　(2) $-20x^8y^4$

(1) $(-x^2y)^3 \times (-2xy^3) \times 4xy = (-x^6y^3) \times (-2xy^3) \times 4xy$
$= 8x^8y^7$

(2) $(-4xy) \times 5x^3y \times (-x^2y)^2 = (-4xy) \times 5x^3y \times x^4y^2$
$= -20x^8y^4$

03 답 (1) $-12x^2y^2$　　(2) $\dfrac{3}{2}x^3y$

(1) $(-18x^4y^5) \div \dfrac{3}{2}x^2y^3 = (-18x^4y^5) \times \dfrac{2}{3x^2y^3} = -12x^2y^2$

(2) $\left(-\dfrac{15}{8}x^4y^3\right) \div \left(-\dfrac{5}{4}xy^2\right) = \left(-\dfrac{15}{8}x^4y^3\right) \times \left(-\dfrac{4}{5xy^2}\right)$
$= \dfrac{3}{2}x^3y$

04 답 (1) $-\dfrac{1}{ab}$　　(2) $\dfrac{1}{x^2}$

(1) $24a^4b^3 \div (-2ab)^3 \div 3a^2b = 24a^4b^3 \div (-8a^3b^3) \div 3a^2b$
$= 24a^4b^3 \times \left(\dfrac{1}{-8a^3b^3}\right) \times \dfrac{1}{3a^2b}$
$= -\dfrac{1}{ab}$

(2) $16x^8 \div 2x \div (2x^3)^3 = 16x^8 \div 2x \div 8x^9$
$= 16x^8 \times \dfrac{1}{2x} \times \dfrac{1}{8x^9} = \dfrac{1}{x^2}$

05 답 ④

$A = (-15a^2b^3) \times 2a^3b^2 = -30a^5b^5$
$B = 5ab^3 \times (-3a^2b) = -15a^3b^4$
$\therefore A \div B = (-30a^5b^5) \div (-15a^3b^4)$
$= (-30a^5b^5) \times \left(\dfrac{1}{-15a^3b^4}\right)$
$= 2a^2b$

---

07 단항식의 곱셈과 나눗셈의 혼합계산　개념북 30쪽

◆확인 1◆ 답 (1) $-6y$　　(2) $\dfrac{3x^2}{y}$

(1) $3x \times 4y \div (-2x) = 3x \times 4y \times \left(-\dfrac{1}{2x}\right) = -6y$

(2) $(2x^2y)^2 \times 3xy \div 4x^3y^4 = 4x^4y^2 \times 3xy \times \dfrac{1}{4x^3y^4}$
$= \dfrac{3x^2}{y}$

◆확인 2◆ 답 $9x^2y^4$, $\dfrac{1}{9x^2y^4}$, $-\dfrac{2x^5}{y}$

개념·check　　　　　　　　　　　　　　개념북 31쪽

01 답 (1) $-2ab$　　(2) $9ab$

(1) $6a^2 \div (-9ab) \times 3b^2 = 6a^2 \times \left(-\dfrac{1}{9ab}\right) \times 3b^2 = -2ab$

(2) $12a^2b \div 4a^2b^2 \times 3ab^2 = 12a^2b \times \dfrac{1}{4a^2b^2} \times 3ab^2 = 9ab$

02 답 (1) $-\dfrac{4}{3}x^3$　　(2) $-6x^4$

(1) $(-4x^2) \times 2x^2y^2 \div 6xy^2 = (-4x^2) \times 2x^2y^2 \times \dfrac{1}{6xy^2}$
$= -\dfrac{4}{3}x^3$

(2) $24x^3y \times (-xy) \div 4y^2 = 24x^3y \times (-xy) \times \dfrac{1}{4y^2}$
$= -6x^4$

03 답 (1) $-\dfrac{9a}{2b}$　　(2) $2ab^2$

(1) $(-6a^4) \div (-2a^2b)^2 \times 3ab = (-6a^4) \times \dfrac{1}{4a^4b^2} \times 3ab$
$= -\dfrac{9a}{2b}$

(2) $8ab^3 \div (-2ab)^2 \times a^2b = 8ab^3 \times \dfrac{1}{4a^2b^2} \times a^2b = 2ab^2$

04 답 (1) $\dfrac{y^2}{2x^2}$　　(2) $18xy^5$

(1) $\dfrac{1}{16}x^3y^2 \times 6y \div \dfrac{3}{4}x^5y = \dfrac{1}{16}x^3y^2 \times 6y \times \dfrac{4}{3x^5y} = \dfrac{y^2}{2x^2}$

(2) $21x^3y^6 \div \left(-\dfrac{7}{3}x^5y^2\right) \times (-2x^3y)$
$= 21x^3y^6 \times \left(-\dfrac{3}{7x^5y^2}\right) \times (-2x^3y) = 18xy^5$

05 답 (1) $-24x^2y$　　(2) $-9x^7y$

(1) $(-2x^3y)^3 \times xy^4 \div \dfrac{1}{3}x^8y^6 = (-8x^9y^3) \times xy^4 \times \dfrac{3}{x^8y^6}$
$= -24x^2y$

(2) $(-3xy^2)^3 \div \dfrac{3}{4}y^7 \times \left(-\dfrac{1}{2}x^2y\right)^2$
$= (-27x^3y^6) \times \dfrac{4}{3y^7} \times \dfrac{1}{4}x^4y^2 = -9x^7y$

유형·check　　　　　　　　　　　　　　개념북 32~33쪽

1 답 ③

① $(-2a) \times 3a^3 = -6a^4$　　② $2xy \times 4x^3y = 8x^4y^2$

③ $(-2xy^2)^2 \times 5xy = 4x^2y^4 \times 5xy = 20x^3y^5$

④ $\dfrac{a}{2b^2} \times (-4ab^2) = -2a^2$　　⑤ $\dfrac{a^3}{b} \times \dfrac{3b^2}{a^4} = \dfrac{3b}{a}$

1-1 답 ④

$(-2x^2y^3)^2 \times \dfrac{3}{xy^4} = 4x^4y^6 \times \dfrac{3}{xy^4} = 12x^3y^2$

따라서 $a=12$, $b=3$, $c=2$이므로 $a+b+c=17$

1-2 답 18

$(-3x^2y)^3 \times Ax^4y^2 \times (-x^2y)^3$
$= (-27x^6y^3) \times Ax^4y^2 \times (-x^6y^3) = 27Ax^{16}y^8$
$27Ax^{16}y^8 = 54x^By^8$ 이므로 $27A = 54$　　$\therefore A=2$
$x^B = x^{16}$　　$\therefore B=16$
$\therefore A+B=18$

2 답 ②

① $(-6a^3) \div 3a = (-6a^3) \times \dfrac{1}{3a} = -2a^2$

② $2a^4 \div \left(-\dfrac{1}{2}a^3\right) = 2a^4 \times \left(-\dfrac{2}{a^3}\right) = -4a$

③ $6a^2b \div 2a^3b = 6a^2b \times \dfrac{1}{2a^3b} = \dfrac{3}{a}$

④ $(2xy^2)^3 \div (-4x^2y^5) = 8x^3y^6 \times \left(-\dfrac{1}{4x^2y^5}\right)$
$\qquad = -2xy$

⑤ $\dfrac{2}{3}x^2y \div \left(-\dfrac{x^2}{6y}\right) = \dfrac{2}{3}x^2y \times \left(-\dfrac{6y}{x^2}\right) = -4y^2$

2-1 답 8

$2x^2y^a \div \left(-\dfrac{1}{4}x^by^7\right) = 2x^2y^a \times \left(-\dfrac{4}{x^by^7}\right) = -\dfrac{8y^{a-7}}{x^{b-2}} = \dfrac{cy^5}{x^2}$

$c = -8$

$y^{a-7} = y^5$에서 $a-7 = 5$ $\quad \therefore a = 12$

$x^{b-2} = x^2$에서 $b-2 = 2$ $\quad \therefore b = 4$

$\therefore a+b+c = 12+4+(-8) = 8$

2-2 답 ①

$(-12x^6y^8) \div (xy^3)^a \div \dfrac{4}{3}xy^2 = (-12x^6y^8) \times \dfrac{1}{x^ay3a} \times \dfrac{3}{4xy^2}$
$\qquad = -\dfrac{9x^{5-a}}{y^{3a-6}} = \dfrac{bx^c}{y^3}$

$b = -9$

$y^{3a-6} = y^3$이므로 $3a-6 = 3$ $\quad \therefore a = 3$

$x^{5-a} = x^c$이므로 $5-a = c$ $\quad \therefore c = 5-3 = 2$

$\therefore a+b+c = 3+(-9)+2 = -4$

3 답 ④

$(-3x^3)^2 \div \dfrac{9}{5}xy^2 \times 2x^2 = 9x^6 \div \dfrac{9}{5}xy^2 \times 2x^2$
$\qquad = 9x^6 \times \dfrac{5}{9xy^2} \times 2x^2 = \dfrac{10x^7}{y^2}$

따라서 $a=10, b=7, c=2$이므로
$2a+b+c = 20+7+2 = 29$

3-1 답 -7

$(-14x^2y^3) \div \dfrac{7}{3}x^ay^4 \times 2xy^3 = (-14x^2y^3) \times \dfrac{3}{7x^ay^4} \times 2xy^3$
$\qquad = -\dfrac{12x^3y^2}{x^a} = by^c$

$\dfrac{x^3}{x^a} = 1$이므로 $a=3, b=-12, c=2$이므로

$a+b+c = 3+(-12)+2 = -7$

3-2 답 ②

$5x^2y \div \boxed{} \times \dfrac{1}{5}x^2y^3 = 2y$

$5x^2y \times \dfrac{1}{5}x^2y^3 = 2y \times \boxed{}$

$\therefore \boxed{} = 5x^2y \times \dfrac{1}{5}x^2y^3 \times \dfrac{1}{2y} = \dfrac{x^4y^3}{2}$

4 답 $4ab^2$

직사각형의 세로의 길이를 $\boxed{}$라 하면
(직사각형의 넓이)$= 3a^2b \times \boxed{} = 12a^3b^3$

$\therefore \boxed{} = 12a^3b^3 \div 3a^2b = 12a^3b^3 \times \dfrac{1}{3a^2b} = 4ab^2$

4-1 답 $4a^2b^3$

직육면체의 높이를 $\boxed{}$라 하면
(직육면체의 부피)$= 3a^2b \times 2ab^2 \times \boxed{} = 24a^5b^6$

$\therefore \boxed{} = 24a^5b^6 \div 3a^2b \div 2ab^2$
$\qquad = 24a^5b^6 \times \dfrac{1}{3a^2b} \times \dfrac{1}{2ab^2} = 4a^2b^3$

4-2 답 ⑤

사각형의 가로의 길이를 $\boxed{}$라 하면
(사각형의 넓이)$= 6a^2b \times \boxed{}$

(삼각형이 넓이)$= \dfrac{1}{2} \times 3a^3b^2 \times 4ab = 6a^4b^3$이므로

$6a^2b \times \boxed{} = 6a^4b^3$

$\therefore \boxed{} = 6a^4b^3 \div 6a^2b = 6a^4b^3 \times \dfrac{1}{6a^2b} = a^2b^2$

3 다항식의 계산

08 이차식의 덧셈과 뺄셈
개념북 34쪽

◆확인 1◆ 답 (1) $7x-4y$ (2) $3a+7b$

(1) $(2x-7y)+(5x+3y) = 2x-7y+5x+3y$
$\qquad = 2x+5y-7y+3y$
$\qquad = 7x-4y$

(2) $(5a+3b)-(2a-4b) = 5a+3b-2a+4b$
$\qquad = 5a-2a+3b+4b$
$\qquad = 3a+7b$

◆확인 2◆ 답 (1) ○ (2) ×

(1) 차수가 가장 큰 항의 차수가 2이므로 이차식이다.
(2) $2(5-x^2)+2x^2 = 10-2x^2+2x^2 = 10$이므로 x
에 대한 이차식이 아니다.

개념·check
개념북 35쪽

01 답 (1) $-a-7b-1$ (2) $-8y$

(1) $2(a-4b)-(3a-b+1) = 2a-8b-3a+b-1$
$\qquad = -a-7b-1$

(2) $(3x-2y)+3(-x-2y) = 3x-2y-3x-6y$
$\qquad = -8y$

02 답 (1) $\dfrac{3}{4}a+\dfrac{5}{6}b$ (2) $-\dfrac{7}{20}x+\dfrac{31}{20}y$

(1) $\left(a-\dfrac{2}{3}b\right)-\left(\dfrac{1}{4}a-\dfrac{3}{2}b\right) = a-\dfrac{2}{3}b-\dfrac{1}{4}a+\dfrac{3}{2}b$
$\qquad = \dfrac{3}{4}a+\dfrac{5}{6}b$

(2) $\dfrac{x+3y}{4}-\dfrac{3x-4y}{5} = \dfrac{5(x+3y)-4(3x-4y)}{20}$
$\qquad = \dfrac{5x+15y-12x+16y}{20} = \dfrac{-7x+31y}{20} = -\dfrac{7}{20}x+\dfrac{31}{20}y$

03 답 $6x-4y$

$4x-[6y-\{3x-(x-2y)\}] = 4x-\{6y-(3x-x+2y)\}$
$= 4x-\{6y-(2x+2y)\} = 4x-(6y-2x-2y)$
$= 4x-(-2x+4y) = 4x+2x-4y = 6x-4y$

04 답 (1) $-4x^2+7x-12$ (2) $9x^2-10x+11$

(1) $(-7x^2-2x+6)+3(x^2+3x-6)$
$=-7x^2-2x+6+3x^2+9x-18$
$=-4x^2+7x-12$

(2) $(5x^2-4x+3)-2(-2x^2+3x-4)$
$=5x^2-4x+3+4x^2-6x+8=9x^2-10x+11$

05 답 $-x^2+x+1$

$\{2x^2-(3x^2-4x)\}+1-3x=2x^2-3x^2+4x+1-3x$
$=-x^2+x+1$

09 다항식과 다항식의 곱셈과 나눗셈 개념북 36쪽

◆확인 1◆ 답 (1) $12ax+3ay$ (2) $15x^2y^2-9xy^3$

(1) $3a(4x+y)=3a\times4x+3a\times y=12ax+3ay$

(2) $(-5xy+3y^2)\times(-3xy)$
$=(-5xy)\times(-3xy)+3y^2\times(-3xy)$
$=15x^2y^2-9xy^3$

◆확인 2◆ 답 $\frac{5}{7x}$, 5, $14x$, $5x+10$

개념◆check 개념북 37쪽

01 답 (1) $-10x^2+15xy$ (2) $21ax+28ay$

(1) $-5x(2x-3y)=(-5x)\times2x+(-5x)\times(-3y)$
$=-10x^2+15xy$

(2) $-7a(-3x-4y)=(-7a)\times(-3x)+(-7a)\times(-4y)$
$=21ax+28ay$

02 답 (1) $6x^3-3x^2y+9xy^2$ (2) $\frac{1}{48}x^3y^2-\frac{1}{18}x^2y^3$

(1) $(4x^2-2xy+6y^2)\times\frac{3}{2}x$
$=4x^2\times\frac{3}{2}x-2xy\times\frac{3}{2}x+6y^2\times\frac{3}{2}x$
$=6x^3-3x^2y+9xy^2$

(2) $\left(-\frac{1}{4}x^2y+\frac{2}{3}xy^2\right)\times\left(-\frac{1}{12}xy\right)$
$=-\frac{1}{4}x^2y\times\left(-\frac{1}{12}xy\right)+\frac{2}{3}xy^2\times\left(-\frac{1}{12}xy\right)$
$=\frac{1}{48}x^3y^2-\frac{1}{18}x^2y^3$

03 답 (1) $4a^2+5a$ (2) $4a^2-ab$

(1) $a(a+1)+a(3a+4)=a^2+a+3a^2+4a=4a^2+5a$

(2) $3a(2a-3b)-2a(a-4b)=6a^2-9ab-2a^2+8ab$
$=4a^2-ab$

04 답 (1) $3a+6b$ (2) $2x-3y$

(1) $(9a^2+18ab)\div3a=\frac{9a^2+18ab}{3a}=3a+6b$

(2) $(-8x^2y+12xy^2)\div(-4xy)=\frac{-8x^2y+12xy^2}{-4xy}$
$=2x-3y$

05 답 (1) $-16ab+8a$ (2) $9y-12x$

(1) $(8ab^2-4ab)\div\left(-\frac{b}{2}\right)=(8ab^2-4ab)\times\left(-\frac{2}{b}\right)$
$=8ab^2\times\left(-\frac{2}{b}\right)+(-4ab)\times\left(-\frac{2}{b}\right)=-16ab+8a$

(2) $(12xy^2-16x^2y)\div\frac{4}{3}xy=(12xy^2-16x^2y)\times\frac{3}{4xy}$
$=9y-12x$

10 사칙연산이 혼합된 식의 계산 개념북 38쪽

◆확인 1◆ 답 (1) $-16x^3y+24x^4$ (2) $12x^2y-2xy$

(1) $(6y^2-9xy)\div3y\times(-2x)^3$
$=(6y^2-9xy)\times\frac{1}{3y}\times(-8x^3)$
$=-16x^3y+24x^4$

(2) $3xy(5x-1)-(12x^2y^3-4xy^3)\div(2y)^2$
$=3xy(5x-1)-(12x^2y^3-4xy^3)\times\frac{1}{4y^2}$
$=15x^2y-3xy-3x^2y+xy$
$=12x^2y-2xy$

◆확인 2◆ 답 $3x^2y+16xy^2$

$5xy(3x+2y)-(16x^2y^2-8xy^3)\div\frac{4}{3}y$

$=5xy(3x+2y)-(16x^2y^2-8xy^3)\times\frac{3}{4y}$

$=15x^2y+10xy^2-12x^2y+6xy^2$

$=3x^2y+16xy^2$

개념◆check 개념북 39쪽

01 답 (1) $-7a^2+3a$ (2) $49xy-21y$

(1) $(2a^2b-8a^3b)\div2ab-a(3a-2)$
$=\frac{2a^2b-8a^3b}{2ab}-a(3a-2)$
$=a-4a^2-3a^2+2a$
$=-7a^2+3a$

(2) $(24x^3y-16x^2y)\div\left(-\frac{2}{3}x\right)^2-5y(x-3)$
$=(24x^3y-16x^2y)\times\frac{9}{4x^2}-5y(x-3)$
$=54xy-36y-5xy+15y$
$=49xy-21y$

02 답 (1) $-7xy+10y$ (2) $3x$

(1) $\frac{12x^2y+20xy}{4x}-5y(2x-1)$
$=3xy+5y-10xy+5y$
$=-7xy+10y$

(2) $(24x^2-8xy)\div4x-\frac{9xy-6y^2}{3y}$
$=\frac{24x^2-8xy}{4x}-\frac{9xy-6y^2}{3y}$
$=6x-2y-(3x-2y)$
$=6x-2y-3x+2y$
$=3x$

03 답 (1) $6a+35b-6$ (2) $5x-3xy$

(1) $(18ab+30b^2)\div\frac{6}{7}b-(20a^2+8a)\div\frac{4}{3}a$
$=(18ab+30b^2)\times\frac{7}{6b}-(20a^2+8a)\times\frac{3}{4a}$
$=21a+35b-15a-6$
$=6a+35b-6$

Ⅰ. 수와 식의 계산 **9**

(2) $(2x^2-6x^2y)\div\dfrac{2}{3}x-(xy+3xy^2)\div\left(-\dfrac{y}{2}\right)$

$=(2x^2-6x^2y)\times\dfrac{3}{2x}-(xy+3xy^2)\times\left(-\dfrac{2}{y}\right)$

$=3x-9xy-(-2x-6xy)$

$=3x-9xy+2x+6xy$

$=5x-3xy$

04 답 (1) -2 (2) $-2x-1$

(1) $\dfrac{6x^2-8x}{2x}-\dfrac{9x^2-6x}{3x}$

$=3x-4-(3x-2)=3x-4-3x+2=-2$

(2) $\dfrac{10x^3-4x^2}{2x}-\dfrac{2xy+10x^3y}{2xy}=5x^2-2x-1-5x^2$

$=-2x-1$

05 답 $26x^2-12x$

$20x^2-\left\{(2x^3y-7x^2y)\div\left(-\dfrac{1}{3}xy\right)-9x\right\}$

$=20x^2-(2x^3y-7x^2y)\times\left(-\dfrac{3}{xy}\right)+9x$

$=20x^2+6x^2-21x+9x=26x^2-12x$

유형 · check
개념북 40~43쪽

1 답 ③

$(x+ay)+(2x-7y)=x+ay+2x-7y$

$=3x+(a-7)y=bx-5y$

$3x=bx$이므로 $b=3$

$(a-7)y=-5y$이므로 $a-7=-5$ ∴ $a=2$

∴ $a+b=2+3=5$

1-1 답 ④

$(7x-5y+1)-2(5x-4y-1)$

$=7x-5y+1-10x+8y+2=-3x+3y+3$

∴ $a=-3,\ b=3,\ c=3$

∴ $a+b+c=(-3)+3+3=3$

1-2 답 $2x+3y$

$5x-[2x-y+\{3x-4y-2(x-y)\}]$

$=5x-\{2x-y+(3x-4y-2x+2y)\}$

$=5x-(3x-3y)=2x+3y$

2 답 ③

① $(x^2+2x)+(2x^2-1)=x^2+2x+2x^2-1$

$=3x^2+2x-1$

② $(-x^2+4x)-(x^2+x+2)=-x^2+4x-x^2-x-2$

$=-2x^2+3x-2$

③ $2(x^2-3x)-x^2+5x=2x^2-6x-x^2+5x$

$=x^2-x$

④ $x^2-2(3x^2-5x)=x^2-6x^2+10x$

$=-5x^2+10x$

⑤ $\dfrac{x^2-x}{2}-\dfrac{3x^2-x}{4}=\dfrac{2x^2-2x}{4}-\dfrac{3x^2-x}{4}$

$=\dfrac{2x^2-2x-3x^2+x}{4}=\dfrac{-x^2-x}{4}$

2-1 답 -2

$(x^2-7)-2(4x^2-3x-3)=x^2-7-8x^2+6x+6$

$=-7x^2+6x-1$

따라서 $a=-7,\ b=6,\ c=-1$이므로

$a+b+c=(-7)+6+(-1)=-2$

2-2 답 $\dfrac{17}{6}$

$\dfrac{x^2-3x+1}{2}-\dfrac{2x^2+x-2}{3}$

$=\dfrac{3x^2-9x+3}{6}-\dfrac{4x^2+2x-4}{6}$

$=\dfrac{3x^2-9x+3-4x^2-2x+4}{6}$

$=\dfrac{-x^2-11x+7}{6}=-\dfrac{x^2}{6}-\dfrac{11}{6}x+\dfrac{7}{6}$

따라서 $a=-\dfrac{1}{6},\ b=-\dfrac{11}{6},\ c=\dfrac{7}{6}$이므로

$a-b+c=\left(-\dfrac{1}{6}\right)-\left(-\dfrac{11}{6}\right)+\dfrac{7}{6}$

$=\left(-\dfrac{1}{6}\right)+\dfrac{11}{6}+\dfrac{7}{6}=\dfrac{17}{6}$

3 답 (1) $3x^2+8x-8$ (2) $x^2+13x-9$

(1) 어떤 식을 $\boxed{}$라 하면

$\boxed{}+(2x^2-5x+1)=5x^2+3x-7$

∴ $\boxed{}=(5x^2+3x-7)-(2x^2-5x+1)$

$=5x^2+3x-7-2x^2+5x-1$

$=3x^2+8x-8$

(2) 바르게 계산한 식은

$(3x^2+8x-8)-(2x^2-5x+1)$

$=3x^2+8x-8-2x^2+5x-1$

$=x^2+13x-9$

3-1 답 $8x-16y+17$

어떤 식을 $\boxed{}$라 하면

$(3x-6y+7)+\boxed{}=-2x+4y-3$

∴ $\boxed{}=(-2x+4y-3)-(3x-6y+7)$

$=-2x+4y-3-3x+6y-7$

$=-5x+10y-10$

따라서 바르게 계산한 식은

$(3x-6y+7)-(-5x+10y-10)$

$=3x-6y+7+5x-10y+10$

$=8x-16y+17$

3-2 답 -13

어떤 식을 $\boxed{}$라 하면

$\boxed{}+(-3x^2+2x-6)=4x^2-2x+5$

∴ $\boxed{}=(4x^2-2x+5)-(-3x^2+2x-6)$

$=4x^2-2x+5+3x^2-2x+6$

$=7x^2-4x+11$

바르게 계산한 식은

$(7x^2-4x+11)-(-3x^2+2x-6)$

$=7x^2-4x+11+3x^2-2x+6$

$=10x^2-6x+17$

따라서 $a=10,\ b=-6,\ c=17$이므로

$a+b-c=10+(-6)-17=-13$

4 답 ⑤

① $a(x-y)=ax-ay$

② $-2x(x+3y)=-2x^2-6xy$

③ $(-3x-2)\times 6x=-18x^2-12x$

④ $-3xy(x-y)=-3x^2y+3xy^2$

따라서 옳은 것은 ⑤이다.

4-1 답 ②

$2x(3x-5y)-3x(x+y+2)=6x^2-10xy-3x^2-3xy-6x$
$\qquad\qquad\qquad\qquad\qquad\quad=3x^2-13xy-6x$

따라서 $a=3$, $b=-13$, $c=-6$이므로

$a+b-c=3+(-13)-(-6)=-4$

4-2 답 ④

① $2x(5-4x)=10x-8x^2$ ➡ -8

② $-\dfrac{2}{3}x(9x-5)=-\dfrac{2}{3}x\times 9x-\dfrac{2}{3}x\times(-5)$
$\qquad\qquad\qquad\quad=-6x^2+\dfrac{10}{3}x$ ➡ -6

③ $3x(2x^2-x+6)=6x^3-3x^2+18x$ ➡ -3

④ $(-x+4y-3)\times(-6x)=6x^2-24xy+18x$ ➡ 6

⑤ $-3x^2y\left(\dfrac{3}{x}+\dfrac{4}{y}\right)=-9xy-12x^2$ ➡ -12

따라서 x^2의 계수가 가장 큰 것은 ④이다.

5 답 ④

① $(4x^2-6x)\div 2x=(4x^2-6x)\times\dfrac{1}{2x}=2x-3$

② $(3xy^2-6xy)\div(-3xy)=(3xy^2-6xy)\times\left(-\dfrac{1}{3xy}\right)$
$\qquad\qquad\qquad\qquad\qquad\qquad=-y+2$

③ $(x^2-3x)\div\left(-\dfrac{1}{2x}\right)=(x^2-3x)\times(-2x)$
$\qquad\qquad\qquad\qquad\qquad=-2x^3+6x$

④ $(6x^3-4x^2)\div\dfrac{2}{3}x^2=(6x^3-4x^2)\times\dfrac{3}{2x^2}=9x-6$

⑤ $(xy-3x^2)\div\left(-\dfrac{x}{2y}\right)=(xy-3x^2)\times\left(-\dfrac{2y}{x}\right)$
$\qquad\qquad\qquad\qquad\qquad\qquad=-2y^2+6xy$

5-1 답 ⑤

$(6x^3-ax^2+20x)\div 2x=(6x^3-ax^2+20x)\times\dfrac{1}{2x}$
$\qquad\qquad\qquad\qquad\qquad\qquad=3x^2-\dfrac{ax}{2}+10$

$-\dfrac{a}{2}x=-6x$이므로 $-\dfrac{a}{2}=-6$ ∴ $a=12$

$b=3$, $c=10$이므로 $a+b+c=12+3+10=25$

5-2 답 -3

$(10x^2y-8xy+6xy^2)\div\left(-\dfrac{2}{3}xy\right)$

$=(10x^2y-8xy+6xy^2)\times\left(-\dfrac{3}{2xy}\right)$

$=-15x+12-9y$

따라서 x의 계수는 -15이고 상수항은 12이므로

$(-15)+12=-3$

6 답 $7x-6y$

$2(3x-2y)-A=-x+2y$이므로

$A=2(3x-2y)-(-x+2y)$
$\ \ =6x-4y+x-2y$
$\ \ =7x-6y$

6-1 답 $\dfrac{8}{3}xy-\dfrac{4}{3}x$

어떤 식을 ⬚라 하면

⬚$\times\dfrac{3}{4}xy=2x^2y^2-x^2y$

∴ ⬚$=(2x^2y^2-x^2y)\div\dfrac{3}{4}xy$

$\qquad=(2x^2y^2-x^2y)\times\dfrac{4}{3xy}$

$\qquad=\dfrac{8}{3}xy-\dfrac{4}{3}x$

6-2 답 $\dfrac{4}{3}a^3b^5+\dfrac{16}{9}a^2b^5$

어떤 식을 ⬚라 하면

⬚$\div\dfrac{2}{3}ab^2=3ab+4b$

∴ ⬚$=(3ab+4b)\times\dfrac{2}{3}ab^2$

$\qquad=2a^2b^3+\dfrac{8}{3}ab^3$

따라서 바르게 계산한 식은

$\left(2a^2b^3+\dfrac{8}{3}ab^3\right)\times\dfrac{2}{3}ab^2=\dfrac{4}{3}a^3b^5+\dfrac{16}{9}a^2b^5$

7 답 ②

② $(5a^2-3a)\div(-a)+(9a^2-6a)\div 3a$

$=\dfrac{5a^2-3a}{-a}+\dfrac{9a^2-6a}{3a}$

$=-5a+3+3a-2$

$=-2a+1$

7-1 답 -2

$(6x^2y-9xy^2)\div 3xy+(12xy-10y^2)\div(-2y)$

$=\dfrac{6x^2y-9xy^2}{3xy}+\dfrac{12xy-10y^2}{-2y}$

$=2x-3y-6x+5y$

$=-4x+2y$

∴ $a=-4$, $b=2$

∴ $a+b=-4+2=-2$

7-2 답 ②

$2x(3x-4)-\left\{(3x^2y-x^3y)\div\left(-\dfrac{1}{2}xy\right)+7x\right\}$

$=6x^2-8x-\left\{(3x^2y-x^3y)\times\left(-\dfrac{2}{xy}\right)+7x\right\}$

$=6x^2-8x-(-6x+2x^2+7x)$

$=6x^2-8x-(2x^2+x)$

$=6x^2-8x-2x^2-x$

$=4x^2-9x$

8 답 ③

(사다리꼴의 넓이)

$= \dfrac{1}{2} \times \{(윗변의 길이) + (아랫변의 길이)\} \times (높이)$

$= \dfrac{(2x^2 + 5xy) \times 4y}{2}$

$= \dfrac{8x^2y + 20xy^2}{2}$

$= 4x^2y + 10xy^2$

8-1 답 $4a^3b^2 - 10a^2b$

(사각뿔의 부피)$= \dfrac{1}{3} \times 2a^2 \times 3b \times (2ab - 5)$

$\qquad\qquad\quad = 2a^2b(2ab - 5)$

$\qquad\qquad\quad = 4a^3b^2 - 10a^2b$

8-2 답 $a - \dfrac{4}{3} + \dfrac{2}{a}$

직육면체의 높이를 $\boxed{}$라 하면

$3a \times 2ab \times \boxed{} = 6a^3b - 8a^2b + 12ab$

$\therefore \boxed{} = (6a^3b - 8a^2b + 12ab) \div 6a^2b$

$\qquad\quad = \dfrac{6a^3b - 8a^2b + 12ab}{6a^2b}$

$\qquad\quad = a - \dfrac{4}{3} + \dfrac{2}{a}$

단원 마무리
개념북 44~46쪽

01 ④	**02** ①	**03** ⑤	**04** ⑤	**05** ①
06 ①	**07** ②, ④	**08** $A: \dfrac{y^2}{2x}$, $B: -\dfrac{y^4}{2x}$, $C: 4x^2y^4$		
09 ④	**10** ③	**11** ①	**12** ②	**13** ⑤
14 $-12x^2 - 15x + 1$	**15** ②		**16** 12	**17** 20개
18 -3				

01 ① $a^5 \times a^3 = a^{5+3} = a^8$ ② $(a^5)^4 = a^{5 \times 4} = a^{20}$

③ $(2ab)^2 = 2^2 a^2 b^2 = 4a^2b^2$ ⑤ $a^7 \div a^8 = \dfrac{1}{a^{8-7}} = \dfrac{1}{a}$

02 $\underbrace{7^3 + 7^3 + 7^3 + 7^3 + 7^3 + 7^3 + 7^3}_{7개} = 7 \times 7^3 = 7^{1+3} = 7^4$

$\therefore k = 4$

03 $1 \text{ GiB} = 2^{10} \text{ MiB}$

$\qquad\qquad = 2^{10} \times 2^{10} \text{ KiB} = 2^{20} \text{ KiB}$

$\qquad\qquad = 2^{20} \times 2^{10} \text{ B} = 2^{30} \text{ B}$

04 ① $2^{1+\square} = 2^7$이므로 $1 + \square = 7$ $\therefore \square = 6$

② $2^\square \div 2^3 = 2^4$이므로 $\square - 3 = 4$ $\therefore \square = 7$

③ $2^{4 \times \square} \div 2^6 = 2^{4 \times \square - 6} = 2^{10}$이므로

$\quad 4 \times \square - 6 = 10,\ 4 \times \square = 16$ $\therefore \square = 4$

④ $2^8 \div 2^\square = 2^5$, $2^2 \div 2^\square = 2^3$이므로 $8 - \square = 3$ $\therefore \square = 5$

⑤ $16^2 = (2^4)^2 = 2^8 = 2^\square$ $\therefore \square = 8$

따라서 $\square$ 안에 들어갈 수 중 가장 큰 것은 ⑤이다.

05 $2^{x-1} = 2^x \div 2 = \dfrac{2^x}{2} = A$

따라서 $2^x = 2A$이므로

$8^x = (2^3)^x = (2^x)^3 = (2A)^3 = 8A^3$

06 $(5^4 + 5^4 + 5^4 + 5^4)(2^6 + 2^6 + 2^6 + 2^6 + 2^6)$

$= (4 \times 5^4) \times (5 \times 2^6) = 2^8 \times 5^5$

$= 2^3 \times (2^5 \times 5^5) = 2^3 \times (2 \times 5)^5 = 8 \times 10^5$

따라서 $8 \times 10^5 = 800000$이므로

$(5^4 + 5^4 + 5^4 + 5^4)(2^6 + 2^6 + 2^6 + 2^6 + 2^6)$은 6자리의 수이다.

07 ② $3a^2 \times (-a^2) = -3a^4$

③ $24x^3 \div 4x^2 = \dfrac{24x^3}{4x^2} = 6x$

④ $4x^3 \div \left(-\dfrac{1}{2}x^2\right) = 4x^3 \times \left(-\dfrac{2}{x^2}\right) = -8x$

⑤ $\left(-\dfrac{2}{9}x^5\right) \div \dfrac{4}{3}x^3 = \left(-\dfrac{2}{9}x^5\right) \times \dfrac{3}{4x^3} = -\dfrac{x^2}{6}$

08 C, B, A의 순서로 식을 구하면

$C \div 4x^2y^4 = 1$에서 $C = 4x^2y^4$

$B \times (-2x)^3 = 4x^2y^4$에서 $B = 4x^2y^4 \times \left(-\dfrac{1}{8x^3}\right) = -\dfrac{y^4}{2x}$

$A \times (-y^2) = -\dfrac{y^4}{2x}$에서 $A = \left(-\dfrac{y^4}{2x}\right) \times \left(-\dfrac{1}{y^2}\right) = \dfrac{y^2}{2x}$

09 어떤 식을 $\boxed{}$라 하면

$\boxed{} \times (-2xy^2) = 8x^4y^3$

$\therefore \boxed{} = 8x^4y^3 \div (-2xy^2) = 8x^4y^3 \times \left(-\dfrac{1}{2xy^2}\right) = -4x^3y$

따라서 바르게 계산하면

$(-4x^3y) \div (-2xy^2) = \dfrac{-4x^3y}{-2xy^2} = \dfrac{2x^2}{y}$

10 $\{3x^3y^5 ◎ (-4x^2y)\} \triangle 2y = \{3x^3y^5 \div (-4x^2y)\} \triangle 2y$

$\qquad\qquad = \left(-\dfrac{3xy^4}{4}\right) \triangle 2y$

$\qquad\qquad = \left(-\dfrac{3xy^4}{4}\right) \times (2y)^3$

$\qquad\qquad = \left(-\dfrac{3xy^4}{4}\right) \times 8y^3$

$\qquad\qquad = -6xy^7$

11 $a^5b^8\pi = \pi \times (a^2b^3)^2 \times (높이)$이므로

$(높이) = a^5b^8\pi \times \dfrac{1}{a^4b^6\pi} = ab^2$

12 $x - \dfrac{2x-y}{3} - \dfrac{3x+y}{5} = \dfrac{15x - 5(2x-y) - 3(3x+y)}{15}$

$\qquad\qquad = \dfrac{15x - 10x + 5y - 9x - 3y}{15}$

$\qquad\qquad = \dfrac{-4x + 2y}{15}$

$\qquad\qquad = -\dfrac{4}{15}x + \dfrac{2}{15}y$

13 $(3x^2+x-2)+A=2x^2+x+1$이므로
$A=(2x^2+x+1)-(3x^2+x-2)$
$\quad=2x^2+x+1-3x^2-x+2$
$\quad=-x^2+3$
$B=(x^2-2x+1)+(3x^2+x-2)$
$\quad=4x^2-x-1$

14 조건 (가)에서 $A-(2x^2+3)=-x^2-1$
$\therefore A=(-x^2-1)+(2x^2+3)=x^2+2$
조건 (나)에서 $A+(2x^2+3x-1)=B$이므로
$B=(x^2+2)+(2x^2+3x-1)=3x^2+3x+1$
$\therefore 3A-5B=3(x^2+2)-5(3x^2+3x+1)$
$\quad\quad\quad\quad=3x^2+6-15x^2-15x-5$
$\quad\quad\quad\quad=-12x^2-15x+1$

15 $\dfrac{4x^2+6xy}{-2x}-(12y^2-15xy)\div 3y$
$=\dfrac{4x^2+6xy}{-2x}-\dfrac{12y^2-15xy}{3y}$
$=-2x-3y-(4y-5x)$
$=-2x-3y-4y+5x$
$=3x-7y$
이때 $x=-2$, $y=-3$이므로
$3\times(-2)-7\times(-3)=-6+21=15$

16 1단계 $x\times y^{3a-1}\times x^{a+2}\times y^{a+3}$
$\quad\quad\quad=x\times x^{a+2}\times y^{3a-1}\times y^{a+3}$
$\quad\quad\quad=x^{a+3}y^{4a+2}$
2단계 $x^{a+3}y^{4a+2}=x^5y^b$에서
$\quad\quad x^{a+3}=x^5$이므로 $a+3=5$ $\quad\therefore a=2$
$\quad\quad y^{4a+2}=y^b$이므로 $4a+2=b$ $\quad\therefore b=10$
3단계 $a+b=2+10=12$

17 (상자의 부피)$=5ab\times 3a\times 4bc=60a^2b^2c$ ────── ❶
따라서 이 상자에 부피가 $3a^2b^2c$인 비누를
$\dfrac{60a^2b^2c}{3a^2b^2c}=20$(개) 넣을 수 있다. ────── ❷

단계	채점 기준	비율
❶	상자의 부피를 a, b, c를 사용하여 나타내기	60 %
❷	상자에 들어갈 수 있는 비누의 개수 구하기	40 %

18 $x^2-5-\{3x^2+2+4x-3(1+2x)\}-7x$
$=x^2-5-(3x^2+2+4x-3-6x)-7x$
$=x^2-5-(3x^2-2x-1)-7x$
$=x^2-5-3x^2+2x+1-7x$
$=-2x^2-5x-4$ ────── ❶
따라서 $A=-2$, $B=-5$, $C=-4$이므로 ────── ❷
$A+B-C=(-2)+(-5)-(-4)=-3$ ────── ❸

단계	채점 기준	비율
❶	주어진 식 간단히 하기	50 %
❷	A, B, C의 값 구하기	30 %
❸	$A+B-C$의 값 구하기	20 %

Ⅱ | 일차부등식과 연립일차방정식

Ⅱ-1 | 일차부등식

1 일차부등식

11 부등식의 해와 그 성질

개념북 48쪽

✦확인 1✦ 답 (1) -1, 0, 1 (2) 2
(1) $x=-1$을 대입하면 $2\times(-1)-1\leq 1$ (참)
$\quad x=0$을 대입하면 $2\times 0-1\leq 1$ (참)
$\quad x=1$을 대입하면 $2\times 1-1\leq 1$ (참)
$\quad x=2$를 대입하면 $2\times 2-1\leq 1$ (거짓)
$\quad$ 따라서 주어진 부등식의 해는 -1, 0, 1이다.
(2) $x=-1$을 대입하면 $3\times(-1)+1>4$ (거짓)
$\quad x=0$을 대입하면 $3\times 0+1>4$ (거짓)
$\quad x=1$을 대입하면 $3\times 1+1>4$ (거짓)
$\quad x=2$를 대입하면 $3\times 2+1>4$ (참)
$\quad$ 따라서 주어진 부등식의 해는 2이다.

✦확인 2✦ 답 (1) $>$ (2) $>$

개념✦check 개념북 49쪽

01 답 (1) $x-2<10$ (2) $3x>x+2$

02 답 ㄷ, ㄹ
ㄱ. $2-5\geq -1$ (거짓) ㄴ. $2\times 2+3<5$ (거짓)
ㄷ. $8\times 2-7\leq 9$ (참) ㄹ. $3\times 2-1<2\times 2+5$ (참)

03 답 (1) 1, 2 (2) 1, 2, 3, 4
(1) $2x+1<7$
$\quad 2x<6$ $\quad\therefore x<3$
$\quad$ 따라서 부등식을 만족시키는 자연수의 해는 1, 2이다.
(2) $3-x\geq -1$
$\quad -x\geq -4$ $\quad\therefore x\leq 4$
$\quad$ 따라서 부등식을 만족시키는 자연수의 해는 1, 2, 3, 4이다.

04 답 (1) $\leq$ (2) $\geq$ (3) $\leq$ (4) $\geq$

05 답 (1) $x+5<10$ (2) $x-8<-3$ (3) $\dfrac{x}{3}<\dfrac{5}{3}$
$\quad$ (4) $-4x>-20$
(1) $x+5<5+5$ $\quad\therefore x+5<10$
(2) $x-8<5-8$ $\quad\therefore x-8<-3$
(3) $x\div 3<5\div 3$ $\quad\therefore \dfrac{x}{3}<\dfrac{5}{3}$
(4) $x\times(-4)>5\times(-4)$ $\quad\therefore -4x>-20$

12 | 일차부등식의 풀이

개념북 50쪽

◆확인 1◆ 답 (1) ○   (2) ×

(1) $\dfrac{x}{2} > -8$

$x > -16$ ∴ $x + 16 > 0$

(2) $2x + 1 \geq 2x - 3$

$2x + 1 - 2x + 3 \geq 0$ ∴ $4 \geq 0$

◆확인 2◆ 답 풀이 참조

$-2x \geq 4$에서 양변을
x의 계수 -2로 나누면
$x \leq -2$

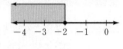

개념◆check

개념북 51쪽

01 답 ①, ④

① $2x^2 \geq 2(x^2 + 1) - x$, $2x^2 \geq 2x^2 + 2 - x$에서 $x - 2 \geq 0$이
므로 일차부등식이다.

④ $3 - 5x < -5x + 2x$, $3 - 5x + 5x - 2x < 0$에서
$-2x + 3 < 0$이므로 일차부등식이다.

02 답 풀이 참조

(1) $5x - 3 > 7$

$5x > 10$ ∴ $x > 2$

(2) $-4x + 2 \geq -2$

$-4x \geq -4$ ∴ $x \leq 1$

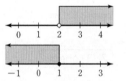

03 답 풀이 참조

$-5x + 2 \leq -3x + 10$

$-5x + 3x \leq 10 - 2$, $-2x \leq 8$

∴ $x \geq -4$

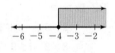

04 답 (1) $x \geq 9$ (2) $x \geq 5$

(1) 양변에 6을 곱하면 $9 + 2x \leq 3x$

$2x - 3x \leq -9$, $-x \leq -9$ ∴ $x \geq 9$

(2) 양변에 10을 곱하면 $5x \geq -3x + 40$

$5x + 3x \geq 40$, $8x \geq 40$ ∴ $x \geq 5$

05 답 (1) $x < -3$ (2) $x \geq \dfrac{5}{3}$

(1) $2x - 3 > 7x + 12$

$2x - 7x > 12 + 3$, $-5x > 15$ ∴ $x < -3$

(2) $-x + 4 \leq 2x - 1$

$-x - 2x \leq -1 - 4$, $-3x \leq -5$ ∴ $x \geq \dfrac{5}{3}$

유형◆check

개념북 52~55쪽

1 답 ③

① $x = 2$를 대입하면 $2 - 6 > 2 \times 2 - 5$ (거짓)

② $x = 3$을 대입하면 $3 \times 3 < 3 + 5$ (거짓)

③ $x = 5$를 대입하면 $2 \times 5 + 1 \geq 3 \times 5 - 4$ (참)

④ $x = 4$를 대입하면 $-(4 - 3) \geq 0$ (거짓)

⑤ $x = -2$를 대입하면 $\dfrac{-2 + 1}{3} > 0$ (거짓)

1-1 답 ③

$x = 1$을 대입하면 $3 \times 1 - 5 \geq 3$ (거짓)

$x = 2$를 대입하면 $3 \times 2 - 5 \geq 3$ (거짓)

$x = 3$을 대입하면 $3 \times 3 - 5 \geq 3$ (참)

$x = 4$를 대입하면 $3 \times 4 - 5 \geq 3$ (참)

$x = 5$를 대입하면 $3 \times 5 - 5 \geq 3$ (참)

따라서 부등식을 만족시키는 해는 3, 4, 5의 3개이다.

1-2 답 ③

방정식 $5x + 4 = -6$을 풀면 $x = -2$

부등식의 x에 -2를 대입한다.

① $3 - (-2) > 7$ (거짓)

② $-2 + 2 > 0$ (거짓)

③ $3 \times (-2) - 5 \geq -11$ (참)

④ $\dfrac{-2}{2} + 3 > -\dfrac{3}{2} \times (-2)$ (거짓)

⑤ $4 \times (-2) - 7 \geq -2 + 2$ (거짓)

따라서 $x = -2$를 해로 갖는 부등식은 ③이다.

2 답 ⑤

① $3a < 3b$ ② $4a + 3 < 4b + 3$

③ $\dfrac{5}{3}a - 4 < \dfrac{5}{3}b - 4$ ④ $2 - \dfrac{a}{3} > 2 - \dfrac{b}{3}$

2-1 답 (1) >   (2) <

(2) $-3a > -3b$에서 $\dfrac{-3a}{-3} < \dfrac{-3b}{-3}$ ∴ $a < b$

2-2 답 ②, ⑤

$1 - 3a < 1 - 3b$에서 $-3a < -3b$이므로 $a > b$

② $4a > 4b$, ⑤ $5 - a < 5 - b$

따라서 옳지 않은 것은 ②, ⑤이다.

3 답 ④, ⑤

① $x > x - 2$, $x - x + 2 > 0$이므로 $2 > 0$

② $x(x - 2) + 1 \leq 0$, $x^2 - 2x + 1 \leq 0$

④ $x(x + 6) \leq x^2 - 6$, $x^2 + 6x - x^2 + 6 \leq 0$이므로
$6x + 6 \leq 0$

⑤ $-2(x - 1) > x + 5$, $-2x + 2 - x - 5 > 0$이므로
$-3x - 3 > 0$

따라서 일차부등식은 ④, ⑤이다.

3-1 답 ②

② 분모에 미지수가 있으므로 일차부등식이 아니다.

③ $2x + 4 > x - 1$

$2x + 4 - x + 1 > 0$이므로 $x + 5 > 0$

④ $2x + 9 > 3x + 9$

$2x + 9 - 3x - 9 > 0$이므로 $-x > 0$

⑤ $x^2 - 2x > x^2 + x$

$x^2 - 2x - x^2 - x > 0$이므로 $-3x > 0$

3-2 답 ②

$ax - 13 > 7 - x$

$ax - 13 - 7 + x > 0$, $(a + 1)x - 20 > 0$

x의 계수가 0이 되면 일차부등식이 아니므로

$a + 1 \neq 0$ ∴ $a \neq -1$

4 답 ④

① $x+9\leq7$ $\therefore x\leq-2$

② $x+1\leq-1$ $\therefore x\leq-2$

③ $5x-2\leq-12,\ 5x\leq-10$ $\therefore x\leq-2$

④ $2-3x\leq8,\ -3x\leq6$ $\therefore x\geq-2$

⑤ $2x+4\leq3x+2,\ -x\leq-2$ $\therefore x\geq2$

4-1 답 ④

① $2x<-6$ $\therefore x<-3$

② $-x-2x>9,\ -3x>9$ $\therefore x<-3$

③ $3x+5<-4,\ 3x<-9$ $\therefore x<-3$

④ $x+7<3x+1,\ -2x<-6$ $\therefore x>3$

⑤ $4x+5<x-4,\ 3x<-9$ $\therefore x<-3$

4-2 답 ⑤

수직선 위에 나타낸 해는 $x\leq7$이다.

① $9x-3x<12,\ 6x<12$ $\therefore x<2$

② $2x-7<7,\ 2x<14$ $\therefore x<7$

③ $11\leq3(x+2)-5,\ 11\leq3x+6-5,$

     $-3x\leq-10$ $\therefore x\geq\dfrac{10}{3}$

④ $3x+2\geq5x+8,\ -2x\geq6$ $\therefore x\leq-3$

⑤ $7(x-3)-8\leq20,\ 7x-21-8\leq20,$

     $7x\leq49$ $\therefore x\leq7$

5 답 ⑤

괄호를 풀면

$2x+3\leq4x-4-1,\ -2x\leq-8$ $\therefore x\geq4$

5-1 답 3

$-4(2x-3)+2x\geq5-3x$

$-8x+12+2x\geq5-3x$

$-8x+2x+3x\geq5-12$

$-3x\geq-7$ $\therefore x\leq\dfrac{7}{3}$

따라서 부등식을 만족시키는 자연수 x는 1, 2이므로 그 합은 3이다.

5-2 답 ③

$2(4x+3)>3(2x-1)+7$

$8x+6>6x-3+7$

$8x-6x>-3+7-6$

$2x>-2$ $\therefore x>-1$

따라서 부등식을 만족시키는 가장 작은 정수는 0이다.

6 답 ②

부등식의 양변에 분모 4와 5의 최소공배수인 20을 곱하여 정리하면

$5(x-2)-4(2x-3)<20$

$5x-10-8x+12<20$

$5x-8x<20+10-12$

$-3x<18$ $\therefore x>-6$

6-1 답 ③

부등식의 양변에 100을 곱하여 정리하면

$40x+10<25x-100$

$40x-25x<-100-10$

$15x<-110$ $\therefore x<-\dfrac{22}{3}$

따라서 부등식을 만족시키는 가장 큰 정수는 -8이다.

6-2 답 1

부등식의 양변에 10을 곱하여 정리하면

$5-10x>5(x-5)$

$5-10x>5x-25$

$-10x-5x>-25-5$

$-15x>-30$ $\therefore x<2$

따라서 부등식을 만족시키는 자연수 x는 1이므로 1개이다.

7 답 ②

$2ax<8$에서 양변을 2로 나누면 $ax<4$

이때 $a>0$이므로 양변을 a로 나누어도 부등호의 방향은 바뀌지 않는다. 따라서 구하는 부등식의 해는 $x<\dfrac{4}{a}$이다.

7-1 답 ③

괄호를 풀면 $3ax>6+2ax+4,\ ax>10$

이때 $a<0$이므로 양변을 a로 나누면 부등호의 방향이 바뀐다.

따라서 구하는 부등식의 해는 $x<\dfrac{10}{a}$이다.

7-2 답 ⑤

$ax-3<5$에서 $ax<8$

이 일차부등식의 해가 $x<2$이므로 $a>0$이다.

따라서 양변을 a로 나누면 $x<\dfrac{8}{a}$

$\dfrac{8}{a}=2$이므로 $2a=8$ $\therefore a=4$

8 답 17

$2x+5\geq3x-2$에서 $-x\geq-7$ $\therefore x\leq7$

$2x-4\leq-x+a$에서 $3x\leq a+4$ $\therefore x\leq\dfrac{a+4}{3}$

두 일차부등식의 해가 같으므로

$7=\dfrac{a+4}{3},\ a+4=21$ $\therefore a=17$

8-1 답 ④

$\dfrac{2}{3}x<\dfrac{1}{2}x+\dfrac{4}{3}$에서 $4x<3x+8$ $\therefore x<8$

$3(x-1)<2x-a$에서 $3x-3<2x-a$ $\therefore x<3-a$

두 일차부등식의 해가 같으므로 $8=3-a$ $\therefore a=-5$

8-2 답 $3<a\leq4$

$2x+a>3x$에서 $-x>-a$ $\therefore x<a$

부등식을 만족시키는 자연수 x의 개수가 3이므로 오른쪽 그림에서

$3<a\leq4$

2 일차부등식의 활용

13 일차부등식의 활용 개념북 56쪽

◆확인 1◆ 답 $2(x+10)$, 2, 18, 9, 9

개념◆check 개념북 57쪽

01 답 10

연속하는 두 짝수 중 작은 수를 x라 하면 두 수는 x, $x+2$ 이다. 두 짝수의 합이 23보다 작으므로
$x+(x+2)<23$
$2x<21$ $\quad \therefore x<\dfrac{21}{2}$
따라서 x의 값 중 가장 큰 자연수는 10이다.

02 답 25 cm

삼각형의 높이를 x cm라 하면
$\dfrac{1}{2}\times 8\times x\geq 100$, $4x\geq 100$ $\quad \therefore x\geq 25$
따라서 삼각형의 높이는 25 cm 이상이다.

03 답 8개

1500원짜리 빵을 x개 산다고 하면 1200원짜리 음료수를 $(10-x)$개 사므로
$1500x+1200(10-x)\leq 14500$
$1500x+12000-1200x\leq 14500$
$300x\leq 2500$ $\quad \therefore x\leq \dfrac{25}{3}$
따라서 빵은 최대 8개까지 살 수 있다.

04 답 3 km

지연이가 갈 수 있는 거리를 x km라 하면 2시간 30분은 $\dfrac{5}{2}$시간이므로 $\dfrac{x}{2}+\dfrac{x}{3}\leq \dfrac{5}{2}$
$3x+2x\leq 15$, $5x\leq 15$ $\quad \therefore x\leq 3$
따라서 지연이는 출발 지점에서 최대 3 km 떨어진 곳까지 갔다 올 수 있다.

05 답 50 g

5 %의 소금물 200 g에 들어 있는 소금의 양은
$\dfrac{5}{100}\times 200=10(g)$
넣어야 하는 물의 양을 x g이라 하면 소금물의 양은 $(200+x)$ g이므로
$\dfrac{10}{200+x}\times 100\leq 4$ $\quad \therefore x\geq 50$
따라서 50 g 이상의 물을 더 넣어야 한다.

유형◆check 개념북 58~61쪽

1 답 ④

어떤 자연수를 x라 하면 $\dfrac{x}{3}-4<\dfrac{4-x}{3}$
$x-12<4-x$, $2x<16$ $\quad \therefore x<8$
따라서 구하는 자연수는 1, 2, 3, 4, 5, 6, 7의 7개이다.

1-1 답 14, 15, 16

가운데 수를 x라 하면 연속하는 세 자연수는 $x-1$, x, $x+1$이다. 세 자연수의 합이 48보다 작으므로
$(x-1)+x+(x+1)<48$, $3x<48$ $\quad \therefore x<16$
따라서 x의 값 중 가장 큰 자연수는 15이므로 연속하는 가장 큰 세 자연수는 14, 15, 16이다.

1-2 답 6, 7, 8

가운데 수를 x라 하면 연속하는 세 정수는 $x-1$, x, $x+1$이다. 작은 두 수의 합에서 가장 큰 수를 뺀 것이 6보다 작으므로
$\{(x-1)+x\}-(x+1)<6$
$2x-1-x-1<6$ $\quad \therefore x<8$
따라서 x의 값 중 가장 큰 정수는 7이므로 연속하는 가장 큰 세 정수는 6, 7, 8이다.

2 답 ①

삼각형의 세 변 중 가장 긴 변의 길이는 다른 두 변의 길이의 합보다 작아야 한다. 가장 긴 변의 길이가 $(x+8)$ cm 이므로
$x+8<x+(x+6)$, $x+8<2x+6$
$-x<-2$ $\quad \therefore x>2$

2-1 답 ①

윗변의 길이를 x cm라 하면
$\dfrac{1}{2}\times(4+x)\times 2\leq 12$
$4+x\leq 12$ $\quad \therefore x\leq 8$
따라서 윗변의 길이는 8 cm 이하이어야 한다.

2-2 답 ②

원뿔의 높이를 x cm라 하면
$\dfrac{1}{3}\times \pi \times 6^2\times x\geq 60\pi$
$12\pi x\geq 60\pi$ $\quad \therefore x\geq 5$
따라서 원뿔의 높이는 5 cm 이상이어야 한다.

3 답 ③

사과를 x개 넣을 수 있다고 하면
$2000+1500x\leq 30000$
$1500x\leq 28000$ $\quad \therefore x\leq \dfrac{56}{3}$
따라서 사과를 최대 18개까지 넣을 수 있다.

3-1 답 16개

음료수를 x개 팔았다고 하면 샌드위치의 개수는 $(29-x)$개이므로
$1500x+2000(29-x)\geq 50000$
$1500x+58000-2000x\geq 50000$
$-500x\geq -8000$ $\quad \therefore x\leq 16$
따라서 음료수는 최대 16개까지 팔았다.

3-2 답 ②

한 번에 실을 수 있는 상자의 개수를 x개라 하면

$25x+55\leq300$ $\therefore x\leq\dfrac{49}{5}$

따라서 한 번에 실을 수 있는 상자는 최대 9개이다.

4 답 18일

예금한 날수를 x일이라 하면

$9000+400x>16000$, $400x>7000$ $\therefore x>\dfrac{35}{2}$

따라서 민수의 예금액이 16000원보다 많아지는 것은 18일째부터이다.

4-1 답 36명

x명이 입장한다고 하면

$1000\times20+600(x-20)\leq30000$

$20000+600x-12000\leq30000$

$600x\leq22000$ $\therefore x\leq\dfrac{110}{3}$

따라서 최대 36명까지 입장할 수 있다.

4-2 답 ①

예금한 주를 x주라 하면

$2000+1200x>5000+500x$

$700x>3000$ $\therefore x>\dfrac{30}{7}$

따라서 5주째부터 준호의 예금액이 건우의 예금액보다 많아지게 된다.

5 답 20

원가가 5500원인 상품의 $x\%$의 이익은 $5500\times\dfrac{x}{100}$(원)이다.

이익이 1100원 이상이어야 하므로

$5500\times\dfrac{x}{100}\geq1100$, $55x\geq1100$ $\therefore x\geq20$

따라서 x의 최솟값은 20이다.

5-1 답 ③

정가를 x원이라 하면

$(판매 가격)=\left(1-\dfrac{30}{100}\right)x=0.7x$(원)

원가가 4200원인 물건의 40 %의 이익은

$4200\times\dfrac{40}{100}=1680$(원)

$(이익)=(판매 가격)-(원가)$이므로

$0.7x-4200\geq1680$

$7x\geq58800$ $\therefore x\geq8400$

따라서 정가는 8400원 이상이어야 한다.

5-2 답 16800원

원가를 x원이라 하면

$(판매 가격)=\left(1+\dfrac{20}{100}\right)x-840=1.2x-840$

원가가 x원인 제품의 15 %의 이익은 $0.15x$이므로

$(1.2x-840)-x\geq0.15x$

$0.05x\geq840$, $\dfrac{1}{20}x\geq840$

$\therefore x\geq16800$

따라서 원가는 16800원 이상이다.

6 답 8개

물건을 x개 산다고 하면

$3000x>2500x+3500$

$500x>3500$ $\therefore x>7$

따라서 8개 이상 사면 할인 매장을 이용하는 것이 유리하다.

6-1 답 125분

x초를 통화했을 때 A 요금제가 유리하다고 하면

A 요금제의 한 달 요금은 $15000+1.8x$(원),

B 요금제의 한 달 요금은 $9000+2.6x$(원)이다.

A 요금제가 더 저렴해야 하므로

$15000+1.8x<9000+2.6x$

$150000+18x<90000+26x$

$-8x<-60000$ $\therefore x>7500$

따라서 7500초, 즉 $7500\div60=125$(분)을 초과하여 통화할 때, A 요금제를 선택하는 것이 유리하다.

6-2 답 ②

사과를 x개 산다고 하면

$800\times\left(1-\dfrac{20}{100}\right)\times x>500x+2800$

$640x>500x+2800$

$140x>2800$ $\therefore x>20$

따라서 사과를 21개 이상 사야 도매 시장에서 사는 것이 유리하다.

7 답 2 km

형돈이가 걸어서 갈 수 거리를 x km라 하면 달린 거리는 $(3-x)$ km이고, 40분은 $\dfrac{2}{3}$시간이므로

$\dfrac{x}{4}+\dfrac{3-x}{6}\leq\dfrac{2}{3}$

$3x+2(3-x)\leq8$, $3x+6-2x\leq8$ $\therefore x\leq2$

따라서 형돈이가 걸어서 갈 수 있는 거리는 최대 2 km이다.

7-1 답 1500 m

정진이가 분속 30 m로 걸은 거리를 x m라 하면 분속 50 m로 걸은 거리는 $(5000-x)$ m이므로

$\dfrac{x}{30}+\dfrac{(5000-x)}{50}\leq120$

$5x+3(5000-x)\leq18000$

$5x+15000-3x\leq18000$

$2x\leq3000$ $\therefore x\leq1500$

따라서 정진이가 분속 30 m로 걸은 거리는 최대 1500 m이다.

7-2 답 ②

역에서 상점까지의 거리를 x km라 하면

20분은 $\dfrac{1}{3}$시간이므로 $\dfrac{1}{3}+\dfrac{x}{3}\times2\leq1$

양변에 3을 곱하면

$1+2x\leq3$ $\therefore x\leq1$

따라서 역으로부터 최대 1 km이내에 있는 상점을 이용할 수 있다.

8 달 80 g

20 %의 설탕물 400 g에 들어 있는 설탕의 양은

$$\frac{20}{100} \times 400 = 80(g)$$

증발시켜야 하는 물의 양을 x g이라 하면

소금물의 양은 $(400-x)$g이므로

$$\frac{80}{400-x} \times 100 \geq 25 \qquad \therefore x \geq 80$$

따라서 80 g 이상의 물을 증발시켜야 한다.

8-1 달 ③

넣어야 하는 10 %의 소금물의 양을 x g이라 하면 섞은 소금물의 소금의 양은

$$\left(\frac{15}{100} \times 200 + \frac{10}{100} \times x\right)g$$이므로

$$\frac{\frac{15}{100} \times 200 + \frac{10}{100} \times x}{200+x} \leq 12 \qquad \therefore x \geq 300$$

따라서 10 %의 소금물을 300 g 이상 넣어야 한다.

8-2 달 $\frac{400}{11}$ g

8 %의 소금물 800 g에 들어 있는 소금의 양은

$$\frac{8}{100} \times 800 = 64(g)$$

넣어야 하는 소금의 양을 x g이라 하면

소금물의 양은 $(800+x)$g이므로

$$\frac{64+x}{800+x} \times 100 \geq 12 \qquad \therefore x \geq \frac{400}{11}$$

따라서 $\frac{400}{11}$ g 이상의 소금을 더 넣어야 한다.

단원 마무리   개념북 62~64쪽

01 ③	**02** ④	**03** ④	**04** ⑤	**05** ②
06 ④	**07** ④	**08** ⑤	**09** ①	**10** ①
11 ③	**12** ③	**13** 10	**14** ①	**15** ③
16 ④	**17** 1	**18** 1	**19** 25000원	

02 ④ $-2a+3 > -2b+3$에서 $-2a > -2b$ $\therefore a < b$

⑤ $5a > 5b$에서 $a > b$ $\therefore -3a < -3b$

03 $-3 \leq x < 1$의 각 변에 -3을 곱하면 $-3 < -3x \leq 9$

각 변에 5를 더하면 $2 < -3x+5 \leq 14$

따라서 $2 < A \leq 14$이므로 가장 큰 자연수는 14이다.

04 ①, ②, ③, ④ $x < 3$ ⑤ $x > 3$

05 그림이 나타내는 부분은 $x \geq -2$이다.

① $3x+2 > 8$, $3x > 6$ $\therefore x > 2$

② $-2x+6 \leq 10$, $-2x \leq 4$ $\therefore x \geq -2$

③ $5+2x \leq 1$, $2x \leq -4$ $\therefore x \leq -2$

④ $5-x \geq 9$, $-x \geq 4$ $\therefore x \leq -4$

⑤ $4x+5 < 1$, $4x < -4$ $\therefore x < -1$

06 부등식의 양변에 10을 곱하여 정리하면

$2x-2 \geq -6+3x$, $-x \geq -4$ $\therefore x \leq 4$

따라서 등식을 만족시키는 자연수 x는 1, 2, 3, 4의 4개이다.

07 부등식의 양변에 20을 곱하여 정리하면

$5(x+2)-4(3x-7) > 20$

$5x+10-12x+28 > 20$, $-7x > -18$ $\therefore x < \frac{18}{7}$

따라서 부등식을 만족시키는 x의 값 중 가장 큰 정수는 2이다.

08 부등식의 양변에 10을 곱하여 정리하면

$22x-3 \leq 20x+4+5$, $2x \leq 12$ $\therefore x \leq 6$

따라서 주어진 부등식을 만족하는 자연수 x는 1, 2, 3, 4, 5, 6이므로 그 합은 $1+2+3+4+5+6 = 21$이다.

09 $2ax-4 < 1-x$에서

$2ax+x < 5$, $(2a+1)x < 5$

부등식의 해가 $x > -1$이므로 $2a+1 < 0$

$$\therefore x > \frac{5}{2a+1}$$

$\frac{5}{2a+1} = -1$에서 $2a+1 = -5$, $2a = -6$ $\therefore a = -3$

10 $\frac{3}{2}x-3 > -x+2$에서

$3x-6 > -2x+4$, $5x > 10$ $\therefore x > 2$

$3x-a > 8$에서 $3x > a+8$ $\therefore x > \frac{a+8}{3}$

두 부등식의 해가 같으므로

$\frac{a+8}{3} = 2$, $a+8 = 6$ $\therefore a = -2$

11 $5x+a \geq 6x-1$에서 $-x \geq -a-1$

$\therefore x \leq a+1$

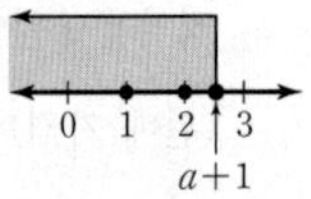

이 부등식을 만족시키는 자연수 x가 2개

이려면 오른쪽 그림에서

$2 \leq a+1 < 3$ $\therefore 1 \leq a < 2$

12 600원짜리 음료수를 x개 산다고 하면

300원짜리 아이스크림은 $(20-x)$개 살 수 있으므로

$600x+300(20-x) \leq 10000$

$300x \leq 4000$ $\therefore x \leq \frac{40}{3}$

따라서 살 수 있는 음료수는 최대 13개이다.

13 연속하는 두 짝수 중 작은 수를 x라 하면 큰 수는 $x+2$이므로

$4x-2 < 5(x+2)-15$, $4x-2 < 5x+10-15$

$-x < -3$ $\therefore x > 3$

따라서 부등식을 만족하는 가장 작은 두 짝수는 4, 6이므로 두 수의 합의 최솟값은 $4+6 = 10$이다.

14 집에서 도서관까지의 거리를 x km라 하면

$$\frac{x}{12}+\frac{1}{6}+\frac{x}{4}\leq 2$$

$x+2+3x\leq 24,\ 4x\leq 22$ $\qquad\therefore x\leq \frac{11}{2}$

따라서 도서관은 집에서 5.5 km 이내에 있어야 한다.

15 셔츠를 x벌 산다고 하면 온라인 매장 가격이 더 저렴해야 하므로

$$15000x > 15000\times\left(1-\frac{10}{100}\right)\times x+3000$$

$1500x > 3000$ $\qquad\therefore x > 2$

따라서 3벌 이상 사면 온라인 매장을 이용하는 것이 유리하다.

16 10 %의 소금물 300 g 속에 들어 있는 소금의 양은

$$\frac{10}{100}\times 300=30(g)$$이다.

5 %의 소금물을 x g 이상 넣어야 할 때,

$$30+\frac{5}{100}\times x\leq\frac{8}{100}\times(300+x)$$

$3000+5x\leq 2400+8x,\ 3x\geq 600$ $\qquad\therefore x\geq 200$

따라서 5 %의 소금물을 200 g 이상 넣어야 한다.

17 **1단계** $ax-2b\leq -3x-b$에서

$ax+3x\leq b,\ (a+3)x\leq b$

이 부등식의 해가 $x\leq -\frac{1}{5}$이므로 $a+3>0$

$$\therefore x\leq \frac{b}{a+3}$$

2단계 $\frac{b}{a+3}=-\frac{1}{5}$에서 $a+3=-5b$, 즉 $a+5b=-3$

또, $a-2b=4$이므로 연립하여 풀면

$a=2,\ b=-1$

3단계 $a+b=2+(-1)=1$

18 $-8x>3-5(x+3)$에서

$-8x>3-5x-15,\ -3x>-12$

$\therefore x<4$ ··· **❶**

$4x-1<ax+11$에서

$4x-ax<12,\ (4-a)x<12$

이 부등식의 해가 $x<4$이므로 $4-a>0$

$$\therefore x<\frac{12}{4-a}$$ ················ **❷**

따라서 $\frac{12}{4-a}=4$이므로 $16-4a=12,\ -4a=-4$

$\therefore a=1$ ··· **❸**

단계	채점 기준	비율
❶	일차부등식 $-8x>3-5(x+3)$의 해 구하기	40 %
❷	일차부등식 $4x-1<ax+11$의 해 구하기	40 %
❸	a의 값 구하기	20 %

19 원가를 x원이라 하면 정가는 $x\times\left(1+\frac{40}{100}\right)=\frac{7}{5}x$(원)

할인한 가격은 $\frac{7}{5}x\times\left(1-\frac{20}{100}\right)=\frac{28}{25}x$(원)

상품 1개당 이익금이 3000원 이상이어야 하므로

$$\frac{28}{25}x-x\geq 3000$$ ····································· **❶**

$\frac{3}{25}x\geq 3000,\ 3x\geq 75000$

$\therefore x\geq 25000$ ·· **❷**

따라서 원가는 25000원 이상이다. ··············· **❸**

단계	채점 기준	비율
❶	조건에 맞게 부등식 세우기	60 %
❷	부등식 풀기	30 %
❸	원가의 범위 구하기	10 %

II-2 | 연립일차방정식

1 미지수가 2개인 연립일차방정식

14 미지수가 2개인 일차방정식 개념북 66쪽

◆확인 1◆ 답 (1) × (2) ○

(1) $4x+y=2(2x-1)$에서
$4x+y=4x-2$ ∴ $y=-2$
따라서 미지수가 2개인 일차방정식이 아니다.

(2) $8x-y=x+2y-4$에서
$8x-y-x-2y=-4$ ∴ $7x-3y=-4$
따라서 미지수가 2개인 일차방정식이다.

◆확인 2◆ 답 (1) 풀이 참조 (2) $(1, 9), (2, 6), (3, 3)$

(1)
x	1	2	3	4	5	⋯
y	9	6	3	0	-3	⋯

(2) x, y가 자연수인 해는 $(1, 9), (2, 6), (3, 3)$이다.

개념◆check 개념북 67쪽

01 답 ⑤

① 미지수가 1개인 일차방정식이다.
② 등호가 없으므로 미지수가 2개인 일차식이다.
③ $x(x+2)=y$에서 $x^2+2x-y=0$
➡ 미지수가 2개인 이차방정식이다.
④ xy항이 있으므로 일차방정식이 아니다.
⑤ $x^2+x+2=x^2-2y-1$에서
$x^2+x+2-x^2+2y+1=0$ ∴ $x+2y+3=0$
➡ 미지수가 2개인 일차방정식이다.

02 답 ②

② $x(x+1)+y=y-1$에서
$x^2+x+y=y-1$, 즉 $x^2+x+1=0$
➡ 미지수가 1개이고 차수가 2이다.
④ $2x^2+y=2x^2-x+2$에서 $x+y-2=0$
➡ 미지수가 2개인 일차방정식이다.
⑤ $x^2+y=x(x+1)$에서
$x^2+y=x^2+x$, 즉 $x-y=0$
➡ 미지수가 2개인 일차방정식이다.

03 답 (1) 풀이 참조 (2) 풀이 참조

(1)
x	1	2	3	4	5	⋯
y	7	5	3	1	-1	⋯

따라서 x, y가 자연수인 해는 $(1, 7), (2, 5), (3, 3)$, $(4, 1)$이다.

(2)
x	1	2	3	4	5	⋯
y	12	9	6	3	0	⋯

따라서 x, y가 자연수인 해는 $(1, 12), (2, 9), (3, 6)$, $(4, 3)$이다.

04 답 ③

각각의 식에 $x=2, y=5$를 대입하면
① $x-2y=4$에서 $2-10=-8 \neq 4$
② $2x-3y=11$에서 $4-15=-11 \neq 11$
③ $4y=7x+6$에서 $20=14+6$
④ $5x-y=0$에서 $10-5=5 \neq 0$
⑤ $-x+2y=7$에서 $-2+10=8 \neq 7$
따라서 순서쌍 $(2, 5)$가 해가 되는 것은 ③이다.

05 답 $(1, 6), (3, 3)$

$x=1, 2, 3, \cdots$일 때 y의 값은 다음 표와 같다.

x	1	2	3	4	5	⋯
y	6	$\frac{9}{2}$	3	$\frac{3}{2}$	0	⋯

따라서 x, y가 자연수인 해는 $(1, 6), (3, 3)$이다.

15 미지수가 2개인 연립일차방정식 개념북 68쪽

◆확인 1◆ 답 풀이 참조

(1)
x	1	2	3	4
y	4	3	2	1

(2)
x	1	2	3	4	⋯
y	1	3	5	7	⋯

(3) 따라서 주어진 연립방정식의 해는 $(2, 3)$
(또는 $x=2, y=3$)이다.

◆확인 2◆ 답 (1) ○ (2) ×

$x=4, y=2$를 각각의 일차방정식에 대입하면
(1) $2 \times 4+2=10$ (참), $4+3 \times 2=10$ (참),
따라서 순서쌍 $(4, 2)$를 해로 갖는다.
(2) $3 \times 4+2 \times 2=16 \neq 8$ (거짓), $4-2=2 \neq -1$ (거짓)
따라서 순서쌍 $(4, 2)$를 해로 갖지 않는다.

개념◆check 개념북 69쪽

01 답 $\begin{cases} x+y=41 \\ x-y=3 \end{cases}$

02 답 $x=3, y=3$

$x+5y=18$의 해 ➡
x	13	8	3
y	1	2	3

$2x+y=9$의 해 ➡
x	1	2	3	4
y	7	5	3	1

따라서 주어진 연립방정식의 해는 $x=3, y=3$이다.

03 답 ④

x, y의 값을 주어진 연립방정식에 대입하였을 때 두 일차방정식을 모두 만족시키는 것을 찾는다.
① $-2x+3y=4$에서 $-2 \times (-3)+3 \times 4=18 \neq 4$
② $x+2y=5$에서 $-2+2 \times 0=-2 \neq 5$

③ $-2x+3y=4$에서 $-2\times(-1)+3\times3=11\neq4$

④ $x+2y=5$에서 $1+2\times2=5$

　　$-2x+3y=4$에서 $-2\times1+3\times2=4$

⑤ $x+2y=5$에서 $2+2\times1=4\neq5$

따라서 주어진 연립방정식의 해는 $(1, 2)$이다.

04 답 ⑤

연립방정식의 각 일차방정식에 $x=1$, $y=-2$를 대입하였을 때 등식이 모두 성립하는 것을 찾는다.

① $x+y=3$에서 $1+(-2)=-1\neq3$

② $4x-y=2$에서 $4\times1-(-2)=6\neq2$

③ $x-2y=4$에서 $1-2\times(-2)=5\neq4$

④ $3x-2y=2$에서 $3\times1-2\times(-2)=7\neq2$

⑤ $3x+y=1$에서 $3\times1+(-2)=1$

　　$x-y=3$에서 $1-(-2)=3$

따라서 주어진 연립방정식 중 $x=1$, $y=-2$를 해로 갖는 것은 ⑤이다.

05 답 ③

각 일차방정식에 $x=-1$, $y=1$을 대입하였을 때 등식이 성립하는 것을 찾는다.

ㄱ. $-5x-3y=8$에서 $5-3=2\neq8$

ㄴ. $4x+5y=1$에서 $-4+5=1$

ㄷ. $-2x+y-3=0$에서 $2+1-3=0$

ㄹ. $3x=-2y+1$에서 $-3\neq-2+1$

따라서 ㄴ과 ㄷ이 $x=-1$, $y=1$을 해로 갖는 연립방정식이 된다.

유형 + check 　　　　　　　　　개념북 70~71쪽

1 답 ③

ㄴ. $(x-1)(y-3)=5$에서

$xy-3x-y+3=5$, $xy-3x-y-2=0$

➡ 일차식이 아니다.

ㄹ. $2(3x-1)=3(y+2x)$에서

$6x-2=3y+6x$, 즉 $3y+2=0$

➡ 미지수가 1개이다.

ㅁ. 미지수가 1개이고, 차수가 2이다.

ㅂ. $5x+2y-1=x+3y$에서 $4x-y-1=0$

➡ 미지수가 2개인 일차방정식이다.

따라서 미지수가 2개인 일차방정식은 ㄱ, ㄷ, ㅂ으로 3개이다.

| 참고 | 미지수 x, y에 대하여 x^2항, y^2항, xy항 등이 있으면 일차식이 아니다.

1-1 답 ②

ㄴ. $x=2x^2-3$ ➡ 미지수가 1개이고, 차수가 2이다.

ㄷ. $\dfrac{x}{3}-\dfrac{y}{4}=6$에서 $\dfrac{1}{3}x-\dfrac{1}{4}y-6=0$

➡ 미지수가 2개인 일차방정식이다.

ㄹ. 미지수 x, y의 곱인 xy항이 있으므로 일차식이 아니다.

ㅁ. $x+2y+2=x-5y$에서 $7y+2=0$

➡ 미지수가 1개이다.

ㅂ. $2x+3=0$ ➡ 미지수가 1개이다.

따라서 미지수가 2개인 일차방정식은 ㄱ, ㄷ으로 2개이다.

1-2 답 ③, ⑤

① x가 분모에 있으므로 일차식이 아니다.

② $5x=2y-3+5x$에서 $2y-3=0$

➡ 미지수가 1개이다.

③ $3(x-2y)=7$에서 $3x-6y-7=0$

➡ 미지수가 2개인 일차방정식이다.

④ 미지수 x, y의 곱인 xy항이 있으므로 일차식이 아니다.

따라서 미지수가 2개인 일차방정식은 ③, ⑤이다.

2 답 ①

$y=1, 2, 3, \cdots$일 때 x의 값은 다음 표와 같다.

x	7	4	1	-2	$\cdots$
y	1	2	3	4	$\cdots$

따라서 구하는 해는 $(1, 3)$, $(4, 2)$, $(7, 1)$로 3개이다.

2-1 답 4

$x=0, 1, 2, 3, \cdots$일 때 y의 값은 다음 표와 같다.

x	0	1	2	3	4	$\cdots$
y	7	5	3	1	-1	$\cdots$

따라서 구하는 해는 $(0, 7)$, $(1, 5)$, $(2, 3)$, $(3, 1)$로 4개이다.

2-2 답 ④

일차방정식 $3x+y=11$의 해는 $(1, 8)$, $(2, 5)$, $(3, 2)$로 3개이므로 $a=3$

일차방정식 $x+2y=9$의 해는 $(7, 1)$, $(5, 2)$, $(3, 3)$, $(1, 4)$로 4개이므로 $b=4$

$\therefore ab=3\times4=12$

3 답 ③

돼지와 닭이 모두 15마리 있으므로

$x+y=15$

돼지는 다리가 4개, 닭은 다리가 2개이고 다리의 개수의 합이 46개이므로

$4\times x+2\times y=46$, 즉 $4x+2y=46$

따라서 연립방정식으로 나타내면 $\begin{cases} x+y=15 \\ 4x+2y=46 \end{cases}$ 이다.

3-1 답 $\begin{cases} 3x+2y=11000 \\ x+3y=13000 \end{cases}$

어린이 3명과 어른 2명의 입장료는 11000원이므로

$3\times x+2\times y=11000$, 즉 $3x+2y=11000$

어린이 1명과 어른 3명의 입장료는 13000원이므로

$1\times x+3\times y=13000$, 즉 $x+3y=13000$

따라서 연립방정식으로 나타내면 $\begin{cases} 3x+2y=11000 \\ x+3y=13000 \end{cases}$ 이다.

3-2 답 $\begin{cases} 5x+2y=4700 \\ 3x+2y=3300 \end{cases}$

A음료수 5캔과 B과자 2봉지의 가격은 4700원이므로

$5\times x+2\times y=4700$, 즉 $5x+2y=4700$

A음료수 3캔과 B과자 2봉지의 가격은 3300원이므로
$3 \times x + 2 \times y = 3300$, 즉 $3x + 2y = 3300$

따라서 연립방정식으로 나타내면 $\begin{cases} 5x + 2y = 4700 \\ 3x + 2y = 3300 \end{cases}$ 이다.

4 답 ④

연립방정식의 각 일차방정식에 $x = 3$, $y = -2$를 대입하면
$3x - 2y = a$에서 $9 + 4 = a$ $\therefore a = 13$
$x + by = 7$에서 $3 - 2b = 7$, $-2b = 4$ $\therefore b = -2$
$\therefore a + b = 13 + (-2) = 11$

4-1 답 ④

$x = 5$를 $x + 3y = 8$에 대입하면
$5 + 3y = 8$, $3y = 3$ $\therefore y = 1$
$x = 5$, $y = 1$을 $x - y = a$에 대입하면
$5 - 1 = a$ $\therefore a = 4$

4-2 답 -5

$x = 2$, $y = 3$을 $x - y = a$에 대입하면
$2 - 3 = a$ $\therefore a = -1$
$x = 2$, $y = 3$을 $bx + 5y = 19$에 대입하면
$2b + 5 \times 3 = 19$, $2b = 4$ $\therefore b = 2$
$\therefore 3a - b = 3 \times (-1) - 2 = -5$

2 연립일차방정식의 풀이

16 연립방정식의 풀이
개념북 72쪽

◆**확인 1**◆ 답 풀이 참조

㉠을 ㉡에 대입하면 $3x + 2(\boxed{2x - 3}) = 8$
정리하여 계산하면
$3x + 4x - 6 = 8$, $7x = 14$, $x = \boxed{2}$
$x = \boxed{2}$를 ㉠에 대입하면 $y = 2 \times 2 - 3 = \boxed{1}$
따라서 연립방정식 $\begin{cases} y = 2x - 3 \\ 3x + 2y = 8 \end{cases}$ 의 해는 $x = \boxed{2}$,
$y = \boxed{1}$이다.

◆**확인 2**◆ 답 풀이 참조

㉠$-$㉡을 하면 $-3y = \boxed{-3}$ $\therefore y = \boxed{1}$
$y = \boxed{1}$을 ㉡에 대입하면 $x + 1 = 4$ $\therefore x = \boxed{3}$
따라서 연립방정식 $\begin{cases} x - 2y = 1 \\ x + y = 4 \end{cases}$ 의 해는 $x = \boxed{3}$,
$y = \boxed{1}$이다.

개념 • check
개념북 73쪽

01 답 (1) $x = 3$, $y = 2$ (2) $x = 1$, $y = -2$

(1) $\begin{cases} 4x - y = 10 & \cdots\cdots ㉠ \\ y = x - 1 & \cdots\cdots ㉡ \end{cases}$ 에서

㉡을 ㉠에 대입하여 정리하면
$4x - (x - 1) = 10$, $4x - x + 1 = 10$
$3x = 9$ $\therefore x = 3$

$x = 3$을 ㉡에 대입하면
$y = 3 - 1 = 2$
따라서 연립방정식의 해는 $x = 3$, $y = 2$이다.

(2) $\begin{cases} x - y = 3 & \cdots\cdots ㉠ \\ 3x + 2y = -1 & \cdots\cdots ㉡ \end{cases}$ 에서

㉠을 변형하면
$x = y + 3$ $\cdots\cdots ㉢$
㉢을 ㉡에 대입하여 정리하면
$3(y + 3) + 2y = -1$, $3y + 9 + 2y = -1$
$5y = -10$ $\therefore y = -2$
$y = -2$를 ㉢에 대입하면
$x = -2 + 3 = 1$
따라서 연립방정식의 해는 $x = 1$, $y = -2$이다.

02 답 (1) $x = -2$, $y = 1$ (2) $x = 1$, $y = 3$

(1) $\begin{cases} x - 2y = -4 & \cdots\cdots ㉠ \\ 2y = 3x + 8 & \cdots\cdots ㉡ \end{cases}$ 에서

㉡을 ㉠에 대입하여 정리하면
$x - (3x + 8) = -4$, $x - 3x - 8 = -4$
$-2x = 4$ $\therefore x = -2$
$x = -2$를 ㉡에 대입하여 정리하면
$2y = -6 + 8$, $2y = 2$ $\therefore y = 1$
따라서 연립방정식의 해는 $x = -2$, $y = 1$이다.

(2) $\begin{cases} 3x = -y + 6 & \cdots\cdots ㉠ \\ 3x = 2y - 3 & \cdots\cdots ㉡ \end{cases}$ 에서

㉠을 ㉡에 대입하여 정리하면
$-y + 6 = 2y - 3$, $-3y = -9$ $\therefore y = 3$
$y = 3$을 ㉠에 대입하여 정리하면
$3x = -3 + 6$, $3x = 3$ $\therefore x = 1$
따라서 연립방정식의 해는 $x = 1$, $y = 3$이다.

03 답 (1) $x = 2$, $y = 3$ (2) $x = -\dfrac{1}{2}$, $y = 0$

(1) $\begin{cases} 2x + y = 7 & \cdots\cdots ㉠ \\ 3x - y = 3 & \cdots\cdots ㉡ \end{cases}$ 에서

㉠$+$㉡을 하면 $5x = 10$ $\therefore x = 2$
$x = 2$를 ㉠에 대입하면 $4 + y = 7$ $\therefore y = 3$
따라서 연립방정식의 해는 $x = 2$, $y = 3$이다.

(2) $\begin{cases} 4x + y = -2 & \cdots\cdots ㉠ \\ 4x - 3y = -2 & \cdots\cdots ㉡ \end{cases}$ 에서

㉠$-$㉡을 하면 $4y = 0$ $\therefore y = 0$
$y = 0$을 ㉠에 대입하면
$4x = -2$ $\therefore x = -\dfrac{1}{2}$
따라서 연립방정식의 해는 $x = -\dfrac{1}{2}$, $y = 0$이다.

04 답 (1) $x = 2$, $y = -4$ (2) $x = 3$, $y = -2$

(1) $\begin{cases} 4x + 3y = -4 & \cdots\cdots ㉠ \\ 2x - y = 8 & \cdots\cdots ㉡ \end{cases}$ 에서

㉠$-$㉡$\times 2$를 하면 $5y = -20$ $\therefore y = -4$
$y = -4$를 ㉡에 대입하면
$2x + 4 = 8$, $2x = 4$ $\therefore x = 2$

따라서 연립방정식의 해는 $x=2$, $y=-4$이다.

(2) $\begin{cases} 2x-3y=12 & \cdots\cdots ㉠ \\ 3x+2y=5 & \cdots\cdots ㉡ \end{cases}$ 에서

㉠ $\times 2$, ㉡ $\times 3$을 하면

$\begin{cases} 4x-6y=24 & \cdots\cdots ㉢ \\ 9x+6y=15 & \cdots\cdots ㉣ \end{cases}$

㉢ $+$ ㉣을 하면 $13x=39$ $\quad \therefore x=3$

$x=3$을 ㉡에 대입하면

$9+2y=5$, $2y=-4$ $\quad \therefore y=-2$

따라서 연립방정식의 해는 $x=3$, $y=-2$이다.

05 답 ⑤

3과 4의 최소공배수는 12이고 x항의 부호가 같으므로 미지수 x를 소거하는 식은 ㉠ $\times 4$ $-$ ㉡ $\times 3$이다.

17 복잡한 연립방정식의 풀이 개념북 74쪽

◆확인 1◆ 답 2, 2, $-$, 3, 3, 3, 2

◆확인 2◆ 답 10, 10, 100, 4, -3, -5, -5, -5, -15

개념 + check 개념북 75쪽

01 답 (1) $x=-3$, $y=-1$ (2) $x=5$, $y=2$

(1) $x-2(3x-2y)=11$에서

$x-6x+4y=11$, $-5x+4y=11$

$\begin{cases} -5x+4y=11 & \cdots\cdots ㉠ \\ x=3y & \cdots\cdots ㉡ \end{cases}$

㉡을 ㉠에 대입하면

$-15y+4y=11$, $-11y=11$ $\quad \therefore y=-1$

$y=-1$을 ㉡에 대입하면 $x=-3$

따라서 연립방정식의 해는 $x=-3$, $y=-1$이다.

(2) $\begin{cases} x+3y-11=0 & \cdots\cdots ㉠ \\ 3(x-y)+2y=13 & \cdots\cdots ㉡ \end{cases}$

㉡을 정리하면 $3x-3y+2y=13$

$3x-y=13$ $\quad\cdots\cdots ㉢$

㉠ $\times 3$ $-$ ㉢을 하면

$10y=20$ $\quad \therefore y=2$

$y=2$를 ㉠에 대입하면

$x+6-11=0$ $\quad \therefore x=5$

따라서 연립방정식의 해는 $x=5$, $y=2$이다.

02 답 (1) $x=-1$, $y=2$ (2) $x=2$, $y=-3$

(1) $2(x+y)+3y=8$에서

$2x+2y+3y=8$, 즉 $2x+5y=8$

$x-3(x+y)=-4$에서

$x-3x-3y=-4$, 즉 $2x+3y=4$

$\begin{cases} 2x+5y=8 & \cdots\cdots ㉠ \\ 2x+3y=4 & \cdots\cdots ㉡ \end{cases}$

㉠ $-$ ㉡을 하면

$2y=4$ $\quad \therefore y=2$

$y=2$를 ㉡에 대입하면

$2x+6=4$, $2x=-2$ $\quad \therefore x=-1$

따라서 연립방정식의 해는 $x=-1$, $y=2$이다.

(2) $5x-3(x-y)=-5$에서

$5x-3x+3y=-5$, 즉 $2x+3y=-5$

$2(2x-y)-y=17$에서

$4x-2y-y=17$, 즉 $4x-3y=17$

$\begin{cases} 2x+3y=-5 & \cdots\cdots ㉠ \\ 4x-3y=17 & \cdots\cdots ㉡ \end{cases}$

㉠ $+$ ㉡을 하면

$6x=12$ $\quad \therefore x=2$

$x=2$를 ㉠에 대입하면

$4+3y=-5$, $3y=-9$ $\quad \therefore y=-3$

따라서 연립방정식의 해는 $x=2$, $y=-3$이다.

03 답 (1) $x=10$, $y=12$ (2) $x=-1$, $y=7$

(1) $\begin{cases} \dfrac{1}{5}x-\dfrac{1}{4}y=-1 & \cdots\cdots ㉠ \\ x-3y=-26 & \cdots\cdots ㉡ \end{cases}$

㉠ $\times 20$을 하면

$4x-5y=-20$ $\quad\cdots\cdots ㉢$

㉢ $-$ ㉡ $\times 4$를 하면

$7y=84$ $\quad \therefore y=12$

$y=12$를 ㉡에 대입하면

$x-36=-26$ $\quad \therefore x=10$

따라서 연립방정식의 해는 $x=10$, $y=12$이다.

(2) $\begin{cases} 0.2x+0.1y=0.5 & \cdots\cdots ㉠ \\ 3x+y=4 & \cdots\cdots ㉡ \end{cases}$

㉠ $\times 10$을 하면

$2x+y=5$ $\quad\cdots\cdots ㉢$

㉡ $-$ ㉢을 하면 $x=-1$

$x=-1$을 ㉢에 대입하면

$-2+y=5$ $\quad \therefore y=7$

따라서 연립방정식의 해는 $x=-1$, $y=7$이다.

04 답 (1) $x=2$, $y=3$ (2) $x=-\dfrac{1}{3}$, $y=-2$

(1) $\begin{cases} \dfrac{1}{2}x+\dfrac{1}{3}y=2 & \cdots\cdots ㉠ \\ \dfrac{1}{2}x-\dfrac{1}{5}y=\dfrac{2}{5} & \cdots\cdots ㉡ \end{cases}$ 에서

㉠ $\times 6$, ㉡ $\times 10$을 하면

$\begin{cases} 3x+2y=12 & \cdots\cdots ㉢ \\ 5x-2y=4 & \cdots\cdots ㉣ \end{cases}$

㉢ $+$ ㉣을 하면

$8x=16$ $\quad \therefore x=2$

$x=2$를 ㉢에 대입하면

$6+2y=12$, $2y=6$ $\quad \therefore y=3$

따라서 연립방정식의 해는 $x=2$, $y=3$이다.

(2) $\begin{cases} \dfrac{6x-5}{7}=\dfrac{1}{2}y & \cdots\cdots ㉠ \\ -\dfrac{1}{2}x+\dfrac{1}{4}y=-\dfrac{1}{3} & \cdots\cdots ㉡ \end{cases}$ 에서

㉠×14, ㉡×(−12)를 하면

$$\begin{cases} 12x-7y=10 & \cdots\cdots ㉢ \\ 6x-3y=4 & \cdots\cdots ㉣ \end{cases}$$

㉢−㉣×2를 하면

$-y=2$ ∴ $y=-2$

$y=-2$를 ㉣에 대입하면

$6x+6=4$, $6x=-2$ ∴ $x=-\dfrac{1}{3}$

따라서 연립방정식의 해는 $x=-\dfrac{1}{3}$, $y=-2$이다.

05 답 (1) $x=1$, $y=2$ (2) $x=-7$, $y=7$

(1) $\begin{cases} 0.9x-y=-1.1 & \cdots\cdots ㉠ \\ 0.3x+0.2y=0.7 & \cdots\cdots ㉡ \end{cases}$ 에서

㉠×10, ㉡×10을 하면

$$\begin{cases} 9x-10y=-11 & \cdots\cdots ㉢ \\ 3x+2y=7 & \cdots\cdots ㉣ \end{cases}$$

㉢−㉣×3을 하면

$-16y=-32$ ∴ $y=2$

$y=2$를 ㉣에 대입하면

$3x+4=7$, $3x=3$ ∴ $x=1$

따라서 연립방정식의 해는 $x=1$, $y=2$이다.

(2) $\begin{cases} 0.2x+0.3y=0.7 & \cdots\cdots ㉠ \\ 0.02x+0.05y=0.21 & \cdots\cdots ㉡ \end{cases}$ 에서

㉠×10, ㉡×100을 하면

$$\begin{cases} 2x+3y=7 & \cdots\cdots ㉢ \\ 2x+5y=21 & \cdots\cdots ㉣ \end{cases}$$

㉢−㉣을 하면

$-2y=-14$ ∴ $y=7$

$y=7$을 ㉢에 대입하면

$2x+21=7$, $2x=-14$ ∴ $x=-7$

따라서 연립방정식의 해는 $x=-7$, $y=7$이다.

18 $A=B=C$ 꼴, 해가 특수한 연립방정식의 풀이 개념북 76쪽

◆확인 1◆ 답 $x-7y=-10$, $2x+5y=12$

$$\begin{cases} 4x-3y+10=3x+4y \\ 3x+4y=5x+9y-12 \end{cases} \rightarrow \begin{cases} x-7y=-10 \\ 2x+5y=12 \end{cases}$$

◆확인 2◆ 답 -2, $-8y$, -4, -8, -4, 없다

개념◆check 개념북 77쪽

01 답 (1) $x=1$, $y=-1$ (2) $x=4$, $y=6$

(1) $\begin{cases} x-2y=3 & \cdots\cdots ㉠ \\ 4x+y=3 & \cdots\cdots ㉡ \end{cases}$ 에서

㉠+㉡×2를 하면

$9x=9$ ∴ $x=1$

$x=1$을 ㉡에 대입하면

$4+y=3$ ∴ $y=-1$

따라서 연립방정식의 해는 $x=1$, $y=-1$이다.

(2) $\begin{cases} 6=3x-y \\ 6=-3x+3y \end{cases}$ 를 정리하면

$$\begin{cases} 3x-y=6 & \cdots\cdots ㉠ \\ -3x+3y=6 & \cdots\cdots ㉡ \end{cases}$$

㉠+㉡을 하면 $2y=12$, $y=6$

$y=6$을 ㉠에 대입하면 $3x-6=6$, $x=4$

따라서 연립방정식의 해는 $x=4$, $y=6$이다.

02 답 (1) $x=1$, $y=0$ (2) $x=-\dfrac{4}{3}$, $y=-\dfrac{8}{3}$

(1) $\begin{cases} 2x-3=y-1 \\ y-1=-x+3y \end{cases}$ 를 정리하면

$$\begin{cases} 2x-y=2 & \cdots\cdots ㉠ \\ x-2y=1 & \cdots\cdots ㉡ \end{cases}$$

㉠−㉡×2를 하면

$3y=0$ ∴ $y=0$

$y=0$을 ㉡에 대입하면 $x=1$

따라서 연립방정식의 해는 $x=1$, $y=0$이다.

(2) $\begin{cases} x-y=2x+4 \\ x-y=-x+3y+8 \end{cases}$ 을 정리하면

$$\begin{cases} x+y=-4 & \cdots\cdots ㉠ \\ x-2y=4 & \cdots\cdots ㉡ \end{cases}$$

㉠−㉡을 하면

$3y=-8$ ∴ $y=-\dfrac{8}{3}$

$y=-\dfrac{8}{3}$을 ㉠에 대입하면

$x+\left(-\dfrac{8}{3}\right)=-4$ ∴ $x=-\dfrac{4}{3}$

따라서 연립방정식의 해는 $x=-\dfrac{4}{3}$, $y=-\dfrac{8}{3}$이다.

03 답 (1) $x=2$, $y=-1$ (2) $x=1$, $y=2$

(1) $\begin{cases} 3x+2y-5=-1 \\ 2x-y-6=-1 \end{cases}$ 을 정리하면

$$\begin{cases} 3x+2y=4 & \cdots\cdots ㉠ \\ 2x-y=5 & \cdots\cdots ㉡ \end{cases}$$

㉠+㉡×2를 하면

$7x=14$ ∴ $x=2$

$x=2$를 ㉠에 대입하면

$2y=-2$ ∴ $y=-1$

따라서 연립방정식의 해는 $x=2$, $y=-1$이다.

(2) $\begin{cases} 3x-2y+9=2x+3y \\ 2x+3y=4x+8y-12 \end{cases}$ 를 정리하면

$$\begin{cases} x-5y=-9 & \cdots\cdots ㉠ \\ 2x+5y=12 & \cdots\cdots ㉡ \end{cases}$$

㉠+㉡을 하면

$3x=3$ ∴ $x=1$

$x=1$을 ㉠에 대입하면

$1-5y=-9$, $-5y=-10$ ∴ $y=2$

따라서 연립방정식의 해는 $x=1$, $y=2$이다.

04 답 (1) 해는 무수히 많다. (2) 해는 무수히 많다.

(1) $\begin{cases} 3x+2y=3 \\ 6x+4y=6 \end{cases}$ 에서 $\dfrac{3}{6}=\dfrac{2}{4}=\dfrac{3}{6}$ 이므로 주어진 연립방정

식의 해는 무수히 많다.

(2) $\begin{cases} 2x-y=3 \\ 4x-2y=6 \end{cases}$ 에서 $\dfrac{2}{4}=\dfrac{-1}{-2}=\dfrac{3}{6}$ 이므로 주어진 연립방

정식의 해는 무수히 많다.

05 답 (1) 해는 없다. (2) $x=0, y=1$

(1) $\begin{cases} 3x+y=5 & \cdots\cdots ㉠ \\ 6x+2y=7 & \cdots\cdots ㉡ \end{cases}$ 에서 $\dfrac{3}{6}=\dfrac{1}{2}\neq\dfrac{5}{7}$ 이므로 주어진

연립방정식의 해는 없다.

(2) $\begin{cases} -2x+6y=6 & \cdots\cdots ㉠ \\ 8x+24y=24 & \cdots\cdots ㉡ \end{cases}$ 에서 $\dfrac{-2}{8}\neq\dfrac{6}{24}$ 이므로 해가 존

재한다.

㉠$\times4+$㉡을 하면

$48y=48$ $\therefore y=1$

$y=1$을 ㉠에 대입하면

$-2x+6=6$, $-2x=0$ $\therefore x=0$

따라서 연립방정식의 해는 $x=0, y=1$이다.

유형•check

개념북 78~81쪽

1 답 ④

㉠을 ㉡에 대입하여 정리하면

$2(4y-3)-5y=9$, $8y-6-5y=9$, $3y=15$

$\therefore a=3$

1-1 답 1

$\begin{cases} x+2y=8 & \cdots\cdots ㉠ \\ y=2x-1 & \cdots\cdots ㉡ \end{cases}$ 에서

㉡을 ㉠에 대입하면

$x+2(2x-1)=8$, $x+4x-2=8$

$5x=10$ $\therefore x=2$

$x=2$를 ㉡에 대입하면

$y=4-1=3$

따라서 $a=2, b=3$이므로 $b-a=3-2=1$이다.

1-2 답 3

x의 값은 y의 값의 2배이므로 $x=2y$

주어진 연립방정식에 $x=2y$를 대입하여 정리하면

$\begin{cases} 3y-a=0 & \cdots\cdots ㉠ \\ 4y+a=7 & \cdots\cdots ㉡ \end{cases}$

㉠+㉡을 하면 $7y=7$ $\therefore y=1$

$y=1$을 ㉠에 대입하면 $3-a=0$ $\therefore a=3$

2 답 8

$\begin{cases} 7x-2y=8 & \cdots\cdots ㉠ \\ 5x+3y=19 & \cdots\cdots ㉡ \end{cases}$ 에서

㉠$\times3+$㉡$\times2$를 하면

$31x=62$ $\therefore x=2$

$x=2$를 ㉡에 대입하면

$10+3y=19$, $3y=9$ $\therefore y=3$

따라서 $a=2, b=3$이므로 $a+2b=2+2\times3=8$이다.

2-1 답 ②

2와 5의 최소공배수는 10이고 x항의 부호가 다르므로 미지

수 x를 소거하는 식은 ㉠$\times5+$㉡$\times2$이다.

2-2 답 ②

① $\begin{cases} 3x+y=5 & \cdots\cdots ㉠ \\ 2x+5y=-1 & \cdots\cdots ㉡ \end{cases}$ 에서

㉠$\times5-$㉡을 하면

$13x=26$ $\therefore x=2$

$x=2$를 ㉠에 대입하면

$6+y=5$ $\therefore y=-1$

따라서 연립방정식의 해는 $x=2, y=-1$이다.

② $\begin{cases} x-5y=-3 & \cdots\cdots ㉠ \\ x+3y=5 & \cdots\cdots ㉡ \end{cases}$ 에서

㉠$-$㉡을 하면

$-8y=-8$ $\therefore y=1$

$y=1$을 ㉠에 대입하면

$x-5=-3$ $\therefore x=2$

따라서 연립방정식의 해는 $x=2, y=1$이다.

③ $\begin{cases} 5x+2y=8 & \cdots\cdots ㉠ \\ 2x+y=3 & \cdots\cdots ㉡ \end{cases}$ 에서

㉠$-$㉡$\times2$를 하면 $x=2$

$x=2$를 ㉡에 대입하면

$4+y=3$ $\therefore y=-1$

따라서 연립방정식의 해는 $x=2, y=-1$이다.

④ $\begin{cases} 2x-y=5 & \cdots\cdots ㉠ \\ 2x+3y=1 & \cdots\cdots ㉡ \end{cases}$ 에서

㉠$-$㉡을 하면

$-4y=4$ $\therefore y=-1$

$y=-1$을 ㉠에 대입하면

$2x+1=5$ $\therefore x=2$

따라서 연립방정식의 해는 $x=2, y=-1$이다.

⑤ $\begin{cases} x+y=1 & \cdots\cdots ㉠ \\ x-y=3 & \cdots\cdots ㉡ \end{cases}$ 에서

㉠$+$㉡을 하면

$2x=4$ $\therefore x=2$

$x=2$를 ㉠에 대입하면

$2+y=1$ $\therefore y=-1$

따라서 연립방정식의 해는 $x=2, y=-1$이다.

그러므로 연립방정식의 해가 나머지 넷과 다른 것은 ②이다.

3 답 ②

$x=-1, y=2$를 연립방정식에 대입하면

$\begin{cases} -a+2b=3 & \cdots\cdots ㉠ \\ -a-2b=-5 & \cdots\cdots ㉡ \end{cases}$

㉠$+$㉡을 하면 $-2a=-2$ $\therefore a=1$

$a=1$을 ㉠에 대입하면

$-1+2b=3$, $2b=4$ ∴ $b=2$
따라서 구하는 값은 $ab=1\times2=2$이다.

3-1 답 ④

$x=3$, $y=1$을 대입하여 정리하면
$$\begin{cases} 3a-b=6 & \cdots\cdots ㉠ \\ 6a+5b=33 & \cdots\cdots ㉡ \end{cases}$$
㉠$\times5+$㉡을 하면
$21a=63$ ∴ $a=3$
$a=3$을 ㉠에 대입하면
$9-b=6$ ∴ $b=3$
따라서 $a+b=6$이다.

3-2 답 $x=1$, $y=3$

a, b를 바꾼 연립방정식은
$$\begin{cases} bx+ay=1 \\ ax+by=-5 \end{cases}$$
위의 연립방정식의 해가 $x=3$, $y=1$이므로 대입하면
$$\begin{cases} a+3b=1 & \cdots\cdots ㉠ \\ 3a+b=-5 & \cdots\cdots ㉡ \end{cases}$$
㉠$\times3-$㉡을 하면
$8b=8$ ∴ $b=1$
$b=1$을 ㉠에 대입하면
$a+3=1$ ∴ $a=-2$
즉, 처음에 주어진 연립방정식은
$$\begin{cases} -2x+y=1 & \cdots\cdots ㉢ \\ x-2y=-5 & \cdots\cdots ㉣ \end{cases}$$
㉢$+$㉣$\times2$를 하면
$-3y=-9$ ∴ $y=3$
$y=3$을 ㉣에 대입하면
$x-6=-5$ ∴ $x=1$
따라서 처음에 주어진 연립방정식의 해는 $x=1$, $y=3$이다.

4 답 ④

$3(x-y)+5y=2$에서
$3x-3y+5y=2$, 즉 $3x+2y=2$
$7x-2(3x-y)=14$에서
$7x-6x+2y=14$, 즉 $x+2y=14$
$$\begin{cases} 3x+2y=2 & \cdots\cdots ㉠ \\ x+2y=14 & \cdots\cdots ㉡ \end{cases}$$에서
㉠$-$㉡을 하면
$2x=-12$ ∴ $x=-6$
$x=-6$을 ㉡에 대입하면
$-6+2y=14$, $2y=20$ ∴ $y=10$
따라서 $a=-6$, $b=10$이므로 $a+b=-6+10=4$이다.

4-1 답 ③

$4x-2(x+y)=6$에서
$4x-2x-2y=6$, 즉 $x-y=3$
$3x+4(x-y)=27$에서
$3x+4x-4y=27$, 즉 $7x-4y=27$

$$\begin{cases} x-y=3 & \cdots\cdots ㉠ \\ 7x-4y=27 & \cdots\cdots ㉡ \end{cases}$$에서
㉠$\times7-$㉡을 하면
$-3y=-6$ ∴ $y=2$
$y=2$를 ㉠에 대입하면 $x-2=3$ ∴ $x=5$
따라서 $a=5$, $b=2$이므로 $a-b=5-2=3$이다.

4-2 답 3

주어진 연립방정식을 정리하면
$$\begin{cases} 9x+4y=14 & \cdots\cdots ㉠ \\ 3x+2y=10 & \cdots\cdots ㉡ \end{cases}$$
㉠$-$㉡$\times2$를 하면
$3x=-6$ ∴ $x=-2$
$x=-2$를 ㉡에 대입하면
$-6+2y=10$, $2y=16$ ∴ $y=8$
따라서 $x=-2$, $y=8$을 $ax+2y-10=0$에 대입하면
$-2a+16-10=0$, $-2a=-6$ ∴ $a=3$

5 답 ⑤

$$\begin{cases} 0.04x+0.03y=0.18 & \cdots\cdots ㉠ \\ \dfrac{x}{2}-\dfrac{y}{4}=1 & \cdots\cdots ㉡ \end{cases}$$에서
㉠$\times100$, ㉡$\times4$를 하면
$$\begin{cases} 4x+3y=18 & \cdots\cdots ㉢ \\ 2x-y=4 & \cdots\cdots ㉣ \end{cases}$$
㉢$+$㉣$\times3$을 하면 $10x=30$ ∴ $x=3$
$x=3$을 ㉣에 대입하면
$6-y=4$ ∴ $y=2$
따라서 $a=3$, $b=2$이므로 $ab=3\times2=6$이다.

5-1 답 4

주어진 연립방정식을 정리하면
$$\begin{cases} 5x-4y=8 & \cdots\cdots ㉠ \\ 3x-2y=8 & \cdots\cdots ㉡ \end{cases}$$
㉠$-$㉡$\times2$를 하면
$-x=-8$ ∴ $x=8$
$x=8$을 ㉡에 대입하여 정리하면
$24-2y=8$, $-2y=-16$ ∴ $y=8$
∴ $x-\dfrac{1}{2}y=8-\dfrac{1}{2}\times8=4$

5-2 답 -5

(1) $$\begin{cases} x+\dfrac{2}{3}y=1 & \cdots\cdots ㉠ \\ \dfrac{x+y}{2}-y=-2 & \cdots\cdots ㉡ \end{cases}$$에서
㉠$\times3$, ㉡$\times2$를 하면
$$\begin{cases} 3x+2y=3 & \cdots\cdots ㉢ \\ x-y=-4 & \cdots\cdots ㉣ \end{cases}$$
㉢$+$㉣$\times2$를 하면
$5x=-5$ ∴ $x=-1$
$x=-1$을 ㉢에 대입하면
$-3+2y=3$, $2y=6$ ∴ $y=3$

따라서 주어진 연립방정식의 해가 $x=-1$, $y=3$이므로
$2x-y=k$에 대입하면 $2\times(-1)-3=k$ ∴ $k=-5$

6 답 $x=5$, $y=5$

$\begin{cases} \dfrac{x+2y}{3}=5 \\ \dfrac{3x+y}{4}=5 \end{cases}$ 를 정리하면

$\begin{cases} x+2y=15 & \cdots\cdots ㉠ \\ 3x+y=20 & \cdots\cdots ㉡ \end{cases}$

㉠$-$㉡$\times2$를 하면
$-5x=-25$ ∴ $x=5$
$x=5$를 ㉡에 대입하면
$15+y=20$ ∴ $y=5$
따라서 연립방정식의 해는 $x=5$, $y=5$이다.

6-1 답 ⑤

$\begin{cases} \dfrac{2x+y}{4}=\dfrac{5x+3y-3}{2} & \cdots\cdots ㉠ \\ \dfrac{2x+y}{4}=\dfrac{x-y-1}{6} & \cdots\cdots ㉡ \end{cases}$ 에서

㉠$\times4$, ㉡$\times12$를 하여 정리하면
$\begin{cases} 8x+5y=6 & \cdots\cdots ㉢ \\ 4x+5y=-2 & \cdots\cdots ㉣ \end{cases}$

㉢$-$㉣을 하면 $4x=8$ ∴ $x=2$
$x=2$를 ㉣에 대입하면
$8+5y=-2$, $5y=-10$ ∴ $y=-2$
따라서 $a=2$, $b=-2$이므로 $a-b=2-(-2)=4$이다.

6-2 답 ②

$x=5$, $y=b$를 주어진 연립방정식에 대입하면
$5+3b+2=5a+5b-4=1$

$\begin{cases} 5+3b+2=1 \\ 5a+5b-4=1 \end{cases}$ 을 정리하면

$\begin{cases} b=-2 & \cdots\cdots ㉠ \\ a+b=1 & \cdots\cdots ㉡ \end{cases}$

㉠을 ㉡에 대입하면 $a-2=1$ ∴ $a=3$
따라서 $a+b=3+(-2)=1$이다.

7 답 ④

① $\begin{cases} x+y=5 & \cdots\cdots ㉠ \\ x-y=5 & \cdots\cdots ㉡ \end{cases}$ 에서

㉠$+$㉡을 하면 $2x=10$ ∴ $x=5$
$x=5$를 ㉠에 대입하면 $y=0$

② $\dfrac{1}{1}=\dfrac{1}{1}\ne\dfrac{4}{7}$ → 해가 없다.

③ $\begin{cases} x=2y-3 & \cdots\cdots ㉠ \\ 2x+3y=5 & \cdots\cdots ㉡ \end{cases}$ 에서

㉠을 ㉡에 대입하면
$2(2y-3)+3y=5$, $7y=11$ ∴ $y=\dfrac{11}{7}$
$y=\dfrac{11}{7}$을 ㉠에 대입하면 $x=\dfrac{22}{7}-3=\dfrac{1}{7}$

④ $\dfrac{2}{6}=\dfrac{1}{3}=\dfrac{1}{3}$ → 해가 무수히 많다.

⑤ $\begin{cases} x-3y=2 & \cdots\cdots ㉠ \\ 2x-3y=4 & \cdots\cdots ㉡ \end{cases}$ 에서

㉡$-$㉠을 하면 $x=2$
$x=2$를 ㉠에 대입하면 $2-3y=2$ ∴ $y=0$

7-1 답 ③

$\dfrac{a}{9}=\dfrac{-2}{6}=\dfrac{-1}{b}$이어야 하므로

$\dfrac{a}{9}=\dfrac{-2}{6}$에서 $6a=-18$ ∴ $a=-3$

$\dfrac{-2}{6}=\dfrac{-1}{b}$에서 $-2b=-6$ ∴ $b=3$

∴ $a+b=-3+3=0$

7-2 답 ①

연립방정식 $\begin{cases} 2x-3y=-4 \\ 6x-9y=a \end{cases}$ 의 해가 없으므로

$\dfrac{2}{6}=\dfrac{-3}{-9}\ne\dfrac{-4}{a}$이어야 한다.

즉, $\dfrac{-4}{a}\ne\dfrac{1}{3}$이므로 $a\ne-12$
따라서 상수 a의 값이 될 수 없는 것은 -12이다.

8 답 ④

두 연립방정식의 해는 다음 연립방정식의 해와 같다.
$\begin{cases} 2x-3y=5 & \cdots\cdots ㉠ \\ 3x-y=4 & \cdots\cdots ㉡ \end{cases}$

㉠$-$㉡$\times3$을 하면
$-7x=-7$ ∴ $x=1$
$x=1$을 ㉠에 대입하면 $2-3y=5$ ∴ $y=-1$
즉, 주어진 연립방정식의 해가 $x=1$, $y=-1$이므로
$ax+y=7$에 $x=1$, $y=-1$을 대입하면
$a-1=7$ ∴ $a=8$
$3x-by=1$에 $x=1$, $y=-1$을 대입하면
$3+b=1$ ∴ $b=-2$
∴ $a+b=8+(-2)=6$

8-1 답 ⑤

두 연립방정식의 해는 다음 연립방정식의 해와 같다.
$\begin{cases} 2x+y=2 & \cdots\cdots ㉠ \\ 3x+2y=1 & \cdots\cdots ㉡ \end{cases}$

㉠$\times2-$㉡을 하면 $x=3$
$x=3$을 ㉠에 대입하면
$6+y=2$ ∴ $y=-4$
즉, 주어진 연립방정식의 해가 $x=3$, $y=-4$이므로
$3x-by=a+3$, $ax-y=b$에 $x=3$, $y=-4$를 각각 대입하여 정리하면
$\begin{cases} a-4b=6 & \cdots\cdots ㉢ \\ 3a-b=-4 & \cdots\cdots ㉣ \end{cases}$

㉢$\times3-$㉣을 하면
$-11b=22$ ∴ $b=-2$
$b=-2$를 ㉢에 대입하면
$a+8=6$ ∴ $a=-2$
∴ $ab=(-2)\times(-2)=4$

8-2 답 0

4개의 일차방정식의 해는 다음 연립방정식의 해와 같다.

$$\begin{cases} x+2y=7 & \cdots\cdots ㉠ \\ 4x-y=1 & \cdots\cdots ㉡ \end{cases}$$

㉠+㉡×2를 하면

$9x=9$ ∴ $x=1$

$x=1$을 ㉠에 대입하면

$2y=6$ ∴ $y=3$

즉, 주어진 연립방정식의 해가 $x=1$, $y=3$이므로

$ax+by=-1$, $bx+ay=5$에 $x=1$, $y=3$을 각각 대입하면

$$\begin{cases} a+3b=-1 & \cdots\cdots ㉢ \\ 3a+b=5 & \cdots\cdots ㉣ \end{cases}$$

㉢−㉣×3을 하면

$-8a=-16$ ∴ $a=2$

$a=2$를 ㉣에 대입하면

$6+b=5$ ∴ $b=-1$

∴ $a+2b=2+2\times(-1)=0$

---

3 연립방정식의 활용

19 연립방정식의 활용 (1)
개념북 82쪽

◆확인 1◆ 답 풀이 참조

닭의 수를 x마리, 토끼의 수를 y마리라 하자.

조건에 맞게 연립방정식을 세우면

$$\begin{cases} x+y=30 & \cdots\cdots ㉠ \\ 2x+4y=80 & \cdots\cdots ㉡ \end{cases}$$

㉠×2−㉡을 하면

$-2y=-20$ ∴ $y=10$

$y=10$을 ㉠에 대입하면 $x+10=30$ ∴ $x=20$

따라서 연립방정식의 해는 $x=20$, $y=10$

구한 x, y의 값이 문제의 조건을 만족시키므로 닭은 20마리, 토끼는 10마리이다.

개념◆check
개념북 83쪽

01 답 51, 13

두 자연수 중 큰 수를 x, 작은 수를 y라 하면

$$\begin{cases} x+y=64 & \cdots\cdots ㉠ \\ x-y=38 & \cdots\cdots ㉡ \end{cases}$$

㉠+㉡을 하면

$2x=102$ ∴ $x=51$

$x=51$을 ㉠에 대입하면

$51+y=64$ ∴ $y=13$

따라서 두 자연수는 51, 13이다.

02 답 22대

오토바이의 수를 x대, 자동차의 수를 y대라 하면

$$\begin{cases} x+y=34 & \cdots\cdots ㉠ \\ 2x+4y=112 & \cdots\cdots ㉡ \end{cases}$$

㉠×4−㉡을 하면

$2x=24$ ∴ $x=12$

$x=12$를 ㉠에 대입하면

$12+y=34$ ∴ $y=22$

따라서 자동차의 수는 22대이다.

03 답 가로의 길이: 8 cm, 세로의 길이: 4 cm

직사각형의 가로의 길이를 x cm, 세로의 길이를 y cm라 하면

$$\begin{cases} 2(x+y)=24 & \cdots\cdots ㉠ \\ x=y+4 & \cdots\cdots ㉡ \end{cases}$$

㉡을 ㉠에 대입하면

$2(2y+4)=24$, $4y=16$ ∴ $y=4$

$y=4$를 ㉡에 대입하면 $x=8$

따라서 직사각형의 가로의 길이는 8 cm, 세로의 길이는 4 cm이다.

04 답 4명

박물관에 입장한 성인을 x명, 청소년을 y명이라 하면

$$\begin{cases} x+y=13 \\ 5000x+3000y=57000 \end{cases} 에서 \begin{cases} x+y=13 & \cdots\cdots ㉠ \\ 5x+3y=57 & \cdots\cdots ㉡ \end{cases}$$

㉠×3−㉡을 하면

$-2x=-18$ ∴ $x=9$

$x=9$를 ㉠에 대입하면

$9+y=13$ ∴ $y=4$

따라서 박물관에 입장한 청소년은 4명이다.

05 답 9세

현재 형의 나이를 x세, 동생의 나이를 y세라 하면

$$\begin{cases} x+y=30 \\ x+3=2(y+3) \end{cases} 에서 \begin{cases} x+y=30 & \cdots\cdots ㉠ \\ x-2y=3 & \cdots\cdots ㉡ \end{cases}$$

㉠−㉡을 하면 $3y=27$ ∴ $y=9$

$y=9$를 ㉠에 대입하면 $x+9=30$ ∴ $x=21$

따라서 현재 동생의 나이는 9세이다.

20 연립방정식의 활용 (2)
개념북 84쪽

◆확인 1◆ 답 풀이 참조

		섞기 전		섞은 후
농도 (%)		5	10	7
소금물의 양 (g)		x	y	400
소금의 양 (g)		$\dfrac{5}{100}x$	$\dfrac{10}{100}y$	$\dfrac{7}{100}\times 400$ (또는 28)

연립방정식을 세우면

$$\begin{cases} x+y=400 \\ \dfrac{5}{100}x+\dfrac{10}{100}y=\dfrac{7}{100}\times 400 \end{cases}$$

$$\begin{cases} x+y=400 & \cdots\cdots \,\, ㉠ \\ x+2y=560 & \cdots\cdots \,\, ㉡ \end{cases}$$

㉠-㉡을 하면 $-y=-160$ ∴ $y=160$

$y=160$을 ㉠에 대입하면

$x+160=400$ ∴ $x=240$

따라서 5 %의 소금물의 양은 240 g, 10 %의 소금물의
양은 160 g이다.

개념·check
개념북 85쪽

01 답 9 km

올라간 거리를 x km, 내려온 거리를 y km라 하면

$$\begin{cases} x+y=19 \\ \dfrac{x}{3}+\dfrac{y}{5}=5 \end{cases} \text{에서} \begin{cases} x+y=19 & \cdots\cdots \,\, ㉠ \\ 5x+3y=75 & \cdots\cdots \,\, ㉡ \end{cases}$$

㉠×3-㉡을 하면 $-2x=-18$ ∴ $x=9$

$x=9$를 ㉠에 대입하면

$9+y=19$ ∴ $y=10$

따라서 올라간 거리는 9 km이다.

02 답 3 km

올라간 거리를 x km, 내려온 거리를 y km라 하자.

2시간 30분은 $\dfrac{5}{2}$시간이므로

$$\begin{cases} x+3=y \\ \dfrac{x}{3}+\dfrac{y}{4}=\dfrac{5}{2} \end{cases} \text{에서} \begin{cases} x-y=-3 & \cdots\cdots \,\, ㉠ \\ 4x+3y=30 & \cdots\cdots \,\, ㉡ \end{cases}$$

㉠×3+㉡을 하면

$7x=21$ ∴ $x=3$

$x=3$을 ㉠에 대입하면

$3-y=-3$ ∴ $y=6$

따라서 올라간 거리는 3 km이다.

03 답 8 %의 소금물의 양: 200 g, 5 %의 소금물의 양: 400 g

8 %의 소금물의 양을 x g, 5 %의 소금물의 양을 y g이라
하면

$$\begin{cases} x+y=600 \\ \dfrac{8}{100}\times x+\dfrac{5}{100}\times y=\dfrac{6}{100}\times 600 \end{cases} \text{에서}$$

$$\begin{cases} x+y=600 & \cdots\cdots \,\, ㉠ \\ 8x+5y=3600 & \cdots\cdots \,\, ㉡ \end{cases}$$

㉠×5-㉡을 하면

$-3x=-600$ ∴ $x=200$

$x=200$을 ㉠에 대입하면

$200+y=600$ ∴ $y=400$

따라서 8 %의 소금물의 양은 200 g, 5 %의 소금물의 양은
400 g이다.

04 답 50 g

10 %의 소금물의 양을 x g, 더 넣은 소금의 양을 y g이라
하면

$$\begin{cases} x+y=300 \\ \dfrac{10}{100}\times x+y=\dfrac{25}{100}\times 300 \end{cases} \text{에서}$$

$$\begin{cases} x+y=300 & \cdots\cdots \,\, ㉠ \\ x+10y=750 & \cdots\cdots \,\, ㉡ \end{cases}$$

㉠-㉡을 하면

$-9y=-450$ ∴ $y=50$

$y=50$을 ㉠에 대입하면

$x+50=300$ ∴ $x=250$

따라서 더 넣은 소금의 양은 50 g이다.

05 답 180 g

4 %의 소금물의 양을 x g, 9 %의 소금물의 양을 y g이라
하면

$$\begin{cases} x+y=300 \\ \dfrac{4}{100}\times x+\dfrac{9}{100}\times y=\dfrac{5}{100}\times 300 \end{cases} \text{에서}$$

$$\begin{cases} x+y=300 & \cdots\cdots \,\, ㉠ \\ 4x+9y=1500 & \cdots\cdots \,\, ㉡ \end{cases}$$

㉠×4-㉡을 하면

$-5y=-300$ ∴ $y=60$

$y=60$을 ㉠에 대입하면

$x+60=300$ ∴ $x=240$

따라서 4 %의 소금물의 양은 240 g, 9 %의 소금물의 양은
60 g이므로 두 소금물의 양의 차는

$240-60=180\,(g)$

유형·check
개념북 86~89쪽

1 답 ⑤

처음 두 자리의 자연수의 십의 자리의 숫자를 x, 일의 자리
의 숫자를 y라 하면

$$\begin{cases} x+y=9 \\ 10x+y=10y+x+27 \end{cases} \text{에서} \begin{cases} x+y=9 & \cdots\cdots \,\, ㉠ \\ x-y=3 & \cdots\cdots \,\, ㉡ \end{cases}$$

㉠+㉡을 하면 $2x=12$ ∴ $x=6$

$x=6$을 ㉠에 대입하면

$6+y=9$ ∴ $y=3$

따라서 처음 두 자리의 자연수는 63이다.

1-1 답 48

처음 두 자리의 자연수의 십의 자리의 숫자를 x, 일의 자리
의 숫자를 y라 하면

$$\begin{cases} 10x+y=4(x+y) \\ 10y+x=2(10x+y)-12 \end{cases} \text{에서}$$

$$\begin{cases} 2x-y=0 & \cdots\cdots \,\, ㉠ \\ 19x-8y=12 & \cdots\cdots \,\, ㉡ \end{cases}$$

㉠에서 $y=2x$이므로 ㉡에 대입하면 $x=4$

$x=4$를 ㉠에 대입하면

$8-y=0$ ∴ $y=8$

따라서 처음 두 자리의 자연수는 48이다.

1-2 답 6

큰 수를 x, 작은 수를 y라 하면

$$\begin{cases} x+y=45 & \cdots\cdots \,\, ㉠ \\ x=6y+3 & \cdots\cdots \,\, ㉡ \end{cases}$$

ⓒ을 ㉠에 대입하면

$6y+3+y=45$, $7y=42$ ∴ $y=6$

$y=6$을 ㉡에 대입하면 $x=36+3=39$

따라서 작은 수는 6이다.

2 답 사과: 400원, 배: 1500원

사과 한 개의 가격을 x원, 배 한 개의 가격을 y원이라 하면

$\begin{cases} 5x+2y=5000 & \cdots\cdots ㉠ \\ 3x+4y=7200 & \cdots\cdots ㉡ \end{cases}$

㉠×2-㉡을 하면 $7x=2800$ ∴ $x=400$

$x=400$을 ㉠에 대입하면

$2000+2y=5000$, $2y=3000$ ∴ $y=1500$

따라서 사과 한 개의 가격은 400원, 배 한 개의 가격은 1500원이다.

2-1 답 120원짜리 우표: 5장, 500원짜리 우표: 4장

120원짜리 우표를 x장, 500원짜리 우표를 y장 샀다고 하면

$\begin{cases} x+y=9 \\ 120x+500y=2600 \end{cases}$ 에서 $\begin{cases} x+y=9 & \cdots\cdots ㉠ \\ 6x+25y=130 & \cdots\cdots ㉡ \end{cases}$

㉠×6-㉡을 하면 $-19y=-76$ ∴ $y=4$

$y=4$를 ㉠에 대입하면 $x+4=9$ ∴ $x=5$

따라서 120원짜리 우표를 5장, 500원짜리 우표를 4장 샀다.

2-2 답 800원

A 과자 한 봉지의 가격을 x원, B 과자 한 봉지의 가격을 y원이라 하면

$\begin{cases} 4x+3y=6200 & \cdots\cdots ㉠ \\ y=x+200 & \cdots\cdots ㉡ \end{cases}$

㉡을 ㉠에 대입하면 $4x+3(x+200)=6200$

$7x=5600$ ∴ $x=800$

$x=800$을 ㉡에 대입하면 $y=800+200=1000$

따라서 A 과자 한 봉지의 가격은 800원이다.

3 답 어머니: 38세, 딸: 13세

현재 어머니의 나이를 x세, 딸의 나이를 y세라 하면

$\begin{cases} x+y=51 \\ x+12=2(y+12) \end{cases}$ 에서 $\begin{cases} x+y=51 & \cdots\cdots ㉠ \\ x-2y=12 & \cdots\cdots ㉡ \end{cases}$

㉠-㉡을 하면 $3y=39$ ∴ $y=13$

$y=13$을 ㉠에 대입하면

$x+13=51$ ∴ $x=38$

따라서 현재 어머니의 나이는 38세, 딸의 나이는 13세이다.

3-1 답 어머니: 43세, 딸: 13세

현재 어머니의 나이를 x세, 딸의 나이를 y세라 하면

$\begin{cases} x-3=4(y-3) \\ x+2=3(y+2) \end{cases}$ 에서 $\begin{cases} x-4y=-9 & \cdots\cdots ㉠ \\ x-3y=4 & \cdots\cdots ㉡ \end{cases}$

㉠-㉡을 하면 $-y=-13$ ∴ $y=13$

$y=13$을 ㉡에 대입하면 $x-39=4$ ∴ $x=43$

따라서 현재 어머니의 나이는 43세, 딸의 나이는 13세이다.

3-2 답 25세

현재 선생님의 나이를 x세, 효림이의 나이를 y세라 하면

$\begin{cases} x-10=6(y-10) \\ x+10=2(y+10) \end{cases}$ 에서 $\begin{cases} x-6y=-50 & \cdots\cdots ㉠ \\ x-2y=10 & \cdots\cdots ㉡ \end{cases}$

㉠-㉡을 하면 $-4y=-60$ ∴ $y=15$

$y=15$를 ㉡에 대입하면 $x-30=10$ ∴ $x=40$

따라서 현재 선생님하고 효림이의 나이 차는

$40-15=25$(세)이다.

4 답 12시간

전체 일의 양을 1로 놓고, 종혁이와 준수가 1시간 동안 하는 일의 양을 각각 x, y라 하면

$\begin{cases} 4(x+y)=1 \\ 2x+8y=1 \end{cases}$ 에서 $\begin{cases} 4x+4y=1 & \cdots\cdots ㉠ \\ 2x+8y=1 & \cdots\cdots ㉡ \end{cases}$

㉠-㉡×2를 하면 $-12y=-1$ ∴ $y=\dfrac{1}{12}$

$y=\dfrac{1}{12}$을 ㉠에 대입하면 $4x+\dfrac{1}{3}=1$ ∴ $x=\dfrac{1}{6}$

따라서 이 일을 준수가 혼자 한다면 12시간이 걸린다.

4-1 답 10일

전체 일의 양을 1로 놓고, A, B가 하루에 하는 일의 양을 각각 x, y라 하면

$\begin{cases} 6(x+y)=1 \\ 3x+8y=1 \end{cases}$ 에서 $\begin{cases} 6x+6y=1 & \cdots\cdots ㉠ \\ 3x+8y=1 & \cdots\cdots ㉡ \end{cases}$

㉠-㉡×2를 하면 $-10y=-1$ ∴ $y=\dfrac{1}{10}$

$y=\dfrac{1}{10}$을 ㉠에 대입하면 $6x+\dfrac{6}{10}=1$ ∴ $x=\dfrac{1}{15}$

따라서 이 일을 B가 혼자 한다면 10일이 걸린다.

4-2 답 20분

전체 물의 양을 1로 놓고, A, B 두 호스로 1분 동안 넣을 수 있는 물의 양을 각각 x, y라 하면

$\begin{cases} 15x+8y=1 & \cdots\cdots ㉠ \\ 10x+16y=1 & \cdots\cdots ㉡ \end{cases}$

㉠×2-㉡을 하면 $20x=1$ ∴ $x=\dfrac{1}{20}$

$x=\dfrac{1}{20}$을 ㉡에 대입하면

$\dfrac{1}{2}+16y=1$, $16y=\dfrac{1}{2}$ ∴ $y=\dfrac{1}{32}$

따라서 A 호스로만 물을 가득 채우는 데 20분이 걸린다.

5 답 여학생: 252명, 남학생: 288명

작년 여학생 수를 x명, 남학생 수를 y명이라 하면

$\begin{cases} x+y=520 \\ -\dfrac{10}{100}x+\dfrac{20}{100}y=20 \end{cases}$ 에서 $\begin{cases} x+y=520 & \cdots\cdots ㉠ \\ -x+2y=200 & \cdots\cdots ㉡ \end{cases}$

㉠+㉡을 하면 $3y=720$ ∴ $y=240$

$y=240$을 ㉠에 대입하면

$x+240=520$ ∴ $x=280$

따라서 작년 여학생 수는 280명, 남학생 수는 240명이므로

올해의 여학생 수는 $280-\dfrac{10}{100}×280=252$(명),

올해의 남학생 수는 $240+\dfrac{20}{100}×240=288$(명)

5-1 답 357명

작년 남학생 수를 x명, 여학생 수를 y명이라 하면

$\begin{cases} x+y=800 \\ -\dfrac{6}{100}x+\dfrac{2}{100}y=-20 \end{cases}$ 에서

$\begin{cases} x+y=800 \qquad\cdots\cdots \text{㉠} \\ -6x+2y=-2000 \quad\cdots\cdots \text{㉡} \end{cases}$

㉠$\times 2-$㉡을 하면

$8x=3600$ $\quad\therefore x=450$

$x=450$을 ㉠에 대입하면

$450+y=800$ $\quad\therefore y=350$

따라서 작년 남학생 수는 450명, 여학생 수는 350명이므로

올해의 남학생 수는 $450-\dfrac{6}{100}\times 450=423$(명)

올해의 여학생 수는 $350+\dfrac{2}{100}\times 350=357$(명)

5-2 답 A 제품: 214개, B 제품: 380개

지난 달에 생산한 A 제품의 개수를 x개, B 제품의 개수를 y개라 하면

$\begin{cases} x+y=600 \\ \dfrac{7}{100}x-\dfrac{5}{100}\times y=-\dfrac{1}{100}\times 600 \end{cases}$ 에서

$\begin{cases} x+y=600 \qquad\cdots\cdots \text{㉠} \\ 7x-5y=-600 \quad\cdots\cdots \text{㉡} \end{cases}$

㉠$\times 5+$㉡하면 $12x=2400$ $\quad\therefore x=200$

$x=200$을 ㉠에 대입하면

$200+y=600$ $\quad\therefore y=400$

따라서 지난 달에 생산한 A 제품의 개수는 200개, B 제품의 개수는 400개이므로 이번 달에 생산한 A 제품의 개수는

$200+\dfrac{7}{100}\times 200=214$(개)

이번 달에 생산한 B 제품의 개수는

$400-\dfrac{5}{100}\times 400=380$(개)

6 답 600 m

걸어간 거리를 x m, 뛰어간 거리를 y m라 하면

$\begin{cases} x+y=1500 \\ \dfrac{x}{60}+\dfrac{y}{120}=20 \end{cases}$ 에서 $\begin{cases} x+y=1500 \qquad\cdots\cdots \text{㉠} \\ 2x+y=2400 \quad\cdots\cdots \text{㉡} \end{cases}$

㉠$-$㉡을 하면 $-x=-900$ $\quad\therefore x=900$

$x=900$을 ㉠에 대입하면 $900+y=1500$ $\quad\therefore y=600$

따라서 뛰어간 거리는 600 m이다.

6-1 답 9 km

시속 4 km로 걸은 거리를 x km, 시속 6 km로 걸은 거리를 y km라 하면

$\begin{cases} x+y=13 \\ \dfrac{x}{4}+\dfrac{y}{6}=\dfrac{5}{2} \end{cases}$ 에서 $\begin{cases} x+y=13 \qquad\cdots\cdots \text{㉠} \\ 3x+2y=30 \quad\cdots\cdots \text{㉡} \end{cases}$

㉠$\times 3-$㉡을 하면 $y=9$

$y=9$를 ㉠에 대입하면 $x+9=13$ $\quad\therefore x=4$

따라서 시속 6 km로 걸은 거리는 9 km이다.

6-2 답 1.2 km

서준이가 자전거를 타고 간 거리를 x m, 윤정이가 걸어간 거리를 y km라 하면

$\begin{cases} x+y=1600 \\ \dfrac{x}{300}=\dfrac{y}{100} \end{cases}$ 에서 $\begin{cases} x+y=1600 \qquad\cdots\cdots \text{㉠} \\ x-3y=0 \quad\cdots\cdots \text{㉡} \end{cases}$

㉠$-$㉡을 하면 $4y=1600$ $\quad\therefore y=400$

$y=400$을 ㉠에 대입하면 $x+400=1600$ $\quad\therefore x=1200$

따라서 서준이가 자전거를 타고 간 거리는 1200 m, 즉 1.2 km이다.

7 답 ①

기차의 길이를 x m, 기차의 속력을 분속 y m라 하면

$\begin{cases} 900+x=y \\ 1900+x=2y \end{cases}$ 에서 $\begin{cases} x-y=-900 \qquad\cdots\cdots \text{㉠} \\ x-2y=-1900 \quad\cdots\cdots \text{㉡} \end{cases}$

㉠$-$㉡을 하면 $y=1000$

$y=1000$을 ㉠에 대입하면

$x-1000=-900$ $\quad\therefore x=100$

따라서 기차의 길이는 100 m이다.

7-1 답 기차의 길이: 200 m, 기차의 속력: 초속 12 m

기차의 길이를 x m, 기차의 속력을 초속 y m라 하면

$\begin{cases} 1000+x=100y \\ 400+x=50y \end{cases}$ 에서 $\begin{cases} x-100y=-1000 \qquad\cdots\cdots \text{㉠} \\ x-50y=-400 \quad\cdots\cdots \text{㉡} \end{cases}$

㉠$-$㉡을 하면

$-50y=-600$ $\quad\therefore y=12$

$y=12$를 ㉠에 대입하면

$x-1200=-1000$ $\quad\therefore x=200$

따라서 기차의 길이는 200 m, 기차의 속력은 초속 12 m이다.

7-2 답 배: 시속 15 km, 강물: 시속 3 km

배의 속력을 시속 x km, 강물의 속력을 시속 y km라고 하면 배가 강을 거슬러 올라갈 때의 속력은 시속 $(x-y)$ km, 강을 따라 내려올 때의 속력은 시속 $(x+y)$ km이므로

$\begin{cases} 3(x-y)=36 \\ 2(x+y)=36 \end{cases}$ 에서 $\begin{cases} x-y=12 \qquad\cdots\cdots \text{㉠} \\ x+y=18 \quad\cdots\cdots \text{㉡} \end{cases}$

㉠$+$㉡을 하면 $2x=30$ $\quad\therefore x=15$

$x=15$를 ㉠에 대입하면 $15-y=12$ $\quad\therefore y=3$

따라서 정지하고 있는 물에서의 배의 속력은 시속 15 km, 강물의 속력은 시속 3 km이다.

8 답 5 %

A 소금물의 농도를 x %, B 소금물의 농도를 y %라 하면

$\begin{cases} \dfrac{x}{100}\times 200+\dfrac{y}{100}\times 400=\dfrac{7}{100}\times 600 \\ \dfrac{x}{100}\times 400+\dfrac{y}{100}\times 200=\dfrac{6}{100}\times 600 \end{cases}$ 에서

$\begin{cases} x+2y=21 \qquad\cdots\cdots \text{㉠} \\ 2x+y=18 \quad\cdots\cdots \text{㉡} \end{cases}$

㉠$\times 2-$㉡을 하면 $3y=24$ $\quad\therefore y=8$

$y=8$을 ㉠에 대입하면 $x+16=21$ $\quad\therefore x=5$

따라서 A 소금물의 농도는 5 %이다.

8-1 답 ③

4 %의 소금물의 양을 x g, 6 %의 소금물의 양을 y g이라고
하면

$\begin{cases} x+y+100=300 \\ \dfrac{4}{100}\times x+\dfrac{6}{100}\times y=\dfrac{3}{100}\times300 \end{cases}$ 에서

$\begin{cases} x+y=200 & \cdots\cdots \text{㉠} \\ 4x+6y=900 & \cdots\cdots \text{㉡} \end{cases}$

㉠$\times4-$㉡을 하면

$-2y=-100$ $\quad \therefore y=50$

$y=50$을 ㉠에 대입하면

$x+50=200$ $\quad \therefore x=150$

따라서 4 %의 소금물의 양은 150 g이다.

8-2 답 A: 300 g, B: 50 g

합금 A가 x g, 합금 B가 y g 필요하다고 하면

$\begin{cases} \dfrac{15}{100}x+\dfrac{10}{100}y=50 \\ \dfrac{15}{100}x+\dfrac{30}{100}y=60 \end{cases}$ 에서 $\begin{cases} 3x+2y=1000 & \cdots\cdots \text{㉠} \\ x+2y=400 & \cdots\cdots \text{㉡} \end{cases}$

㉠$-$㉡을 하면 $2x=600$ $\quad \therefore x=300$

$x=300$을 ㉠에 대입하면

$900+2y=1000$ $\quad \therefore y=50$

따라서 합금 A는 300 g, 합금 B는 50 g이 필요하다.

단원 마무리
개념북 90~92쪽

01 ②	**02** ⑤	**03** ③	**04** ①	**05** ④
06 ⑤	**07** ②	**08** ③	**09** ③	**10** ②
11 ②	**12** 남학생: 160명, 여학생: 140명		**13** ②	
14 140	**15** ③	**16** -13	**17** -1	
18 기차의 길이: 100 m, 기차의 속력: 초속 45 m				

01 $5x-ay=4$에 $x=a$, $y=3$을 대입하면

$5a-3a=4$, $2a=4$ $\quad \therefore a=2$

따라서 주어진 일차방정식은 $5x-2y=4$이므로 $x=-4$,
$y=b$를 대입하면

$-20-2b=4$, $-2b=24$ $\quad \therefore b=-12$

따라서 $a-b=2-(-12)=14$이다.

02 $x-y=4$에 $x=3$, $y=b$를 대입하면

$3-b=4$ $\quad \therefore b=-1$

따라서 주어진 연립방정식의 해가 $(3, -1)$이므로

$ax+y=11$에 $x=3$, $y=-1$을 대입하면

$3a-1=11$, $3a=12$ $\quad \therefore a=4$

03 $\begin{cases} 2x-3y=-7 & \cdots\cdots \text{㉠} \\ 4x+5y=-3 & \cdots\cdots \text{㉡} \end{cases}$ 에서

㉠$\times2-$㉡을 하면 $-11y=-11$ $\quad \therefore y=1$

$y=1$을 ㉠에 대입하면

$2x-3=-7$, $2x=-4$ $\quad \therefore x=-2$

$\therefore x^2-xy+y^2=(-2)^2-(-2)\times1+1^2=7$

04 $\begin{cases} x+2y=8 & \cdots\cdots \text{㉠} \\ y=2x-1 & \cdots\cdots \text{㉡} \end{cases}$ 에서

㉡을 ㉠에 대입하면

$x+2(2x-1)=8$, $x+4x-2=8$

$5x=10$ $\quad \therefore x=2$

$x=2$를 ㉡에 대입하면 $y=4-1=3$

따라서 $x=2$, $y=3$이 $mx-3y=-7$을 만족시키므로

$2m-9=-7$, $2m=2$ $\quad \therefore m=1$

05 찬우는 $x+by=7$을 제대로 보고 풀었으므로 이 식에

$x=5$, $y=1$을 대입하면

$5+b=7$ $\quad \therefore b=2$

태균이는 $ax+y=-4$를 제대로 보고 풀었으므로 이 식에

$x=-3$, $y=-10$을 대입하면

$-3a-10=-4$, $-3a=6$ $\quad \therefore a=-2$

따라서 처음 연립방정식은

$\begin{cases} -2x+y=-4 & \cdots\cdots \text{㉠} \\ x+2y=7 & \cdots\cdots \text{㉡} \end{cases}$

㉠$+$㉡$\times2$를 하면 $5y=10$ $\quad \therefore y=2$

$y=2$를 ㉡에 대입하면

$x+4=7$ $\quad \therefore x=3$

따라서 처음 연립방정식의 해는 $x=3$, $y=2$이다.

06 주어진 연립방정식을 정리하면

$\begin{cases} 2x-3y=5 & \cdots\cdots \text{㉠} \\ x+3y=-2 & \cdots\cdots \text{㉡} \end{cases}$

㉠$+$㉡을 하면 $3x=3$ $\quad \therefore x=1$

$x=1$을 ㉡에 대입하면

$1+3y=-2$, $3y=-3$ $\quad \therefore y=-1$

따라서 $a=1$, $b=-1$이므로

$10ab=10\times1\times(-1)=-10$이다.

07 $x:y=2:3$이므로 $2y=3x$ $\quad \cdots\cdots \text{㉠}$

㉠을 $x-2y=-6$에 대입하면

$x-3x=-6$, $-2x=-6$ $\quad \therefore x=3$

$x=3$을 ㉠에 대입하면 $2y=9$ $\quad \therefore y=\dfrac{9}{2}$

따라서 $x=3$, $y=\dfrac{9}{2}$가 $ax+4y=3$을 만족시키므로

$3a+18=3$, $3a=-15$ $\quad \therefore a=-5$

08 $\begin{cases} x-y+7=2x-3y \\ 3x+y+5=2x-3y \end{cases}$ 에서

$\begin{cases} -x+2y=-7 & \cdots\cdots \text{㉢} \\ x+4y=-5 & \cdots\cdots \text{㉣} \end{cases}$

㉢$+$㉣을 하면 $6y=-12$ $\quad \therefore y=-2$

$y=-2$를 ㉢에 대입하면

$$x-8=-5 \qquad \therefore \ x=3$$
$$\therefore \ x^2+y^2=3^2+(-2)^2=13$$

09 해가 2개 이상, 즉 해가 무수히 많기 위해서는

$$\frac{2}{b}=\frac{a}{9}=\frac{5}{15}$$ 이어야 한다.

$$\frac{2}{b}=\frac{5}{15}$$ 에서 $5b=30 \qquad \therefore \ b=6$

$$\frac{a}{9}=\frac{5}{15}$$ 에서 $15a=45 \qquad \therefore \ a=3$

$$\therefore \ b-a=6-3=3$$

10 해가 없기 위해서는 $\dfrac{3}{b}=\dfrac{a}{2}\neq\dfrac{3}{1}$ 이어야 한다.

$\dfrac{3}{b}=\dfrac{a}{2}$ 에서 $ab=6$이므로 자연수 a, b의 순서쌍 (a,b)는

$(1,6)$, $(2,3)$, $(3,2)$, $(6,1)$이다.

그런데 $\dfrac{3}{b}\neq\dfrac{3}{1}$이므로 $b\neq1$, $\dfrac{a}{2}\neq\dfrac{3}{1}$에서 $a\neq6$이다.

따라서 구하는 순서쌍 (a,b)는 $(1,6)$, $(2,3)$, $(3,2)$로 3개이다.

11 처음 두 자리의 자연수의 십의 자리의 숫자를 x, 일의 자리의 숫자를 y라 하면

$$\begin{cases} x+y=13 \\ 10y+x=10x+y+9 \end{cases} \text{에서} \begin{cases} x+y=13 & \cdots\cdots \text{㉠} \\ x-y=-1 & \cdots\cdots \text{㉡} \end{cases}$$

㉠$+$㉡을 하면 $2x=12 \qquad \therefore \ x=6$

$x=6$을 ㉠에 대입하면 $6+y=13 \qquad \therefore \ y=7$

따라서 각 자리의 숫자의 제곱의 합은 $6^2+7^2=85$이다.

12 남학생을 x명, 여학생을 y명이라고 하면

$$\begin{cases} x+y=300 \\ \dfrac{1}{8}x+\dfrac{3}{10}y=62 \end{cases} \text{에서} \begin{cases} x+y=300 & \cdots\cdots \text{㉠} \\ 5x+12y=2480 & \cdots\cdots \text{㉡} \end{cases}$$

㉠$\times5-$㉡을 하면 $-7y=-980 \qquad \therefore \ y=140$

$y=140$을 ㉠에 대입하면 $x+140=300 \qquad \therefore \ x=160$

따라서 남학생은 160명, 여학생은 140명이다.

13 동생이 자전거를 타고 간 시간을 x시간, 형이 걸어간 시간을 y시간이라고 하면

$$\begin{cases} y=x+\dfrac{1}{2} \\ 12x=4y \end{cases} \text{에서} \begin{cases} 2x-2y=-1 & \cdots\cdots \text{㉠} \\ 3x-y=0 & \cdots\cdots \text{㉡} \end{cases}$$

㉠$-$㉡$\times2$를 하면 $-4x=-1 \qquad \therefore \ x=\dfrac{1}{4}$

$x=\dfrac{1}{4}$을 ㉡에 대입하면 $\dfrac{3}{4}-y=0 \qquad \therefore \ y=\dfrac{3}{4}$

따라서 동생은 출발한 지 $\dfrac{1}{4}\times60=15$(분) 후에 형을 만난다.

14 연립방정식을 세우면

$$\begin{cases} 200-x+y=120 \\ \dfrac{2}{100}\times(200-x)+\dfrac{10}{100}\times y=\dfrac{4}{100}\times120 \end{cases} \text{에서}$$

$$\begin{cases} x-y=80 & \cdots\cdots \text{㉠} \\ x-5y=-40 & \cdots\cdots \text{㉡} \end{cases}$$

㉠$-$㉡을 하면 $4y=120 \qquad \therefore \ y=30$

$y=30$을 ㉠에 대입하면 $x-30=80 \qquad \therefore \ x=110$

$$\therefore \ x+y=110+30=140$$

15 당나귀와 노새가 진 짐의 개수를 각각 x자루, y자루라고 하면

$$\begin{cases} 2(x-1)=y+1 \\ x+1=y-1 \end{cases} \text{에서} \begin{cases} 2x-y=3 & \cdots\cdots \text{㉠} \\ x-y=-2 & \cdots\cdots \text{㉡} \end{cases}$$

㉠$-$㉡을 하면 $x=5$

$x=5$를 ㉡에 대입하면 $5-y=-2 \qquad \therefore \ y=7$

따라서 당나귀와 노새가 진 짐의 개수는 각각 5자루, 7자루이다.

16 **1단계** y의 값이 x의 값의 2배보다 1이 작으므로

$$y=2x-1$$

2단계 연립방정식 $\begin{cases} y=2x-1 & \cdots\cdots \text{㉠} \\ 3x-y=4 & \cdots\cdots \text{㉡} \end{cases}$ 에서

㉠을 ㉡에 대입하면

$$3x-(2x-1)=4, \ 3x-2x+1=4 \qquad \therefore \ x=3$$

$x=3$을 ㉠에 대입하면 $y=6-1=5$

3단계 $x+2y=-k$에 $x=3$, $y=5$를 대입하면

$$3+10=-k \qquad \therefore \ k=-13$$

17 $\begin{cases} 3x-7y-4=-9 \\ -5x+3y=-9 \end{cases}$ 를 정리하면

$$\begin{cases} 3x-7y=-5 & \cdots\cdots \text{㉠} \\ -5x+3y=-9 & \cdots\cdots \text{㉡} \end{cases}$$

㉠$\times5+$㉡$\times3$을 하면 $-26y=-52 \qquad \therefore \ y=2$

$y=2$를 ㉡에 대입하면

$$-5x+6=-9, \ -5x=-15 \qquad \therefore \ x=3 \cdots\cdots ❶$$

$x=3$, $y=2$가 $ax+4y=5$를 만족시키므로

$$3a+8=5, \ 3a=-3 \qquad \therefore \ a=-1 \cdots\cdots ❷$$

단계	채점 기준	비율
❶	연립방정식의 해 구하기	70 %
❷	상수 a의 값 구하기	30 %

18 기차의 길이를 x m, 기차의 속력을 초속 y m라 하면

$$\begin{cases} 5300+x=120y \\ 800+x=20y \end{cases} \text{에서}$$

$$\begin{cases} x-120y=-5300 & \cdots\cdots \text{㉠} \\ x-20y=-800 & \cdots\cdots \text{㉡} \end{cases} \cdots\cdots ❶$$

㉠$-$㉡을 하면 $-100y=-4500 \qquad \therefore \ y=45$

$y=45$를 ㉡에 대입하면

$$x-900=-800 \qquad \therefore \ x=100 \cdots\cdots ❷$$

따라서 기차의 길이는 100 m, 기차의 속력은 초속 45 m이다.

$$\cdots\cdots ❸$$

단계	채점 기준	비율
❶	연립방정식 세우기	40 %
❷	연립방정식의 해 구하기	40 %
❸	기차의 길이, 기차의 속력 구하기	20 %

III | 일차함수

III-1 | 일차함수와 그래프

1 함수와 함숫값

21 함수와 함숫값 개념북 94쪽

◆확인 1◆ 답 (1) 풀이 참조 (2) $y=24-x$ (3) 6

(1)
x(시간)	10	11	12	13	…
y(시간)	14	13	12	11	…

◆확인 2◆ 답

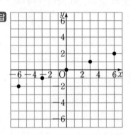

개념 ◆ check 개념북 95쪽

01 답 (1) 풀이 참조 (2) $y=30-2x$

(1)
x(분)	1	2	3	4	5
y(cm)	28	26	24	22	20

02 답 (1) ○ (2) × (3) ○

(1) $y=900x$ (○)

(2) [반례] 5보다 작은 홀수는 1, 3의 2개이다.
따라서 함수가 아니다. (×)

(3) $y=5x$ (○)

03 답 (1) 12 (2) −6

(1) $x=4$일 때, $f(4)=3\times4=12$

(2) $f(-2)=3\times(-2)=-6$

04 답 (1) 풀이 참조 (2) 풀이 참조

(1)
x	−4	−2	0	2	4
y	2	−1	0	1	2

따라서 함수 $y=\dfrac{1}{2}x$의 그래프는 오른쪽 그림과 같다.

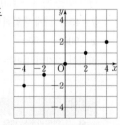

(2)
x	−4	−2	0	2	4
y	4	2	0	−2	−4

따라서 함수 $y=-x$의 그래프는 오른쪽 그림과 같다.

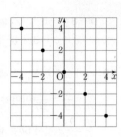

2 일차함수와 그 그래프

22 일차함수와 그 그래프 개념북 96쪽

◆확인 1◆ 답 (1) ○ (2) ×

◆확인 2◆ 답 (1) $y=5x-\dfrac{2}{7}$ (2) $y=-\dfrac{3}{4}x-2$

개념 ◆ check 개념북 97쪽

01 답 ㄴ, ㄷ, ㅁ, ㅅ

ㄱ. x항이 없으므로 x에 대한 일차식이 아니다.

ㄹ. $y=x(x+5)=x^2+5x$이므로 x에 대한 일차식이 아니다.

ㅂ. x가 분모에 있으므로 x에 대한 일차식이 아니다.

ㅇ. $y=x^2-4$는 x에 대한 일차식이 아니다.

따라서 일차함수인 것은 ㄴ, ㄷ, ㅁ, ㅅ이다.

02 답 (1) $y=15+x$ (2) $y=24-x$ (3) $y=x^2$ (4) $y=2x$
일차함수: (1), (2), (4)

(1) $y=15+x$이므로 y는 x의 일차함수이다.

(2) $y=24-x$이므로 y는 x의 일차함수이다.

(3) $y=x^2$이므로 y는 x에 대한 일차함수가 아니다.

(4) $y=2x$이므로 y는 x의 일차함수이다.

따라서 y가 x의 일차함수인 것은 (1), (2), (4)이다.

03 답 (1) $y=\dfrac{3}{2}x-2$ (2) $y=-3x+8$

　　　(3) $y=-4x-3$ (4) $y=-\dfrac{3}{5}x+4$

(1) $y=\dfrac{3}{2}x+2-4$　∴ $y=\dfrac{3}{2}x-2$

(2) $y=-3x+5+3$　∴ $y=-3x+8$

(3) $y=-4x-1-2$　∴ $y=-4x-3$

(4) $y=-\dfrac{3}{5}x-3+7$　∴ $y=-\dfrac{3}{5}x+4$

04 답 (1)

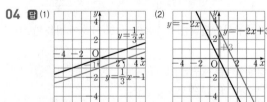

23 일차함수의 그래프의 x절편, y절편 개념북 98쪽

◆확인 1◆ 답 0, 0, $-\dfrac{1}{2}$, 0, 1, $-\dfrac{1}{2}$, 1

◆확인 2◆ 답

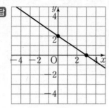

개념•check 개념북 99쪽

01 답 (1) x절편: -2, y절편: 1　(2) x절편: 1, y절편: 3

02 답 (1) x절편: 2, y절편: -6　(2) x절편: $\dfrac{5}{2}$, y절편: 10

(1) $y=3x-6$에 $y=0$을 대입하면

$0=3x-6$ ∴ $x=2$

$y=3x-6$에 $x=0$을 대입하면 $y=-6$

따라서 일차함수 $y=3x-6$의 x절편은 2, y절편은 -6

이다.

(2) $y=-4x+10$에 $y=0$을 대입하면

$0=-4x+10$ ∴ $x=\dfrac{5}{2}$

$y=-4x+10$에 $x=0$을 대입하면 $y=10$

따라서 일차함수 $y=-4x+10$의 x절편은 $\dfrac{5}{2}$, y절편은

10이다.

03 답 (1) x절편 : 3, y절편 : 2　(2) 3, 2, 풀이 참조

(1) $y=-\dfrac{2}{3}x+2$에 $y=0$을 대입하면

$0=-\dfrac{2}{3}x+2$ ∴ $x=3$

$y=-\dfrac{2}{3}x+2$에 $x=0$을 대입하면 $y=2$

따라서 일차함수 $y=-\dfrac{2}{3}x+2$의 x절편은 3, y절편은

2이다.

(2) 일차함수 $y=-\dfrac{2}{3}x+2$의 그래

프는 두 점 $(\boxed{3}, 0)$, $(0, \boxed{2})$

를 지나므로 이 두 점을 직선으

로 연결하면 오른쪽 그림과 같

다.

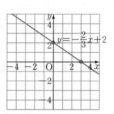

04 답 (1) x절편: 2, y절편: -3　(2) x절편: -2, y절편: -2

(1) $y=\dfrac{3}{2}x-3$에 $y=0$을 대입하면

$0=\dfrac{3}{2}x-3$ ∴ $x=2$

$y=\dfrac{3}{2}x-3$에 $x=0$을 대입하면 $y=-3$

따라서 일차함수 $y=\dfrac{3}{2}x-3$의 x절편은 2, y절편은

-3이다. 또한 x축과 만나는 점 $(2, 0)$, y축과 만나는

점 $(0, -3)$을 좌표평면 위에 나타내어 직선으로 연결

하면 일차함수 $y=\dfrac{3}{2}x-3$의 그래프가 된다.

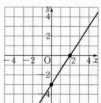

(2) $y=-x-2$에 $y=0$을 대입하면

$0=-x-2$ ∴ $x=-2$

$y=-x-2$에 $x=0$을 대입하면 $y=-2$

따라서 일차함수 $y=-x-2$의 x절편은 -2, y절편은

-2이다. 또한 x축과 만나는 점 $(-2, 0)$, y축과 만나

는 점 $(0, -2)$를 좌표평면 위에 나타내어 직선으로 연

결하면 일차함수 $y=-x-2$의 그래프가 된다.

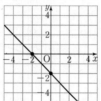

24 일차함수의 그래프의 기울기 개념북 100쪽

◆확인 1◆ 답 -3, -2, $\dfrac{3}{2}$

◆확인 2◆ 답 풀이 참조

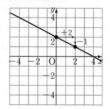

개념•check 개념북 101쪽

01 답 (1) $\dfrac{5}{4}$　(2) -1　(3) -3　(4) 1

x의 값의 증가량에 대한 y의 값의 증가량의 비율은 기울기

이고 그 값은 x의 계수와 같다.

(1) $y=\dfrac{5}{4}x-5$에서 구하는 것은 $\dfrac{5}{4}$이다.

(2) $y=-x+4$에서 구하는 것은 -1이다.

(3) $y=7-3x=-3x+7$에서 구하는 것은 -3이다.

(4) $y=x+2$에서 구하는 것은 1이다.

02 답 (1) -4　(2) 4

(1) (기울기) $=\dfrac{(\,y\text{의 값의 증가량}\,)}{4}=-1$에서

y의 값의 증가량은 -4이다.

(2) (기울기) $=\dfrac{(\,y\text{의 값의 증가량}\,)}{9-(-1)}=\dfrac{2}{5}$에서

y의 값의 증가량은 4이다.

03 답 (1) 1 (2) 2 (3) $-\dfrac{1}{2}$ (4) $-\dfrac{9}{2}$

(1) (기울기)$=\dfrac{3-1}{1-(-1)}=\dfrac{2}{2}=1$

(2) (기울기)$=\dfrac{5-1}{2-0}=\dfrac{4}{2}=2$

(3) (기울기)$=\dfrac{3-(-3)}{-11-1}=\dfrac{6}{-12}=-\dfrac{1}{2}$

(4) (기울기)$=\dfrac{-7-2}{3-1}=\dfrac{-9}{2}=-\dfrac{9}{2}$

04 답 (1) 풀이 참조 (2) 풀이 참조

(1) 일차함수 $y=\dfrac{1}{3}x-2$의 그래프에서 y절편이 -2이므로 점

$(0,\,-2)$를 좌표평면 위에 나타낸다. 또, 기울기가 $\dfrac{1}{3}$이

므로 점 $(0,\,-2)$에서 x의 값이 3만큼, y의 값이 1만큼

증가한 점 $(3,\,-1)$을 좌표평면 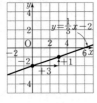 위에 나타낸다. 따라서 두 점 $(0,\,-2)$, $(3,\,-1)$을 직선으로 연결한 일차함수 $y=\dfrac{1}{3}x-2$의 그 래프는 오른쪽 그림과 같다.

(2) 일차함수 $y=-2x+2$의 그래프에서 y절편이 2이므로 점 $(0,\,2)$를 좌표평면 위에 나타낸다. 또, 기울기가 -2이므로 점 $(0,\,2)$에서 x의 값이 1만큼, y의 값이 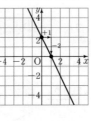 -2만큼 증가한 점 $(1,\,0)$을 좌 표평면 위에 나타낸다. 따라서 두 점 $(0,\,2)$, $(1,\,0)$ 을 직선으로 연결한 일차함수 $y=-2x+2$의 그래프는 오른쪽 그림과 같다.

유형•check ───── 개념북 102~105쪽

1 답 (1) -8 (2) $\dfrac{1}{4}$

(1) $f(12)=-\dfrac{3}{4}\times 12+1=-9+1=-8$

(2) $f(12)=\dfrac{3}{12}=\dfrac{1}{4}$

1-1 답 3

$f(-4)=-\dfrac{1}{2}\times(-4)+3=5,\ f(2)=-\dfrac{1}{2}\times 2+3=2$

이므로 $f(-4)-f(2)=5-2=3$

1-2 답 ①

$f\left(\dfrac{3}{2}\right)=2\times\dfrac{3}{2}+5=3+5=8$에서 $a=8$

$f(b)=2b+5=-3$에서 $2b=-8,\ b=-4$이므로

$\dfrac{a}{b}=\dfrac{8}{-4}=-2$

2 답 ③, ④, ⑤

① $y=\pi x^2$

② (속력)$=\dfrac{(거리)}{(시간)}$이므로 $y=\dfrac{10}{x}$

③ $y=700x+500$

④ $300=x+y$에서 $y=300-x$

⑤ $y=5x$

따라서 y가 x의 일차함수인 것은 ③, ④, ⑤이다.

2-1 답 ㄱ, ㄷ

ㄱ. $y=12x$

ㄴ. $20=\dfrac{1}{2}\times x\times y$, 즉 $y=\dfrac{40}{x}$

ㄷ. $y=40+3x$

따라서 y가 x의 일차함수인 것은 ㄱ, ㄷ이다.

2-2 답 $y=0.2x+2000$, 일차함수이다.

사과 x개의 무게가 $0.2x\,$kg이므로 사과 x개를 실은 트럭의 무게는 $(0.2x+2000)\,$kg이다.

따라서 x와 y 사이의 관계식은 $y=0.2x+2000$이므로 y는 x의 일차함수이다.

3 답 0

일차함수 $y=-3x+p$의 그래프를 y축의 방향으로 2만큼 평행이동한 직선을 그래프로 하는 일차함수의 식은

$y=-3x+p+2$

이 식이 $y=qx-1$과 같으므로 $q=-3$

또, $p+2=-1$에서 $p=-3$

$\therefore p-q=-3-(-3)=0$

3-1 답 -6

$y=2x-3$의 그래프는 $y=2x$의 그래프를 y축의 방향으로 -3만큼 평행이동한 것이므로

$a=2,\ b=-3$

$\therefore ab=2\times(-3)=-6$

3-2 답 ③

③ $y=-\dfrac{1}{2}x$의 그래프를 y축의 방향으로 4만큼 평행이동

하면 $y=-\dfrac{1}{2}x+4$의 그래프와 겹쳐진다.

4 답 x절편: $\dfrac{3}{2}$, y절편: -3

일차함수 $y=2x$의 그래프를 y축의 방향으로 -3만큼 평행이동한 직선을 그래프로 하는 일차함수의 식은

$y=2x-3$

$y=2x-3$에 $y=0$을 대입하면

$0=2x-3$ $\therefore x=\dfrac{3}{2}$

$y=2x-3$에 $x=0$을 대입하면 $y=-3$

따라서 x절편은 $\dfrac{3}{2}$, y절편은 -3이다.

4-1 답 ③

주어진 일차함수 $y=\dfrac{1}{3}x-b$의 그래프의 x절편이 3이므로

$y=\dfrac{1}{3}x-b$에 $x=3,\ y=0$을 대입하면

$0=1-b$ $\therefore b=1$

즉, 일차함수의 식은 $y=\dfrac{1}{3}x-1$이다.

점 A의 좌표는 그래프의 y절편이므로 $y=\frac{1}{3}x-1$에 $x=0$
을 대입하면 $y=-1$
따라서 점 A의 좌표는 $(0,\ -1)$이다.

4-2 답 ②

y절편이 -2이므로 $b=-2$

즉, $y=ax-2$이고 x절편이 3이므로

$y=ax-2$에 $x=3,\ y=0$을 대입하면

$0=3a-2$에서 $a=\frac{2}{3}$

$\therefore a+b=\frac{2}{3}+(-2)=-\frac{4}{3}$

5 답 ②

(기울기)$=\dfrac{(y\text{의 값의 증가량})}{(x\text{의 값의 증가량})}=\dfrac{-6}{3}=-2$

따라서 기울기, 즉 x의 계수가 -2인 일차함수는 ②이다.

5-1 답 -2

기울기는 a이므로 $a=\dfrac{-4}{2}=-2$

5-2 답 ③

x절편이 3이고 y절편이 -2이므로 일차함수의 그래프는
두 점 $(3,\ 0),\ (0,\ -2)$를 지난다.

두 점 $(3,\ 0),\ (0,\ -2)$를 지나는 직선의 기울기는

$\dfrac{-2-0}{0-3}=\dfrac{2}{3}$

따라서 주어진 일차함수의 그래프의 기울기는 $\dfrac{2}{3}$이다.

6 답 -5

두 점 $(1,\ 0),\ (-3,\ 4)$를 지나는 직선의 기울기와 두 점
$(1,\ 0),\ (6,\ k)$를 지나는 직선의 기울기가 같으므로

$\dfrac{4-0}{-3-1}=\dfrac{k-0}{6-1},\ -1=\dfrac{k}{5}$ $\therefore k=-5$

6-1 답 3

세 점이 한 직선 위에 있으므로 어느 두 점을 택해도 직선
의 기울기는 같다. 따라서 두 점 $(2,\ -1),\ (-2,\ -3)$을
지나는 직선의 기울기와 두 점 $(4k,\ k+1),\ (-2,\ -3)$
을 지나는 직선의 기울기가 같으므로

$\dfrac{-3-(-1)}{-2-2}=\dfrac{-3-(k+1)}{-2-4k}$

즉, $\dfrac{1}{2}=\dfrac{-k-4}{-4k-2},\ -2k-8=-4k-2$

$2k=6$ $\therefore k=3$

6-2 답 2

두 점 $(-1,\ 6),\ (1,\ 3a-4)$를 지나는 직선의 기울기와
두 점 $(-1,\ 6),\ (2,\ a-2)$를 지나는 직선의 기울기가 같
으므로

$\dfrac{(3a-4)-6}{1-(-1)}=\dfrac{(a-2)-6}{2-(-1)}$

즉, $\dfrac{3a-10}{2}=\dfrac{a-8}{3},\ 9a-30=2a-16$

$7a=14$ $\therefore a=2$

7 답 ③

$y=\frac{3}{5}x-3$에 $y=0$을 대입하면

$0=\frac{3}{5}x-3$ $\therefore x=5$

따라서 일차함수 $y=\frac{3}{5}x-3$의 그래프의 x절편은 5이고,
y절편은 -3이므로 그래프로 알맞은 것은 ③이다.

7-1 답 ②

y절편이 -2이므로 점 $(0,\ -2)$를 지난다.

또, 기울기가 $\frac{2}{3}$이므로 점 $(0,\ -2)$에서 x의 값이 3만큼
증가, y의 값이 2만큼 증가한 점 $(3,\ 0)$
을 지난다.

따라서 이 일차함수의 그래프는 오른쪽
그림과 같으므로 그래프가 지나지 않는
사분면은 제2사분면이다.

7-2 답 제2사분면

x절편이 5, y절편이 -2이므로 일차함수의 그래프는 두 점
$(5,\ 0),\ (0,\ -2)$를 지난다.

두 점 $(5,\ 0),\ (0,\ -2)$를 직선으로
연결한 일차함수의 그래프는 오른쪽
그림과 같으므로 그래프가 지나지
않는 사분면은 제2사분면이다.

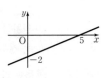

8 답 9

$y=\frac{1}{2}x+3$에 $y=0$을 대입하면

$0=\frac{1}{2}x+3$ $\therefore x=-6$

즉, x절편은 -6이고 y절편은 3이다.

따라서 $y=\frac{1}{2}x+3$의 그래프는 오른
쪽 그림과 같으므로 구하는 넓이는

$\dfrac{1}{2}\times6\times3=9$

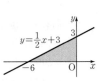

8-1 답 25

$y=x+5$에 $y=0$을 대입하면

$0=x+5$ $\therefore x=-5$

즉, x절편은 -5이고 y절편은 5이다.

또, $y=-x+5$에 $y=0$을 대입하면

$0=-x+5$ $\therefore x=5$

즉, x절편은 5이고 y절편은 5이다.

따라서 $y=x+5,\ y=-x+5$의 그
래프는 오른쪽 그림과 같으므로 구
하는 넓이는 $\dfrac{1}{2}\times10\times5=25$

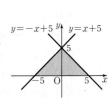

8-2 답 $-\dfrac{5}{4}$

$y=ax+5$에 $y=0$을 대입하면

$0=ax+5$ $\therefore x=-\dfrac{5}{a}$

즉, x절편은 $-\dfrac{5}{a}$이다.

따라서 오른쪽 그림에서 색칠한 부분의
넓이가 10이므로

$$\frac{1}{2} \times \left(-\frac{5}{a}\right) \times 5 = 10, \quad -\frac{25}{2a} = 10$$

$$20a = -25 \quad \therefore a = -\frac{5}{4}$$

| 다른 풀이 | 색칠한 삼각형의 밑변의 길이를 m이라 하면 높이가 5, 넓이가 10이므로 $\frac{1}{2} \times m \times 5 = 10, \frac{5}{2}m = 10 \quad \therefore m = 4$
따라서 x의 값이 4만큼 증가할 때 y의 값은 5만큼 감소하므로 $a = -\frac{5}{4}$이다.

3 일차함수의 그래프의 성질

25 일차함수 $y = ax + b$의 그래프의 성질 개념북 106쪽

◆확인 1◆ 답 (1) ㄴ, ㄷ   (2) ㄴ, ㄷ   (3) ㄴ, ㄹ

(1) 일차함수의 그래프가 오른쪽 아래로 향하는 것은 기울기가 음수인 경우이므로 ㄴ, ㄷ이다.

(2) 일차함수의 그래프에서 x의 값이 증가할 때 y의 값은 감소하는 경우는 기울기가 음수일 때이므로 ㄴ, ㄷ이다.

(3) 일차함수의 그래프에서 y축과 음의 부분에서 만나는 경우는 y절편이 음수일 때이므로 ㄴ, ㄹ이다.

◆확인 2◆ 답 음수, 양수, <, >

개념◆check ——————————— 개념북 107쪽

01 답 (1) ㄱ, ㄴ, ㅂ   (2) ㄹ   (3) ㄴ, ㅁ

(1) 오른쪽 위로 향하는 직선은 $y = ax + b$에서 $a > 0$인 것이다. 즉, ㄱ, ㄴ, ㅂ이다.

(2) 원점을 지나는 직선은 $y = ax + b$에서 $b = 0$인 것이다. 즉, ㄹ이다.

(3) y축과 음의 부분에서 만나는 직선은 $y = ax + b$에서 $b < 0$인 것이다. 즉, ㄴ, ㅁ이다.

02 답 (1) $a > 0$, $b > 0$ (2) $a < 0$, $b < 0$

(1) 그래프가 오른쪽 위로 향하므로 $a > 0$
y축과 양의 부분에서 만나므로 $b > 0$

(2) 그래프가 오른쪽 아래로 향하므로 $a < 0$
y축과 음의 부분에서 만나므로 $b < 0$

03 답 제4사분면

일차함수 $y = ax - b$에서 $a > 0$이므로 기울기는 양수이다. 또한 $b < 0$에서 $-b > 0$이므로 y절편은 양수이다. 따라서 오른쪽 그림과 같이 일차함수 $y = ax - b$의 그래프가 지나지 않는 사분면은 제4사분면이다.

04 답 ②

일차함수 $y = -ax + b$의 그래프가 오른쪽 아래로 향하므로 $-a < 0 \quad \therefore a > 0$

또한 y절편이 음수이므로 $b < 0$
따라서 옳은 것은 ②이다.

26 일차함수의 그래프의 평행과 일치 개념북 108쪽

◆확인 1◆ 답 (1) -1 (2) 4   (3) -3, 평행하다

◆확인 2◆ 답 (1) $-\frac{1}{2}$ (2) $-\frac{3}{2}$

개념◆check ——————————— 개념북 109쪽

01 답 평행: ㄴ과 ㄹ, 일치: ㄷ과 ㅂ

ㅂ. $y = 3(x - 1) + 4 = 3x + 1$
서로 평행한 것은 기울기가 같고 y절편이 다른 ㄴ과 ㄹ이고, 서로 일치하는 것은 기울기와 y절편이 각각 같은 ㄷ과 ㅂ이다.

02 답 $-\frac{3}{2}$

두 그래프가 서로 평행하면 기울기는 같고 y절편은 다르므로
$-2a = 3 \quad \therefore a = -\frac{3}{2}$

03 답 (1) 4   (2) $-\frac{1}{3}$

(1) 두 그래프가 서로 평행하면 기울기는 같고 y절편은 다르므로 $a = 4$

(2) 두 그래프가 서로 평행하면 기울기는 같고 y절편은 다르므로 $a = -\frac{1}{3}$

04 답 $a = -\frac{3}{2}$, $b = 8$

두 그래프가 일치하면 기울기가 같고 y절편도 같으므로
$\frac{3}{2} = -a, \frac{b}{2} = 4 \quad \therefore a = -\frac{3}{2}, b = 8$

27 일차함수의 식 구하기 개념북 110쪽

◆확인 1◆ 답 풀이 참조

x절편이 -4, y절편이 2이므로 두 점 $(-4, 0)$, $(0, 2)$를 지나고, 이 직선의 기울기는

$$\frac{\boxed{2} - 0}{0 - (\boxed{-4})} = \frac{\boxed{2}}{\boxed{4}} = \boxed{\frac{1}{2}}$$

구하는 일차함수의 식을 $y = \boxed{\frac{1}{2}} x + b$로 놓자.

점 $(0, 2)$를 지나므로 $x = 0$, $y = 2$를 대입하면
$2 = \boxed{0} + b \quad \therefore b = 2$

따라서 구하는 일차함수의 식은 $y = \boxed{\frac{1}{2}} x + \boxed{2}$이다.

개념◆check ——————————— 개념북 111쪽

01 답 (1) $y = -3x - 2$ (2) $y = 2x + \frac{1}{3}$

(1) 기울기가 -3이고 y절편이 -2인 직선을 그래프로 하는 일차함수의 식은 $y=-3x-2$이다.

(2) 기울기가 2이고 y절편이 $\dfrac{1}{3}$인 직선을 그래프로 하는 일차함수의 식은 $y=2x+\dfrac{1}{3}$이다.

02 답 (1) $y=2x+1$ (2) $y=-4x+8$

(1) 기울기가 2이므로 구하는 일차함수의 식을 $y=2x+b$로 놓자. 점 $(1,\ 3)$을 지나므로 $x=1,\ y=3$을 대입하면
$3=2+b$ ∴ $b=1$
따라서 구하는 일차함수의 식은 $y=2x+1$이다.

(2) 기울기가 -4이므로 구하는 일차함수의 식을 $y=-4x+b$로 놓자. 점 $(1,\ 4)$를 지나므로 $x=1,\ y=4$를 대입하면
$4=-4+b$ ∴ $b=8$
따라서 구하는 일차함수의 식은 $y=-4x+8$이다.

03 답 (1) $y=-3x+5$ (2) $y=3x-10$

(1) 두 점 $(1,\ 2),\ (3,\ -4)$를 지나는 직선의 기울기는
$\dfrac{-4-2}{3-1}=\dfrac{-6}{2}=-3$
구하는 일차함수의 식을 $y=-3x+b$로 놓자.
점 $(1,\ 2)$를 지나므로 $x=1,\ y=2$를 대입하면
$2=-3+b$ ∴ $b=5$
따라서 구하는 일차함수의 식은 $y=-3x+5$이다.

(2) 두 점 $(4,\ 2),\ (6,\ 8)$을 지나는 직선의 기울기는
$\dfrac{8-2}{6-4}=\dfrac{6}{2}=3$
구하는 일차함수의 식을 $y=3x+b$로 놓자.
점 $(4,\ 2)$를 지나므로 $x=4,\ y=2$를 대입하면
$2=12+b$ ∴ $b=-10$
따라서 구하는 일차함수의 식은 $y=3x-10$이다.

04 답 (1) $y=2x+4$ (2) $y=-\dfrac{1}{2}x+2$

(1) x절편이 -2, y절편이 4인 직선은 두 점 $(-2,\ 0),\ (0,\ 4)$를 지나므로 기울기는
$\dfrac{4-0}{0-(-2)}=\dfrac{4}{2}=2$
이때 y절편이 4이므로 구하는 일차함수의 식은
$y=2x+4$이다.

(2) x절편이 4, y절편이 2인 직선은 두 점 $(4,\ 0),\ (0,\ 2)$를 지나므로 기울기는
$\dfrac{2-0}{0-4}=\dfrac{2}{-4}=-\dfrac{1}{2}$
이때 y절편이 2이므로 구하는 일차함수의 식은
$y=-\dfrac{1}{2}x+2$이다.

 개념북 112~115쪽

1 답 ②

일차함수 $y=3x-6$의 그래프는 오른쪽 그림과 같다.
② y절편이 음수이므로 y축과 음의 부분에서 만난다.

1-1 답 ㄴ, ㄷ

일차함수 $y=-2x+4$의 그래프는 오른쪽 그림과 같다.
ㄱ. 기울기가 음수이므로 x의 값이 증가하면 y의 값은 감소한다.
ㄴ. $x=3,\ y=-2$일 때,
$-2=(-2)\times3+4$로 등식이 성립하므로 점 $(3,\ -2)$를 지난다.
ㄹ. 제1, 2, 4사분면을 지난다.
따라서 옳은 것은 ㄴ, ㄷ이다.

1-2 답 ㄱ, ㄹ

그래프가 오른쪽 위로 향하는 직선은 (기울기)>0이므로 ㄱ, ㄹ이다.

2 답 $a<0,\ b<0$

$y=-abx+b$의 그래프에서 기울기는 $-ab$, y절편은 b이다.
그래프가 오른쪽 아래로 향하므로
$-ab<0$ ∴ $ab>0$ …… ㉠
y축과 음의 부분에서 만나므로 $b<0$
$b<0$이므로 ㉠에서 $a<0$
∴ $a<0,\ b<0$

2-1 답 제3사분면

$y=-ax+b$의 그래프가 오른쪽 위로 향하므로
$-a>0$ ∴ $a<0$
y축과 음의 부분에서 만나므로 $b<0$
즉, $\dfrac{b}{a}>0$에서 $-\dfrac{b}{a}<0$이고 $-a>0$이므로 $y=-\dfrac{b}{a}x-a$의 그래프는 오른쪽 그림과 같다.

따라서 일차함수 $y=-\dfrac{b}{a}x-a$의 그래프는 제3사분면을 지나지 않는다.

2-2 답 제2사분면

$\dfrac{b}{a}<0$이므로 a와 b의 부호는 서로 다르다. 이때 $a>b$이므로 $a>0,\ b<0$이다.
따라서 일차함수 $y=ax+b$의 그래프는 오른쪽 그림과 같으므로 제2사분면을 지나지 않는다.

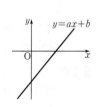

3 답 $a=-1,\ b\neq-2$

기울기가 같고 y절편이 달라야 하므로 $a=-1,\ 2\neq-b$
∴ $a=-1,\ b\neq-2$

3-1 답 ③

주어진 일차함수의 그래프의 기울기는 $\dfrac{4}{6}=\dfrac{2}{3}$이다.
이때 평행한 것이므로 기울기는 $\dfrac{2}{3}$로 같고 y절편은 4와 달라야 한다.
따라서 구하는 것은 ③이다.

3-2 답 ①

두 일차함수 $y=(2a+1)x-3$, $y=-(a+5)x+2$의 그 래프의 기울기가 같아야 하므로

$2a+1=-(a+5)$, $2a+1=-a-5$

$3a=-6$ ∴ $a=-2$

4 답 ③

기울기와 y절편이 각각 같아야 하므로

$3=\dfrac{a}{2}$, $-\dfrac{b}{2}=\dfrac{3}{2}$ ∴ $a=6$, $b=-3$

∴ $\dfrac{b}{a}=\dfrac{-3}{6}=-\dfrac{1}{2}$

4-1 답 -4

기울기와 y절편이 각각 같아야 하므로

$-3=2a$, $2b=5$ ∴ $a=-\dfrac{3}{2}$, $b=\dfrac{5}{2}$

∴ $a-b=-\dfrac{3}{2}-\dfrac{5}{2}=-4$

4-2 답 $a=-\dfrac{2}{3}$, $b=-12$

일차함수 $y=-2x+7$의 그래프를 y축의 방향으로 b만큼 평행이동한 직선을 그래프로 하는 일차함수의 식은

$y=-2x+7+b$

이 그래프와 일차함수 $y=3ax-5$의 그래프가 일치하므로 그래프의 기울기와 y절편이 각각 같아야 한다. 즉

$-2=3a$, $7+b=-5$ ∴ $a=-\dfrac{2}{3}$, $b=-12$

5 답 $y=-\dfrac{3}{5}x+4$

(기울기)$=\dfrac{(y의\ 값의\ 증가량)}{(x의\ 값의\ 증가량)}=\dfrac{-3}{5}=-\dfrac{3}{5}$

따라서 기울기가 $-\dfrac{3}{5}$이고 y절편이 4인 직선을 그래프로 하는 일차함수의 식은 $y=-\dfrac{3}{5}x+4$이다.

5-1 답 $y=x+1$

구하는 일차함수의 식을 $y=ax+a$라 하면 이 그래프가 점 $(4,5)$를 지나므로

$5=4a+a$, $5a=5$ ∴ $a=1$

따라서 구하는 일차함수의 식은 $y=x+1$이다.

5-2 답 2

두 일차함수 $y=x-2$, $y=ax+b$의 그래프의 기울기가 같으므로 $a=1$

이때 $y=x+b$의 그래프의 y절편이 b이고 $\overline{PQ}=3$, $b>-2$이므로 오른쪽 그림에서

$b-(-2)=3$ ∴ $b=1$

∴ $a+b=1+1=2$

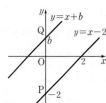

6 답 1

기울기가 $\dfrac{-6}{2}=-3$이므로 $a=-3$

$y=-3x+b$의 그래프가 점 $(-2,3)$을 지나므로 $x=-2$, $y=3$을 대입하면

$3=6+b$ ∴ $b=-3$

∴ $\dfrac{b}{a}=\dfrac{-3}{-3}=1$

6-1 답 ④

기울기가 $\dfrac{6}{-1-(-3)}=3$이므로 $a=3$

$y=3x+b$의 그래프가 점 $(3,7)$을 지나므로 $x=3$, $y=7$을 대입하면

$7=9+b$ ∴ $b=-2$

∴ $a+b=3+(-2)=1$

6-2 답 $y=4x+12$

$y=4x-2$의 그래프와 서로 평행하므로 구하는 일차함수의 그래프의 기울기는 4이다.

구하는 일차함수의 식을 $y=4x+b$로 놓으면 일차함수 $y=2x+6$의 그래프와 x축 위에서 만나므로 x절편이 같다.

$y=2x+6$에 $y=0$을 대입하면

$0=2x+6$ ∴ $x=-3$

즉, x절편이 -3이므로 $y=4x+b$의 그래프가 점 $(-3,0)$을 지난다.

$y=4x+b$에 $x=-3$, $y=0$을 대입하면

$0=-12+b$ ∴ $b=12$

따라서 구하는 일차함수의 식은 $y=4x+12$이다.

7 답 $y=-\dfrac{3}{4}x-\dfrac{5}{4}$

두 점 $(-3,1)$, $(1,-2)$를 지나는 직선의 기울기는

$\dfrac{-2-1}{1-(-3)}=-\dfrac{3}{4}$

구하는 일차함수의 식을 $y=-\dfrac{3}{4}x+b$로 놓으면

점 $(1,-2)$를 지나므로

$-2=-\dfrac{3}{4}+b$ ∴ $b=-\dfrac{5}{4}$

따라서 구하는 일차함수의 식은 $y=-\dfrac{3}{4}x-\dfrac{5}{4}$이다.

7-1 답 5

두 점 $(-3,2)$, $(1,4)$를 지나므로 기울기는

$\dfrac{4-2}{1-(-3)}=\dfrac{2}{4}=\dfrac{1}{2}$

구하는 일차함수의 식을 $y=\dfrac{1}{2}x+b$로 놓으면 점 $(1,4)$를 지나므로

$4=\dfrac{1}{2}+b$ ∴ $b=\dfrac{7}{2}$

따라서 $y=\dfrac{1}{2}x+\dfrac{7}{2}$의 그래프가 점 $(3,k)$를 지나므로

$k=\dfrac{3}{2}+\dfrac{7}{2}=5$

7-2 답 $y=-3x+3$

두 점 $(1,2)$, $(3,-4)$를 지나는 직선의 기울기는

$\dfrac{-4-2}{3-1}=\dfrac{-6}{2}=-3$

$y=-3x+b$로 놓으면 점 $(1,2)$를 지나므로 $x=1$, $y=2$를 대입하면

$2=-3+b$ ∴ $b=5$

따라서 일차함수 $y=-3x+5$의 그래프를 y축의 방향으로 -2만큼 평행이동한 직선을 그래프로 하는 일차함수의 식은 $y=-3x+5-2$, 즉 $y=-3x+3$이다.

8 🔲 ⑤

x절편이 3, y절편이 -2인 직선은 두 점 $(3, 0)$, $(0, -2)$를 지나므로 기울기는

$$\frac{-2-0}{0-3}=\frac{-2}{-3}=\frac{2}{3}$$

y절편이 -2이므로 구하는 일차함수의 식은 $y=\frac{2}{3}x-2$이다.

이 함수의 그래프가 점 $(3a, a)$를 지나므로 $x=3a$, $y=a$를 대입하면

$$a=\frac{2}{3}\times 3a-2,\ a=2a-2 \quad \therefore a=2$$

8-1 🔲 ①

x절편이 3, y절편이 4인 직선은 두 점 $(3, 0)$, $(0, 4)$를 지나므로 기울기는

$$\frac{4-0}{0-3}=-\frac{4}{3}$$

따라서 이 직선을 그래프로 하는 일차함수의 식은

$$y=-\frac{4}{3}x+4$$

이 일차함수의 그래프를 y축의 방향으로 -8만큼 평행이동한 직선을 그래프로 하는 일차함수의 식은

$$y=-\frac{4}{3}x+4-8,\ \text{즉}\ y=-\frac{4}{3}x-4$$

이 식에 $y=0$을 대입하면

$$0=-\frac{4}{3}x-4,\ \frac{4}{3}x=-4 \quad \therefore x=-3$$

따라서 구하는 x절편은 -3이다.

8-2 🔲 $y=\frac{5}{3}x+5$

$y=\frac{1}{3}x+1$의 그래프와 x축 위에서 만나므로 $y=0$을 대입하면

$$0=\frac{1}{3}x+1,\ -\frac{1}{3}x=1 \quad \therefore x=-3$$

즉, 점 $(-3, 0)$를 지난다.

$y=-\frac{1}{2}x+5$의 그래프와 y축 위에서 만나므로 $x=0$을 대입하면 $y=5$

즉, 점 $(0, 5)$를 지난다.

따라서 두 점 $(-3, 0)$, $(0, 5)$를 지나므로 기울기는

$$\frac{5-0}{0-(-3)}=\frac{5}{3}$$

이때 y절편은 5이므로 일차함수의 식을 구하면

$$y=\frac{5}{3}x+5$$이다.

28 일차함수의 활용

개념북 116쪽

◆확인 1◆ 🔲 (1) 풀이 참조 (2) $y=3x+10$

(1)

x(분)	0	1	2	3	4	5
y(℃)	10	13	16	19	22	25

(2) 1분 지날 때마다 3℃씩 올라가므로

$$y=10+3x=3x+10$$

◆확인 2◆ 🔲 풀이 참조

x분 후 병에 남아 있는 링거액의 양을 y mL라 하자.
처음 링거액의 양은 🔲900🔲 mL이고, x분이 지남에 따라 링거액의 양은 🔲$3x$🔲 mL씩 줄어들기 때문에 x와 y 사이의 관계를 식으로 나타내면
$y=$🔲$900-3x$🔲이다.
구하는 값은 $y=$🔲0🔲일 때, x의 값이므로 $x=$🔲300🔲
구한 값이 문제의 조건을 만족시키므로 🔲300🔲분 후에 링거 주사를 다 맞게 된다.

개념◆check

개념북 117쪽

01 🔲 (1) $y=0.6x+331$ (2) 초속 340 m

(1) 기온이 x℃일 때 소리의 속력을 초속 y m라 하자.
기온이 1℃ 오를 때마다 소리의 속력이 초속 0.6 m씩 증가하므로 기온이 x℃ 올라가면 소리의 속력은 초속 $0.6x$ m 증가한다. 따라서 x와 y 사이의 관계를 식으로 나타내면 $y=331+0.6x$이다.

(2) $y=331+0.6x$에 $x=15$를 대입하면
$$y=331+0.6\times 15=340$$
따라서 기온이 15℃일 때 소리의 속력은 초속 340 m이다.

02 🔲 (1) $y=60-\frac{1}{12}x$ (2) 35 L

(1) 휘발유 1 L로 12 km를 달리므로 1 km를 달리는 데 필요한 휘발유의 양은 $\frac{1}{12}$ L이다.
x km를 달린 후 남은 휘발유의 양을 y L라 하고, x와 y 사이의 관계를 식으로 나타내면 $y=60-\frac{1}{12}x$이다.

(2) $y=60-\frac{1}{12}x$에 $x=300$을 대입하면
$$y=60-\frac{1}{12}\times 300=35$$
따라서 300 km를 달린 후 남아 있는 휘발유의 양은 35 L이다.

03 🔲 (1) $y=2x+10$ (2) 8분

(1) 물의 높이가 2분마다 4 cm씩 높아지므로 1분마다 2 cm씩 높아진다. 물을 채우기 시작한 지 x분 후의 물의 높이를 y cm라 하고, x와 y 사이의 관계를 식으로 나타내면 $y=10+2x$이다.

(2) $y=10+2x$에 $y=26$을 대입하면
$$26=10+2x,\ 2x=16 \quad \therefore x=8$$
따라서 물의 높이가 26 cm가 되는 것은 물을 채우기 시작한 지 8분 후이다.

04 답 (1) $y=-8x+150$ (2) 22 m

(1) 물건이 5초마다 40 m씩 떨어지고 있으므로 1분마다
8 m씩 떨어진다.

x초 후에는 $8x$ m만큼 떨어지므로 x와 y 사이의 관계를
식으로 나타내면 $y=150-8x$, 즉 $y=-8x+150$이다.

(2) $y=-8x+150$에 $x=16$을 대입하면
$y=-8\times16+150$ $\therefore y=22$

따라서 16초 후의 물건의 높이는 22 m이다.

유형·check ──────── 개념북 118~119쪽

1 답 60분

양초의 길이가 3분마다 1 cm씩 짧아지므로 1분마다 $\dfrac{1}{3}$ cm
씩 짧아진다.

불을 붙인 지 x분 후의 남은 양초의 길이를 y cm라 하고,
x와 y 사이의 관계를 식으로 나타내면 $y=25-\dfrac{1}{3}x$이다.

$y=25-\dfrac{1}{3}x$에 $y=5$를 대입하면

$5=25-\dfrac{1}{3}x,\ \dfrac{1}{3}x=20$ $\therefore x=60$

따라서 양초의 길이가 5 cm가 되는 것은 불을 붙인 지 60
분 후이다.

1-1 답 45분

1분에 4 L의 물을 넣으므로 x분 후의 물의 양을 y L라 하
고, x와 y 사이의 관계를 식으로 나타내면 $y=120+4x$이다.

$y=120+4x$에 $y=300$을 대입하면
$300=120+4x,\ 4x=180$ $\therefore x=45$

따라서 물통을 가득 채우는 데 걸리는 시간은 45분이다.

1-2 답 ③

기울기가 $\dfrac{-40}{160}=-\dfrac{1}{4}$, y절편이 40이므로 x와 y 사이의

관계를 식으로 나타내면 $y=-\dfrac{1}{4}x+40$이다.

$y=-\dfrac{1}{4}x+40$에 $y=15$를 대입하면

$15=-\dfrac{1}{4}x+40,\ \dfrac{1}{4}x=25$ $\therefore x=100$

따라서 남아 있는 방향제의 용량이 15 mL일 때는 개봉하
고 100일이 지난 후이다.

2 답 60 km

출발한 지 x시간 후의 남은 거리를 y km라 하고, x와 y 사
이의 관계를 식으로 나타내면 $y=240-60x$이다.

$y=240-60x$에 $x=3$을 대입하면
$y=240-60\times3=240-180=60$

따라서 출발한 지 3시간 후 할머니 댁까지 남은 거리는
60 km이다.

2-1 답 30분

효림이가 집에서 출발하여 x분 동안 간 거리는 $50x$ m이므
로 효림이가 집에서 출발한 지 x분 후에 공원까지의 남은
거리를 y m라 하고, x와 y 사이의 관계를 식으로 나타내면

$y=2000-50x$이다.

$y=2000-50x$에 $y=500$을 대입하면
$500=2000-50x,\ 50x=1500$ $\therefore x=30$

따라서 공원까지의 남은 거리가 500 m가 되는 것은 30분
후이다.

2-2 답 25초

출발한 지 x초 후의 엘리베이터의 높이를 y m라 하고, x와
y 사이의 관계를 식으로 나타내면 $y=160-4x$이다.

$y=160-4x$에 $y=60$을 대입하면
$60=160-4x,\ 4x=100$ $\therefore x=25$

따라서 15층에 도착하는 것은 출발한 지 25초 후이다.

3 답 10 cm²

출발한 지 x초 후의 $\overline{CP}=0.5x$ cm이므로
$\overline{DP}=(6-0.5x)$ cm

따라서 출발한 지 x초 후의 △APD의 넓이 y cm²는

$y=\dfrac{1}{2}\times10\times(6-0.5x)=30-2.5x$

$y=30-2.5x$에 $x=8$을 대입하면
$y=30-2.5\times8=30-20=10$

따라서 출발한 지 8초 후의 △APD의 넓이는 10 cm²이다.

3-1 답 3초

출발한 지 x초 후의 $\overline{BP}=2x$ cm이므로
$\overline{CP}=(20-2x)$ cm

따라서 출발한 지 x초 후의 △APC의 넓이 y cm²는

$y=\dfrac{1}{2}\times(20-2x)\times16=160-16x$

$y=160-16x$에 $y=112$를 대입하면
$112=160-16x,\ 16x=48$ $\therefore x=3$

따라서 △APC의 넓이가 112 cm²가 되는 때는 출발한 지
3초 후이다.

3-2 답 5초

점 P가 x초 동안 움직일 때, $\overline{BP}=x$ cm이므로
$\overline{PC}=(8-x)$ cm

따라서 출발한 지 x초 후의 △APC의 넓이 y cm²는

$y=\dfrac{1}{2}\times(8-x)\times6=-3x+24$

$y=-3x+24$에 $y=9$를 대입하면
$9=-3x+24,\ 3x=15$ $\therefore x=5$

따라서 △APC의 넓이가 9 cm²가 되는 것은 점 B를 출발
한 지 5초 후이다.

4 답 $y=\dfrac{1}{2}x+30$

가열하기 시작하여 $20-8=12$(분) 동안 $40-34=6$ (℃)의

온도가 올라가므로 1분 동안 $\dfrac{6}{12}=\dfrac{1}{2}$(℃)의 온도가 올라

간다. 처음 액체의 온도를 p ℃라 하고, x와 y 사이의 관계

를 식으로 나타내면 $y=p+\dfrac{1}{2}x$이다.

$y=p+\dfrac{1}{2}x$에 $x=8$, $y=34$를 대입하면

$34=p+\dfrac{1}{2}\times8$ $\therefore p=30$

따라서 구하는 식은 $y=\dfrac{1}{2}x+30$이다.

4-1 답 $y=3x+5$

추의 무게가 $16-10=6(g)$ 늘어날 때 용수철의 길이가 $53-35=18(cm)$ 늘어나므로 추의 무게가 $1g$ 늘어날 때 용수철의 길이는 $\dfrac{18}{6}=3(cm)$씩 늘어난다.

처음 용수철의 길이를 p mm라 하고, x와 y 사이의 관계를 식으로 나타내면 $y=p+3x$이다.

$y=p+3x$에 $x=10$, $y=35$를 대입하면

$35=p+30$ ∴ $p=5$

따라서 구하는 식은 $y=3x+5$이다.

4-2 답 25 cm

$15-10=5(분)$ 동안 물의 높이가 $55-45=10(cm)$ 높아졌으므로 1분 동안 2 cm씩 높아진다.

처음 들어 있던 물의 높이를 p cm, 물을 채우기 시작한 지 x분 후의 물의 높이를 y cm라 하고, x와 y 사이의 관계를 식으로 나타내면 $y=2x+p$이다.

$y=2x+p$에 $x=10$, $y=45$를 대입하면

$45=20+p$ ∴ $p=25$

따라서 처음 들어 있던 물의 높이는 25 cm이다.

단원 마무리　　　　　개념북 120~122쪽

01 ④	02 ①	03 ②	04 ③	05 ②
06 ⑤	07 ②	08 6	09 ③	10 ④
11 ⑤	12 ③	13 ①	14 20분	15 ③

16 $y=-\dfrac{4}{3}x+4$, 풀이 참조　**17** $\dfrac{1}{2}\le a\le4$

18 (1) $y=300-20x$　(2) 12분

---

01 ㄱ. $y=5x$

ㄴ. $y=6x$

ㄷ. 5보다 작은 소수는 2, 3의 2개이다. 즉 함수가 아니다.

ㄹ. 자연수 4의 약수는 1, 2, 4의 3개이다. 즉 함수가 아니다.

ㅁ. $y=\dfrac{10}{x}$

따라서 함수인 것은 ㄱ, ㄴ, ㅁ이다.

02 $f(-4)=-4a$, $g(2)=\dfrac{b}{2}$이므로

$f(-4)\times g(2)=6$에서

$-4a\times\dfrac{b}{2}=6$, $-2ab=6$ ∴ $ab=-3$

03 평행이동한 직선을 그래프로 하는 일차함수의 식은

$y=3x-4$

이 그래프가 점 $(-1, q)$를 지나므로 $x=-1$, $y=q$를 대입하면 $q=3\times(-1)-4=-7$

04 ①, ②, ④, ⑤의 x절편은 2

③의 x절편은 -2

따라서 x절편이 나머지 넷과 다른 것은 ③이다.

---

05 일차함수 $y=ax-6$의 그래프에서 x절편은 $\dfrac{6}{a}$이고 y절편은 -6이다.

이때 $a>0$이므로 $y=ax-6$의 그래프는 오른쪽 그림과 같다.

따라서 일차함수의 그래프와 x축, y축으로 둘러싸인 삼각형의 넓이가

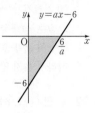

12이므로 $\dfrac{1}{2}\times\dfrac{6}{a}\times6=12$

$\dfrac{18}{a}=12$, $12a=18$ ∴ $a=\dfrac{3}{2}$

06 두 점 $(3, k)$, $(-1, 6)$을 지나는 직선의 기울기는

$\dfrac{6-k}{-1-3}=\dfrac{6-k}{-4}$

$\dfrac{6-k}{-4}=-2$에서 $6-k=8$ ∴ $k=-2$

07 두 점 $(-1, 2)$, $(2, 4)$를 지나는 직선의 기울기와 두 점 $(2, 4)$, $(a, a+4)$를 지나는 직선의 기울기가 같으므로

$\dfrac{4-2}{2-(-1)}=\dfrac{(a+4)-4}{a-2}$, $\dfrac{2}{3}=\dfrac{a}{a-2}$

$2(a-2)=3a$, $2a-4=3a$ ∴ $a=-4$

08 일차함수 $y=2x+b$의 그래프를 y축의 방향으로 3만큼 평행이동한 직선을 그래프로 하는 일차함수의 식은

$y=2x+b+3$

이 그래프가 일차함수 $y=ax-1$의 그래프와 일치하므로

$a=2$이고 $b+3=-1$에서 $b=-4$

∴ $a-b=2-(-4)=6$

09 두 일차함수 $y=ax-2$와 $y=-\dfrac{1}{2}x+5$의 그래프의 기울기가 같으므로 $a=-\dfrac{1}{2}$

$y=-\dfrac{1}{2}x-2$의 그래프가 점 $(2, b)$를 지나므로

$b=-\dfrac{1}{2}\times2-2=-3$

∴ $a+b=-\dfrac{1}{2}+(-3)=-\dfrac{7}{2}$

10 주어진 일차함수의 그래프의 기울기는

$(기울기)=\dfrac{(y의\ 값의\ 증가량)}{(x의\ 값의\ 증가량)}=\dfrac{4-1}{3-(-1)}=\dfrac{3}{4}$

일차함수의 식을 $y=\dfrac{3}{4}x+b$라 하면 점 $(-1, 1)$을 지나므로 $x=-1$, $y=1$을 대입하면

$1=\dfrac{3}{4}\times(-1)+b$ ∴ $b=\dfrac{7}{4}$

따라서 구하는 일차함수의 식은 $y=\dfrac{3}{4}x+\dfrac{7}{4}$이다.

11 x절편이 2, y절편이 2, 즉 두 점 $(2, 0)$, $(0, 2)$를 지나는 직선을 그래프로 하는 일차함수의 식은

$y=-\dfrac{2}{2}x+2$, 즉 $y=-x+2$

② $-2=-4+2$이므로 점 $(4, -2)$를 지난다.

③ 그래프는 오른쪽 그림과 같으므로
   제3사분면을 지나지 않는다.
④ 기울기가 -1로 같으므로
   $y=-x+5$의 그래프와 서로 평행하다.
⑤ x의 값이 증가하면 y의 값은 감소한다.
따라서 옳지 않은 것은 ⑤이다.

12 두 점 $(-1, 8)$, $(6, -6)$을 지나는 직선의 기울기는
$$\frac{-6-8}{6-(-1)}=\frac{-14}{7}=-2 \qquad \therefore a=-2$$
구하는 일차함수의 식을 $y=-2x+k$로 놓으면 이 그래프가 점 $(-1, 8)$을 지나므로
$$8=-2\times(-1)+k \qquad \therefore k=6$$
따라서 구하는 일차함수의 식은 $y=-2x+6$이고
이 식에 $y=0$을 대입하면 $0=-2x+6 \qquad \therefore x=3$
즉, x절편은 3이므로 $b=3$, y절편은 6이므로 $c=6$
$$\therefore ab+c=-2\times3+6=-6+6=0$$

13 분속 210 m, 즉 분속 0.21 km로 달리므로 x와 y 사이의 관계를 식으로 나타내면 $y=-0.21x+5$이다.

14 열을 가한 지 x분 후의 물의 온도를 y ℃라 하면
$$y=5+2.5x$$
$y=55$를 대입하면 $55=5+2.5x$, $2.5x=50 \qquad \therefore x=20$
따라서 물의 온도가 55 ℃가 될 때는 열을 가한 지 20분 후이다.

15 x의 값에 따른 y의 값의 변화를 표로 나타내면 다음과 같다.

x(개)	1	2	3	4	5	⋯
y(cm)	6	10	14	18	22	⋯

블록을 1개씩 이어 붙일 때마다 둘레의 길이가 4 cm씩 늘어나므로 x와 y 사이의 관계를 식으로 나타내면 $y=4x+2$이다.
$x=50$을 대입하면 $y=4\times50+2=202$
따라서 50개의 블록으로 만든 도형의 둘레의 길이는 202 cm이다.

16 **1단계** 두 점 $(3, 2)$, $(9, -6)$을 지나는 직선의 기울기는
$$\frac{-6-2}{9-3}=\frac{-8}{6}=-\frac{4}{3}$$
2단계 $y=2x-6$에 $y=0$을 대입하면
$$0=2x-6 \qquad \therefore x=3$$
즉, x절편은 3이다.
따라서 구하는 일차함수의 식을 $y=-\frac{4}{3}x+b$로
놓으면 이 그래프가 점 $(3, 0)$을 지나므로
$$0=-\frac{4}{3}\times3+b \qquad \therefore b=4$$
그러므로 구하는 일차함수의 식은
$$y=-\frac{4}{3}x+4$$

3단계 일차함수 $y=-\frac{4}{3}x+4$의 그래프의 x절편은 3, y절편은 4이므로 그래프는 오른쪽 그림과 같다.

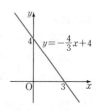

17 일차함수 $y=ax-1$의 그래프의 y절편은 -1이므로 항상 점 $(0, -1)$을 지난다. ⋯⋯⋯ ❶

$y=ax-1$의 그래프가 $\overline{AB}$와 만나려면 오른쪽 그림과 같이 기울기 a가 점 A를 지날 때의 직선의 기울기보다 작거나 같고, 점 B를 지날 때의 직선의 기울기보다 크거나 같아야 한다.

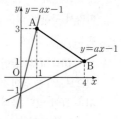

(ⅰ) $y=ax-1$의 그래프가 점 $A(1, 3)$을 지날 때
$y=ax-1$에 $x=1$, $y=3$을 대입하면
$$3=a-1 \qquad \therefore a=4 \qquad ❷$$
(ⅱ) $y=ax-1$의 그래프가 점 $B(4, 1)$을 지날 때
$y=ax-1$에 $x=4$, $y=1$을 대입하면
$$1=4a-1 \qquad \therefore a=\frac{1}{2} \qquad ❸$$
(ⅰ), (ⅱ)에서 구하는 a의 값의 범위는
$$\frac{1}{2}\le a\le4\text{이다.} \qquad ❹$$

단계	채점 기준	비율
❶	일차함수 $y=ax-1$의 그래프가 항상 지나는 점 찾기	20 %
❷	점 $A(1, 3)$을 지날 때의 상수 a의 값 구하기	35 %
❸	점 $B(4, 1)$을 지날 때의 상수 a의 값 구하기	35 %
❹	상수 a의 값의 범위 구하기	10 %

18 (1) 물이 새어 나가기 시작하여 $10-3=7$(분) 동안 새어 나간 물의 양이 $240-100=140$(L)이므로 물은 1분에 $\frac{140}{7}=20$(L)씩 새어 나간다. ⋯⋯ ❶

처음 물통에 들어 있는 물의 양을 p L라 하고 x와 y 사이의 관계를 식으로 나타내면 $y=p-20x$이다.
$x=3$, $y=240$을 대입하면
$$240=p-20\times3 \qquad \therefore p=300$$
즉, 구하는 식은 $y=300-20x$ ⋯⋯⋯⋯ ❷
(2) $y=300-20x$에서 $y=60$을 대입하면
$$60=300-20x$$
$$20x=240 \qquad \therefore x=12$$
따라서 물통에 남아 있는 물의 양이 60 L일 때는 물이 새어 나가기 시작한 지 12분 후이다. ⋯⋯⋯ ❸

단계	채점 기준	비율
❶	1분에 새어 나가는 물의 양 구하기	30 %
❷	x와 y 사이의 관계를 식으로 나타내기	50 %
❸	남아 있는 물의 양이 60 L일 때까지 걸린 시간 구하기	20 %

Ⅲ-2 | 일차함수와 일차방정식의 관계

1 일차함수와 일차방정식

29 일차함수와 일차방정식 개념북 124쪽

◆확인 1◆ 답

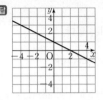

◆확인 2◆ 답 (1) − ㄴ (2) − ㄱ

(1) $4x+2y=5$에서 $2y=-4x+5$

$\therefore y=-2x+\dfrac{5}{2}$

(2) $2x-3y+6=0$에서 $3y=2x+6$ $\therefore y=\dfrac{2}{3}x+2$

개념•check 개념북 125쪽

01 답 (1) $y=x-5$ (2) $y=-3x+6$

(3) $y=\dfrac{1}{2}x+2$ (4) $y=-\dfrac{4}{3}x+4$

(1) $x-y-5=0$에서 $y=x-5$

(2) $3x+y-6=0$에서 $y=-3x+6$

(3) $x-2y+4=0$에서 $2y=x+4$ $\therefore y=\dfrac{1}{2}x+2$

(4) $4x+3y-12=0$에서 $3y=-4x+12$ $\therefore y=-\dfrac{4}{3}x+4$

02 답 (1) 기울기: 2, x절편: −4, y절편: 8

(2) 기울기: −5, x절편: 3, y절편: 15

(3) 기울기: $-\dfrac{1}{2}$, x절편: 6, y절편: 3

(4) 기울기: $-\dfrac{3}{4}$, x절편: $\dfrac{8}{3}$, y절편: 2

(1) $2x-y+8=0$에서 $y=2x+8$이므로

기울기는 2, y절편은 8이다.

또, 위의 식에 $y=0$을 대입하면

$0=2x+8$, $x=-4$이므로 x절편은 −4이다.

(2) $5x+y-15=0$에서 $y=-5x+15$이므로

기울기는 −5, y절편은 15이다.

또, 위의 식에 $y=0$을 대입하면

$0=-5x+15$, $x=3$이므로 x절편은 3이다.

(3) $x+2y-6=0$에서 $2y=-x+6$, 즉 $y=-\dfrac{1}{2}x+3$이므로

기울기는 $-\dfrac{1}{2}$, y절편은 3이다.

또, 위의 식에 $y=0$을 대입하면

$0=-\dfrac{1}{2}x+3$, $x=6$이므로 x절편은 6이다.

(4) $3x+4y-8=0$에서 $4y=-3x+8$, 즉 $y=-\dfrac{3}{4}x+2$이므로

기울기는 $-\dfrac{3}{4}$, y절편은 2이다.

또, 위의 식에 $y=0$을 대입하면

$0=-\dfrac{3}{4}x+2$, $x=\dfrac{8}{3}$이므로 x절편은 $\dfrac{8}{3}$이다.

03 답 (1) −2, 4, 풀이 참조 (2) 3, 1, 풀이 참조

(1) $2x-y+4=0$에서 $y=2x+4$이
므로 y절편은 4이다. 또, 위의 식
에 $y=0$을 대입하면 $0=2x+4$,
$x=-2$이므로 x절편은 −2이고,
그래프를 그리면 오른쪽 그림과
같다.

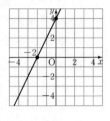

(2) $x+3y-3=0$에서

$y=-\dfrac{1}{3}x+1$이므로 y절편은
1이다. 또, 위의 식에 $y=0$을 대
입하면 $0=-\dfrac{1}{3}x+1$, $x=3$이므
로 x절편은 3이고, 그래프를 그리
면 오른쪽 그림과 같다.

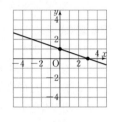

04 답 ④

두 점 $(2, 0)$, $(0, 3)$을 지나므로 (기울기)$=\dfrac{3-0}{0-2}=-\dfrac{3}{2}$

즉, 기울기가 $-\dfrac{3}{2}$이고 y절편이 3인 일차함수의 식은

$y=-\dfrac{3}{2}x+3$ $\therefore 3x+2y-6=0$

30 일차방정식 $x=p$, $y=q$의 그래프 개념북 126쪽

◆확인 1◆ 답 풀이 참조

점 $(-3, 0)$을 지나고 y축에
평행한 직선이므로 오른쪽
그림과 같다.

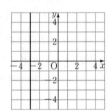

◆확인 2◆ 답 풀이 참조

점 $(0, -2)$를 지나고 x축에
평행한 직선이므로 오른쪽
그림과 같다.

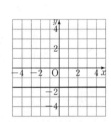

개념•check 개념북 127쪽

01 답 (1) (2)

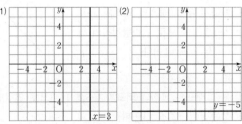

02 답 (1) $x=-3$ (2) $y=-6$

(1) y축에 평행한 직선의 방정식은 $x=p$의 꼴이고,
점 $(-3, 2)$를 지나므로 직선의 방정식은 $x=-3$이다.

(2) x축에 평행한 직선의 방정식은 $y=q$의 꼴이고,
점 $(2, -6)$을 지나므로 직선의 방정식은 $y=-6$이다.

03 답 (1) $y=1$ (2) $x=2$

(1) y축에 수직인 직선의 방정식은 $y=q$의 꼴이고,
점 $(3, 1)$을 지나므로 직선의 방정식은 $y=1$이다.

(2) x축에 수직인 직선의 방정식은 $x=p$의 꼴이고,
점 $(2, -3)$을 지나므로 직선의 방정식은 $x=2$이다.

04 답 (1) $y=3$ (2) $x=-1$ (3) $x=4$ (4) $y=-2$

(1) 점 $(0, 3)$을 지나고 x축에 평행한 직선이므로 직선의 방정식은 $y=3$이다.

(2) 점 $(-1, 0)$을 지나고 y축에 평행한 직선이므로 직선의 방정식은 $x=-1$이다.

(3) 점 $(4, 0)$을 지나고 y축에 평행한 직선이므로 직선의 방정식은 $x=4$이다.

(4) 점 $(0, -2)$를 지나고 x축에 평행한 직선이므로 직선의 방정식은 $y=-2$이다.

2 연립일차방정식과 그래프

31 연립일차방정식과 그래프 개념북 128쪽

◆확인 1◆ 답 $x=-6$, $y=-3$

두 일차방정식 $x-y=-3$, $3x-y=-15$의 그래프의 교점의 좌표가 $(-6, -3)$이므로 연립방정식의 해는 $x=-6$, $y=-3$이다.

◆확인 2◆ 답 풀이 참조, 해는 없다.

두 일차방정식은 각각
$y=-\dfrac{1}{2}x-2$,

$y=-\dfrac{1}{2}x+1$이고 두 방정식의 그래프가 서로 평행하다.

따라서 연립방정식의 해는 없다.

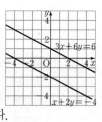

개념◆check 개념북 129쪽

01 답 풀이 참조, $x=3$, $y=1$

두 일차방정식 $x+y=4$, $x-y=2$의 그래프는 오른쪽 그림과 같다.

따라서 두 그래프의 교점의 좌표가 $(3, 1)$이므로 연립방정식의 해는 $x=3$, $y=1$이다.

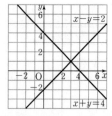

02 답 $x=-2$, $y=1$

두 그래프의 교점의 좌표가 $(-2, 1)$이므로 연립방정식의 해는 $x=-2$, $y=1$이다.

03 답 (1) $a \neq -5$ (2) $a=-5$, $b=-4$ (3) $a=-5$, $b \neq -4$

(1) $\dfrac{5}{a} \neq \dfrac{-1}{1}$이어야 하므로 $-a \neq 5$ ∴ $a \neq -5$

(2) $\dfrac{5}{a} = \dfrac{-1}{1} = \dfrac{b}{4}$이어야 하므로 $a=-5$, $b=-4$

(3) $\dfrac{5}{a} = \dfrac{-1}{1} \neq \dfrac{b}{4}$이어야 하므로 $a=-5$, $b \neq -4$

04 답 ②

① $\dfrac{1}{1} = \dfrac{1}{1} \neq \dfrac{1}{5}$이므로 해는 없다.

② $\dfrac{2}{2} \neq \dfrac{1}{-1}$이므로 해는 하나이다.

③ $\dfrac{3}{6} = \dfrac{2}{4} = \dfrac{3}{6}$이므로 해는 무수히 많다.

④ $\dfrac{1}{3} = \dfrac{3}{9} = \dfrac{-1}{-3}$이므로 해는 무수히 많다.

⑤ $\dfrac{2}{4} = \dfrac{-1}{-2} \neq \dfrac{3}{5}$이므로 해는 없다

따라서 해가 오직 한 쌍 존재하는 것은 ②이다.

유형◆check 개념북 130~133쪽

1 답 ⑤

① $3x-2y+1=0$에 $y=0$을 대입하면 $x=-\dfrac{1}{3}$

② $3x-2y+1=0$에 $x=0$을 대입하면 $y=\dfrac{1}{2}$

③ $3x-2y+1=0$의 그래프는 오른쪽 그림과 같으므로 제1, 2, 3사분면을 지난다.

④ 그래프가 오른쪽 위로 향하므로 x의 값이 증가할 때 y의 값도 증가한다.

⑤ $3x-2y+1=0$에서 $y=\dfrac{3}{2}x+\dfrac{1}{2}$이므로 일차함수 $y=-\dfrac{3}{2}x-1$의 그래프와 서로 평행하지 않는다.

1-1 답 ②

일차방정식 $ax+by-15=0$에서 $y=-\dfrac{a}{b}x+\dfrac{15}{b}$

위의 그래프와 $y=\dfrac{2}{3}x-5$의 그래프가 일치하므로

$-\dfrac{a}{b} = \dfrac{2}{3}$, $\dfrac{15}{b} = -5$

$\dfrac{15}{b} = -5$에서 $-5b=15$ ∴ $b=-3$

$b=-3$을 $-\dfrac{a}{b} = \dfrac{2}{3}$에 대입하면

$-\dfrac{a}{-3} = \dfrac{2}{3}$ ∴ $a=2$

1-2 답 4

$4x-2y+10=0$의 그래프와 서로 평행하므로 기울기가 같다. 즉 $4x-2y+10=0$에서 $y=2x+5$이므로 $a=2$

$x+2y-4=0$의 그래프와 y축 위에서 만나므로 y절편이 같다. 즉 $x+2y-4=0$에서 $y=-\dfrac{1}{2}x+2$이므로 $b=2$

∴ $ab=2 \times 2=4$

2 답 ④

일차방정식 $ax-2y-6=0$에 $x=4$, $y=3$을 대입하면
$4a-6-6=0$ ∴ $a=3$

즉, 일차방정식 $3x-2y-6=0$에서 $y=\dfrac{3}{2}x-3$

따라서 구하는 그래프의 기울기는 $\dfrac{3}{2}$이다.

2-1 답 2

주어진 그래프는 두 점 $(4, 0)$, $(0, 2)$를 지난다.
$3ax+2y-4b=0$에 $x=4$, $y=0$을 대입하면
$12a-4b=0$ ∴ $3a-b=0$
$3ax+2y-4b=0$에 $x=0$, $y=2$를 대입하면
$4-4b=0$ ∴ $b=1$
$b=1$을 $3a-b=0$에 대입하면
$3a-1=0$ ∴ $a=\dfrac{1}{3}$

∴ $3a+b=3\times\dfrac{1}{3}+1=2$

2-2 답 ③

일차방정식 $2x-y+5=0$에 $x=a$, $y=a+3$을 대입하면
$2a-(a+3)+5=0$, $a+2=0$ ∴ $a=-2$

3 답 ①

$ax+y-b=0$에서 $y=-ax+b$
(기울기)<0이므로 $-a<0$에서 $a>0$
(y절편)>0이므로 $b>0$

3-1 답 $a<0$, $b<0$

$x+ay+b=0$에서 $y=-\dfrac{1}{a}x-\dfrac{b}{a}$

이 그래프가 제1, 3, 4사분면을 모두
지나므로 오른쪽 그림과 같다.
(기울기)>0이므로 $-\dfrac{1}{a}>0$에서 $a<0$
(y절편)<0이므로 $-\dfrac{b}{a}<0$
이때 $a<0$이므로 $b<0$

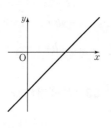

3-2 답 ①

주어진 일차방정식의 그래프에서
(기울기)>0, (y절편)>0
일차방정식 $ax-by+1=0$에서 $y=\dfrac{a}{b}x+\dfrac{1}{b}$
(기울기)>0이므로 $\dfrac{a}{b}>0$ …… ㉠
(y절편)>0이므로 $\dfrac{1}{b}>0$ …… ㉡
㉡에서 $b>0$이고,
㉠에서 a와 b는 서로 같은 부호이므로 $a>0$

4 답 ④

두 점의 x좌표가 3으로 같으므로 구하는 직선의 방정식은
$x=3$

4-1 답 ⑤

x축에 평행한 직선의 방정식은 $y=q$의 꼴이다.

따라서 x의 값에 상관없이 y의 값은 항상 같아야 하므로
$a-3=3a+4$에서 $-2a=7$ ∴ $a=-\dfrac{7}{2}$

4-2 답 ①

y축에 평행한 직선의 방정식은 $x=p$의 꼴이다.
따라서 y의 값에 상관없이 x의 값은 항상 같아야 하므로
$-3a+7=2a+2$에서 $-5a=-5$ ∴ $a=1$

5 답 ③

연립방정식 $\begin{cases} 2x-y-7=0 & \cdots\cdots ㉠ \\ 3x-y+3=0 & \cdots\cdots ㉡ \end{cases}$
㉡$-$㉠을 하면 $x+10=0$ ∴ $x=-10$
$x=-10$을 ㉠에 대입하면
$-20-y-7=0$ ∴ $y=-27$
따라서 두 그래프의 교점의 좌표가 $(-10, -27)$이므로
$a=-10$, $b=-27$
∴ $a-b=-10-(-27)=17$

5-1 답 ①

두 그래프의 교점의 x좌표가 3이므로 $x+y=4$에 $x=3$을
대입하면
$3+y=4$ ∴ $y=1$
따라서 교점의 좌표는 $(3, 1)$이므로 $ax-2y=-1$에
$x=3$, $y=1$을 대입하면
$3a-2=-1$, $3a=1$ ∴ $a=\dfrac{1}{3}$

5-2 답 ③

$\begin{cases} 3x-y=-6 & \cdots\cdots ㉠ \\ 2x+y=1 & \cdots\cdots ㉡ \end{cases}$
㉠$+$㉡을 하면 $5x=-5$ ∴ $x=-1$
$x=-1$을 ㉠에 대입하면
$-3-y=-6$ ∴ $y=3$
$x=-1$, $y=3$을 $x+2y=8+k$에 대입하면
$-1+2\times3=8+k$, $5=8+k$ ∴ $k=-3$

6 답 9

$\dfrac{1}{b}=\dfrac{a}{9}=\dfrac{-3}{3}$이어야 하므로 $a=-9$, $b=-1$
∴ $ab=(-9)\times(-1)=9$

6-1 답 $a=-3$, $b\neq5$

$\dfrac{a}{3}=\dfrac{-1}{1}\neq\dfrac{-5}{b}$이어야 하므로 $a=-3$, $b\neq5$

6-2 답 ①

그래프의 교점이 하나이므로 주어진 연립방정식의 해는 한
쌍이다. 즉, $\dfrac{4}{3a}\neq\dfrac{2}{-1}$이어야 하므로
$6a\neq-4$ ∴ $a\neq-\dfrac{2}{3}$

7 답 10

$\begin{cases} x-y=4 & \cdots\cdots ㉠ \\ -x+2y=-6 & \cdots\cdots ㉡ \end{cases}$

㉠＋㉡을 하면 $y=-2$
$y=-2$를 ㉠에 대입하면
$x-(-2)=4$ ∴ $x=2$
이때 세 그래프의 교점의 좌표는 $(2, -2)$이므로
$-2x+3y+a=0$에 $x=2$, $y=-2$를 대입하면
$-4-6+a=0$ ∴ $a=10$

7-1 답 -1

$\frac{1}{2}x-y-2=0$에 $x=2$를 대입하면
$1-y-2=0$ ∴ $y=-1$
두 직선 $x=2$와 $\frac{1}{2}x-y-2=0$의 교점의 좌표는
$(2, -1)$이다.
따라서 직선 $ax-y+1=0$도 점 $(2, -1)$을 지나므로
$2a+1+1=0$ ∴ $a=-1$

7-2 답 $\frac{4}{3}$

두 점 $(-1, 2)$, $(1, 6)$을 지나는 직선의 기울기는
$\frac{6-2}{1-(-1)}=\frac{4}{2}=2$
$y=2x+k$에 $x=1$, $y=6$을 대입하면
$6=2+k$ ∴ $k=4$
즉, 주어진 두 점을 지나는 직선의 방정식은 $y=2x+4$이다.
이때 연립방정식 $\begin{cases} y=2x+4 & \cdots\cdots ㉠ \\ y-x-1=0 & \cdots\cdots ㉡ \end{cases}$ 에서
㉠－㉡을 하면 $x+1=2x+4$ ∴ $x=-3$
$x=-3$을 ㉠에 대입하면 $y=-2$
따라서 점 $(-3, -2)$가 직선 $y-ax-2=0$ 위에 있으므로 $x=-3$, $y=-2$를 대입하면
$-2+3a-2=0$ ∴ $a=\frac{4}{3}$

8 답 3

두 직선의 교점 P의 좌표는 연립방정식 $\begin{cases} x+y-1=0 \\ 2x-y+4=0 \end{cases}$ 의
해와 같다. 연립방정식을 풀면 $x=-1$, $y=2$이므로
P$(-1, 2)$
또, 두 직선 $x+y-1=0$, $2x-y+4=0$의 x절편은 각각
1, -2이므로 두 점 A, B의 좌표는 각각 A$(1, 0)$, B$(-2, 0)$
따라서 삼각형 PBA의 넓이는 $\frac{1}{2}\times\{1-(-2)\}\times2=3$

8-1 답 10

연립방정식 $\begin{cases} x-y-3=0 \\ x+4y-8=0 \end{cases}$ 을 풀면 $x=4$, $y=1$
즉, 두 직선 $x-y-3=0$, $x+4y-8=0$의 교점의 좌표는
$(4, 1)$이다. 직선 $x-y-3=0$, $x+4y-8=0$의 y절편은
각각 -3, 2이므로 구하는 도형의 넓이는
$\frac{1}{2}\times\{2-(-3)\}\times4=\frac{1}{2}\times5\times4=10$

8-2 답 $③$

세 직선 $2x+y+2=0$, $y=2$, $3x-3=0$의 그래프를 나타내면 오른쪽 그림과 같다.
따라서 구하는 도형의 넓이는
$\frac{1}{2}\times\{1-(-2)\}\times\{2-(-4)\}=9$

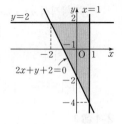

단원 마무리
개념북 134~136쪽

01 ⑤	**02** ①	**03** ③	**04** ②	**05** ④
06 $a=-3$, $b=1$		**07** ④	**08** 3	**09** ②
10 ②	**11** 0	**12** ④	**13** -1	**14** 5
15 ①	**16** $\frac{5}{2}$	**17** $y=-2$		
18 $\frac{7}{2}$	**19** (1) A$(4, 1)$ (2) B$(-2, 7)$, C$(-2, -2)$ (3) 27			

01 일차방정식 $x+ay-4=0$에 $x=-2$, $y=3$을 대입하면
$-2+3a-4=0$, $3a=6$ ∴ $a=2$

02 $4x+3y-1=0$에 $x=1$, $y=2a$를 대입하면
$4+6a-1=0$, $6a=-3$ ∴ $a=-\frac{1}{2}$
$4x+3y-1=0$에 $x=-b$, $y=3$을 대입하면
$-4b+9-1=0$, $4b=8$ ∴ $b=2$
∴ $ab=\left(-\frac{1}{2}\right)\times2=-1$

03 일차방정식 $3x-2y+4=0$에서 $y=\frac{3}{2}x+2$
① $y=0$을 대입하면 $3x+4=0$에서 $x=-\frac{4}{3}$
따라서 x절편은 $-\frac{4}{3}$, y절편은 2이다.
② 기울기가 양수이므로 x의 값이 증가하면 y의 값도 증가한다.
③ $x=2$, $y=-1$을 대입하면 $6+2+4=12\neq0$
따라서 점 $(2, -1)$을 지나지 않는다.
④ 그래프는 오른쪽 그림과 같으므로 제4사분면을 지나지 않는다.
⑤ $y=\frac{3}{2}x-7$의 그래프와 기울기가 같고 y절편이 다르므로 서로 평행하다.
따라서 옳지 않은 것은 ③이다.

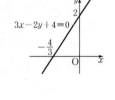

04 일차방정식 $ax-by-4=0$의 그래프가 점 $(4, 0)$을 지나므로 $4a-4=0$ ∴ $a=1$
점 $(0, 2)$를 지나므로 $-2b-4=0$ ∴ $b=-2$
∴ $a+b=1+(-2)=-1$

| 다른 풀이 | 일차방정식 $ax-by-4=0$에서 y를 x에 대한 식으로 나타내면
$y=\dfrac{a}{b}x-\dfrac{4}{b}$
주어진 그래프의 기울기는 $-\dfrac{1}{2}$이므로 $\dfrac{a}{b}=-\dfrac{1}{2}$
또, y절편은 2이므로 $-\dfrac{4}{b}=2$ $\quad \therefore b=-2$
$b=-2$를 $\dfrac{a}{b}=-\dfrac{1}{2}$에 대입하면 $a=1$
$\therefore a+b=1+(-2)=-1$

05 주어진 일차방정식의 그래프에서
(기울기)>0, (y절편)<0
일차방정식 $ax+by+c=0$에서 $y=-\dfrac{a}{b}x-\dfrac{c}{b}$
(기울기)>0이므로 $-\dfrac{a}{b}>0$
$\therefore \dfrac{a}{b}<0$ ····· ㉠
(y절편)<0이므로 $-\dfrac{c}{b}<0$
$\therefore \dfrac{c}{b}>0$ ····· ㉡
㉠에서 a와 b는 서로 다른 부호이고, ㉡에서 b와 c는 서로 같은 부호이다.
따라서 $a>0$, $b<0$, $c<0$ 또는 $a<0$, $b>0$, $c>0$이다.

06 일차방정식 $ax+by+2=0$에서 $y=-\dfrac{a}{b}x-\dfrac{2}{b}$ ····· ㉠
기울기가 3이고 점 $(2, 4)$를 지나는 직선을 그래프로 하는 일차함수의 식을 $y=3x+m$으로 놓고 $x=2$, $y=4$를 대입하면
$4=6+m$에서 $m=-2$ $\quad \therefore y=3x-2$ ····· ㉡
㉠과 ㉡은 일치하므로
$-\dfrac{a}{b}=3$, $-\dfrac{2}{b}=-2$
$-\dfrac{2}{b}=-2$에서 $-2b=-2$ $\quad \therefore b=1$
$b=1$을 $-\dfrac{a}{b}=3$에 대입하면 $-\dfrac{a}{1}=3$ $\quad \therefore a=-3$

07 두 점을 지나는 직선이 직선 $x=3$에 평행하면 직선이 y축에 평행하므로 $x=p$의 꼴이고, y의 값에 상관없이 x의 값은 항상 같으므로
$5a-2=7a+2$, $-2a=4$ $\quad \therefore a=-2$

08 주어진 직선의 방정식은 $y=2$
$y-2=0$, 즉 $-3y+6=0$과 $ax+by+6=0$이 일치하므로
$a=0$, $b=-3$ $\quad \therefore a-b=0-(-3)=3$

09 $x-3=0$에서 $x=3$이므로
네 직선 $x=-2$, $x=3$, $y=k$, $y=4k$로 둘러싸인 도형은 오른쪽 그림과 같이 가로의 길이, 세로의 길이가 각각 5, $3k$인 직사각형과 같다.
따라서 $5\times3k=30$이므로 $k=2$

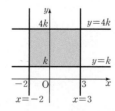

10 연립방정식 $\begin{cases} ax+y=6 \\ x-by=-3 \end{cases}$ 의 해가 $x=1$, $y=4$이므로
$x=1$, $y=4$를 $ax+y=6$에 대입하면
$a+4=6$ $\quad \therefore a=2$
$x=1$, $y=4$를 $x-by=-3$에 대입하면
$1-4b=-3$, $-4b=-4$ $\quad \therefore b=1$
$\therefore a+b=2+1=3$

11 $\begin{cases} 2x-y=5 & ····· ㉠ \\ 2x+y=3 & ····· ㉡ \end{cases}$
㉠+㉡을 하면
$4x=8$ $\quad \therefore x=2$
$x=2$를 ㉠에 대입하면
$4-y=5$ $\quad \therefore y=-1$
즉, 두 그래프의 교점의 좌표가 $(2, -1)$이므로 두 점 $(2, -1)$, $(1, -2)$를 지나는 직선의 기울기는
$\dfrac{-2-(-1)}{1-2}=\dfrac{-1}{-1}=1$
이때 구하는 직선의 방정식을 $y=x+k$로 놓으면 이 그래프가 점 $(2, -1)$을 지나므로
$-1=2+k$ $\quad \therefore k=-3$
따라서 구하는 직선의 방정식은 $y=x-3$, 즉 $x-y-3=0$이므로 $a=1$, $b=-1$
$\therefore a+b=1+(-1)=0$

12 $2x-y-4=0$에서 $y=2x-4$, $mx-y-2=0$에서 $y=mx-2$이므로 두 그래프는 오른쪽 그림과 같다.
두 직선의 교점이 제1사분면 위에 있기 위해서는 직선 $y=mx-2$의 기울기가 점 $(2, 0)$을 지날 때보다 크고 직선 $y=2x-4$와 서로 평행할 때보다 작아야 한다.

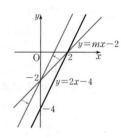

(i) 직선 $y=mx-2$가 점 $(2, 0)$을 지날 때,
$2m-2=0$ $\quad \therefore m=1$
(ii) 직선 $y=mx-2$가 직선 $y=2x-4$와 서로 평행할 때,
$m=2$
(i), (ii)에 의하여 구하는 m의 값의 범위는
$1<m<2$

13 $\begin{cases} 3x+y=7 & ····· ㉠ \\ 2x-y=3 & ····· ㉡ \end{cases}$
㉠+㉡을 하면
$5x=10$ $\quad \therefore x=2$
$x=2$를 ㉠에 대입하면
$6+y=7$ $\quad \therefore y=1$
즉, 두 직선 $3x+y=7$, $2x-y=3$의 교점의 좌표는 $(2, 1)$이다.
이때 직선 $ax-3y=-5$가 점 $(2, 1)$을 지나므로
$2a-3=-5$, $2a=-2$ $\quad \therefore a=-1$

14 $\dfrac{3}{6}=\dfrac{a}{2}=\dfrac{2}{b}$ 이어야 하므로 $a=1$, $b=4$

$\therefore a+b=1+4=5$

15 $ax+y+b=0$의 그래프와 $4x-2y-1=0$의 그래프가 만나지 않으므로 서로 평행한다. 즉

$\dfrac{a}{4}=\dfrac{1}{-2}\neq\dfrac{b}{-1}$

$\dfrac{a}{4}=-\dfrac{1}{2}$에서 $-2a=4$ $\therefore a=-2$

또, $ax+y+b=0$의 그래프와 $x+3y+15=0$의 그래프가 y축 위에서 만나므로 y절편이 같다.

이때 $x+3y+15=0$의 그래프의 y절편이 -5이므로 $ax+y+b=0$의 그래프의 y절편도 -5이다.

따라서 $-5+b=0$이므로 $b=5$

$\therefore ab=(-2)\times5=-10$

16 $ax-y=5$에서 $y=ax-5$,

$5x-2y=3$에서 $y=\dfrac{5}{2}x-\dfrac{3}{2}$

두 직선의 교점이 없으려면 두 일차함수의 그래프가 서로 평행해야 한다. 즉 기울기가 같아야 하므로

$a=\dfrac{5}{2}$

17 1단계 일차방정식 $2x-y+4=0$의 그래프가 점 $\mathrm{P}(m, m+1)$을 지나므로 $x=m$, $y=m+1$을 대입하면

$2m-(m+1)+4=0$ $\therefore m=-3$

2단계 $\mathrm{P}(m, m+1)$에서 $m=-3$이므로

$\mathrm{P}(-3, -2)$

3단계 따라서 구하는 직선은 점 $\mathrm{P}(-3, -2)$를 지나고 y축에 수직인 직선이므로

$y=-2$

18 주어진 세 직선이 삼각형을 만들지 않는 경우는 세 직선이 한 점에서 만나거나 세 직선 중 어느 두 직선이 서로 평행한 경우이다.

(ⅰ) 세 직선이 한 점에서 만나는 경우

연립방정식 $\begin{cases} x-y=1 \\ x+2y=4 \end{cases}$ 를 풀면 $x=2$, $y=1$

즉, 두 직선 $x-y=1$, $x+2y=4$의 교점의 좌표는 $(2, 1)$이고, 직선 $ax-y=5$가 이 점을 지나므로

$2a-1=5$, $2a=6$ $\therefore a=3$ ┄┄┄┄ ❶

(ⅱ) 세 직선 중 어느 두 직선이 서로 평행한 경우

두 직선 $x-y=1$과 $ax-y=5$, 즉 두 직선 $y=x-1$과 $y=ax-5$가 서로 평행한 경우

$a=1$

두 직선 $x+2y=4$와 $ax-y=5$, 즉 두 직선

$y=-\dfrac{1}{2}x+2$와 $y=ax-5$가 서로 평행한 경우

$a=-\dfrac{1}{2}$ ┄┄┄┄┄┄┄┄┄┄┄┄ ❷

(ⅰ), (ⅱ)에서 $a=-\dfrac{1}{2}$, 1, 3이므로 모든 상수 a의 값의 합은

$\left(-\dfrac{1}{2}\right)+1+3=\dfrac{7}{2}$ ┄┄┄┄┄┄┄┄┄┄ ❸

단계	채점 기준	비율
❶	세 직선이 한 점에서 만나는 경우의 상수 a의 값 구하기	40 %
❷	세 직선 중 어느 두 직선이 서로 평행한 경우의 상수 a의 값 구하기	50 %
❸	모든 상수 a의 값의 합 구하기	10 %

19 (1) 연립방정식 $\begin{cases} x+y=5 \\ x-2y=2 \end{cases}$ 를 풀면 $x=4$, $y=1$

$\therefore \mathrm{A}(4, 1)$ ┄┄┄┄┄┄┄┄┄┄┄┄ ❶

(2) 직선 $x+y=5$에서 $x=-2$일 때, $y=7$이므로

$\mathrm{B}(-2, 7)$

직선 $x-2y=2$에서 $x=-2$일 때, $y=-2$이므로

$\mathrm{C}(-2, -2)$ ┄┄┄┄┄┄┄┄┄┄┄ ❷

(3) 세 직선으로 둘러싸인 삼각형 ABC의 넓이는

$\dfrac{1}{2}\times\{7-(-2)\}\times\{4-(-2)\}=27$ ┄┄┄ ❸

단계	채점 기준	비율
❶	점 A의 좌표 구하기	40 %
❷	두 점 B, C의 좌표 각각 구하기	30 %
❸	삼각형 ABC의 넓이 구하기	30 %

완벽한 개념으로 실전에 강해지는
개념기본서

✦

풍산자 개념완성

✦
✦
✦

정답과 해설

═ 워크북 ═

중학수학 **2-1**

Ⅰ| 수와 식의 계산

Ⅰ-1 | 유리수와 순환소수

1 유리수와 순환소수

01 유한소수와 순환소수
워크북 2~3쪽

01 답 (1) 0.6, 유한소수　(2) −0.25, 유한소수
　(3) $0.5\dot{7}1428\dot{3}$, 무한소수

(1) $\dfrac{3}{5}=0.6$ ➡ 유한소수

(2) $-\dfrac{3}{12}=-\dfrac{1}{4}=-0.25$ ➡ 유한소수

(3) $\dfrac{4}{7}=0.\dot{5}7142\dot{8}$ ➡ 무한소수

02 ㄱ, ㄴ, ㅂ

유한소수는 소수점 아래 0이 아닌 숫자가 유한개인 소수이므로 ㄱ, ㄴ, ㅂ이다.

03 (1) $0.\dot{2}\dot{7}$　(2) $0.\dot{8}5714\dot{2}$

(1) $\dfrac{3}{11}=0.272727\cdots=0.\dot{2}\dot{7}$

(2) $\dfrac{6}{7}=0.857142857142\cdots=0.\dot{8}5714\dot{2}$

04 답 ③

순환마디는
① 3　② 54　④ 273　⑤ 714285

05 ③

① $\dfrac{1}{3}=0.333\cdots=0.\dot{3}$　② $\dfrac{13}{30}=0.4333\cdots=0.4\dot{3}$

③ $\dfrac{11}{12}=0.91666\cdots=0.91\dot{6}$ ④ $\dfrac{8}{15}=0.5333\cdots=0.5\dot{3}$

⑤ $\dfrac{5}{6}=0.8333\cdots=0.8\dot{3}$

06 답 ②, ④

② $1.212121\cdots=1.\dot{2}\dot{1}$

④ $3.162162162\cdots=3.\dot{1}6\dot{2}$

07 답 8

$\dfrac{1}{7}=0.\dot{1}4285\dot{7}$, $\dfrac{3}{11}=0.\dot{2}\dot{7}$이므로 $x=6$, $y=2$

∴ $x+y=6+2=8$

08 답 21

$\dfrac{31}{111}=0.\dot{2}7\dot{9}$이므로 $a=2+7+9=18$

$\dfrac{2}{165}=0.0\dot{1}\dot{2}$이므로 $b=1+2=3$

∴ $a+b=18+3=21$

09 답 6

$\dfrac{11}{12}=0.91\dot{6}$이므로 소수점 아래 50번째 자리의 숫자는 6이다.

10 답 (1) $0.\dot{2}8571\dot{4}$　(2) 7

(1) $\dfrac{2}{7}=0.285714285714\cdots=0.\dot{2}8571\dot{4}$

(2) 순환마디의 숫자가 6개이고, 소수점 아래 첫 번째 자리에서부터 순환마디가 시작된다.
이때 $70=6\times11+4$이므로 소수점 아래 70번째 자리의 숫자는 순환마디의 4번째 숫자인 7이다.

11 답 2

$1.23\dot{4}56\dot{7}$은 순환마디의 숫자가 4개이고 순환하지 않는 숫자가 2개이다.
$100=2+4\times24+2$이므로 소수점 아래 100번째 자리의 숫자는 순환마디의 2번째 숫자인 5이다.　∴ $a=5$

$\dfrac{48}{55}=0.8\dot{7}\dot{2}$는 순환마디의 숫자가 2개이고 순환하지 않는 숫자가 1개이다.
$126=1+2\times62+1$이므로 소수점 아래 126번째 자리의 숫자는 순환마디의 첫 번째 숫자인 7이다.　∴ $b=7$

∴ $b-a=7-5=2$

12 답 283

$\dfrac{8}{27}=0.\dot{2}9\dot{6}$은 순환마디의 숫자가 3개이고 소수점 아래 첫 번째 자리에서부터 순환마디가 시작된다.
이때 $50=3\times16+2$이므로 소수점 아래 48번째 자리까지 순환마디의 숫자인 2, 9, 6이 16번 반복되고 소수점 아래 49번째와 50번째 자리의 숫자는 각각 2, 9이다.
따라서 구하는 합은 $(2+9+6)\times16+2+9=283$이다.

02 유한소수로 나타낼 수 있는 분수
워크북 3~4쪽

01 답 ㉠ 13　㉡ 5　㉢ 65　㉣ 0.065

$\dfrac{26}{400}=\dfrac{\boxed{13}}{200}=\dfrac{\boxed{13}\times\boxed{5}}{200\times\boxed{5}}=\dfrac{\boxed{65}}{1000}=\boxed{0.065}$

02 답 4

유한소수로 나타내기 위해서는 분모를 10의 거듭제곱꼴로 고쳐야 하는데 $10^n=2^n\times5^n$이므로 2와 5가 곱해진 개수가 같아야 한다. 이때 $250=2\times5^3$이므로

$\dfrac{19}{250}=\dfrac{19}{2\times5^3}=\dfrac{19\times\boxed{2^2}}{2\times5^3\times\boxed{2^2}}=\dfrac{76}{10^3}=0.076$

따라서 분모, 분자에 공통으로 곱해야 할 가장 작은 자연수는 4이다.

03 답 228

$\dfrac{9}{40}=\dfrac{9}{2^3\times5}=\dfrac{9\times5^2}{2^3\times5\times5^2}=\dfrac{225}{10^3}=0.225$

a, n이 모두 최소일 때 $a+n$의 값도 최소가 되므로
$a=225$, $n=3$

∴ ($a+n$의 최솟값)$=225+3=228$

04 답 ㄴ, ㄷ, ㅁ

ㄱ. $\dfrac{15}{2^2\times3^2\times5}=\dfrac{1}{2^2\times3}$ (무)　ㄴ. $\dfrac{30}{3\times5^2}=\dfrac{2}{5}$ (유)

ㄷ. $\dfrac{12}{2^3\times3\times5}=\dfrac{1}{2\times5}$ (유)　　ㄹ. $\dfrac{2^2}{24}=\dfrac{1}{2\times3}$ (무)

ㅁ. $\dfrac{2^2\times3^2}{72}=\dfrac{1}{2}$ (유)　　ㅂ. $\dfrac{2^3}{45}=\dfrac{2^3}{3^2\times5}$ (무)

따라서 유한소수로 나타낼 수 있는 것은 ㄴ, ㄷ, ㅁ이다.

05 답 ②, ⑤

분모를 10의 거듭제곱으로 나타낼 수 없는 분수를 소수로 나타내면 무한소수이다.

① $\dfrac{9}{30}=\dfrac{3}{10}=\dfrac{3}{2\times5}$ (유)　② $\dfrac{6}{28}=\dfrac{3}{14}=\dfrac{3}{2\times7}$ (무)

③ $\dfrac{13}{65}=\dfrac{1}{5}$ (유)　　④ $\dfrac{3}{16}=\dfrac{3}{2^4}$ (유)

⑤ $\dfrac{3}{18}=\dfrac{1}{6}=\dfrac{1}{2\times3}$ (무)

따라서 분모를 10의 거듭제곱으로 나타낼 수 없는 것은 ②, ⑤이다.

06 답 7개

분모 $12=2^2\times3$이므로 분자가 3의 배수가 아닌 분수는 유한소수로 나타낼 수 없다.

따라서 유한소수로 나타낼 수 없는 분수는

$\dfrac{1}{12},\ \dfrac{2}{12},\ \dfrac{4}{12},\ \dfrac{5}{12},\ \dfrac{7}{12},\ \dfrac{8}{12},\ \dfrac{10}{12}$의 7개이다.

07 답 ③

구하는 수를 $\dfrac{A}{35}$라 하면

$\dfrac{1}{7}<\dfrac{A}{35}<\dfrac{4}{5}$, $\dfrac{5}{35}<\dfrac{A}{35}<\dfrac{28}{35}$　∴ $5<A<28$

$\dfrac{A}{35}=\dfrac{A}{5\times7}$를 유한소수로 나타낼 수 있는 것은 분자인 A가 7의 배수인 분수이므로 구하는 수는 $\dfrac{7}{35},\ \dfrac{14}{35},\ \dfrac{21}{35}$의 3개이다.

08 답 ④

유한소수가 되려면 기약분수로 나타내었을 때 분모의 소인수가 2나 5뿐이어야 하므로 a는 7의 배수가 되어야 한다.

09 답 (1) 21　(2) 84

$\dfrac{a}{525}=\dfrac{a}{3\times5^2\times7}$가 유한소수가 되려면 a는 $3\times7=21$의 배수이어야 한다.

(1) 21의 배수 중 가장 작은 자연수는 $3\times7=21$이다.

(2) $100÷21=4.761\cdots$이므로 21의 배수 중 가장 큰 두 자리의 자연수는 $21\times4=84$이다.

10 답 ③

$\dfrac{42}{30\times x}=\dfrac{7}{5\times x}$이 유한소수가 되려면 x는 2나 5만을 소인수로 갖는 수이거나 7의 약수 또는 이들의 곱의 꼴이어야 한다.

③ $x=21$일 때, $\dfrac{7}{5\times21}=\dfrac{1}{5\times3}$이므로 x의 값이 될 수 없다.

11 답 21

$\dfrac{6}{90}=\dfrac{1}{15}=\dfrac{1}{3\times5}$, $\dfrac{11}{280}=\dfrac{11}{2^3\times5\times7}$이므로 N은 3과 7의 공배수가 되어야 한다.

따라서 가장 작은 자연수 N의 값은 21이다.

12 답 28

$\dfrac{x}{90}=\dfrac{x}{2\times3^2\times5}$가 유한소수가 되려면 x는 9의 배수이어야 한다. 그런데 $10<x<20$이므로　$x=18$

이때 $\dfrac{x}{90}=\dfrac{18}{90}=\dfrac{1}{5}=\dfrac{1}{y}$이므로　$y=5$

∴ $x+2y=18+2\times5=28$

03 순환소수의 분수 표현
워크북 5~6쪽

01 답 457

$x=0.4616161\cdots$이므로

$1000x-10x=461.616161\cdots-4.616161\cdots=457$

02 답 (가) 1000　(나) 10　(다) 990　(라) 5182　(마) $\dfrac{2591}{495}$

03 답 ④

순환소수 $x=0.1\dot{8}\dot{5}$를 분수로 나타낼 때 순환마디가 똑같이 시작되어야 계산 결과가 정수가 된다.

$x=0.185185\cdots$이므로

$1000x=185.185185\cdots$
$\underline{-)x=0.185185\cdots}$
$999x=185$

따라서 계산 결과가 정수인 것은 ④ $1000x-x$이다.

04 답 (1) ㄴ　(2) ㄹ　(3) ㄱ　(4) ㄷ

05 답 ⑤

⑤ $5.1\dot{2}=\dfrac{512-51}{90}$

06 답 (1) $\dfrac{23}{90}$　(2) $\dfrac{230}{99}$　(3) $\dfrac{431}{990}$　(4) $\dfrac{7}{12}$　(5) $\dfrac{137}{111}$　(6) $\dfrac{1354}{495}$

(1) $0.2\dot{5}=\dfrac{25-2}{90}=\dfrac{23}{90}$

(2) $2.\dot{3}\dot{2}=\dfrac{232-2}{99}=\dfrac{230}{99}$

(3) $0.4\dot{3}\dot{5}=\dfrac{435-4}{990}=\dfrac{431}{990}$

(4) $0.58\dot{3}=\dfrac{583-58}{900}=\dfrac{525}{900}=\dfrac{7}{12}$

(5) $1.\dot{2}3\dot{4}=\dfrac{1234-1}{999}=\dfrac{1233}{999}=\dfrac{137}{111}$

(6) $2.7\dot{3}\dot{5}=\dfrac{2735-27}{990}=\dfrac{2708}{990}=\dfrac{1354}{495}$

07 답 ②

$1.\dot{2}\dot{3}=\dfrac{123-12}{90}=\dfrac{111}{90}=\dfrac{37}{30}=\dfrac{37}{2\times3\times5}$이므로 a는 3의 배수이어야 한다.

08 답 $3.\dot{6}$

$0.\dot{2}\dot{7}=\dfrac{27}{99}=\dfrac{3}{11}$이므로 $a=11$, $b=3$

∴ $\dfrac{a}{b}=\dfrac{11}{3}=3.\dot{6}$

09 답 (1) < (2) > (3) > (4) = (5) < (6) =

(4) $0.\dot{9}=\frac{9}{9}=1$이므로 $1 \boxed{=} 0.\dot{9}$

(6) $0.4\dot{9}=\frac{49-4}{90}=\frac{45}{90}=\frac{1}{2}=0.5$이므로 $0.5 \boxed{=} 0.4\dot{9}$

10 답 ②

소수점 아래 세 번째 자리의 숫자를 비교해 보면

① 0.48

② $0.4\underline{8}88\cdots$

③ $0.48\underline{4}848\cdots$

④ $0.480\underline{4}80480\cdots$

⑤ $0.480\underline{8}080\cdots$

따라서 가장 큰 수는 ② $0.4\dot{8}$이다.

11 답 18

$\frac{1}{4}<0.\dot{a}\le\frac{2}{3}$에서 $\frac{1}{4}<\frac{a}{9}\le\frac{2}{3}$, $\frac{9}{36}<\frac{4a}{36}\le\frac{24}{36}$

$\therefore 9<4a\le24$ $\therefore \frac{9}{4}<a\le6$

따라서 조건을 만족시키는 한 자리의 자연수 a는 3, 4, 5, 6 이므로 모든 자연수 a의 값의 합은 $3+4+5+6=18$이다.

12 답 ④

$0.\dot{5}+0.\dot{7}=\frac{5}{9}+\frac{7}{9}=\frac{12}{9}=1.\dot{3}$

13 답 ③

$0.\dot{3}1\dot{2}=\frac{312}{999}=312\times\frac{1}{999}$ $\therefore \square=\frac{1}{999}=0.\dot{0}0\dot{1}$

14 답 $\frac{35}{6}$

$0.\dot{6}=\frac{6}{9}=\frac{2}{3}$, $3.\dot{8}=\frac{38-3}{9}=\frac{35}{9}$이므로 $\frac{2}{3}\times x=\frac{35}{9}$

$\therefore x=\frac{35}{9}\times\frac{3}{2}=\frac{35}{6}$

15 답 $9.\dot{4}\dot{2}$

$0.34\dot{5}=\frac{345-34}{900}=\frac{311}{900}$이고 수현이는 분자를 제대로 보 았으므로 처음 기약분수의 분자는 311이다.

$0.\dot{8}\dot{4}=\frac{84}{99}=\frac{28}{33}$이고 기우는 분모를 제대로 보았으므로 처음 기약분수의 분모는 33이다.

따라서 처음 기약분수는 $\frac{311}{33}$이고, 이것을 순환소수로 나 타내면 $9.\dot{4}\dot{2}$이다.

16 답 ①, ③

② 순환소수는 모두 유리수이다.

④ $1=0.\dot{9}$와 같이 순환소수로 나타낼 수 있다.

⑤ 기약분수 중 분모를 소인수분해하였을 때 2나 5 이외의 소인수가 있는 것은 유한소수로 나타낼 수 없다.

17 답 ㄷ, ㄹ

ㄷ. 순환소수는 모두 분수로 나타낼 수 있다.

ㄹ. 무한소수 중 순환소수는 유리수이다.

따라서 보기 중 옳지 않은 것은 ㄷ, ㄹ이다.

단원 마무리

워크북 7~8쪽

01 ①	**02** ④	**03** ④	**04** ③	**05** 16
06 ②	**07** ②	**08** ③	**09** $\frac{611}{495}$	**10** ④
11 ③	**12** ⑤	**13** 9, 18, 27		**14** ③, ④
15 83	**16** 4			

01 유리수는 분수 $\frac{a}{b}$ (a, b는 정수, $b\ne0$)의 꼴로 나타낼 수 있는 수이다.

① π는 순환하지 않는 무한소수로 분수꼴로 나타낼 수 없다.

② -3, ③ 0은 정수이고 ④ 5.2는 정수가 아닌 유리수, ⑤ $2.13\dot{5}$는 순환하는 무한소수로 유리수이다.

따라서 유리수가 아닌 것은 ①이다.

02 분수를 기약분수로 나타내었을 때, 분모의 소인수가 2나 5 뿐이면 유한소수로 나타낼 수 있다.

① $\frac{1}{18}=\frac{1}{2\times3^2}$ (무)   ② $\frac{14}{15}=\frac{14}{3\times5}$ (무)

③ $\frac{15}{450}=\frac{1}{30}=\frac{1}{2\times3\times5}$ (무)

④ $\frac{21}{2^2\times3\times7}=\frac{1}{2^2}$ (유)   ⑤ $\frac{32}{2^2\times3\times5}=\frac{8}{3\times5}$ (무)

따라서 유한소수로 나타낼 수 있는 것은 ④이다.

03 $\frac{\square}{60}=\frac{\square}{2^2\times3\times5}$이므로 $\square$ 안의 수는 3의 배수이어야 한다.

04 $\frac{3}{175}\times a=\frac{3}{5^2\times7}\times a$가 유한소수로 나타내어지려면 a는 7 의 배수가 되어야 한다.

따라서 가장 작은 두 자리의 자연수 a는 14이다.

05 $\frac{3}{2^2\times a}$이 무한소수로만 나타내어지려면 기약분수로 나타내 었을 때 분모에 2나 5 이외의 소인수가 있어야 하므로 조건 을 만족시키는 a의 값은 7, 9이고 그 합은 16이다.

06 $\frac{4}{11}=0.\dot{3}\dot{6}$이므로 소수점 아래 홀수 번째 자리의 숫자는 3 이고, 짝수 번째 자리의 숫자는 6이다.

따라서 소수점 아래 33번째 자리의 숫자는 3이다.

07 $\frac{2}{13}=0.\dot{1}5384\dot{6}$이므로 순환마디의 숫자가 6개이고 소수점 아래 첫 번째 자리에서부터 시작된다.

이때 $100=6\times16+4$이므로 소수점 아래 96번째 자리까지 순환마디의 숫자는 16번 반복되고 97번째부터 100번째 자 리까지의 숫자는 각각 1, 5, 3, 8이다.

따라서 8이 나오는 횟수는 $16+1=17$(번)이다.

08

$$100x=219.191919\cdots$$
$$-)x=2.191919\cdots$$
$$\overline{99x=217}$$

따라서 x의 값을 분수로 나타낼 때 가장 편리한 식은 $100x-x$이다.

09 $1.2343434\cdots=1.23\dot{4}=\dfrac{1234-12}{990}=\dfrac{1222}{990}=\dfrac{611}{495}$

10 ④ $0.01\dot{5}=\dfrac{15}{990}=\dfrac{1}{66}$

11 $\dfrac{1}{5}=0.2$, $\dfrac{1}{2}=0.5$이므로 $\dfrac{1}{5}<x<\dfrac{1}{2}$을 만족시키는 x의 값은 $0.\dot{2}$, $0.\dot{3}$, $0.\dot{4}$의 3개이다.

12 $0.0\dot{1}=\dfrac{1}{90}$이므로 $\dfrac{17}{30}=x+0.0\dot{1}$에서

$x=\dfrac{17}{30}-\dfrac{1}{90}=\dfrac{51}{90}-\dfrac{1}{90}=\dfrac{50}{90}=\dfrac{5}{9}=0.\dot{5}$

13 $0.01\dot{4}=\dfrac{14-1}{900}=\dfrac{13}{900}=\dfrac{13}{2^2\times3^2\times5^2}$이므로 a는 $3^2=9$의 배수이다. 이때 a는 30 이하의 자연수이므로 구하는 값은 9, 18, 27이다.

14 ③ 무한소수 중 순환소수는 유리수이다.
④ 원주율 π는 유리수가 아니다.

15 $\dfrac{a}{180}=\dfrac{a}{2^2\times3^2\times5}$에서 a는 $3^2=9$의 배수이어야 하고,

$\dfrac{a}{2^2\times3^2\times5}=\dfrac{7}{b}$에서 a는 7의 배수이어야 한다. ·········· ❶

a는 9와 7의 공배수인 100 이하의 자연수이므로

$a=9\times7=63$ ·········· ❷

$\dfrac{63}{180}=\dfrac{7}{20}$에서 $b=20$ ·········· ❸

$\therefore a+b=63+20=83$ ·········· ❹

단계	채점 기준	비율
❶	a의 조건 구하기	40 %
❷	a의 값 구하기	30 %
❸	b의 값 구하기	20 %
❹	$a+b$의 값 구하기	10 %

16 $1.8\dot{1}=\dfrac{181-1}{99}=\dfrac{180}{99}=\dfrac{20}{11}$, $1.\dot{3}=\dfrac{13-1}{9}=\dfrac{12}{9}=\dfrac{4}{3}$ ·········· ❶

$\dfrac{20}{11}\times\dfrac{b}{a}=\dfrac{4}{3}$에서 $\dfrac{b}{a}=\dfrac{4}{3}\times\dfrac{11}{20}=\dfrac{11}{15}$

따라서 $a=15$, $b=11$이므로 ·········· ❷

$a-b=15-11=4$ ·········· ❸

단계	채점 기준	비율
❶	$1.8\dot{1}$, $1.\dot{3}$을 분수로 나타내기	각 20 %
❷	a, b의 값 구하기	40 %
❸	$a-b$의 값 구하기	20 %

I-2 | 식의 계산

1 지수법칙

04 지수법칙 (1), (2)
워크북 9쪽

01 답 (1) 3^6　(2) a^{10}　(3) x^7　(4) x^5y^7

02 답 (1) 3　(2) 4　(3) 6　(4) 16
(3) $3^2\times81=3^\square$에서 $3^2\times3^4=3^6$ $\therefore \square=6$
(4) $2^{x+4}=\square\times2^x$에서
$2^x\times2^4=\square\times2^x$ $\therefore \square=2^4=16$

03 답 ②
$5^3+5^3+5^3+5^3+5^3=5\times5^3=5^4$

04 답 9
$3^3\times9\times81=3^3\times3^2\times3^4=3^9$ $\therefore n=9$

05 답 11
$5\times6\times7\times8\times9\times10$
$=5\times(2\times3)\times7\times2^3\times3^2\times(2\times5)$
$=2^5\times3^3\times5^2\times7$
따라서 $a=5$, $b=3$, $c=2$, $d=1$이므로
$a+b+c+d=11$이다.

06 답 (1) 7^8　(2) a^7　(3) x^{24}　(4) a^9b^{17}
(2) $(a^2)^3\times a=a^6\times a=a^7$
(3) $\{(x^4)^3\}^2=(x^{12})^2=x^{24}$
(4) $(a^4)^2\times(b^5)^3\times a\times b^2=a^8\times b^{15}\times a\times b^2=a^9b^{17}$

07 답 (1) 6　(2) 2　(3) 6
(1) $a^{3k}=a^{18}$이므로 $3k=18$ $\therefore k=6$
(2) $2^{10}\times2^{3k}=2^{16}$에서 $2^{10+3k}=2^{16}$이므로
$10+3k=16$, $3k=6$ $\therefore k=2$
(3) $x^3\times x^{2k}=x^8\times x^7$에서 $x^{3+2k}=x^{15}$이므로
$3+2k=15$, $2k=12$ $\therefore k=6$

08 답 2
$9^{2x+3}=3^{x+12}$에서
$(3^2)^{2x+3}=3^{x+12}$, $3^{4x+6}=3^{x+12}$
$4x+6=x+12$, $3x=6$ $\therefore x=2$

09 답 A^3
$27=3^3$이므로 $27^x=(3^3)^x=(3^x)^3=A^3$

10 답 ②
$32=2^5$이므로 $32^2=(2^5)^2=x^2$

05 지수법칙 (3), (4)
워크북 10쪽

01 답 (1) a^4　(2) 1　(3) $\dfrac{1}{a^4}$　(4) x^7　(5) x^{14}　(6) a^{12}　(7) x^2　(8) a^5

02 답 ⑤
①, ②, ③, ④ x^2　　　⑤ $\dfrac{1}{x}$

03 답 ④

$x^4 \div x^{\square} = \dfrac{1}{x^3}$ 이므로 $\square - 4 = 3$ ∴ $\square = 7$

04 답 ④

$a^7 \div a^3 \div a = a^{7-3-1} = a^3$

① $a^7 \times a^3 \div a = a^{7+3-1} = a^9$

② $a^7 \div a^3 \times a = a^{7-3+1} = a^5$

③ $a^7 \times (a^3 \div a) = a^{7+(3-1)} = a^9$

④ $a^7 \div (a^3 \times a) = a^{7-(3+1)} = a^3$

⑤ $a^7 \div (a^3 \div a) = a^{7-(3-1)} = a^5$

05 답 ④

① $\square = 20 - 10 = 10$ ② $\square = 8 + 7 - 2 = 13$

③ $\square = 20 - 4 - 2 = 14$ ④ $\square = 18 - (5-2) = 15$

⑤ $\square = 15 - (3+2) = 10$

따라서 가장 큰 것은 ④이다.

06 답 $\dfrac{1}{8}$

$x > y$ 이므로 $2^y \div 2^x = \dfrac{1}{2^{x-y}} = \dfrac{1}{2^3} = \dfrac{1}{8}$

07 답 ①

(주어진 식) $= a^{12} \div (a^{12} \div a^2) = a^{12} \div a^{10} = a^2$

08 답 ②

$3^4 \div 9^n \times 27^2 = 3^4 \div (3^2)^n \times (3^3)^2$

$= 3^4 \div 3^{2n} \times 3^6$

$= 3^{4-2n+6}$

$729 = 3^6$ 이므로 $4 - 2n + 6 = 6$, $-2n = -4$ ∴ $n = 2$

09 답 0

$(a^3)^2 \times a^x = a^{3 \times 2 + x} = a^8$, $3 \times 2 + x = 8$ ∴ $x = 2$

$(b^2)^y \div b^6 = \dfrac{1}{b^2}$, $6 - 2y = 2$ ∴ $y = 2$

∴ $x - y = 2 - 2 = 0$

10 답 (1) $x^{35}y^{21}$ (2) $a^8b^4c^{12}$ (3) $\dfrac{x^{40}}{y^{25}}$ (4) $\dfrac{x^6y^3}{27}$

11 답 ④

①, ②, ③, ⑤ a^8 ④ 1

12 답 ③, ⑤

③ $(-2a^5b^3)^2 = 4a^{10}b^6$ ⑤ $\left(-\dfrac{x}{2y^2}\right)^3 = -\dfrac{x^3}{8y^6}$

13 답 $a = 5$, $b = 6$

$x^6 y^{3a} = x^b y^{15}$ 이므로 $6 = b$, $3a = 15$ ∴ $a = 5$, $b = 6$

14 답 (1) $a = 3$, $b = 4$ (2) $a = 2$, $b = 4$ (3) $a = 3$, $b = 5$, $c = 5$

(1) $(-2x^a)^b = 16x^{12}$ 에서

$(-2)^b = 16 = 2^4$ 이므로 $b = 4$

$x^{ab} = x^{12}$, $b = 4$ 이므로 $4a = 12$ ∴ $a = 3$

(2) $(3x^a y^3 z^b)^5 = 243x^{10} y^{15} z^{20}$ 에서

$x^{5a} = x^{10}$ 이므로 $5a = 10$ ∴ $a = 2$

$z^{5b} = z^{20}$ 이므로 $5b = 20$ ∴ $b = 4$

(3) $\left(\dfrac{2x^a}{y}\right)^b = \dfrac{32x^{15}}{y^c}$ 에서

$2^b = 32 = 2^5$ 이므로 $b = 5$

$x^{ab} = x^{15}$, $b = 5$ 이므로 $5a = 15$ ∴ $a = 3$

$y^b = y^c$ 이므로 $c = 5$

15 답 12

$360 = 2^3 \times 3^2 \times 5$ 이므로 $360^2 = (2^3 \times 3^2 \times 5)^2 = 2^6 \times 3^4 \times 5^2$

따라서 $a = 2$, $b = 6$, $c = 4$ 이므로 $a + b + c = 12$ 이다.

16 답 (1) $8a^3$ (2) $\dfrac{a^2}{9}$ (3) $8a^3$

(1) $a = 2^{x-1} = 2^x \div 2$ 이므로 $2^x = 2a$

∴ $8^x = (2^3)^x = 2^{3x} = (2^x)^3 = (2a)^3 = 8a^3$

(2) $a = 3^{x+1} = 3^x \times 3$ 이므로 $3^x = \dfrac{a}{3}$

∴ $9^x = (3^2)^x = 3^{2x} = (3^x)^2 = \left(\dfrac{a}{3}\right)^2 = \dfrac{a^2}{9}$

(3) $8^{x+1} = (2^3)^{x+1} = (2^x)^3 \times 2^3 = a^3 \times 8 = 8a^3$

17 답 (1) $a = 16$, $k = 6$ (2) 8

(1) $2^{10} \times 5^6 = 2^4 \times 2^6 \times 5^6 = 2^4 \times (2 \times 5)^6 = 16 \times 10^6$

따라서 a의 최솟값은 16, 그때의 k의 값은 6이다.

(2) $16 \times 10^6 = 16 \times 1000000 = 16000000$ ∴ $n = 8$

---

2 단항식의 곱셈과 나눗셈

06 단항식의 곱셈과 나눗셈   워크북 12쪽

01 답 (1) $-8x^4$ (2) $-15x^2y^3$ (3) $-4x^7y^3$ (4) $18a^2b^7$

(4) (주어진 식) $= 2a^2b \times 9b^6 = 18a^2b^7$

02 답 (1) $-2a^3$ (2) $-\dfrac{3}{4}ab$ (3) $-16xy^3$ (4) $-27x^3$

(3) (주어진 식) $= 12x^2y^4 \times \left(-\dfrac{4}{3xy}\right) = -16xy^3$

(4) (주어진 식) $= (-8x^6) \div \dfrac{8}{27}x^3$

$= (-8x^6) \times \dfrac{27}{8x^3} = -27x^3$

03 답 (1) $27x^{19}y^{18}$ (2) x^3y^7 (3) $-7a^3b^9$

(1) (주어진 식) $= xy^2 \times (-27x^3y^6) \times (-x^{15}y^{10}) = 27x^{19}y^{18}$

(2) (주어진 식) $= x^4y^2 \times \dfrac{x^2}{y^4} \times \dfrac{y^9}{x^3} = x^3y^7$

(3) (주어진 식) $= 49a^4b^{10} \times \left(-\dfrac{a^2b^6}{7}\right) \times \dfrac{1}{a^3b^7} = -7a^3b^9$

04 답 (1) 15 (2) 14

(1) $(2a^2b)^3 \times (-ab^2)^2 = 8a^6b^3 \times a^2b^4 = 8a^8b^7$

$8a^8b^7 = 8a^x b^y$ 이므로 $x = 8$, $y = 7$ ∴ $x + y = 15$

(2) $(5ab^x)^2 \div (a^4b^2)^3 = \dfrac{25a^2b^{2x}}{a^{12}b^6} = \dfrac{25b^{2x-6}}{a^{10}} = \dfrac{25b^2}{a^y}$

$2x - 6 = 2$, $y = 10$ ∴ $x = 4$, $y = 10$

∴ $x + y = 4 + 10 = 14$

07 단항식의 곱셈과 나눗셈의 혼합 계산   워크북 12~13쪽

01 답 (1) $\dfrac{3}{2}$ (2) $8xy$

(1) (주어진 식)$=2x^2\times\dfrac{1}{4x^3}\times3x=\dfrac{3}{2}$

(2) (주어진 식)$=2x^2y\times4y\times\dfrac{1}{xy}=8xy$

02 답 (1) $\dfrac{15x}{y^2}$ (2) $\dfrac{4}{3}x^3y^5$ (3) $\dfrac{9}{16}x^7y$

(1) (주어진 식)$=5xy\times9x^2y^2\times\dfrac{1}{3x^2y^5}=\dfrac{15x}{y^2}$

(2) (주어진 식)$=(-8x^3y^3)\times\left(\dfrac{1}{-4x}\right)\times\dfrac{2xy^2}{3}=\dfrac{4}{3}x^3y^5$

(3) (주어진 식)$=\left(-\dfrac{27}{8}x^3y^6\right)\times\dfrac{x^8}{y^4}\times\left(\dfrac{1}{-6x^4y}\right)=\dfrac{9}{16}x^7y$

03 답 (가) $\dfrac{9y^2}{8x}$ (나) $18xy^6$

(가): $\dfrac{3}{4}xy^3\div\dfrac{2}{3}x^2y=\dfrac{3xy^3}{4}\times\dfrac{3}{2x^2y}=\dfrac{9y^2}{8x}$

(나): $\dfrac{9y^2}{8x}\times(-4xy^2)^2=\dfrac{9y^2}{8x}\times16x^2y^4=18xy^6$

04 답 (1) $x=4,\ y=6$ (2) $x=3,\ y=2$

(1) $(a^2b^x)^3\times\left(\dfrac{a^3}{b}\right)^2\div a^yb=a^6b^{3x}\times\dfrac{a^6}{b^2}\times\dfrac{1}{a^yb}=a^{12-y}b^{3x-3}$

$a^{12-y}b^{3x-3}=a^6b^9$이므로 $12-y=6,\ 3x-3=9$

$\therefore x=4,\ y=6$

(2) $12a^xb^5\div(-6ab^y)\times(-ab)^3$
$=12a^xb^5\times\left(-\dfrac{1}{6ab^y}\right)\times(-a^3b^3)=2a^{x+2}b^{8-y}$

$2a^{x+2}b^{8-y}=2a^5b^6$이므로 $x+2=5,\ 8-y=6$

$\therefore x=3,\ y=2$

05 답 $\dfrac{3}{4}$

(주어진 식)$=x^3y^3\times xy^2\div9x^6y^2=\dfrac{x^3y^3\times xy^2}{9x^6y^2}=\dfrac{y^3}{9x^2}$

$=\dfrac{3^3}{9\times(-2)^2}=\dfrac{27}{36}=\dfrac{3}{4}$

06 답 (1) $3x^3y$ (2) $-4a^4b^3$

(1) $\square=6x^5y\div2x^2=\dfrac{6x^5y}{2x^2}=3x^3y$

(2) $\dfrac{8a^5b^7}{\square}=-2ab^4$ $\therefore \square=\dfrac{8a^5b^7}{-2ab^4}=-4a^4b^3$

07 답 $3x^2y^2$

어떤 식을 $\square$라 하면

$12x^6y^8\div\square=(-2x^2y^3)^2=4x^4y^6$

$\therefore \square=\dfrac{12x^6y^8}{4x^4y^6}=3x^2y^2$

08 답 (1) $12xy$ (2) x^3y^6 (3) $-4x^3y^6$

(1) $\dfrac{6x^3y\times4xy^2}{\square}=2x^2y^2,\ \dfrac{24x^4y^3}{\square}=2x^3y^2$

$\therefore \square=\dfrac{24x^4y^3}{2x^3y^2}=12xy$

(2) $\dfrac{x^8y^4\times x^2y}{\square}=\dfrac{x^7}{y},\ \dfrac{x^{10}y^5}{\square}=\dfrac{x^7}{y}$

$\therefore \square=x^{10}y^5\times\dfrac{y}{x^7}=x^3y^6$

(3) $(-8x^3y^9)\times\dfrac{x^4}{y^2}\times\dfrac{1}{\square}=2x^4y$

$(-8x^7y^7)\times\dfrac{1}{\square}=2x^4y$

$\therefore \square=\dfrac{-8x^7y^7}{2x^4y}=-4x^3y^6$

09 답 $16a^3b^3$

(넓이)$=\dfrac{1}{2}\times4a^2b\times8ab^2=16a^3b^3$

10 답 $5ab^3$

$240a^3b^4=4a\times12ab\times(높이)=48a^2b\times(높이)$

$\therefore (높이)=\dfrac{240a^3b^4}{48a^2b}=5ab^3$

11 답 $4a^2b^3$

$12\pi a^6b^5=\dfrac{1}{3}\times\pi\times(3a^2b)^2\times(높이)$

$\therefore (높이)=12\pi a^6b^5\div\dfrac{\pi}{3}\div(3a^2b)^2$

$=12\pi a^6b^5\times\dfrac{3}{\pi}\times\dfrac{1}{9a^4b^2}$

$=4a^2b^3$

12 답 $16ab^3$

(직사각형의 넓이)$=6a^3b^2\times4a^2b=24a^5b^3$

(삼각형의 넓이)$=\dfrac{1}{2}\times(밑변의 길이)\times3a^4=24a^5b^3$

$\therefore (밑변의 길이)=24a^5b^3\times\dfrac{2}{3a^4}=16ab^3$

---

3 다항식의 계산

08 **이차식의 덧셈과 뺄셈** 워크북 14~15쪽

01 답 (1) $-6a-2b$ (2) $3x-4y$

(1) (주어진 식)$=2a-3b-8a+b=-6a-2b$

(2) (주어진 식)$=4x-7y-x+3y=3x-4y$

02 답 (1) $5x+2y-5$ (2) $-2x-5y$

(3) $\dfrac{1}{6}a+\dfrac{17}{12}b$ (4) $-\dfrac{13}{20}x+\dfrac{11}{6}y$

(2) (주어진 식)$=4x-3y-6x-2y=-2x-5y$

(3) (주어진 식)$=\dfrac{4(-a+5b)+3(2a-b)}{12}$

$=\dfrac{-4a+20b+6a-3b}{12}$

$=\dfrac{2a+17b}{12}=\dfrac{1}{6}a+\dfrac{17}{12}b$

(4) (주어진 식)$=-\dfrac{1}{4}x+\dfrac{1}{3}y-\dfrac{2}{5}x+\dfrac{3}{2}y$

$=-\dfrac{5}{20}x-\dfrac{8}{20}x+\dfrac{2}{6}y+\dfrac{9}{6}y$

$=-\dfrac{13}{20}x+\dfrac{11}{6}y$

03 답 38

(주어진 식)$=6x-2y-8-3x+15y-3$

$=3x+13y-11$

따라서 $A=3,\ B=13,\ C=-11$이므로

$A+B-2C=3+13-2\times(-11)=38$

04 답 $\dfrac{1}{15}a-\dfrac{7}{15}b$

$$(\text{주어진 식})=\dfrac{15a-5(4a-b)+3(2a-4b)}{15}$$
$$=\dfrac{15a-20a+5b+6a-12b}{15}$$
$$=\dfrac{a-7b}{15}=\dfrac{1}{15}a-\dfrac{7}{15}b$$

05 답 ③, ⑤

② $x^2-3x-x^2=-3x$이므로 x에 대한 일차식이다.
따라서 이차식인 것은 ③, ⑤이다.

06 답 (1) $-6x^2-11x+1$　(2) $8x^2-14x+2$
　　(3) $-3x^2-11x+1$　(4) $\dfrac{1}{6}x^2-\dfrac{19}{6}x+\dfrac{5}{6}$

(2) $(\text{주어진 식})=5x^2-6x+3x^2-8x+2=8x^2-14x+2$
(3) $(\text{주어진 식})=6x^2-4x-2-9x^2-7x+3$
　　　　　　　$=-3x^2-11x+1$
(4) $(\text{주어진 식})=\dfrac{2(2x^2-5x+4)-3(x^2+3x+1)}{6}$
　　　　　　　$=\dfrac{4x^2-10x+8-3x^2-9x-3}{6}$
　　　　　　　$=\dfrac{x^2-19x+5}{6}$
　　　　　　　$=\dfrac{1}{6}x^2-\dfrac{19}{6}x+\dfrac{5}{6}$

07 답 7

$(\text{주어진 식})=-x^2+3x-2+3x^2-2x+6=2x^2+x+4$
따라서 각 항의 계수와 상수항의 합은 $2+1+4=7$이다.

08 답 $-9a^2-2$

$A=a^2-2a-7a^2+6=-6a^2-2a+6$
$B=a^2+3a+7+2a^2-5a+1=3a^2-2a+8$
$\therefore A-B=-6a^2-2a+6-(3a^2-2a+8)$
　　　　$=-6a^2-2a+6-3a^2+2a-8$
　　　　$=-9a^2-2$

09 답 (1) $7a-11b$　(2) $-7x+2y-3$

(1) $(\text{주어진 식})=4a-(6b-3a+5b)$
　　　　　　　$=4a-(-3a+11b)$
　　　　　　　$=4a+3a-11b$
　　　　　　　$=7a-11b$
(2) $(\text{주어진 식})=2x-(3x-2y-5+6x+8)$
　　　　　　　$=2x-(9x-2y+3)$
　　　　　　　$=2x-9x+2y-3$
　　　　　　　$=-7x+2y-3$

10 답 ①

$(\text{주어진 식})=x-2y-\{y-(2y-x-3y)+4x\}$
　　　　　　$=x-2y-\{y-(-x-y)+4x\}$
　　　　　　$=x-2y-(y+x+y+4x)$
　　　　　　$=x-2y-(5x+2y)$
　　　　　　$=x-2y-5x-2y$
　　　　　　$=-4x-4y$
따라서 $a=-4$, $b=-4$이므로 $a+b=-8$이다.

11 답 (1) 1　(2) $-2x^2-5x+4$　(3) $10x+4y+5$

(1) $(\text{주어진 식})=x-\{x-(x-x+1)\}$
　　　　　　$=x-(x-1)$
　　　　　　$=x-x+1=1$
(2) $(\text{주어진 식})=2x^2-\{7x-3-(-x^2+1-3x^2+2x)\}$
　　　　　　$=2x^2-\{7x-3-(-4x^2+2x+1)\}$
　　　　　　$=2x^2-(7x-3+4x^2-2x-1)$
　　　　　　$=2x^2-(4x^2+5x-4)$
　　　　　　$=2x^2-4x^2-5x+4$
　　　　　　$=-2x^2-5x+4$
(3) $(\text{주어진 식})=9x-1-\{y-3x-(x+5y-3x+6)\}$
　　　　　　$=9x-1-\{y-3x-(-2x+5y+6)\}$
　　　　　　$=9x-1-(y-3x+2x-5y-6)$
　　　　　　$=9x-1-(-x-4y-6)$
　　　　　　$=9x-1+x+4y+6$
　　　　　　$=10x+4y+5$

12 답 (1) $-4a+5b$　(2) $8x^2-3x+8$

(1) $\square=-a+4b-(3a-b)=-4a+5b$
(2) $\square=3x^2-x+7-(-5x^2+2x-1)$
　　　$=8x^2-3x+8$

13 답 $-\dfrac{4}{3}x+\dfrac{1}{3}$

$\square=\dfrac{x^2-3x+1}{4}-\dfrac{3x^2+7x-1}{12}$
　$=\dfrac{3(x^2-3x+1)-(3x^2+7x-1)}{12}$
　$=\dfrac{3x^2-9x+3-3x^2-7x+1}{12}$
　$=\dfrac{-16x+4}{12}=-\dfrac{4}{3}x+\dfrac{1}{3}$

14 답 $17x-5y$

$3(5x-3y)-A=2(-x-2y)$에서
$15x-9y-A=-2x-4y$
$\therefore A=15x-9y-(-2x-4y)$
　　$=15x-9y+2x+4y$
　　$=17x-5y$

15 답 $-2x-y+3$

어떤 식을 $\square$라 하면
$x-2y+5-\square=4x-3y+7$
$\therefore \square=x-2y+5-(4x-3y+7)$
　　$=x-2y+5-4x+3y-7$
　　$=-3x+y-2$
따라서 바르게 계산하면
$(x-2y+5)+(-3x+y-2)=-2x-y+3$

16 답 $5x^2+16x-4$

어떤 식을 $\square$라 하면
$\square+(-x^2-5x+1)=3x^2+6x-2$
$\therefore \square=3x^2+6x-2-(-x^2-5x+1)$
　　$=3x^2+6x-2+x^2+5x-1$
　　$=4x^2+11x-3$

따라서 바르게 계산하면

$4x^2+11x-3-(-x^2-5x+1)$
$=4x^2+11x-3+x^2+5x-1$
$=5x^2+16x-4$

09 단항식과 다항식의 곱셈과 나눗셈 _{워크북 16~17쪽}

01 답 (1) $6x^2-8xy$　(2) $-5ax+15ay$　(3) $-5x^2+10xy$
　　(4) a^2+ab-a　(5) $-3a^2bx-3ab^2x$　(6) $\frac{2}{9}x^3y^2-\frac{1}{3}x^2y^3$
　(5) $(a^2b+ab^2)\times(-3x)$
　　$=a^2b\times(-3x)+ab^2\times(-3x)$
　　$=-3a^2bx-3ab^2x$
　(6) $(6x^2y-9xy^2)\times\left(\frac{1}{27}xy\right)$
　　$=6x^2y\times\frac{1}{27}xy-9xy^2\times\frac{1}{27}xy$
　　$=\frac{2}{9}x^3y^2-\frac{1}{3}x^2y^3$

02 답 (1) $6a^2-19a$　(2) $2a^2+4ab-15b^2$　(3) $-x^2-16xy$　(4) $-9x$
　(1) $a(3a+2)-3a(-a+7)=3a^2+2a+3a^2-21a$
　　$\qquad\qquad\qquad\qquad\qquad=6a^2-19a$
　(2) $2a(a-b)+3b(2a-5b)=2a^2-2ab+6ab-15b^2$
　　$\qquad\qquad\qquad\qquad\qquad=2a^2+4ab-15b^2$
　(3) $-3x(x+2y)+2x(x-5y)$
　　$=-3x^2-6xy+2x^2-10xy$
　　$=-x^2-16xy$
　(4) $4x\left(\frac{1}{2}x-3\right)-6x\left(\frac{1}{3}x-\frac{1}{2}\right)=2x^2-12x-2x^2+3x$
　　$\qquad\qquad\qquad\qquad\qquad\qquad=-9x$

03 답 ⑤
　$-2x(x^2-4x+1)=-2x^3+8x^2-2x$이므로
　$a=-2,\ b=8,\ c=-2$　∴ $abc=32$

04 답 1
　$ax(4x+y+b)=-8x^2+cxy-10x$에서
　$4ax^2+axy+abx=-8x^2+cxy-10x$
　따라서 $4a=-8,\ a=c,\ ab=-10$이므로
　$a=-2,\ b=5,\ c=-2$　∴ $a+b+c=1$

05 답 ⑤
　$(4x^2-2xy+6y^2)\times\frac{3}{2}x$
　$=4x^2\times\frac{3}{2}x-2xy\times\frac{3}{2}x+6y^2\times\frac{3}{2}x$
　$=6x^3-3x^2y+9xy^2$
　따라서 xy^2의 계수는 ⑤ 9이다.

06 답 ③
　$ax(2x-3y-2)=2ax^2-3axy-2ax$
　$\qquad\qquad\qquad\qquad=bx^2+12xy+cx$
　이때 $2a=b,\ -3a=12,\ -2a=c$임을 알 수 있다.
　$-3a=12$　∴ $a=-4$

$2a=b$　　　∴ $b=-8$
$-2a=c$　　∴ $c=8$
∴ $a+b+c=-4-8+8=-4$

07 답 (1) $6x-9$　　　(2) $-8a+18b$
　　(3) $2x-\frac{3}{2}y+3$　(4) $-4y^2+2xy+3$
　(1) (주어진 식)$=(14x^2-21x)\times\frac{3}{7x}=6x-9$
　(2) (주어진 식)$=(4a^2-9ab)\times\left(-\frac{2}{a}\right)=-8a+18b$
　(3) (주어진 식)$=\frac{4x^2-3xy+6x}{2x}=2x-\frac{3}{2}y+3$
　(4) (주어진 식)$=\frac{12xy-6x^2y-9x}{-3x}=-4y^2+2xy+3$

08 답 6
　$(x^3-2x^2)\div\left(-\frac{x}{6}\right)=(x^3-2x^2)\times\left(-\frac{6}{x}\right)$
　　$\qquad\qquad\qquad\qquad\qquad=x^3\times\left(-\frac{6}{x}\right)-2x^2\times\left(-\frac{6}{x}\right)$
　　$\qquad\qquad\qquad\qquad\qquad=-6x^2+12x$
　따라서 각 항의 계수의 합은 $-6+12=6$이다.

09 답 (1) $a=8,\ b=3$　(2) $a=5,\ b=-3,\ c=8$
　(1) (좌변)$=\left(-\frac{2}{3}x^2y-\frac{1}{4}xy^2\right)\times\left(-\frac{12}{xy}\right)=8x+3y$
　　∴ $a=8,\ b=3$
　(2) (좌변)$=\frac{15x^2y-9xy^2+24xy}{3xy}=5x-3y+8$
　　∴ $a=5,\ b=-3,\ c=8$

10 답 ②
　(주어진 식)$=\frac{12x^3y-8x^2y^2}{4xy}=3x^2-2xy$
　　$\qquad\qquad=3\times(-1)^2-2\times(-1)\times4=11$

11 답 $-\frac{1}{2}x+2y-\frac{3}{4}$
　$\square=(2x^2y-8xy^2+3xy)\div(-4xy)$
　　$=\frac{2x^2y-8xy^2+3xy}{-4xy}=-\frac{1}{2}x+2y-\frac{3}{4}$

12 답 $4x^3-6x^2$
　어떤 식을 $\square$라 하면
　$\square\div3x=\frac{4}{3}x^2-2x$
　∴ $\square=\left(\frac{4}{3}x^2-2x\right)\times3x=4x^3-6x^2$

13 답 $-2xy+8x-\frac{8}{3}$
　어떤 식을 $\square$라 하면
　$\square\times\left(-\frac{3}{2}x\right)=3x^2y-12x^2+4x$
　∴ $\square=(3x^2y-12x^2+4x)\div\left(-\frac{3}{2}x\right)$
　　$=(3x^2y-12x^2+4x)\times\left(-\frac{2}{3x}\right)$
　　$=-2xy+8x-\frac{8}{3}$

14 답 $5xy+y$

(마름모의 넓이)$=\dfrac{1}{2}\times(5x+1)\times2y$

$\qquad=\dfrac{10xy+2y}{2}$

$\qquad=5xy+y$

15 답 ③

$3xy\times(높이)=18x^2y-12xy^2$

$\therefore(높이)=(18x^2y-12xy^2)\div3xy$

$\qquad=\dfrac{18x^2y-12xy^2}{3xy}$

$\qquad=6x-4y$

16 답 $3x^3y+4xy^2$

(사다리꼴의 넓이)$=\dfrac{1}{2}\times(3x^2+4y)\times2xy$

$\qquad=(3x^2+4y)\times xy$

$\qquad=3x^3y+4xy^2$

10 사칙연산이 혼합된 식의 계산
워크북 18쪽

01 답 ⑴ $-3xy+2$ ⑵ $11x-15y$

⑴ (주어진 식)$=\dfrac{12xy-9xy^2}{3y}-\dfrac{16x^2-8x}{4x}$

$\qquad=4x-3xy-4x+2$

$\qquad=-3xy+2$

⑵ (주어진 식)$=\dfrac{10x^2-6xy}{2x}+(4xy-8y^2)\times\dfrac{3}{2y}$

$\qquad=5x-3y+6x-12y$

$\qquad=11x-15y$

02 답 ①

(주어진 식)$=\dfrac{x^3y^2-3x^2y^2}{-xy}+2x^2y-4xy$

$\qquad=-x^2y+3xy+2x^2y-4xy$

$\qquad=x^2y-xy$

03 답 55

(주어진 식)$=\left(6x^2y-\dfrac{1}{3}x^2y^2\right)\times\dfrac{1}{xy}-\dfrac{2xy^2-9xy}{3y}$

$\qquad=6x-\dfrac{1}{3}xy-\dfrac{2}{3}xy+3x$

$\qquad=9x-xy$

$\qquad=9\times5-5\times(-2)=55$

04 답 -1

(주어진 식)$=\left(\dfrac{7}{3}x^4+\dfrac{5}{6}x^3\right)\times\dfrac{3}{2x^2}-\dfrac{3}{4}x\left(8x-\dfrac{1}{3}\right)$

$\qquad=\dfrac{7}{2}x^2+\dfrac{5}{4}x-6x^2+\dfrac{1}{4}x$

$\qquad=-\dfrac{5}{2}x^2+\dfrac{3}{2}x$

따라서 각 항의 계수의 합은 $-\dfrac{5}{2}+\dfrac{3}{2}=-1$이다.

05 답 ④

$\dfrac{2x^4+4x^3-x^2}{x^2}-\dfrac{2(x^5-x^4+3x^3)}{x^3}$

$=2x^2+4x-1-2(x^2-x+3)$

$=2x^2+4x-1-2x^2+2x-6$

$=6x-7$

$\therefore A=6,\ B=-7$

$\therefore A-B=6-(-7)=13$

06 답 $6a^2b^2$

$(8a^3b^2-\square)\div2ab^2=2a(3a-4)-(2a^2-5a)$

$\qquad=6a^2-8a-2a^2+5a$

$\qquad=4a^2-3a$

$8a^3b^2-\square=(4a^2-3a)\times2ab^2$이므로

$8a^3b^2-\square=8a^3b^2-6a^2b^2$ $\quad\therefore\square=6a^2b^2$

07 답 ⑤

$2x(x-1)-\{x^2-2x(-x+3)\}\div(-x)$

$=2x^2-2x-(x^2+2x^2-6x)\div(-x)$

$=2x^2-2x-(3x^2-6x)\div(-x)$

$=2x^2-2x+3x-6$

$=2x^2+x-6$

$2x^2+x-6=ax^2+bx+c$이므로 $a=2,\ b=1,\ c=-6$

$\therefore a+b-c=2+1-(-6)=9$

08 답 $6ab^2+12a^2b+34ab+10b$

$6a^2b^2+15ab^2=3ab^2\times(높이)$이므로

$(높이)=(6a^2b^2+15ab^2)\div3ab^2=2a+5$

따라서 직육면체의 겉넓이는

$(3ab\times b)\times2+\{b\times(2a+5)\}\times2+\{3ab\times(2a+5)\}\times2$

$=6ab^2+2(2ab+5b)+2(6a^2b+15ab)$

$=6ab^2+4ab+10b+12a^2b+30ab$

$=6ab^2+12a^2b+34ab+10b$

단원 마무리
워크북 19~20쪽

01 ③	**02** ③	**03** ②	**04** ③	**05** 14자리
06 ④	**07** ④	**08** ②	**09** -32	**10** ③
11 ②	**12** ⑤	**13** -5	**14** ③	**15** $a+2b$
16 $\dfrac{25}{2}\pi a^3b^5$		**17** $-12x^2-15x+1$		

01 ① $3^2+3^2+3^2=3\times3^2=3^3$ ② $3\times3^2=3^{1+2}=3^3$

③ $(3^2)^3=3^{2\times3}=3^6$ ④ $3^5\div3^2=3^{5-2}=3^3$

⑤ $(3^2)^2\div3=3^4\div3=3^{4-1}=3^3$

02 $(a^4b^x)^3=a^{12}b^{3x}=a^yb^9$에서 $12=y,\ 3x=9$이므로

$x=3,\ y=12$ $\quad\therefore x+y=15$

03 $12^3=(2^2\times3)^3=2^6\times3^3$에서 $x=2,\ y=6$ $\quad\therefore x+y=8$

04 $25^{x+1}=(5^2)^{x+1}=5^{2x+2}=(5^x)^2\times5^2=A^2\times25=25A^2$

05 $2^{17}\times5^{12}=2^5\times2^{12}\times5^{12}=2^5\times(2\times5)^{12}$
$\qquad\qquad=2^5\times10^{12}=32\times10^{12}$
따라서 14자리의 자연수이다.

06 (주어진 식)$=\dfrac{4a^2b^4\times3ab}{8a^4b^3}=\dfrac{3b^2}{2a}$

07 $8x^ay^6\times\dfrac{9}{4x^2y^2}\times\dfrac{5}{3x^3y}=30x^{a-5}y^3=bx^5y^c$이므로
$b=30,\ a-5=5$에서 $a=10,\ c=3$
$\therefore a+b+c=10+30+3=43$

08 $\dfrac{(-6x^2y^3)\times\square}{3xy^2}=2xy^2,\ (-2xy)\times\square=2xy^2$
$\therefore \square=\dfrac{2xy^2}{-2xy}=-y$

09 (주어진 식)$=x^2y^6\times(-x^9y^6)\div(-x^6y^3)$
$\qquad\qquad=x^2y^6\times(-x^9y^6)\times\left(-\dfrac{1}{x^6y^3}\right)$
$\qquad\qquad=x^5y^9$
$\qquad\qquad=2^5\times(-1)^9=-32$

10 $(6x^2-x-1)-(8x^2-5x+7)$
$\quad=6x^2-x-1-8x^2+5x-7$
$\quad=-2x^2+4x-8$

11 $\dfrac{3(a-b)}{2}-\dfrac{4(a-2b)}{3}=\dfrac{9(a-b)-8(a-2b)}{6}$
$\qquad\qquad\qquad\qquad\qquad=\dfrac{9a-9b-8a+16b}{6}$
$\qquad\qquad\qquad\qquad\qquad=\dfrac{a+7b}{6}=\boxed{\dfrac{1}{6}}a+\boxed{\dfrac{7}{6}}b$
따라서 두 수의 차는 $\dfrac{7}{6}-\dfrac{1}{6}=1$이다.

12 $(3x^2y^2-4x)\div\dfrac{1}{2}x=(3x^2y^2-4x)\times\dfrac{2}{x}=6xy^2-8$

13 $3xy\left(\dfrac{1}{x}-\dfrac{1}{y}\right)-2xy\left(\dfrac{1}{x}+\dfrac{1}{y}\right)=3y-3x-2y-2x$
$\qquad\qquad\qquad\qquad\qquad\qquad\qquad=-5x+y$
따라서 $a=-5,\ b=1$이므로 $ab=-5$이다.

14 $(6a^2-3ab)\div3a-(5ab+10b^2)\div(-5b)$
$\quad=\dfrac{6a^2-3ab}{3a}-\dfrac{5ab+10b^2}{-5b}$
$\quad=2a-b+a+2b$
$\quad=3a+b$

15 $4a\times3a\times(높이)=12a^3+24a^2b$
$\therefore (높이)=\dfrac{12a^3+24a^2b}{12a^2}=a+2b$

16 직각삼각형 ABC를 직선 AC를 축으로 하여 1회전시킬 때 생기는 입체도형은 밑면의 반지름이 $\overline{BC}$, 높이가 $\overline{AC}$인 원뿔이다. ······❶
따라서 구하는 부피는
$\dfrac{1}{3}\times\pi\times(5ab)^2\times\dfrac{3}{2}ab^3$ ······❷
$=\dfrac{1}{3}\times\pi\times25a^2b^2\times\dfrac{3}{2}ab^3$
$=\dfrac{25}{2}\pi a^3b^5$ ······❸

단계	채점 기준	비율
❶	회전체의 모양 말하기	20 %
❷	회전체의 부피 구하는 식 세우기	40 %
❸	회전체의 부피 구하기	40 %

17 ㈎에서 $A-(2x^2+3)=-x^2-1$
$\therefore A=-x^2-1+(2x^2+3)=x^2+2$ ······❶
㈏에서
$B=A+(2x^2+3x-1)$
$\quad=x^2+2+2x^2+3x-1$
$\quad=3x^2+3x+1$ ······❷
$\therefore 3A-5B=3(x^2+2)-5(3x^2+3x+1)$
$\qquad\qquad=3x^2+6-15x^2-15x-5$
$\qquad\qquad=-12x^2-15x+1$ ······❸

단계	채점 기준	비율
❶	다항식 A 구하기	30 %
❷	다항식 B 구하기	30 %
❸	$3A-5B$ 구하기	40 %

II | 일차부등식과 연립일차방정식

II-1 | 일차부등식

1 일차부등식

11 부등식의 해와 그 성질
워크북 21~22쪽

01 답 ⑤

⑤ (넘지 않는다)=(작거나 같다)이므로
$20a+1500 \le 7000$

02 답 ②, ⑤

① $x=0$일 때, $-2 \le 1$(참)　② $x=3$일 때, $6<6$(거짓)
③ $x=-1$일 때, $1 \ge -3$(참) ④ $x=1$일 때, $-2 \le 1$(참)
⑤ $x=2$일 때, $-\dfrac{1}{3}<-1$(거짓)

03 답 2

x가 될 수 있는 값은 -2, -1, 0, 1, 2이다.
$x=-2$일 때, $6<-2$(거짓)
$x=-1$일 때, $4<-1$(거짓)
$x=0$일 때, $2<0$(거짓)
$x=1$일 때, $0<1$(참)
$x=2$일 때, $-2<2$(참)
따라서 부등식의 해는 1, 2의 2개이다.

04 답 (1) $\le$　(2) $\le$　(3) $\le$　(4) $\ge$

05 답 ②

①, ③, ④, ⑤ $>$　　② $<$

06 답 ④

$7-3a>7-3b$에서 $-3a>-3b$　∴ $a<b$
④ $-4a>-4b$

07 답 ③, ④

① $a<b$에서 $a-b<b-b$　∴ $a-b<0$
② a와 b는 모두 음수이므로 $a+b<0$
③ $a<b$이므로 $\dfrac{1}{a}>\dfrac{1}{b}$
④ $b<0$이므로 $a<b$에서 양변을 b로 나누면 $\dfrac{a}{b}>1$
⑤ $a=-3$, $b=-2$라 하면 $a<b$이지만
　$a^2=(-3)^2=9$, $b^2=(-2)^2=4$이므로 $a^2>b^2$이다.

08 답 (1) $-1 \le x+1<2$ (2) $-5 \le x-3<-2$ (3) $-1 \le \dfrac{x}{2}<\dfrac{1}{2}$
　　　(4) $-1<-x \le 2$ (5) $3<5-2x \le 9$ (6) $-3 \le \dfrac{x-4}{2}<-\dfrac{3}{2}$

(5) $-2<-2x \le 4$이므로 $3<5-2x \le 9$
(6) $-6 \le x-4<-3$이므로 $-3 \le \dfrac{x-4}{2}<-\dfrac{3}{2}$

09 답 5

$-2<x<3$의 각 변에 -3을 곱하면 $-9<-3x<6$
각 변에 4를 더하면 $-5<4-3x<10$
따라서 $a=-5$, $b=10$이므로 $a+b=-5+10=5$이다.

10 답 ④

$-7<1-4x \le 13$의 각 변에서 1을 빼면
$-8<-4x \le 12$
각 변을 -4로 나누면 $-3 \le x<2$

11 답 $-8 \le b \le -1$

$a-b=3$에서 $a=b+3$을 $-5 \le a \le 2$에 대입하면
$-5 \le b+3 \le 2$
각 변에서 3를 빼면 $-8 \le b \le -1$

12 일차부등식의 풀이
워크북 22~23쪽

01 답 ①, ⑤

① $x+8 \ge 0$　　② 일차방정식　　③ $x^2-x-4<0$
④ $-10<0$　　⑤ $5x-1<0$
따라서 일차부등식은 ①, ⑤이다.

02 답 ④

$x-8 \le 4x-2$에서 $-3x \le 6$　∴ $x \ge -2$
따라서 주어진 일차부등식의 해를 수직선 위에 바르게 나타낸 것은 ④이다.

03 답 1, 2, 3, 4

$x+9>4x-5$에서 $-3x>-14$　∴ $x<\dfrac{14}{3}=4.666\cdots$
따라서 부등식을 만족시키는 자연수 x는 1, 2, 3, 4이다.

04 답 ③

양변에 6을 곱하면 $3x+18 \le 6-2(2x+4)$
$3x+18 \le 6-4x-8$, $7x \le -20$
∴ $x \le -\dfrac{20}{7}=-2.8 \times \times \times$
따라서 부등식을 만족시키는 가장 큰 정수는 -3이다.

05 답 (1) $x>5$　(2) $x<-\dfrac{2}{a}$

(1) $a>0$이므로 양변을 a로 나누면 $x>\dfrac{5a}{a}$　∴ $x>5$
(2) $a>0$에서 $3a>0$이므로 양변을 $3a$로 나누면
　$x<\dfrac{-6}{3a}$　∴ $x<-\dfrac{2}{a}$

06 답 $x<-\dfrac{4}{a}$

$4ax+10>3ax+6$에서 $ax>-4$
$a<0$이므로 양변을 a로 나누면 $x<-\dfrac{4}{a}$

07 답 $x \ge -\dfrac{3}{a+1}$

$x+4 \le 1-ax$에서 $x+ax \le -3$, $(a+1)x \le -3$
그런데 $a<-1$이므로 $a+1<0$　∴ $x \ge -\dfrac{3}{a+1}$

08 답 6

$ax+17>-1$에서 $ax>-18$
일차부등식이므로 $a \ne 0$이고, 해가 $x>-3$으로 부등호의

방향이 바뀌지 않았으므로 $a>0$이다.　　$\therefore x>-\dfrac{18}{a}$

$$-\dfrac{18}{a}=-3\quad\therefore a=\dfrac{-18}{-3}=6$$

09 답 ②

$ax+2<x$에서 $(a-1)x<-2$

일차부등식이므로 $a-1\neq0$이고, 해가 $x>\dfrac{2}{5}$로 부등호의

방향이 바뀌었으므로 $a-1<0$이다.　　$\therefore x>-\dfrac{2}{a-1}$

$-\dfrac{2}{a-1}=\dfrac{2}{5}$에서 $a-1=-5$　　$\therefore a=-4$

10 답 -2

$x+8<8x+15$에서 $-7x<7$　　$\therefore x>-1$

$a-x<3x-a$에서 $-4x<-2a$　　$\therefore x>\dfrac{a}{2}$

두 부등식의 해가 같으므로 $\dfrac{a}{2}=-1$　　$\therefore a=-2$

11 답 ④

$2(2x-3)\leq3x-1$에서 $4x-6\leq3x-1$　　$\therefore x\leq5$

$2x-5\geq3x-a$에서 $-x\geq5-a$　　$\therefore x\leq a-5$

두 부등식의 해가 같으므로 $a-5=5$　　$\therefore a=10$

12 답 $a<4$

$x-a\leq-3x$에서 $4x\leq a$　　$\therefore x\leq\dfrac{a}{4}$

부등식을 만족시키는 자연수 x가 존재하지
않으려면 오른쪽 그림과 같아야 하므로

$\dfrac{a}{4}<1$　　$\therefore a<4$

13 답 $3\leq k<5$

$5x\geq-(k-7x)-1$에서

$5x\geq-k+7x-1,\ -2x\geq-k-1$　　$\therefore x\leq\dfrac{k+1}{2}$

부등식을 만족시키는 자연수 x가 2개
이려면 오른쪽 그림과 같아야 한다.

$\therefore 2\leq\dfrac{k+1}{2}<3$

각 변에 2를 곱하면 $4\leq k+1<6$　　$\therefore 3\leq k<5$

2 일차부등식의 활용

13 일차부등식의 활용　워크북 24~25쪽

01 답 ③

어떤 자연수를 x라 하면

$2(x-8)<x,\ 2x-16<x$　　$\therefore x<16$

따라서 이를 만족시키는 자연수는 1, 2, 3, $\cdots$, 15의 15개이다.

02 답 14

두 수 중 큰 수가 x이므로 작은 수는 $x-9$이다.

두 수의 합이 20보다 작으므로

$(x-9)+x<20,\ 2x<29$　　$\therefore x<\dfrac{29}{2}=14.5$

따라서 x는 정수이므로 x의 최댓값은 14이다.

03 답 22, 24, 26

가운데 수를 x라 하면 연속하는 세 짝수는 $x-2$, x,
$x+2$이다. 세 수의 합이 78보다 작으므로

$(x-2)+x+(x+2)<78,\ 3x<78$　　$\therefore x<26$

26보다 작은 수 중 가장 큰 짝수 x는 24이므로 연속하는
세 짝수는 22, 24, 26이다.

04 답 8송이

카네이션을 x송이 산다고 하면

$900x+2000\leq10000$

$900x\leq8000$　　$\therefore x\leq\dfrac{80}{9}=8.888\cdots$

따라서 카네이션을 최대 8송이까지 살 수 있다.

05 답 ②

아이스크림을 x개 사면 음료수는 $(30-x)$개 살 수 있으므로

$700x+650(30-x)\leq20000$

$700x+19500-650x\leq20000$

$50x\leq500$　　$\therefore x\leq10$

따라서 아이스크림은 최대 10개까지 살 수 있다.

06 답 4.8 km

올라갈 수 있는 거리를 x km라 하면

$\dfrac{x}{2}+\dfrac{x}{3}\leq4,\ 3x+2x\leq24,\ 5x\leq24$　　$\therefore x\leq4.8$

따라서 올라갈 수 있는 최대 거리는 4.8 km이다.

07 답 600 m

버스 터미널에서 우체국까지의 거리를 x m라 하면

$\dfrac{x}{60}+5+\dfrac{x}{40}\leq30$

$2x+600+3x\leq3600,\ 5x\leq3000$　　$\therefore x\leq600$

따라서 우체국은 버스 터미널에서 600 m 이내에 있어야
한다.

08 답 10송이

장미를 x송이 산다고 하면

$800x>600x+1800,\ 200x>1800$　　$\therefore x>9$

따라서 장미를 10송이 이상 살 때 도매 시장에 가서 사는
게 더 유리하다.

09 답 26명

입장객 수를 x명이라 하면

$3000x>3000\times0.85\times30$

$3000x>76500$　　$\therefore x>25.5$

따라서 26명 이상일 때 30명의 단체 입장권을 사는 것이
더 유리하다.

10 답 75분

휴대전화를 x분 사용한다고 하면

$24000+60x<15000+180x$

$-120x<-9000$　　$\therefore x>75$

따라서 75분을 초과해서 통화해야 A 요금제를 선택하는
것이 더 유리하다.

11 답 200 g

5 %의 소금물 100 g에 녹아 있는 소금의 양은

$\left(\dfrac{8}{100} \times 100\right)$ g

5 %의 소금물 x g 섞는다고 하면, 소금물의 양은 $(100+x)$ g

$\dfrac{\dfrac{8}{100} \times 100 + \dfrac{5}{100} \times x}{100+x} \times 100 \geq 6$ ∴ $x \leq 200$

따라서 5 %의 소금물은 최대 200 g까지 넣을 수 있다.

12 답 50 g

10 %의 소금물 300 g에 녹아 있는 소금의 양은

$\dfrac{10}{100} \times 300 = 30 \text{(g)}$

증발시키는 물의 양을 x g이라 하면, 소금물의 양은

$(300-x)$ g

$\dfrac{30}{300-x} \times 100 \geq 12$ ∴ $x \geq 50$

따라서 적어도 50 g의 물을 증발시켜야 한다.

13 답 $x>4$

삼각형의 가장 긴 변의 길이는 나머지 두 변의 길이의 합보다 작아야 하므로

$x+6 < (x+2)+x$, $-x<-4$ ∴ $x>4$

14 답 ①

x개월 후에 동생의 저금액이 형의 저금액보다 많아진다고 하면 $4000+1000x < 1500+1500x$

$-500x < -2500$ ∴ $x>5$

따라서 동생의 저금액이 형의 저금액보다 많아지는 것은 6개월 후부터이다.

15 답 24

x %의 이익을 붙였을 때의 이익금은 $\left(5000 \times \dfrac{x}{100}\right)$원이므로

$5000 \times \dfrac{x}{100} \geq 1200$, $50x \geq 1200$ ∴ $x \geq 24$

따라서 x의 최솟값은 24이다.

16 답 40명

공원에 x명이 입장한다고 하면 20명까지의 입장료는 900원씩이고 나머지 $(x-20)$명의 입장료는 600원씩이므로

$900 \times 20 + 600 \times (x-20) \leq 30000$

$18000 + 600x - 12000 \leq 30000$, $600x \leq 24000$

∴ $x \leq 40$

따라서 최대 40명까지 입장할 수 있다.

단원 마무리   워크북 26~27쪽

01 ③, ⑤   **02** ②   **03** ⑤

04 $\dfrac{7}{2} < -\dfrac{1}{2}x+5 \leq 6$ **05** ③   **06** ④

07 ①   **08** ②   **09** ③   **10** ①   **11** 96점

12 1500원   **13** 70 g   **14** 3 km

15 $-\dfrac{1}{2}$ **16** 14명

---

01 ① $-2>0$ (거짓)   ② $5<2$ (거짓)   ③ $0 \leq 0$ (참)

④ $0 \geq 4$ (거짓)   ⑤ $-\dfrac{2}{5}<0$ (참)

02 $x=-3$을 대입하면 $-3 \leq 7 \times (-3)-4$ (거짓)

$x=-2$를 대입하면 $-2 \leq 7 \times (-2)-4$ (거짓)

$x=-1$을 대입하면 $-1 \leq 7 \times (-1)-4$ (거짓)

$x=0$을 대입하면 $0 \leq 7 \times 0-4$ (거짓)

$x=1$을 대입하면 $1 \leq 7 \times 1-4$ (참)

$x=2$를 대입하면 $2 \leq 7 \times 2-4$ (참)

따라서 해는 1, 2의 2개이다.

03 ⑤ $-a < -b$이므로 $1-a < 1-b$

04 $-2 \leq x < 3$의 각 변에 $-\dfrac{1}{2}$을 곱하면 $-\dfrac{3}{2} < -\dfrac{1}{2}x \leq 1$

각 변에 5를 더하면 $-\dfrac{3}{2}+5 < -\dfrac{1}{2}x+5 \leq 1+5$

∴ $\dfrac{7}{2} < -\dfrac{1}{2}x+5 \leq 6$

05 ①, ②, ④, ⑤ $x<3$ ③ $x<9$

06 양변에 10을 곱하면 $2(x-4)+5(x-1) \leq 20$

$2x-8+5x-5 \leq 20$, $7x \leq 33$

∴ $x \leq \dfrac{33}{7} = 4.7 \times \times \times$

따라서 부등식을 만족시키는 자연수 x는 1, 2, 3, 4의 4개이다.

07 양변에 10을 곱하면 $7x-1 < 20+5(3x-1)$

$7x-1 < 20+15x-5$, $-8x < 16$

∴ $x > -2$

08 $a<0$이므로 $-3a>0$

$-3ax < 9$의 양변을 $-3a$로 나누면 부등호의 방향이 바뀌지 않으므로 $x < \dfrac{9}{-3a}$

∴ $x < -\dfrac{3}{a}$

09 $4x-1 \leq 2x+a$에서 $2x \leq a+1$ ∴ $x \leq \dfrac{a+1}{2}$

이를 만족시키는 자연수 x가 2개이려면 오른쪽 그림과 같아야 하므로

$2 \leq \dfrac{a+1}{2} < 3$, $4 \leq a+1 < 6$

∴ $3 \leq a < 5$

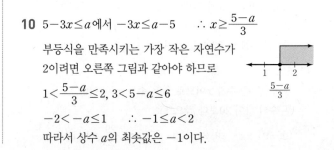

10 $5-3x \leq a$에서 $-3x \leq a-5$ ∴ $x \geq \dfrac{5-a}{3}$

부등식을 만족시키는 가장 작은 자연수가 2이려면 오른쪽 그림과 같아야 하므로

$1 < \dfrac{5-a}{3} \leq 2$, $3 < 5-a \leq 6$

$-2 < -a \leq 1$ ∴ $-1 \leq a < 2$

따라서 상수 a의 최솟값은 -1이다.

11 수지가 네 번째 수학 시험에서 x점을 받는다고 하면

$$\frac{86+90+88+x}{4}\geq90,\ 264+x\geq360 \quad \therefore x\geq96$$

따라서 네 번째 수학 시험에서 96점 이상을 받아야 한다.

12 정가를 x원이라 하면

$$1.2\times1000\leq0.8x,\ 8x\geq12000 \quad \therefore x\geq1500$$

따라서 정가를 1500원 이상으로 정해야 한다.

13 6 %의 소금물 400 g에 녹아 있는 소금의 양은

$$\frac{6}{100}\times400=24(g)$$

더 넣는 소금의 양을 x g이라 하면, 소금의 양은 $(400+x)$ g

$$\frac{24+x}{400+x}\times100\geq20 \quad \therefore x\geq70$$

따라서 소금을 70 g 이상 더 넣어야 한다.

14 준상이가 집에서 x km 떨어진 지점까지 걸어간다고 하면 달려간 거리는 $(4-x)$km이므로

$$\frac{x}{3}+\frac{4-x}{6}\leq\frac{7}{6},\ 2x+4-x\leq7 \quad \therefore x\leq3$$

따라서 집에서 3 km 떨어진 지점까지 걸어가도 된다.

15 $3-\dfrac{x-2}{4}<\dfrac{1}{2}-x$의 양변에 4를 곱하면

$12-(x-2)<2-4x,\ 12-x+2<2-4x,\ 3x<-12$

$\therefore x<-4$ ————————————————— ❶

$1>3-ax$에서 $ax>2$ ⋯⋯⋯ ㉠

두 일차부등식의 해가 같으려면 부등식 ㉠의 해가 $x<-4$

이어야 하고 부등호의 방향이 바뀌므로 $a<0$ ⋯⋯⋯⋯⋯⋯⋯ ❷

따라서 ㉠의 양변을 a로 나누면 $x<\dfrac{2}{a}$

$\dfrac{2}{a}=-4$에서 $a=-\dfrac{1}{2}$ ————————————— ❸

단계	채점 기준	비율
❶	$3-\dfrac{x-2}{4}<\dfrac{1}{2}-x$의 해 구하기	40 %
❷	상수 a의 값의 부호 판별하기	40 %
❸	상수 a의 값 구하기	20 %

16 학생이 x명일 때, 관람 요금은 $(1500\times2+1000x)$원이고, 20명 단체 요금은 (800×20)원이므로

$1500\times2+1000x>800\times20$ ————————— ❶

$1000x>13000$

$\therefore x>13$ ——————————————————— ❷

따라서 학생이 14명 이상일 때, 단체 요금을 내는 것이 더 유리하다. ————————————————————— ❸

단계	채점 기준	비율
❶	미지수를 정하여 일차부등식 세우기	50 %
❷	일차부등식 풀기	30 %
❸	답 구하기	20 %

Ⅱ-2 | 연립일차방정식

1 미지수가 2개인 연립일차방정식

14 미지수가 2개인 일차방정식
워크북 28쪽

01 🄳 ㄴ, ㅁ, ㅂ

ㄱ. 등식이 아니다.

ㄷ. x^2항이 있으므로 일차식이 아니다.

ㄹ. 분모에 x와 y가 있으므로 일차방정식이 아니다.

ㅂ. $x^2-y=x^2-2x$에서 $2x-y=0$이므로 미지수가 2개인 일차방정식이다.

ㅅ. xy항이 있으므로 x, y에 대한 일차식이 아니다.

ㅇ. $x-6y=2x-6y+5$에서 $x+5=0$이므로 미지수가 1개인 일차방정식이다.

따라서 미지수가 2개인 일차방정식은 ㄴ, ㅁ, ㅂ이다.

02 🄳 ②

$2x+(a-4)y+3=3x+2y-6$을 정리하면

$-x+(a-6)y+9=0$ ⋯⋯⋯ ㉠

㉠이 x, y에 대한 일차방정식이 되려면 $a\neq6$이어야 한다.

03 🄳 ③

① $3\times0+14=14$

② $3\times2+8=14$

③ $3\times(-3)+24=15\neq14$

④ $3\times5+(-1)=14$

⑤ $3\times\left(-\dfrac{1}{3}\right)+15=14$

04 🄳 ③

① $-1+3=2\neq5$

② $3\times(-1)-4\times3=-15\neq-12$

③ $2\times(-1)-\dfrac{2}{3}\times3=-4$

④ $5\times(-1)-3-8=-16\neq0$

⑤ $4\times(-1)+2\times3-1=1\neq0$

05 🄳 (1) (1, 3), (2, 2), (3, 1)　　(2) (1, 8), (2, 6), (3, 4), (4, 2)
(3) (3, 2), (6, 1)　　(4) (2, 2)

(1) $x=1,\ 2,\ 3,\ \cdots$일 때 y의 값은 다음 표와 같다.

x	1	2	3	4	$\cdots$
y	3	2	1	0	$\cdots$

따라서 구하는 해는 (1, 3), (2, 2), (3, 1)이다.

(2) $x=1,\ 2,\ 3,\ \cdots$일 때 y의 값은 다음 표와 같다.

x	1	2	3	4	5	$\cdots$
y	8	6	4	2	0	$\cdots$

따라서 구하는 해는 (1, 8), (2, 6), (3, 4), (4, 2)이다.

(3) $x=1,\ 2,\ 3,\ \cdots$일 때 y의 값은 다음 표와 같다.

x	1	2	3	4	5	6	7	8	9	$\cdots$
y	$\dfrac{8}{3}$	$\dfrac{7}{3}$	2	$\dfrac{5}{3}$	$\dfrac{4}{3}$	1	$\dfrac{2}{3}$	$\dfrac{1}{3}$	0	$\cdots$

따라서 구하는 해는 (3, 2), (6, 1)이다.

(4) $x=1, 2, 3, \cdots$일 때 y의 값은 다음 표와 같다.

x	1	2	3	4	5	$\cdots$
y	$\dfrac{13}{5}$	2	$\dfrac{7}{5}$	$\dfrac{4}{5}$	$\dfrac{1}{5}$	$\cdots$

따라서 구하는 해는 $(2, 2)$이다.

06 답 ②

$x=1, 2, 3, \cdots$일 때 y의 값은 다음 표와 같다.

x	1	2	3	4	5	6	7	8	9	10	$\cdots$
y	6	$\dfrac{16}{3}$	$\dfrac{14}{3}$	4	$\dfrac{10}{3}$	$\dfrac{8}{3}$	2	$\dfrac{4}{3}$	$\dfrac{2}{3}$	0	$\cdots$

따라서 $2x+3y=20$의 해는 $(1, 6)$, $(4, 4)$, $(7, 2)$로 3개이다.

07 답 2

$x=3, y=-5$를 $ax+y=1$에 대입하면
$3a-5=1, 3a=6$ $\therefore a=2$

08 답 8

$x=a, y=4$를 $2x-3y+6=0$에 대입하면
$2a-12+6=0, 2a=6$ $\therefore a=3$
$x=b+1, y=6$을 $2x-3y+6=0$에 대입하면
$2(b+1)-18+6=0, 2b=10$ $\therefore b=5$
$\therefore a+b=3+5=8$

15 미지수가 2개인 연립일차방정식 워크북 29쪽

01 답 (1) $\begin{cases} x+y=12 \\ 300x+500y=4000 \end{cases}$ (2) $\begin{cases} x+y=7 \\ 4x+2y=20 \end{cases}$

(3) $\begin{cases} y=x+6 \\ 3x+2y=32 \end{cases}$

02 답 ④

$x=3, y=-1$을 두 일차방정식에 각각 대입하면

① $\begin{cases} 3+(-1)=2 \neq 5 \\ 3-2=1 \end{cases}$ ② $\begin{cases} 3+7=10 \neq -1 \\ 15+3=18 \end{cases}$

③ $\begin{cases} 6+1=7 \\ 3-3=0 \neq -1 \end{cases}$ ④ $\begin{cases} 9+1=10 \\ 6+3=9 \end{cases}$

⑤ $\begin{cases} 6-1=5 \\ 15-2=13 \neq 12 \end{cases}$

03 답 ②

$x=2, y=4$를 각 일차방정식에 대입했을 때 등식이 성립하는 2개의 식을 고르면 된다.

ㄱ. $2+4=6$
ㄴ. $2\times2+5\times4=24 \neq 20$
ㄷ. $2\times2-2=2 \neq 4$
ㄹ. $3\times2+2\times4=14$
ㅁ. $5\times2-3\times4=-2 \neq -4$

따라서 $(2, 4)$가 해가 되는 것은 ㄱ과 ㄹ이다.

04 답 (1) $x=3, y=3$ (2) $x=4, y=2$

(1) $\begin{cases} x+y=6 & \cdots\cdots \,㉠ \\ x+3y=12 & \cdots\cdots \,㉡ \end{cases}$ 에서

㉠$-$㉡을 하면 $-2y=-6$ $\therefore y=3$
$y=3$을 ㉠에 대입하면 $x+3=6$ $\therefore x=3$
따라서 연립방정식의 해는 $x=3, y=3$이다.

(2) $\begin{cases} 2x+3y=14 & \cdots\cdots \,㉠ \\ x-2y=0 & \cdots\cdots \,㉡ \end{cases}$ 에서

㉠$-$㉡$\times2$를 하면 $7y=14$ $\therefore y=2$
$y=2$를 ㉡에 대입하면 $x-4=0$ $\therefore x=4$
따라서 연립방정식의 해는 $x=4, y=2$이다.

05 답 1

$x=1, y=-1$을 $x+2y=a$에 대입하면
$1+2\times(-1)=a$ $\therefore a=-1$
$x=1, y=-1$을 $x-y=b$에 대입하면
$1-(-1)=b$ $\therefore b=2$
$\therefore a+b=-1+2=1$

06 답 -17

$x=-4$를 $x+3y=-1$에 대입하면
$-4+3y=-1, 3y=3$ $\therefore y=1$
$x=-4, y=1$을 $4x-y=k$에 대입하면
$-16-1=k$ $\therefore k=-17$

07 답 2

$x=-4, y=1$을 $x+3y=b$에 대입하면
$-4+3=b$ $\therefore b=-1$
$x=-4, y=1$을 $ax+by=-3$, 즉 $ax-y=-3$에 대입하면
$-4a-1=-3$ $\therefore a=\dfrac{1}{2}$
$\therefore 2a-b=2\times\dfrac{1}{2}-(-1)=2$

2 연립일차방정식의 풀이

16 연립방정식의 풀이 워크북 30쪽

01 답 (1) $x=1, y=0$ (2) $x=2, y=1$

(3) $x=6, y=5$ (4) $x=-1, y=-\dfrac{1}{2}$

(1) $\begin{cases} x=2y+1 & \cdots\cdots \,㉠ \\ x-4y=1 & \cdots\cdots \,㉡ \end{cases}$ 에서

㉠을 ㉡에 대입하면
$2y+1-4y=1, -2y=0$ $\therefore y=0$
$y=0$을 ㉠에 대입하면 $x=1$
따라서 구하는 해는 $x=1, y=0$이다.

(2) $\begin{cases} y=4x-7 & \cdots\cdots \,㉠ \\ 2x-5y=-1 & \cdots\cdots \,㉡ \end{cases}$ 에서

㉠을 ㉡에 대입하면
$2x-5(4x-7)=-1, 2x-20x+35=-1$
$-18x=-36$ $\therefore x=2$

$x=2$를 ㉠에 대입하면 $y=4 \times 2-7=1$

따라서 구하는 해는 $x=2$, $y=1$이다.

(3) $\begin{cases} 3x=2y+8 & \cdots\cdots ㉠ \\ 3x-4y=-2 & \cdots\cdots ㉡ \end{cases}$에서

㉠을 ㉡에 대입하면

$2y+8-4y=-2$, $-2y=-10$ $\quad \therefore y=5$

$y=5$를 ㉠에 대입하면 $3x=18$ $\quad \therefore x=6$

따라서 구하는 해는 $x=6$, $y=5$이다.

(4) $\begin{cases} 2y=3x+2 & \cdots\cdots ㉠ \\ 2y=-2x-3 & \cdots\cdots ㉡ \end{cases}$에서

㉠을 ㉡에 대입하면

$3x+2=-2x-3$, $5x=-5$ $\quad \therefore x=-1$

$x=-1$을 ㉠에 대입하면

$2y=-3+2$ $\quad \therefore y=-\dfrac{1}{2}$

따라서 구하는 해는 $x=-1$, $y=-\dfrac{1}{2}$이다.

02 답 7

x가 소거되었으므로 ㉠을 x에 대하여 정리하면

$x-2y=1$에서 $x=2y+1$ $\quad \cdots\cdots ㉢$

㉢을 ㉡에 대입하면

$3(2y+1)+y=8$, $7y=5$ $\quad \therefore a=7$

03 답 ③

연립방정식에서 x를 소거하는 식은

㉠ $\times 3-㉡ \times 2$

04 답 (1) $x=4$, $y=3$ (2) $x=-1$, $y=2$

   (3) $x=10$, $y=3$ (4) $x=-1$, $y=-1$

(1) $\begin{cases} x+y=7 & \cdots\cdots ㉠ \\ 2x-y=5 & \cdots\cdots ㉡ \end{cases}$에서

㉠+㉡을 하면 $3x=12$ $\quad \therefore x=4$

$x=4$를 ㉠에 대입하면 $4+y=7$ $\quad \therefore y=3$

따라서 구하는 해는 $x=4$, $y=3$이다.

(2) $\begin{cases} 3x+5y=7 & \cdots\cdots ㉠ \\ 3x+y=-1 & \cdots\cdots ㉡ \end{cases}$에서

㉠-㉡을 하면 $4y=8$ $\quad \therefore y=2$

$y=2$를 ㉡에 대입하면

$3x+2=-1$, $3x=-3$ $\quad \therefore x=-1$

따라서 구하는 해는 $x=-1$, $y=2$이다.

(3) $\begin{cases} x-5y=-5 & \cdots\cdots ㉠ \\ 2x-7y=-1 & \cdots\cdots ㉡ \end{cases}$에서

㉠ $\times 2-㉡$을 하면 $-3y=-9$ $\quad \therefore y=3$

$y=3$을 ㉠에 대입하면 $x-15=-5$ $\quad \therefore x=10$

따라서 구하는 해는 $x=10$, $y=3$이다.

(4) $\begin{cases} -3x+7y=-4 & \cdots\cdots ㉠ \\ 4x-3y=-1 & \cdots\cdots ㉡ \end{cases}$에서

㉠ $\times 4+㉡ \times 3$을 하면 $19y=-19$ $\quad \therefore y=-1$

$y=-1$을 ㉡에 대입하면

$4x+3=-1$, $4x=-4$ $\quad \therefore x=-1$

따라서 구하는 해는 $x=-1$, $y=-1$이다.

05 답 $a=1$, $b=-3$

$\begin{cases} ax+y=6 & \cdots\cdots ㉠ \\ 2x+by=-8 & \cdots\cdots ㉡ \end{cases}$

$x=2$, $y=4$를 ㉠에 대입하면

$2a+4=6$, $2a=2$ $\quad \therefore a=1$

$x=2$, $y=4$를 ㉡에 대입하면

$4+4b=-8$, $4b=-12$ $\quad \therefore b=-3$

06 답 2

$x=1$, $y=1$을 주어진 연립방정식에 대입하면

$\begin{cases} 3a+4b=-1 & \cdots\cdots ㉠ \\ 5a-2b=7 & \cdots\cdots ㉡ \end{cases}$

㉠+㉡ $\times 2$를 하면 $13a=13$ $\quad \therefore a=1$

$a=1$을 ㉠에 대입하면

$3+4b=-1$, $4b=-4$ $\quad \therefore b=-1$

$\therefore a^2+b^2=1^2+(-1)^2=2$

07 답 ③

-1을 a로 잘못 보고 풀었다고 하면 연립방정식

$\begin{cases} x-2y=a & \cdots\cdots ㉠ \\ 2x-5y=-4 & \cdots\cdots ㉡ \end{cases}$ 를 만족시키는 y의 값은 6이다.

$y=6$을 ㉡에 대입하면

$2x-30=-4$, $2x=26$ $\quad \therefore x=13$

$x=13$, $y=6$을 ㉠에 대입하면

$13-12=a$ $\quad \therefore a=1$

따라서 -1을 1로 잘못 보고 풀었다.

08 답 -1

두 연립방정식의 해는 연립방정식

$\begin{cases} 5x+3y=7 & \cdots\cdots ㉠ \\ 4x-7y=15 & \cdots\cdots ㉡ \end{cases}$ 의 해와 같다.

㉠ $\times 4-㉡ \times 5$를 하면 $47y=-47$ $\quad \therefore y=-1$

$y=-1$을 ㉠에 대입하면

$5x-3=7$, $5x=10$ $\quad \therefore x=2$

따라서 연립방정식의 해가 $x=2$, $y=-1$이므로

$ax-5y=13$에 $x=2$, $y=-1$을 대입하면

$2a+5=13$, $2a=8$ $\quad \therefore a=4$

$2x-by=-1$에 $x=2$, $y=-1$을 대입하면

$4+b=-1$ $\quad \therefore b=-5$

$\therefore a+b=4+(-5)=-1$

---

17 복잡한 연립방정식의 풀이
워크북 31쪽

01 답 (1) $x=1$, $y=-3$ (2) $x=-3$, $y=2$

(1) 주어진 연립방정식을 정리하면

$\begin{cases} 10x+y=7 & \cdots\cdots ㉠ \\ 3x-y=6 & \cdots\cdots ㉡ \end{cases}$

㉠+㉡을 하면 $13x=13$ $\quad \therefore x=1$

$x=1$을 ㉡에 대입하면 $3-y=6$ $\quad \therefore y=-3$

따라서 연립방정식의 해는 $x=1$, $y=-3$이다.

(2) 주어진 연립방정식을 정리하면

$$\begin{cases} 2x+5y=4 & \cdots\cdots \text{㉠} \\ x+4y=5 & \cdots\cdots \text{㉡} \end{cases}$$

㉠$-$㉡$\times2$를 하면 $-3y=-6$ ∴ $y=2$

$y=2$를 ㉡에 대입하면 $x+8=5$ ∴ $x=-3$

따라서 연립방정식의 해는 $x=-3$, $y=2$이다.

02 답 34

주어진 연립방정식을 정리하면

$$\begin{cases} 3x-y=-14 & \cdots\cdots \text{㉠} \\ x+2y=7 & \cdots\cdots \text{㉡} \end{cases}$$

㉠$\times2+$㉡을 하면 $7x=-21$ ∴ $x=-3$

$x=-3$을 ㉡에 대입하면

$-3+2y=7$, $2y=10$ ∴ $y=5$

따라서 $a=-3$, $b=5$이므로 $a^2+b^2=(-3)^2+5^2=34$이다.

03 답 (1) $x=2$, $y=1$ (2) $x=5$, $y=-3$

(1) $$\begin{cases} \dfrac{1}{2}x-\dfrac{1}{3}y=\dfrac{2}{3} & \cdots\cdots \text{㉠} \\ \dfrac{1}{3}x+\dfrac{1}{6}y=\dfrac{5}{6} & \cdots\cdots \text{㉡} \end{cases}$$ 에서

㉠$\times6$, ㉡$\times6$을 하면

$$\begin{cases} 3x-2y=4 & \cdots\cdots \text{㉢} \\ 2x+y=5 & \cdots\cdots \text{㉣} \end{cases}$$

㉢$+$㉣$\times2$를 하면 $7x=14$ ∴ $x=2$

$x=2$를 ㉣에 대입하면 $4+y=5$ ∴ $y=1$

따라서 연립방정식의 해는 $x=2$, $y=1$이다.

(2) $$\begin{cases} \dfrac{x-1}{2}+y=-1 & \cdots\cdots \text{㉠} \\ \dfrac{1}{5}x-\dfrac{2}{3}y=3 & \cdots\cdots \text{㉡} \end{cases}$$ 에서

㉠$\times2$, ㉡$\times15$를 하면

$$\begin{cases} x+2y=-1 & \cdots\cdots \text{㉢} \\ 3x-10y=45 & \cdots\cdots \text{㉣} \end{cases}$$

㉢$\times3-$㉣을 하면 $16y=-48$ ∴ $y=-3$

$y=-3$을 ㉢에 대입하면 $x-6=-1$ ∴ $x=5$

따라서 연립방정식의 해는 $x=5$, $y=-3$이다.

04 답 (1) $x=5$, $y=2$ (2) $x=4$, $y=2$

(1) $$\begin{cases} 0.2x+y=3 & \cdots\cdots \text{㉠} \\ 0.5x-0.3y=1.9 & \cdots\cdots \text{㉡} \end{cases}$$ 에서

㉠$\times10$, ㉡$\times10$을 하면

$$\begin{cases} 2x+10y=30 & \cdots\cdots \text{㉢} \\ 5x-3y=19 & \cdots\cdots \text{㉣} \end{cases}$$

㉢$\times5-$㉣$\times2$를 하면 $56y=112$ ∴ $y=2$

$y=2$를 ㉢에 대입하면

$2x+20=30$, $2x=10$ ∴ $x=5$

따라서 연립방정식의 해는 $x=5$, $y=2$이다.

(2) $$\begin{cases} 0.2x-0.5y=-0.2 & \cdots\cdots \text{㉠} \\ 0.05x+0.1y=0.4 & \cdots\cdots \text{㉡} \end{cases}$$ 에서

㉠$\times10$, ㉡$\times100$을 하면

$$\begin{cases} 2x-5y=-2 & \cdots\cdots \text{㉢} \\ 5x+10y=40 & \cdots\cdots \text{㉣} \end{cases}$$

㉢$\times2+$㉣을 하면 $9x=36$ ∴ $x=4$

$x=4$를 ㉢에 대입하면

$8-5y=-2$, $5y=10$ ∴ $y=2$

따라서 연립방정식의 해는 $x=4$, $y=2$이다.

05 답 (1) $x=2$, $y=-1$ (2) $x=-10$, $y=20$

(1) $$\begin{cases} 0.3x+y=-0.4 & \cdots\cdots \text{㉠} \\ \dfrac{3}{4}x+\dfrac{5}{3}y=-\dfrac{1}{6} & \cdots\cdots \text{㉡} \end{cases}$$ 에서

㉠$\times10$, ㉡$\times12$를 하면

$$\begin{cases} 3x+10y=-4 & \cdots\cdots \text{㉢} \\ 9x+20y=-2 & \cdots\cdots \text{㉣} \end{cases}$$

㉢$\times3-$㉣을 하면 $10y=-10$ ∴ $y=-1$

$y=-1$을 ㉢에 대입하면

$3x-10=-4$, $3x=6$ ∴ $x=2$

따라서 연립방정식의 해는 $x=2$, $y=-1$이다.

(2) $$\begin{cases} \dfrac{1}{5}x+0.4y=6 & \cdots\cdots \text{㉠} \\ 0.3x-\dfrac{1}{4}y=-8 & \cdots\cdots \text{㉡} \end{cases}$$ 에서

㉠$\times10$, ㉡$\times20$을 하면

$$\begin{cases} 2x+4y=60 & \cdots\cdots \text{㉢} \\ 6x-5y=-160 & \cdots\cdots \text{㉣} \end{cases}$$

㉢$\times3-$㉣을 하면 $17y=340$ ∴ $y=20$

$y=20$을 ㉢에 대입하면

$2x+80=60$, $2x=-20$ ∴ $x=-10$

따라서 연립방정식의 해는 $x=-10$, $y=20$이다.

06 답 11

$$\begin{cases} 0.2x-0.3y=0.9 & \cdots\cdots \text{㉠} \\ \dfrac{3}{2}(x-5y)+4y=\dfrac{11}{2} & \cdots\cdots \text{㉡} \end{cases}$$ 에서

㉠$\times10$, ㉡$\times2$를 하면

$$\begin{cases} 2x-3y=9 & \cdots\cdots \text{㉢} \\ 3x-7y=11 & \cdots\cdots \text{㉣} \end{cases}$$

㉢$\times3-$㉣$\times2$를 하면 $5y=5$ ∴ $y=1$

$y=1$을 ㉢에 대입하면

$2x-3=9$, $2x=12$ ∴ $x=6$

따라서 $a=6$, $b=1$이므로 $2a-b=2\times6-1=11$이다.

07 답 $x=-3$, $y=9$

주어진 연립방정식을 정리하면

$$\begin{cases} 2x-y=3 & \cdots\cdots \text{㉠} \\ y=3x & \cdots\cdots \text{㉡} \end{cases}$$

㉡을 ㉠에 대입하면

$2x-3x=3$, $-x=3$ ∴ $x=-3$

$x=-3$을 ㉡에 대입하면 $y=3\times(-3)=-9$

따라서 구하는 해는 $x=-3$, $y=-9$이다.

08 답 -3

$\dfrac{x-y}{2}=\dfrac{1}{6}-\dfrac{1}{3}y$의 양변에 6을 곱하여 정리하면

$3x-y=1$ $\cdots\cdots \text{㉠}$

$x:y=1:5$에서 $y=5x$ $\qquad$ ⓒ

ⓒ을 ㄱ에 대입하면

$3x-5x=1$, $-2x=1$ $\quad \therefore x=-\dfrac{1}{2}$

$x=-\dfrac{1}{2}$을 ⓒ에 대입하면 $y=5\times\left(-\dfrac{1}{2}\right)=-\dfrac{5}{2}$

$\therefore x+y=-\dfrac{1}{2}+\left(-\dfrac{5}{2}\right)=-3$

18 $A=B=C$ 꼴, 해가 특수한 연립방정식의 풀이 워크북 32쪽

01 답 -1

$\begin{cases} 2x+y=x \\ x=4x-5y+4 \end{cases}$ 에서 $\begin{cases} y=-x & \cdots\cdots ㉠ \\ 3x-5y=-4 & \cdots\cdots ㉡ \end{cases}$

㉠을 ㉡에 대입하면

$3x-5\times(-x)=-4$, $8x=-4$ $\quad \therefore x=-\dfrac{1}{2}$

$x=-\dfrac{1}{2}$을 ㉠에 대입하면 $y=-\left(-\dfrac{1}{2}\right)=\dfrac{1}{2}$

따라서 $a=-\dfrac{1}{2}$, $b=\dfrac{1}{2}$이므로 $a-b=-\dfrac{1}{2}-\dfrac{1}{2}=-1$이다.

02 답 $x=-3$, $y=\dfrac{1}{2}$

$\begin{cases} \dfrac{2y-7}{3}=\dfrac{3x-4y+7}{2} & \cdots\cdots ㉠ \\ \dfrac{2y-7}{3}=\dfrac{3x+2y-2}{5} & \cdots\cdots ㉡ \end{cases}$ 에서

㉠$\times6$, ㉡$\times15$를 하면

$\begin{cases} 9x-16y=-35 & \cdots\cdots ㉢ \\ 9x-4y=-29 & \cdots\cdots ㉣ \end{cases}$

㉢$-$㉣을 하면 $-12y=-6$ $\quad \therefore y=\dfrac{1}{2}$

$y=\dfrac{1}{2}$을 ㉣에 대입하면

$9x-2=-29$, $9x=-27$ $\quad \therefore x=-3$

따라서 구하는 해는 $x=-3$, $y=\dfrac{1}{2}$이다.

03 답 (1) 해가 무수히 많다. (2) 해가 없다.
(3) 해가 무수히 많다. (4) 해가 없다.

(1) $\dfrac{4}{2}=\dfrac{-2}{-1}=\dfrac{8}{4}$이므로 해가 무수히 많다.

(2) $\dfrac{4}{12}=\dfrac{-5}{-15}\neq\dfrac{2}{4}$이므로 해가 없다.

(3) $\dfrac{1}{-2}=\dfrac{2}{-4}=\dfrac{5}{-10}$이므로 해가 무수히 많다.

(4) $\dfrac{2}{6}=\dfrac{-1}{-3}\neq\dfrac{-3}{6}$이므로 해가 없다.

04 답 (1) 2 (2) 4

(1) $\dfrac{1}{2}=\dfrac{a}{4}=\dfrac{3}{6}$이어야 하므로 $\dfrac{1}{2}=\dfrac{a}{4}$에서

$2a=4$ $\quad \therefore a=2$

(2) $\dfrac{2}{-6}=\dfrac{3}{-9}=\dfrac{a}{-12}$이어야 하므로 $-\dfrac{1}{3}=-\dfrac{a}{12}$

$3a=12$ $\quad \therefore a=4$

05 답 -8

$\dfrac{a}{4}=\dfrac{3}{-1}=\dfrac{12}{b}$이어야 하므로

$\dfrac{a}{4}=-3$, $\dfrac{12}{b}=-3$ $\quad \therefore a=-12$, $b=-4$

$\therefore a-b=-12-(-4)=-8$

06 답 ⑤

⑤ $\begin{cases} x-2y=-1 \\ 2x-4y=7 \end{cases}$ 에서 $\dfrac{1}{2}=\dfrac{-2}{-4}\neq\dfrac{-1}{7}$이므로 해가 없다.

07 답 $a\neq2$, $b=-12$

연립방정식의 해가 존재하지 않으려면

$\dfrac{1}{4}=\dfrac{-3}{b}\neq\dfrac{a}{8}$이어야 한다.

$\dfrac{1}{4}=\dfrac{-3}{b}$에서 $b=-12$

$\dfrac{1}{4}\neq\dfrac{a}{8}$에서 $4a\neq8$ $\quad \therefore a\neq2$

08 답 ③

$\begin{cases} x-\dfrac{1}{2}y=2a \\ 2(x-y)=2-y \end{cases}$ 에서 $\begin{cases} 2x-y=4a \\ 2x-y=2 \end{cases}$

해가 존재하지 않으려면 $\dfrac{2}{2}=\dfrac{-1}{-1}\neq\dfrac{4a}{2}$이어야 하므로

$4a\neq2$ $\quad \therefore a\neq\dfrac{1}{2}$

3 연립방정식의 활용

19 연립방정식의 활용 (1) 워크북 33~34쪽

01 답 (1) 11, 500, 600 (2) 6, 5 (3) 6, 5

(1) 연립방정식을 세우면

$\begin{cases} x+y=\boxed{11} \\ \boxed{500}x+\boxed{600}y=6000 \end{cases}$

(2) 연립방정식을 정리하면

$\begin{cases} x+y=11 & \cdots\cdots ㉠ \\ 5x+6y=60 & \cdots\cdots ㉡ \end{cases}$ 에서

㉠$\times5-$㉡을 하면 $-y=-5$ $\quad \therefore y=5$

$y=5$를 ㉠에 대입하면 $x+5=11$ $\quad \therefore x=6$

따라서 연립방정식을 풀면 $x=\boxed{6}$, $y=\boxed{5}$이다.

(3) 사과의 개수는 $\boxed{6}$, 배의 개수는 $\boxed{5}$이다.

02 답 300원

연필 한 자루의 가격을 x원, 지우개 한 개의 가격을 y원이라 하면

$\begin{cases} 3x+2y=1400 & \cdots\cdots ㉠ \\ 6x+5y=3050 & \cdots\cdots ㉡ \end{cases}$

㉠$\times2-$㉡을 하면 $-y=-250$ $\quad \therefore y=250$

$y=250$을 ㉠에 대입하면

$3x+500=1400$, $3x=900$ $\quad \therefore x=300$

따라서 연필 한 자루의 가격은 300원이다.

03 답 5400원

장미 한 송이의 가격을 x원, 튤립 한 송이의 가격을 y원이라 하면

$$\begin{cases} 6x+4y=10200 & \cdots\cdots ㉠ \\ y=x+300 & \cdots\cdots ㉡ \end{cases}$$

㉡을 ㉠에 대입하면

$6x+4(x+300)=10200$

$10x=9000$　　∴ $x=900$

$x=900$을 ㉡에 대입하면 $y=900+300=1200$

즉, 장미 한 송이의 가격은 900원, 튤립 한 송이의 가격은 1200원이다.

따라서 장미 2송이와 튤립 3송이를 샀을 때의 가격은

$2×900+3×1200=5400$(원)이다.

04 답 7월 19일

우유 한 개의 값이 1000원인 날 수를 x일, 1200원인 날 수를 y일이라 하면

$$\begin{cases} x+y=31 \\ 1000x+1200y=33600 \end{cases}$$

위의 연립방정식을 정리하면

$$\begin{cases} x+y=31 & \cdots\cdots ㉠ \\ 5x+6y=168 & \cdots\cdots ㉡ \end{cases}$$

㉠×5−㉡을 하면 $-y=-13$　　∴ $y=13$

$y=13$을 ㉠에 대입하면 $x+13=31$　　∴ $x=18$

따라서 우유값이 인상된 날은 7월 19일부터이다.

05 답 32

큰 수를 x, 작은 수를 y라 하면

$$\begin{cases} x+y=12 & \cdots\cdots ㉠ \\ x=y+4 & \cdots\cdots ㉡ \end{cases}$$

㉡을 ㉠에 대입하면

$y+4+y=12, 2y=8$　　∴ $y=4$

$y=4$를 ㉡에 대입하면 $x=4+4=8$

따라서 큰 수는 8, 작은 수는 4이므로 두 수의 곱은 32이다.

06 답 52

큰 수를 x, 작은 수를 y라 하면

$$\begin{cases} x+y=64 & \cdots\cdots ㉠ \\ x=4y+4 & \cdots\cdots ㉡ \end{cases}$$

㉡을 ㉠에 대입하면

$4y+4+y=64, 5y=60$　　∴ $y=12$

$y=12$를 ㉡에 대입하면 $x=48+4=52$

따라서 큰 수는 52이다.

07 답 68

처음 두 자리 자연수의 십의 자리의 숫자를 x, 일의 자리의 숫자를 y라 하면

$$\begin{cases} x+y=14 \\ 10y+x=(10x+y)+18 \end{cases} \text{에서} \begin{cases} x+y=14 & \cdots\cdots ㉠ \\ x-y=-2 & \cdots\cdots ㉡ \end{cases}$$

㉠+㉡을 하면 $2x=12$　　∴ $x=6$

$x=6$을 ㉠에 대입하면 $6+y=14$　　∴ $y=8$

따라서 처음 자연수는 $10×6+8=68$이다.

08 답 어머니: 38세, 딸: 6세

현재 어머니의 나이를 x세, 딸의 나이를 y세라 하면

$$\begin{cases} x+y=44 \\ x+2=5(y+2) \end{cases} \text{에서} \begin{cases} x+y=44 & \cdots\cdots ㉠ \\ x-5y=8 & \cdots\cdots ㉡ \end{cases}$$

㉠−㉡을 하면 $6y=36$　　∴ $y=6$

$y=6$을 ㉠에 대입하면 $x+6=44$　　∴ $x=38$

따라서 현재 어머니의 나이는 38세, 딸의 나이는 6세이다.

09 답 이모: 24세, 조카: 12세

현재 이모의 나이를 x세, 조카의 나이를 y세라 하면

$$\begin{cases} x=2y \\ x-8=4(y-8) \end{cases} \text{에서} \begin{cases} x=2y & \cdots\cdots ㉠ \\ x-4y=-24 & \cdots\cdots ㉡ \end{cases}$$

㉠을 ㉡에 대입하면

$2y-4y=-24, -2y=-24$　　∴ $y=12$

$y=12$를 ㉠에 대입하면 $x=2×12=24$

따라서 현재 이모의 나이는 24세, 조카의 나이는 12세이다.

10 답 재희: 18일, 민수: 9일

전체 일의 양을 1로 놓고, 재희와 민수가 하루에 할 수 있는 일의 양을 각각 x, y라 하면 $\begin{cases} 6x+6y=1 & \cdots\cdots ㉠ \\ 2x+8y=1 & \cdots\cdots ㉡ \end{cases}$

㉠−㉡×3을 하면 $-18y=-2$　　∴ $y=\dfrac{1}{9}$

$y=\dfrac{1}{9}$을 ㉠에 대입하면

$6x+\dfrac{2}{3}=1, 6x=\dfrac{1}{3}$　　∴ $x=\dfrac{1}{18}$

따라서 재희는 18일, 민수는 9일이 걸린다.

11 답 36분

전체 물의 양을 1로 놓고, A호스, B호스로 1분 동안 넣을 수 있는 물의 양을 각각 x, y라 하면

$$\begin{cases} 8x+12y=1 & \cdots\cdots ㉠ \\ 10x+6y=1 & \cdots\cdots ㉡ \end{cases}$$

㉠−㉡×2를 하면 $-12x=-1$　　∴ $x=\dfrac{1}{12}$

$x=\dfrac{1}{12}$을 ㉠에 대입하면

$\dfrac{2}{3}+12y=1, 12y=\dfrac{1}{3}$　　∴ $y=\dfrac{1}{36}$

따라서 B호스로만 물을 가득 채우는 데 걸리는 시간은 36분이다.

12 답 12시간

병학이가 혼자서 1시간 동안 접을 수 있는 종이학의 개수를 x개, 혜진이가 혼자서 1시간 동안 접을 수 있는 종이학의 개수를 y개라 하면

$$\begin{cases} 4x+4y=120 & \cdots\cdots ㉠ \\ 2x+5y=120 & \cdots\cdots ㉡ \end{cases}$$

㉠−㉡×2를 하면 $-6y=-120$　　∴ $y=20$

$y=20$을 ㉡에 대입하면

$2x+100=120, 2x=20$　　∴ $x=10$

따라서 병학이가 혼자서 1시간 동안 접을 수 있는 종이학의 개수는 10이므로 혼자서 120개의 종이학을 접을 때 걸리는 시간은 12시간이다.

20 연립방정식의 활용 (2)

워크북 34~35쪽

01 답 800 m

수정이가 걸어간 거리를 x m, 뛰어간 거리를 y m라 하면

$\begin{cases} x+y=2000 \\ \dfrac{x}{60}+\dfrac{y}{100}=28 \end{cases}$ 에서 $\begin{cases} x+y=2000 & \cdots\cdots ㉠ \\ 5x+3y=8400 & \cdots\cdots ㉡ \end{cases}$

㉠$\times 5-$㉡을 하면 $2y=1600$ $\quad \therefore y=800$

$y=800$을 ㉠에 대입하면

$x+800=2000$ $\quad \therefore x=1200$

따라서 수정이가 뛰어간 거리는 800 m이다.

02 답 4 km

은혜가 걸은 거리를 x km, 종현이가 자전거를 타고 간 거리를 y km라 하면

$\begin{cases} x+y=18 \\ \dfrac{x}{2}=\dfrac{y}{7} \end{cases}$ 에서 $\begin{cases} x+y=18 & \cdots\cdots ㉠ \\ 7x-2y=0 & \cdots\cdots ㉡ \end{cases}$

㉠$\times 2+$㉡을 하면 $9x=36$ $\quad \therefore x=4$

$x=4$를 ㉠에 대입하면

$4+y=18$ $\quad \therefore y=14$

따라서 은혜가 걸은 거리는 4 km이다.

03 답 15초

두 사람이 만날 때까지 영환이와 희경이가 달린 거리를 각각 x m, y m라 하면

$\begin{cases} x=y+30 \\ \dfrac{x}{8}=\dfrac{y}{6} \end{cases}$ 에서 $\begin{cases} x=y+30 & \cdots\cdots ㉠ \\ 3x-4y=0 & \cdots\cdots ㉡ \end{cases}$

㉠을 ㉡에 대입하면

$3(y+30)-4y=0,\ -y=-90$ $\quad \therefore y=90$

$y=90$을 ㉠에 대입하면 $x=90+30=120$

따라서 두 사람은 출발한 지 $\dfrac{120}{8}=15$(초) 후에 만난다.

04 답 25분

진구와 유정이의 속력을 각각 분속 x m, 분속 y m라 하면

$\begin{cases} x:y=3:2 \\ 10x+10y=2000 \end{cases}$ 에서 $\begin{cases} 2x-3y=0 & \cdots\cdots ㉠ \\ x+y=200 & \cdots\cdots ㉡ \end{cases}$

㉠$-$㉡$\times 2$를 하면 $-5y=-400$ $\quad \therefore y=80$

$y=80$을 ㉡에 대입하면

$x+80=200$ $\quad \therefore x=120$

따라서 유정이가 혼자서 이 공원을 한 바퀴 도는 데 걸리는 시간은 $\dfrac{2000}{80}=25$(분)이다.

05 답 길이: 120 m, 속력: 초속 40 m

기차의 길이를 x m, 기차의 속력을 초속 y m라 하면 터널과 다리를 완전히 통과하기 위해 기차가 움직이는 거리는 각각 $(x+800)$m, $(x+400)$m이므로

$\begin{cases} 23y=x+800 \\ 13y=x+400 \end{cases}$ 에서 $\begin{cases} x-23y=-800 & \cdots\cdots ㉠ \\ x-13y=-400 & \cdots\cdots ㉡ \end{cases}$

㉠$-$㉡을 하면 $-10y=-400$ $\quad \therefore y=40$

$y=40$을 ㉡에 대입하면 $x-520=-400$ $\quad \therefore x=120$

따라서 기차의 길이는 120 m이고, 기차의 속력은 초속 40 m이다.

06 답 400 g

4 %의 소금물의 양을 x g, 7 %의 소금물의 양을 y g이라 하면

$\begin{cases} x+y=600 \\ \dfrac{4}{100}\times x+\dfrac{7}{100}\times y=\dfrac{5}{100}\times 600 \end{cases}$ 에서

$\begin{cases} x+y=600 & \cdots\cdots ㉠ \\ 4x+7y=3000 & \cdots\cdots ㉡ \end{cases}$

㉠$\times 4-$㉡을 하면 $-3y=-600$ $\quad \therefore y=200$

$y=200$을 ㉠에 대입하면

$x+200=600$ $\quad \therefore x=400$

따라서 4 %의 소금물의 양은 400 g이다.

07 답 A: 4 %, B: 10 %

A 소금물의 농도를 x %, B 소금물의 농도를 y %라 하면

$\begin{cases} \dfrac{x}{100}\times 200+\dfrac{y}{100}\times 400=\dfrac{8}{100}\times 600 \\ \dfrac{x}{100}\times 400+\dfrac{y}{100}\times 200=\dfrac{6}{100}\times 600 \end{cases}$ 에서

$\begin{cases} x+2y=24 & \cdots\cdots ㉠ \\ 2x+y=18 & \cdots\cdots ㉡ \end{cases}$

㉠$\times 2-$㉡을 하면 $3y=30$ $\quad \therefore y=10$

$y=10$을 ㉡에 대입하면

$2x+10=18,\ 2x=8$ $\quad \therefore x=4$

따라서 A 소금물의 농도는 4 %, B 소금물의 농도는 10 %이다.

08 답 처음 설탕물의 양: 100 g, 더 넣은 물의 양: 200 g

처음 설탕물의 양을 x g, 더 넣은 물의 양을 y g이라 하면

$\begin{cases} x+y=300 \\ \dfrac{30}{100}\times x=\dfrac{10}{100}\times 300 \end{cases}$ 에서 $\begin{cases} x+y=300 \\ x=100 \end{cases}$

$\therefore x=100,\ y=200$

따라서 처음 설탕물의 양은 100 g, 더 넣은 물의 양은 200 g이다.

09 답 30 kg

합금 A를 x kg, 합금 B를 y kg 섞는다고 하면

$\begin{cases} x+y=45 \\ \dfrac{90}{100}\times x+\dfrac{60}{100}\times y=\dfrac{70}{100}\times 45 \end{cases}$ 에서

$\begin{cases} x+y=45 & \cdots\cdots ㉠ \\ 3x+2y=105 & \cdots\cdots ㉡ \end{cases}$

㉠$\times 3-$㉡을 하면 $y=30$

$y=30$을 ㉠에 대입하면 $x+30=45$ $\quad \therefore x=15$

따라서 합금 B는 30 kg 섞으면 된다.

10 **답** 10 %의 소금물의 양: 240 g, 더 넣은 소금의 양: 60 g

10 %의 소금물의 양을 x g, 더 넣은 소금의 양을 y g이라 하면

$\begin{cases} x+y=300 \\ \dfrac{10}{100} \times x + y = \dfrac{28}{100} \times 300 \end{cases}$ 에서

$\begin{cases} x+y=300 & \cdots\cdots \text{㉠} \\ x+10y=840 & \cdots\cdots \text{㉡} \end{cases}$

㉠－㉡을 하면 $-9y=-540$ $\therefore y=60$

$y=60$을 ㉠에 대입하면

$x+60=300$ $\therefore x=240$

따라서 10 %의 소금물의 양은 240 g, 더 넣은 소금의 양은 60 g이다.

11 **답** A: 300 g, B: 400 g

A 식품을 x g, B 식품을 y g이라 하면

$\begin{cases} \dfrac{120}{100} \times x + \dfrac{300}{100} \times y = 1560 \\ \dfrac{20}{100} \times x + \dfrac{10}{100} \times y = 100 \end{cases}$ 에서

$\begin{cases} 2x+5y=2600 & \cdots\cdots \text{㉠} \\ 2x+y=1000 & \cdots\cdots \text{㉡} \end{cases}$

㉠－㉡을 하면 $4y=1600$ $\therefore y=400$

$y=400$을 ㉡에 대입하면

$2x+400=1000$, $2x=600$ $\therefore x=300$

따라서 A 식품의 양은 300 g, B 식품의 양은 400 g이다.

12 **답** 남학생: 648명, 여학생: 576명

작년도 신입생 남학생 수를 x명, 여학생 수를 y명이라 하면

$\begin{cases} x+y=1200 \\ -\dfrac{10}{100} \times x + \dfrac{20}{100} \times y = 24 \end{cases}$ 에서

$\begin{cases} x+y=1200 & \cdots\cdots \text{㉠} \\ -x+2y=240 & \cdots\cdots \text{㉡} \end{cases}$

㉠＋㉡을 하면 $3y=1440$ $\therefore y=480$

$y=480$을 ㉠에 대입하면

$x+480=1200$ $\therefore x=720$

따라서 작년도 신입생 남학생 수는 720명, 여학생 수는 480명이므로

(올해 신입생의 남학생 수)$=720-720 \times 0.1 = 648$(명)

(올해 신입생의 여학생 수)$=480+480 \times 0.2 = 576$(명)

단원 마무리   워크북 36~37쪽

01 ③	**02** ②	**03** ②, ⑤	**04** ④	**05** ④
06 ②	**07** ④	**08** ③	**09** ③	
10 $x=-3$, $y=1$	**11** 7	**12** ⑤		
13 보라: 6 km, 효빈: 2 km		**14** ②	**15** 23	
16 재준: 9일, 영숙: 12일				

---

01 ① 미지수가 1개이다.
② 미지수가 3개이다.
④ 등식이 아니다.
⑤ 차수가 2이다.

02 $x=1, 2, 3, \cdots$일 때 y의 값은 다음 표와 같다.

x	1	2	3	$\cdots$
y	8	4	0	$\cdots$

따라서 구하는 해는 $(1, 8)$, $(2, 4)$로 2개이다.

03 $x=1$, $y=-2$를 각 연립방정식에 대입하여 등식이 성립하는 것을 찾는다.

② $\begin{cases} 2 \times 1 + (-2) = 0 \\ 1 - (-2) = 3 \end{cases}$

⑤ $\begin{cases} -2 = 1 - 3 \\ -2 = -2 \times 1 \end{cases}$

04 $x-y=m$에 $x=2$, $y=-1$을 대입하면

$2-(-1)=m$ $\therefore m=3$

$2x+3y=n$에 $x=2$, $y=-1$을 대입하면

$2 \times 2 + 3 \times (-1) = n$ $\therefore n=1$

$\therefore m+n=3+1=4$

05 $\begin{cases} 2x=7-y & \cdots\cdots \text{㉠} \\ 2x=3y-1 & \cdots\cdots \text{㉡} \end{cases}$ 에서

㉠을 ㉡에 대입하면

$7-y=3y-1$, $4y=8$ $\therefore y=2$

$y=2$를 ㉠에 대입하면

$2x=5$ $\therefore x=\dfrac{5}{2}$

따라서 연립방정식의 해는 $x=\dfrac{5}{2}$, $y=2$이다.

06 두 연립방정식의 해는 연립방정식 $\begin{cases} 5x-y=3 & \cdots\cdots \text{㉠} \\ 3x-y=1 & \cdots\cdots \text{㉡} \end{cases}$

의 해와 같다.

㉠－㉡을 하면 $2x=2$ $\therefore x=1$

$x=1$을 ㉡에 대입하면

$3-y=1$ $\therefore y=2$

$x=1$, $y=2$를 $x-ay=-5$에 대입하면

$1-2a=-5$, $-2a=-6$ $\therefore a=3$

$x=1$, $y=2$를 $bx+5y=2$에 대입하면

$b+10=2$ $\therefore b=-8$

$\therefore a+b=3+(-8)=-5$

07 $x+y=2$에서 $y=2-x$를 $x-y=14-a$에 대입하면

$x-(2-x)=14-a$, $a+2x=16$

$\therefore \begin{cases} 3a-x=-1 & \cdots\cdots \text{㉠} \\ a+2x=16 & \cdots\cdots \text{㉡} \end{cases}$

㉠$\times 2$＋㉡을 하면 $7a=14$ $\therefore a=2$

08 $\begin{cases} 0.6x+0.5y=2.8 & \cdots\cdots \ \textcircled{\scriptsize ㄱ} \\ \dfrac{1}{3}x+\dfrac{1}{2}y=2 & \cdots\cdots \ \textcircled{\scriptsize ㄴ} \end{cases}$ 에서

$\textcircled{\scriptsize ㄱ}\times10$, $\textcircled{\scriptsize ㄴ}\times6$을 하면

$\begin{cases} 6x+5y=28 & \cdots\cdots \ \textcircled{\scriptsize ㄷ} \\ 2x+3y=12 & \cdots\cdots \ \textcircled{\scriptsize ㄹ} \end{cases}$

$\textcircled{\scriptsize ㄷ}-\textcircled{\scriptsize ㄹ}\times3$을 하면 $-4y=-8$ $\quad\therefore y=2$

$y=2$를 $\textcircled{\scriptsize ㄹ}$에 대입하면

$2x+6=12,\ 2x=6$ $\quad\therefore x=3$

따라서 $a=3,\ b=2$이므로 $a-b=3-2=1$이다.

09 $\begin{cases} \dfrac{x+3}{2}=y \\ y=\dfrac{2x+y}{3} \end{cases}$ 에서 $\begin{cases} x-2y=-3 & \cdots\cdots \ \textcircled{\scriptsize ㄱ} \\ x-y=0 & \cdots\cdots \ \textcircled{\scriptsize ㄴ} \end{cases}$

$\textcircled{\scriptsize ㄱ}-\textcircled{\scriptsize ㄴ}$을 하면 $-y=-3$ $\quad\therefore y=3$

$y=3$을 $\textcircled{\scriptsize ㄴ}$에 대입하면 $x=3$

따라서 $x=3,\ y=3$을 $ax-3y=-3$에 대입하면

$3a-9=-3,\ 3a=6$ $\quad\therefore a=2$

10 $x=7,\ y=-2$는 $3x+by=1$의 해이므로

$21-2b=1,\ -2b=-20$ $\quad\therefore b=10$

$x=2,\ y=-1$은 $ax+5y=-1$의 해이므로

$2a-5=-1,\ 2a=4$ $\quad\therefore a=2$

따라서 처음 연립방정식은 $\begin{cases} 2x+5y=-1 & \cdots\cdots \ \textcircled{\scriptsize ㄱ} \\ 3x+10y=1 & \cdots\cdots \ \textcircled{\scriptsize ㄴ} \end{cases}$

$\textcircled{\scriptsize ㄱ}\times2-\textcircled{\scriptsize ㄴ}$을 하면 $x=-3$

$x=-3$을 $\textcircled{\scriptsize ㄱ}$에 대입하면

$-6+5y=-1,\ 5y=5$ $\quad\therefore y=1$

따라서 처음 연립방정식의 해는 $x=-3,\ y=1$이다.

11 처음 두 자리의 자연수의 십의 자리의 숫자를 x, 일의 자리의 숫자를 y라 하면

$\begin{cases} x=y-5 \\ 10y+x=4(10x+y)-3 \end{cases}$ 에서 $\begin{cases} x-y=-5 & \cdots\cdots \ \textcircled{\scriptsize ㄱ} \\ 13x-2y=1 & \cdots\cdots \ \textcircled{\scriptsize ㄴ} \end{cases}$

$\textcircled{\scriptsize ㄱ}\times2-\textcircled{\scriptsize ㄴ}$을 하면 $-11x=-11$ $\quad\therefore x=1$

$x=1$을 $\textcircled{\scriptsize ㄱ}$에 대입하면 $1-y=-5$ $\quad\therefore y=6$

따라서 처음 자연수는 16이므로 십의 자리의 숫자와 일의 자리 숫자의 합은 $1+6=7$이다.

12 기차의 길이를 x m, 기차의 속력을 분속 y m라 하면 기차가 다리를 완전히 지나기 위해 움직이는 거리는 $(800+x)$m, 터널을 완전히 통과하기 위해 움직이는 거리는 $(1800+x)$m이므로

$\begin{cases} y=800+x \\ y=\dfrac{1800+x}{2} \end{cases}$ 에서 $\begin{cases} y=800+x & \cdots\cdots \ \textcircled{\scriptsize ㄱ} \\ 2y=1800+x & \cdots\cdots \ \textcircled{\scriptsize ㄴ} \end{cases}$

$\textcircled{\scriptsize ㄱ}$을 $\textcircled{\scriptsize ㄴ}$에 대입하면

$2(800+x)=1800+x$ $\quad\therefore x=200$

$x=200$을 $\textcircled{\scriptsize ㄱ}$에 대입하면

$y=800+200=1000$

따라서 기차의 길이는 200 m이다.

13 보라와 효빈이가 1시간 동안 움직인 거리를 각각 x km, y km $(x>y)$라 하면

$\begin{cases} x-y=4 \\ \dfrac{1}{2}x+\dfrac{1}{2}y=4 \end{cases}$ 에서 $\begin{cases} x-y=4 & \cdots\cdots \ \textcircled{\scriptsize ㄱ} \\ x+y=8 & \cdots\cdots \ \textcircled{\scriptsize ㄴ} \end{cases}$

$\textcircled{\scriptsize ㄱ}+\textcircled{\scriptsize ㄴ}$을 하면 $2x=12$ $\quad\therefore x=6$

$x=6$을 $\textcircled{\scriptsize ㄴ}$에 대입하면 $6+y=8$ $\quad\therefore y=2$

따라서 보라와 효빈이가 1시간 동안 움직인 거리는 각각 6 km, 2 km이다.

14 12 %의 소금물을 x g, 8 %의 소금물을 y g이라 하면

$\begin{cases} x+y=200 \\ \dfrac{12}{100}\times x+\dfrac{8}{100}\times y=\dfrac{9}{100}\times200 \end{cases}$ 에서

$\begin{cases} x+y=200 & \cdots\cdots \ \textcircled{\scriptsize ㄱ} \\ 3x+2y=450 & \cdots\cdots \ \textcircled{\scriptsize ㄴ} \end{cases}$

$\textcircled{\scriptsize ㄱ}\times2-\textcircled{\scriptsize ㄴ}$을 하면 $-x=-50$ $\quad\therefore x=50$

$x=50$을 $\textcircled{\scriptsize ㄱ}$에 대입하면 $50+y=200$ $\quad\therefore y=150$

따라서 12 %의 소금물은 50 g 섞어야 한다.

15 y의 값이 x의 값의 2배보다 1이 작으므로

$y=2x-1$ $\quad\cdots\cdots\cdots\cdots\cdots\cdots$ **❶**

연립방정식 $\begin{cases} 3x-y=4 & \cdots\cdots \ \textcircled{\scriptsize ㄱ} \\ y=2x-1 & \cdots\cdots \ \textcircled{\scriptsize ㄴ} \end{cases}$ 에서 $\cdots\cdots$ **❷**

$\textcircled{\scriptsize ㄴ}$을 $\textcircled{\scriptsize ㄱ}$에 대입하면

$3x-(2x-1)=4$ $\quad\therefore x=3$

$x=3$을 $\textcircled{\scriptsize ㄴ}$에 대입하면

$y=2\times3-1=5$ $\quad\cdots\cdots\cdots\cdots\cdots\cdots$ **❸**

따라서 $x=3,\ y=5$를 $x+4y=k$에 대입하면

$3+4\times5=k$ $\quad\therefore k=23$ $\quad\cdots\cdots$ **❹**

단계	채점 기준	비율
❶	조건으로부터 일차방정식 세우기	20 %
❷	연립방정식 세우기	20 %
❸	연립방정식의 해 구하기	30 %
❹	상수 k의 값 구하기	30 %

16 전체 일의 양을 1로 놓고, 재준이와 영숙이가 하루에 할 수 있는 일의 양을 각각 $x,\ y$라 하면

$\begin{cases} 3x+8y=1 & \cdots\cdots \ \textcircled{\scriptsize ㄱ} \\ 6x+4y=1 & \cdots\cdots \ \textcircled{\scriptsize ㄴ} \end{cases}$ $\quad\cdots\cdots$ **❶**

$\textcircled{\scriptsize ㄱ}\times2-\textcircled{\scriptsize ㄴ}$을 하면 $12y=1$ $\quad\therefore y=\dfrac{1}{12}$

$y=\dfrac{1}{12}$을 $\textcircled{\scriptsize ㄴ}$에 대입하면

$6x+\dfrac{1}{3}=1,\ 6x=\dfrac{2}{3}$ $\quad\therefore x=\dfrac{1}{9}$ $\quad\cdots\cdots$ **❷**

따라서 이 일을 재준이가 혼자서 끝내려면 9일이 걸리고, 영숙이가 혼자서 끝내려면 12일이 걸린다. $\cdots\cdots$ **❸**

단계	채점 기준	비율
❶	연립방정식 세우기	40 %
❷	연립방정식의 해 구하기	40 %
❸	재준이와 영숙이가 각각 이 일을 혼자서 끝내려면 며칠이 걸리는지 구하기	20 %

III | 일차함수

III-1 | 일차함수와 그래프

1 함수와 함숫값

21 함수와 함숫값

01 답 ③

ㄱ. 어떤 수의 절댓값은 하나로 정해지므로 함수이다.

ㄴ. 자연수의 약수의 개수는 하나로 정해지므로 함수이다.

ㄷ. 자연수 2의 배수는 2, 4, 6, …과 같이 하나로 정해지지 않으므로 함수가 아니다.

ㄹ. $x=1$이면 $y=23$, $x=2$이면 $y=22$, …와 같이 x의 값에 따라 y의 값이 하나씩 정해지므로 함수이다.

따라서 y가 x의 함수인 것은 ㄱ, ㄴ, ㄹ의 3개이다.

02 답 ④, ⑤

① $y=6x$

② $y=\dfrac{16}{x}$

③ $y=80x$

④ 자연수 2보다 큰 자연수는 3, 4, 5, …와 같이 하나로 정해지지 않으므로 함수가 아니다.

⑤ 약수의 개수가 2인 자연수는 2, 3, 5, 7, …과 같이 하나로 정해지지 않으므로 함수가 아니다.

따라서 y가 x의 함수가 아닌 것은 ④, ⑤이다.

03 답 3

$f(a)=-2a+3=5$에서 $-2a=2$ ∴ $a=-1$

$f\left(\dfrac{1}{2}\right)=-2\times\dfrac{1}{2}+3=2=b$

∴ $b-a=2-(-1)=3$

04 답 ④

$f(-4)=\dfrac{1}{2}\times(-4)+4=2=a$

$g(x)=3x-2$에 대하여 $a=2$이므로

$g(a)=g(2)=3\times2-2=4$

05 답 14

$f(-1)=-a+2=6$에서 $a=-4$

$f(x)=-4x+2$에서

$f\left(\dfrac{1}{2}\right)=-4\times\dfrac{1}{2}+2=0$,

$f(-3)=-4\times(-3)+2=14$

∴ $f\left(\dfrac{1}{2}\right)+f(-3)=14$

06 답 ④

$f(2)=-\dfrac{1}{2}\times2+a=3$에서 $a=4$

∴ $f(x)=-\dfrac{1}{2}x+4$

① $f(0)=-\dfrac{1}{2}\times0+4=4$

② $f(-2)=-\dfrac{1}{2}\times(-2)+4=5$

③ $f(-1)=-\dfrac{1}{2}\times(-1)+4=\dfrac{9}{2}$

$f(1)=-\dfrac{1}{2}\times1+4=\dfrac{7}{2}$

∴ $f(-1)+f(1)=\dfrac{9}{2}+\dfrac{7}{2}=\dfrac{16}{2}=8$

④ $f(4)=-\dfrac{1}{2}\times4+4=2$

$f(2)=-\dfrac{1}{2}\times2+4=3$

∴ $f(4)-f(2)=2-3=-1$

⑤ $f(-4)=-\dfrac{1}{2}\times(-4)+4=6$

$f(6)=-\dfrac{1}{2}\times6+4=1$

∴ $\dfrac{f(-4)}{f(6)}=\dfrac{6}{1}=6$

따라서 옳지 않은 것은 ④이다.

07 답 10

점 $(a, 6)$이 $y=\dfrac{1}{2}x+1$의 그래프 위의 점이므로

$6=\dfrac{1}{2}a+1$, $\dfrac{1}{2}a=5$ ∴ $a=10$

08 답 13

$y=-4x$의 그래프가 두 점 $(-3, a)$, $(b, -4)$를 지나므로 $a=-4\times(-3)=12$

$-4=-4b$에서 $b=1$

∴ $a+b=12+1=13$

09 답 ④

점 $(1+a, 9-2a)$가 함수 $y=3x+1$의 그래프 위의 점이므로 $9-2a=3(1+a)+1$에서 $9-2a=4+3a$

$5a=5$ ∴ $a=1$

2 일차함수와 그 그래프

22 일차함수와 그 그래프

01 답 ㄴ, ㄷ, ㅁ, ㅇ

ㄱ. x항이 없다.

ㄹ. x가 분모에 있다.

ㅁ. 정리하면 $y=-5x+5$

ㅂ. x에 대한 이차식이다.

ㅅ. 정리하면 $y=-1$이므로 x항이 없다.

ㅇ. 정리하면 $y=-x+4$

따라서 y가 x의 일차함수인 것은 ㄴ, ㄷ, ㅁ, ㅇ이다.

02 답 ⑤

$-m+2\neq0$이어야 하므로 $m\neq2$

03 답 ⑤

① $y=3x$

② $y=4x$

③ $y=200x+100$

④ $y=2\pi x$

⑤ $y=x(x+3)$에서 $y=x^2+3x$

따라서 y가 x의 일차함수가 아닌 것은 ⑤이다.

04 답 (1) 5 (2) 1 (3) -3 (4) -11

(1) $f(-1)=-4\times(-1)+1=5$

(2) $f(0)=-4\times 0+1=1$

(3) $f(1)=-4\times 1+1=-3$

(4) $f(3)=-4\times 3+1=-11$

05 답 (1) -5 (2) 2

(1) $f(1)=-3\times 1+4=1,\ f(-1)=-3\times(-1)+4=7$

$\therefore 2f(1)-f(-1)=2-7=-5$

(2) $f(a)=-2$에서 $-3a+4=-2$

$-3a=-6$ $\therefore a=2$

06 답 -8

$f(-2)=-3$이므로 $-\dfrac{1}{2}\times(-2)+k=-3$

$1+k=-3$ $\therefore k=-4$

따라서 $f(x)=-\dfrac{1}{2}x-4$이므로 $f(a)=0$에서

$-\dfrac{1}{2}a-4=0,\ -\dfrac{1}{2}a=4$ $\therefore a=-8$

07 답 4

$f(6)=-\dfrac{2}{3}\times 6-1=-5$이므로 $a=-5$

$f(b)=5$에서 $-\dfrac{2}{3}b-1=5,\ -\dfrac{2}{3}b=6$ $\therefore b=-9$

$\therefore a-b=-5-(-9)=4$

08 답 5

$f(-1)=-7$이므로 $-a+b=-7$ …… ㉠

$f(2)=-1$이므로 $2a+b=-1$ …… ㉡

㉠, ㉡을 연립하여 풀면 $a=2,\ b=-5$

따라서 $f(x)=2x-5$이므로 $f(5)=2\times 5-5=5$이다.

09 답 (1) $y=x+7$ (2) $y=-2x+1$ (3) $y=\dfrac{1}{2}x-4$ (4) $y=-\dfrac{1}{4}x-\dfrac{1}{3}$

(1) $y=x$의 그래프를 y축의 방향으로 7만큼 평행이동하면

$y=x+7$

(2) $y=-2x$의 그래프를 y축의 방향으로 1만큼 평행이동하면

$y=-2x+1$

(3) $y=\dfrac{1}{2}x$의 그래프를 y축의 방향으로 -4만큼 평행이동

하면 $y=\dfrac{1}{2}x-4$

(4) $y=-\dfrac{1}{4}x$의 그래프를 y축의 방향으로 $-\dfrac{1}{3}$만큼 평행

이동하면 $y=-\dfrac{1}{4}x-\dfrac{1}{3}$

10 답 -9

일차함수 $y=-\dfrac{3}{2}x+b$의 그래프는 $y=-\dfrac{3}{2}x$의 그래프를

y축의 방향으로 6만큼 평행이동한 것이다.

따라서 $a=-\dfrac{3}{2},\ b=6$이므로 $ab=-\dfrac{3}{2}\times 6=-9$이다.

11 답 1

일차함수 $y=-x+4$의 그래프를 y축의 방향으로 -5만큼

평행이동하면

$y=-x+4-5$ $\therefore y=-x-1$

따라서 $a=-1,\ b=-1$이므로 $ab=-1\times(-1)=1$이다.

12 답 ④

일차함수 $y=-\dfrac{1}{4}x$의 그래프를 y축의 방향으로 -7만큼

평행이동한 그래프의 식은 $y=-\dfrac{1}{4}x-7$이다.

① $-\dfrac{1}{4}\times(-12)-7=-4$

② $-\dfrac{1}{4}\times(-8)-7=-5$

③ $-\dfrac{1}{4}\times(-4)-7=-6$

④ $y=-\dfrac{1}{4}x-7$에 $x=2,\ y=-8$을 대입하면

$-8\ne-\dfrac{1}{4}\times 2-7=-\dfrac{15}{2}$

⑤ $-\dfrac{1}{4}\times 8-7=-9$

13 답 -7

일차함수 $y=-2x$의 그래프를 y축의 방향으로 -3만큼

평행이동하면 $y=-2x-3$

이 식에 $x=2,\ y=k$를 대입하면

$k=-2\times 2-3=-7$

14 답 1

일차함수 $y=\dfrac{2}{3}x+1$의 그래프를 y축의 방향으로 n만큼

평행이동하면 $y=\dfrac{2}{3}x+1+n$

$y=\dfrac{2}{3}x+1+n$에 $x=3,\ y=4$를 대입하면

$4=\dfrac{2}{3}\times 3+1+n,\ 4=3+n$ $\therefore n=1$

15 답 4

$y=ax+1$에 $x=-2,\ y=3$을 대입하면

$3=-2a+1,\ 2a=-2$ $\therefore a=-1$

일차함수 $y=ax+1$, 즉 $y=-x+1$의 그래프를 y축의 방

향으로 5만큼 평행이동하면 $y=-x+6$

이 그래프가 점 $(2,\ b)$를 지나므로

$b=-2+6=4$

16 답 1

일차함수 $y=ax+b$의 그래프를 y축의 방향으로 -2만큼

평행이동하면 $y=ax+b-2$

이 그래프가 두 점 $(3, 1)$, $(-6, 4)$를 지나므로

$1=3a+b-2$　　$\therefore 3a+b=3$ 　　…… ㉠

$4=-6a+b-2$　　$\therefore 6a-b=-6$ 　　…… ㉡

㉠, ㉡을 연립하여 풀면 $a=-\dfrac{1}{3}$, $b=4$

$\therefore 9a+b=9\times\left(-\dfrac{1}{3}\right)+4=1$

23 일차함수의 그래프의 x절편, y절편 워크북 41쪽

01 답 (1) 3, 3　(2) $\dfrac{1}{2}$, -1　(3) -4, -2　(4) -9, 6

(1) $y=0$일 때 $x=3$, $x=0$일 때 $y=3$이므로
x절편은 3, y절편은 3

(2) $y=0$일 때 $x=\dfrac{1}{2}$, $x=0$일 때 $y=-1$이므로
x절편은 $\dfrac{1}{2}$, y절편은 -1

(3) $y=0$일 때 $x=-4$, $x=0$일 때 $y=-2$이므로
x절편은 -4, y절편은 -2

(4) $y=0$일 때 $x=-9$, $x=0$일 때 $y=6$이므로
x절편은 -9, y절편은 6

02 답 7

m, n은 각각 일차함수 $y=-\dfrac{2}{3}x+2$의 그래프의 x절편,
y절편이다. 즉 $y=0$일 때 $x=3$, $x=0$일 때 $y=2$이다.
따라서 $m=3$, $n=2$이므로 $3m-n=3\times3-2=7$이다.

03 답 -1

일차함수 $y=4x$의 그래프를 y축의 방향으로 -2만큼 평행
이동하면 $y=4x-2$

$y=4x-2$에서 $y=0$일 때 $x=\dfrac{1}{2}$, $x=0$일 때 $y=-2$이므로

x절편은 $\dfrac{1}{2}$, y절편은 -2이다.

즉 $a=\dfrac{1}{2}$, $b=-2$이다.

$\therefore ab=\dfrac{1}{2}\times(-2)=-1$

04 답 5

일차함수 $y=-2x+k$의 그래프의 x절편이 $\dfrac{5}{2}$이므로

점 $\left(\dfrac{5}{2}, 0\right)$을 지난다.

$0=-2\times\dfrac{5}{2}+k$　　$\therefore k=5$

05 답 -3

y절편이 -2이므로 $b=-2$

$y=ax-2$에 $x=2$, $y=1$을 대입하면

$1=2a-2$　　$\therefore a=\dfrac{3}{2}$

$\therefore ab=\dfrac{3}{2}\times(-2)=-3$

06 답 -12

일차함수 $y=ax+b$의 그래프의 y절편은 $y=\dfrac{2}{5}x-4$의 그
래프의 y절편과 같으므로 $b=-4$

일차함수 $y=ax+b$의 그래프의 x절편은 $y=2x+1$의 x절
편과 같으므로 $y=ax+b$의 그래프의 x절편은 $-\dfrac{1}{2}$이다.

즉, $y=ax-4$의 그래프가 점 $\left(-\dfrac{1}{2}, 0\right)$을 지나므로

$0=-\dfrac{1}{2}a-4$, $\dfrac{1}{2}a=-4$

$\therefore a=-8$

$\therefore a+b=-8+(-4)=-12$

07 답 8

일차함수 $y=x+4$의 그래프의 x절편이
-4, y절편이 4이므로 그래프는 오른쪽
그림과 같다.

따라서 구하는 넓이는 $\dfrac{1}{2}\times4\times4=8$이다.

08 답 (1) 5　(2) 6

(1) 일차함수 $y=2x+2$의 그래프
의 x절편은 -1, y절편은 2이
고, 일차함수 $y=-\dfrac{1}{2}x+2$의
그래프의 x절편은 4, y절편은
2이므로 그래프는 오른쪽 그림과 같다.

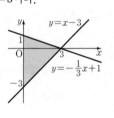

따라서 구하는 넓이는 $\dfrac{1}{2}\times5\times2=5$이다.

(2) 일차함수 $y=x-3$의 그래프의
x절편은 3, y절편은 -3이고,
일차함수 $y=-\dfrac{1}{3}x+1$의 그래
프의 x절편은 3, y절편은 1이므
로 그래프는 오른쪽 그림과 같다.

따라서 구하는 넓이는 $\dfrac{1}{2}\times4\times3=6$이다.

09 답 $-\dfrac{1}{2}$, $\dfrac{1}{2}$

일차함수 $y=ax+2$의 그래프의 y절편이 2이므로 그래프
와 x축, y축으로 둘러싸인 부분의 넓이가 4가 되는 경우는

$(넓이)=\dfrac{1}{2}\times|(x절편)|\times|(y절편)|$에서

$4=\dfrac{1}{2}\times|(x절편)|\times2$

이므로 x절편이 4 또는 -4일 때이다.

(i) 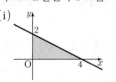　　(ii)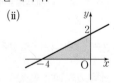

(i) 일차함수 $y=ax+2$의 그래프의 x절편이 4인 경우

$y=ax+2$에 $x=4$, $y=0$을 대입하면

$0=4a+2$　　$\therefore a=-\dfrac{1}{2}$

(ii) 일차함수 $y=ax+2$의 그래프의 x절편이 -4인 경우
$y=ax+2$에 $x=-4$, $y=0$을 대입하면
$$0=-4a+2 \quad \therefore a=\frac{1}{2}$$
따라서 (i), (ii)에서 $a=-\frac{1}{2}$ 또는 $a=\frac{1}{2}$이다.

24 일차함수의 그래프의 기울기
워크북 42쪽

01 답 ②
$$(기울기)=\frac{(y의\ 값의\ 증가량)}{(x의\ 값의\ 증가량)}=\frac{-8}{2}=-4$$

02 답 2
$$(기울기)=\frac{(y의\ 값의\ 증가량)}{(x의\ 값의\ 증가량)}=\frac{(y의\ 값의\ 증가량)}{5-2}=\frac{2}{3}$$
$$\therefore (y의\ 값의\ 증가량)=2$$

03 답 -5
$$a=(기울기)=\frac{(y의\ 값의\ 증가량)}{(x의\ 값의\ 증가량)}=\frac{-15}{3}=-5$$

04 답 $\frac{4}{5}$
함수 $y=f(x)$의 그래프는 $x=-2$일 때 $y=1$, $x=3$일 때 $y=5$이므로 두 점 $(-2, 1)$, $(3, 5)$를 지난다.
$$\therefore (기울기)=\frac{(y의\ 값의\ 증가량)}{(x의\ 값의\ 증가량)}=\frac{5-1}{3-(-2)}=\frac{4}{5}$$

05 답 -4
$f(1)=-7$이므로 $a-3=-7$ $\quad \therefore a=-4$
따라서 $f(x)=-4x-3$이므로
$$\frac{f(15)-f(3)}{15-3}=\frac{(y의\ 값의\ 증가량)}{(x의\ 값의\ 증가량)}=(기울기)=-4$$

06 답 (1) $\frac{3}{2}$ (2) -2
(1) $(기울기)=\dfrac{(y의\ 값의\ 증가량)}{(x의\ 값의\ 증가량)}=\dfrac{3}{2}$
(2) $(기울기)=\dfrac{(y의\ 값의\ 증가량)}{(x의\ 값의\ 증가량)}=\dfrac{-6}{3}=-2$

07 답 4
기울기가 1이므로
$$\frac{-k+3-k}{-2-3}=1, \ -2k+3=-5$$
$$-2k=-8 \quad \therefore k=4$$

08 답 10
두 점 $(-5, a)$, $(-3, 7)$을 지나는 직선의 기울기는
$$\frac{7-a}{-3-(-5)}=\frac{7-a}{2}$$
두 점 $(-3, 7)$, $(1, 1)$을 지나는 직선의 기울기는
$$\frac{1-7}{1-(-3)}=\frac{-6}{4}=-\frac{3}{2}$$
두 직선의 기울기가 같으므로
$$\frac{7-a}{2}=-\frac{3}{2}, \ 7-a=-3 \quad \therefore a=10$$
| 참고 | 세 점이 한 직선 위에 있으므로 어느 두 점을 택해도 그 두 점을 지나는 직선의 기울기는 항상 일정하다.

09 답 (1) 풀이 참조 (2) 풀이 참조
(1) $y=0$일 때 $x=-1$, $x=0$일 때 $y=-2$이므로 x절편은 -1, y절편은 -2이므로 그래프는 오른쪽 그림과 같다.

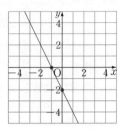

(2) y절편은 -2이므로 점 $(0, -2)$를 지나고, 기울기가 -2이므로 x의 값이 1만큼 증가할 때 y의 값은 -2만큼 증가하므로 점 $(1, -4)$를 지난다.
따라서 그래프는 오른쪽 그림과 같다.

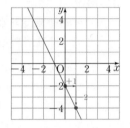

10 답 제4사분면
기울기가 $\frac{3}{5}$, y절편이 1인 일차함수의 그래프는 오른쪽 그림과 같으므로 그래프가 지나지 않는 사분면은 제4사분면이다.

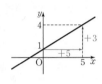

3 일차함수의 그래프의 성질

25 일차함수 $y=ax+b$의 그래프의 성질 워크북 43~44쪽

01 답 (1) ㄱ, ㄷ, ㅁ (2) ㄴ, ㄹ, ㅂ (3) ㄴ, ㄷ, ㅂ
(4) ㄱ, ㄹ (5) ㅁ (6) ㄱ, ㄷ, ㅁ (7) ㄴ, ㄹ, ㅂ
일차함수 $y=ax+b$에 대하여
(1) 오른쪽 위로 향하는 직선은 $a>0$인 것이므로 ㄱ, ㄷ, ㅁ이다.
(2) 오른쪽 아래로 향하는 직선은 $a<0$인 것이므로 ㄴ, ㄹ, ㅂ이다.
(3) y축과 양의 부분에서 만나는 직선은 $b>0$인 것이므로 ㄴ, ㄷ, ㅂ이다.
(4) y축과 음의 부분에서 만나는 직선은 $b<0$인 것이므로 ㄱ, ㄹ이다.
(5) 원점을 지나는 직선은 $b=0$인 것이므로 ㅁ이다.
(6) x의 값이 증가할 때 y의 값이 증가하는 직선은 $a>0$인 것이므로 ㄱ, ㄷ, ㅁ이다.
(7) x의 값이 증가할 때 y의 값이 감소하는 직선은 $a<0$인 것이므로 ㄴ, ㄹ, ㅂ이다.

02 답 ②, ④
오른쪽 위로 향하는 직선은 $y=ax+b$에서 $a>0$인 것이므로 ②, ④이다.

03 답 ③, ⑤

$y=-\dfrac{1}{2}x+4$의 그래프는 x절편이

8, y절편이 4이므로 오른쪽 그림과
같다.

③ 제3사분면을 지나지 않는다.

⑤ x의 값이 증가할 때 y의 값은 감소한다.

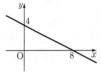

04 답 ④

④ $a>0$일 때, x의 값이 증가하면 y의 값도 증가한다.

$a<0$일 때, x의 값이 증가하면 y의 값은 감소한다.

05 답 ⑴ $a<0$, $b>0$ ⑵ $a>0$, $b<0$

⑴ 오른쪽 아래로 향하므로 $a<0$

y축과 양의 부분에서 만나므로 $b>0$

⑵ 오른쪽 위로 향하므로 $a>0$

y축과 음의 부분에서 만나므로 $b<0$

06 답 $a>0$, $b>0$

$y=-ax-b$의 그래프가 오른쪽 아래로 향하므로

$-a<0$ ∴ $a>0$

y축과 음의 부분에서 만나므로

$-b<0$ ∴ $b>0$

07 답 $a>0$, $b>0$

$y=-\dfrac{1}{a}x+\dfrac{b}{a}$의 그래프가 오른쪽 아래로 향하므로

$-\dfrac{1}{a}<0$ ∴ $a>0$

y축과 양의 부분에서 만나므로 $\dfrac{b}{a}>0$

이때 $a>0$이므로 $b>0$이다.

08 답 ⑤

일차함수의 그래프가 제1사분면을 지나
지 않는 경우는 오른쪽 그림과 같다. 즉

(기울기)<0, (y절편)≤0

따라서 제1사분면을 지나지 않는 것은
⑤이다.

09 답 제1사분면

$ab<0$에서 a, b의 부호는 서로 다르고, $a-b>0$에서 $a>b$
이므로 $a>0$, $b<0$이다.

따라서 $y=-ax+b$의 그래프에서
기울기는 $-a<0$, y절편은 $b<0$이므
로 그래프는 오른쪽 그림과 같다.

따라서 제1사분면을 지나지 않는다.

10 답 제1, 2, 4사분면

$y=-ax-b$의 그래프가 오른쪽 위로 향하므로

$-a>0$ ∴ $a<0$

y축과 음의 부분에서 만나므로

$-b<0$ ∴ $b>0$

따라서 $y=ax+b$의 그래프는 오른쪽
그림과 같으므로 제1, 2, 4사분면을
지난다.

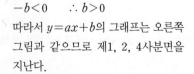

11 답 제2사분면

$y=-\dfrac{b}{a}x+b$의 그래프가 오른쪽 위로 향하고, y축과 양의
부분에서 만나므로

$-\dfrac{b}{a}>0$, $b>0$ ∴ $a<0$, $b>0$

즉, $y=bx+a-b$의 그래프에서 기
울기는 $b>0$, y절편은 $a-b<0$이므
로 그래프는 오른쪽 그림과 같다.

따라서 제2사분면을 지나지 않는다.

26 일차함수의 그래프의 평행과 일치 워크북 44~45쪽

01 답 ④

기울기가 -2로 같고, y절편은 서로 다른 ④이다.

02 답 $a=-\dfrac{1}{2}$, $b\neq\dfrac{1}{2}$

기울기가 같고, y절편은 달라야 하므로

$-a=\dfrac{1}{2}$, $3\neq6b$

∴ $a=-\dfrac{1}{2}$, $b\neq\dfrac{1}{2}$

03 답 $a=-\dfrac{7}{5}$

주어진 그래프가 두 점 $(-4, 2)$, $(1, -5)$를 지나므로

기울기는 $\dfrac{-5-2}{1-(-4)}=-\dfrac{7}{5}$

평행한 두 직선의 기울기는 서로 같으므로 $a=-\dfrac{7}{5}$

04 답 9

x절편이 3, y절편이 -4인 직선은 두 점 $(3, 0)$, $(0, -4)$
를 지나므로 기울기는

$\dfrac{-4-0}{0-3}=\dfrac{4}{3}$

두 점 $(2, 5)$, $(5, k)$를 지나는 직선의 기울기는

$\dfrac{k-5}{5-2}=\dfrac{k-5}{3}$

두 직선이 서로 평행하므로 $\dfrac{k-5}{3}=\dfrac{4}{3}$

$k-5=4$ ∴ $k=9$

05 답 ⑴ $a=\dfrac{2}{3}$, $b=-3$ ⑵ $a=-\dfrac{1}{2}$, $b=-\dfrac{4}{3}$

두 일차함수의 그래프가 일치하려면 기울기와 y절편이 모
두 같아야 한다.

⑴ $\dfrac{2}{3}=a$, $-2b=6$에서

$a=\dfrac{2}{3}$, $b=-3$

⑵ $2a=-1$, $-4=3b$에서

$a=-\dfrac{1}{2}$, $b=-\dfrac{4}{3}$

06 답 8

$y=2ax-1$의 그래프를 y축의 방향으로 k만큼 평행이동하면
$y=2ax-1+k$

이 그래프가 $y=-4x-5$의 그래프와 일치하므로
$2a=-4$, $-1+k=-5$ ∴ $a=-2$, $k=-4$
∴ $ak=-2\times(-4)=8$

07 답 평행: ㄴ과 ㅂ, 일치: ㄷ과 ㅁ

ㅁ. $y=2(x-2)-1=2x-5$

평행한 것은 기울기가 서로 같고 y절편이 같지 않은 것을
찾으면 된다. 즉 ㄴ과 ㅂ이다.

일치하는 것은 기울기와 y절편이 모두 같은 것을 찾으면 된
다. 즉 ㄷ과 ㅁ이다.

08 답 (1) ㄷ (2) ㄱ

$y=ax+b$에서 기울기는 $a=\dfrac{-6}{2}=-3$이고, y절편은
$b=6$이므로 $y=-3x+6$의 그래프이다.

ㄷ. $y=-3(x+1)=-3x-3$

ㄹ. $y=-\dfrac{1}{3}(x-3)=-\dfrac{1}{3}x+1$

(1) $y=-3x+6$의 그래프와 평행한 직선은 기울기가 -3
이고, y절편이 6이 아닌 것이므로 ㄷ이다.

(2) $y=-3x+6$의 그래프와 일치하는 직선은 기울기가
-3이고, y절편이 6인 것이므로 ㄱ이다.

27 일차함수의 식 구하기

워크북 45~46쪽

01 답 (1) $y=-x+\dfrac{1}{2}$ (2) $y=\dfrac{2}{5}x-3$ (3) $y=3x-9$

(1) 기울기가 -1이고 y절편이 $\dfrac{1}{2}$인 직선을 그래프로 하는

일차함수의 식은 $y=-x+\dfrac{1}{2}$이다.

(2) 기울기가 $\dfrac{2}{5}$이고 y절편이 -3인 직선을 그래프로 하는

일차함수의 식은 $y=\dfrac{2}{5}x-3$이다.

(3) 점 $(0, -9)$를 지나므로 y절편이 -9이다.
따라서 기울기가 3이고 y절편이 -9인 직선을 그래프로
하는 일차함수의 식은 $y=3x-9$이다.

02 답 $y=2x-8$

기울기가 2이고 y절편이 -8이므로 구하는 일차함수의 식
은 $y=2x-8$이다.

03 답 $y=\dfrac{7}{5}x-2$

주어진 직선이 두 점 $(-3, -2)$, $(2, 5)$를 지나므로 기울
기는 $\dfrac{5-(-2)}{2-(-3)}=\dfrac{7}{5}$

따라서 기울기가 $\dfrac{7}{5}$이고 y절편이 -2이므로 구하는 일차

함수의 식은 $y=\dfrac{7}{5}x-2$이다.

04 답 (1) $y=-x+5$ (2) $y=\dfrac{1}{2}x+7$

(1) 기울기가 -1이므로 $y=-x+b$라고 하면 점 $(2, 3)$을
지나므로
$3=-2+b$ ∴ $b=5$
따라서 구하는 일차함수의 식은 $y=-x+5$이다.

(2) 기울기가 $\dfrac{1}{2}$이므로 $y=\dfrac{1}{2}x+b$라고 하면 점 $(-4, 5)$를

지나므로
$5=\dfrac{1}{2}\times(-4)+b$ ∴ $b=7$

따라서 구하는 일차함수의 식은 $y=\dfrac{1}{2}x+7$이다.

05 답 (1) $y=\dfrac{3}{4}x-4$ (2) $y=-2x+6$

(1) 일차함수 $y=\dfrac{3}{4}x-1$의 그래프와 평행하면 기울기가 $\dfrac{3}{4}$

이므로 $y=\dfrac{3}{4}x+b$라 하고 $x=4$, $y=-1$을 대입하면

$-1=3+b$
∴ $b=-4$

따라서 구하는 일차함수의 식은 $y=\dfrac{3}{4}x-4$이다.

(2) 기울기가 -2이므로 $y=-2x+b$라 하자.
일차함수 $y=\dfrac{1}{3}x-1$의 그래프의 x절편이 3이므로

$y=-2x+b$의 그래프의 x절편도 3이어야 한다.
$y=-2x+b$에 $x=3$, $y=0$을 대입하면
$0=-6+b$
∴ $b=6$
따라서 구하는 일차함수의 식은 $y=-2x+6$이다.

06 답 3

기울기가 $\dfrac{3}{2}$이므로 $y=\dfrac{3}{2}x+b$라 하고 $x=1$, $y=-3$을 대

입하면
$-3=\dfrac{3}{2}+b$

∴ $b=-\dfrac{9}{2}$

즉 구하는 일차함수의 식은 $y=\dfrac{3}{2}x-\dfrac{9}{2}$이다.

이 일차함수의 그래프가 점 $(5, a)$를 지나므로
$a=\dfrac{3}{2}\times5-\dfrac{9}{2}=3$

07 답 (1) $y=2x+3$ (2) $y=-\dfrac{1}{3}x-\dfrac{4}{3}$

(1) (기울기)$=\dfrac{1-3}{-1-0}=2$이고 y절편이 3이므로 구하는 일

차함수의 식은 $y=2x+3$이다.

(2) (기울기)$=\dfrac{-1-(-2)}{-1-2}=-\dfrac{1}{3}$

$y=-\dfrac{1}{3}x+b$라 하면 점 $(-1, -1)$을 지나므로

$-1=\dfrac{1}{3}+b$ ∴ $b=-\dfrac{4}{3}$

따라서 구하는 일차함수의 식은 $y=-\dfrac{1}{3}x-\dfrac{4}{3}$이다.

08 답 7

두 점 $(-1, 10)$, $(3, 4)$를 지나는 직선의 기울기는

$a = \dfrac{4-10}{3-(-1)} = \dfrac{-6}{4} = -\dfrac{3}{2}$

이므로 구하는 일차함수의 식을 $y = -\dfrac{3}{2}x + b$라 하면

$y = -\dfrac{3}{2}x + b$의 그래프가 점 $(3, 4)$를 지나므로

$4 = -\dfrac{9}{2} + b$ ∴ $b = \dfrac{17}{2}$

∴ $a + b = -\dfrac{3}{2} + \dfrac{17}{2} = 7$

09 답 $y = -\dfrac{1}{2}x + 2$

(기울기) $= \dfrac{1-(-1)}{-2-2} = -\dfrac{1}{2}$

이므로 구하는 일차함수의 식을 $y = -\dfrac{1}{2}x + b$라 하면

점 $(2, -1)$을 지나므로 $-1 = -1 + b$ ∴ $b = 0$

따라서 $y = -\dfrac{1}{2}x$의 그래프를 y축의 방향으로 2만큼 평행

이동하면 $y = -\dfrac{1}{2}x + 2$이다.

10 답 -4

두 점 $(-1, 10)$, $(2, -2)$를 지나는 직선의 기울기

$\dfrac{-2-10}{2-(-1)} = -4$

이므로 구하는 일차함수의 그래프의 식을 $y = -4x + b$라

하면 $y = -4x + b$의 그래프가 점 $(2, -2)$를 지나므로

$-2 = -8 + b$ ∴ $b = 6$

즉 구하는 일차함수의 식은 $y = -4x + 6$이다.

이 그래프를 y축의 방향으로 -4만큼 평행이동하면

$y = -4x + 2$

따라서 $y = -4x + 2$의 그래프가 점 $\left(\dfrac{3}{2}, k\right)$를 지나므로

$k = -4 \times \dfrac{3}{2} + 2 = -4$

11 답 (1) $y = \dfrac{1}{2}x - 3$ (2) $y = -\dfrac{2}{3}x + 2$ (3) $y = 2x - 2$

(1) (기울기) $= \dfrac{-3-0}{0-6} = \dfrac{1}{2}$, y절편은 -3이므로 구하는

일차함수의 식은 $y = \dfrac{1}{2}x - 3$이다.

(2) 두 점 $(3, 0)$, $(0, 2)$를 지나므로 기울기는

$\dfrac{2-0}{0-3} = -\dfrac{2}{3}$

이때 y절편은 2이므로 구하는 일차함수의 식은

$y = -\dfrac{2}{3}x + 2$이다.

(3) 두 점 $(1, 0)$, $(0, -2)$를 지나므로 기울기는

$\dfrac{-2-0}{0-1} = 2$

이때 y절편은 -2이므로 구하는 일차함수의 식은

$y = 2x - 2$이다.

12 답 $-\dfrac{3}{4}$

두 점 $(5, 0)$, $(0, -3)$을 지나므로 기울기는 $\dfrac{-3-0}{0-5} = \dfrac{3}{5}$

이때 y절편은 -3이므로 구하는 일차함수의 식은

$y = \dfrac{3}{5}x - 3$이다.

이 일차함수의 그래프가 점 $(-5p, p)$를 지나므로

$p = -3p - 3$, $4p = -3$ ∴ $p = -\dfrac{3}{4}$

28 일차함수의 활용
워크북 47~48쪽

01 답 (1) $y = 30 - 2x$ (2) 6 cm (3) 8분

(1) 1분마다 2 cm씩 짧아지므로 x와 y 사이의 관계를 식으

로 나타내면 $y = 30 - 2x$

(2) $y = 30 - 2x$에 $x = 12$를 대입하면

$y = 30 - 2 \times 12 = 6$

따라서 불을 붙인 지 12분 후의 남은 양초의 길이는

6 cm이다.

(3) $y = 30 - 2x$에 $y = 14$를 대입하면

$14 = 30 - 2x$, $2x = 16$ ∴ $x = 8$

따라서 남은 양초의 길이가 14 cm가 되는 것은 불을 붙

인 지 8분 후이다.

02 답 초속 352 m

기온이 x ℃일 때의 소리의 속력을 초속 y m라 하면 기온

이 5 ℃씩 올라갈 때, 소리의 속력은 초속 3 m씩 증가하

므로 기온이 1 ℃ 올라갈 때마다 소리의 속력은 초속 $\dfrac{3}{5}$ m

씩 증가한다. 즉, x와 y 사이의 관계를 식으로 나타내면

$y = \dfrac{3}{5}x + 331$

위의 식에 $x = 35$를 대입하면 $y = \dfrac{3}{5} \times 35 + 331 = 352$

따라서 기온이 35 ℃인 날의 소리의 속력은 초속 352 m이다.

03 답 25분

비커를 실온에 놓은 지 x분 후의 물의 온도를 y ℃라 하자.

물의 온도가 2분에 4 ℃가 내려가므로 1분에 2 ℃씩 내려

간다. 즉, x와 y 사이의 관계를 식으로 나타내면

$y = 100 - 2x$

위의 식에 $y = 50$을 대입하면

$50 = 100 - 2x$, $2x = 50$ ∴ $x = 25$

따라서 물의 온도가 50 ℃가 되는 것은 비커를 실온에 놓은

지 25분 후이다.

04 답 (1) $y = 149 - 40x$ (2) 3시간

(1) x시간 동안 $40x$ km만큼 가므로 x와 y 사이의 관계를

식으로 나타내면 $y = 149 - 40x$

(2) $y = 29$를 대입하면

$29 = 149 - 40x$, $40x = 120$ ∴ $x = 3$

따라서 이어도까지 남은 거리가 29 km라면 마라도에서

배로 3시간 동안 간 것이다.

05 답 ④

출발한 지 x분 후의 남은 거리가 y m이므로 x와 y 사이의 관계를 식으로 나타내면

$y=2000-50x$

$x=25$를 대입하면

$y=2000-50\times25=750$

따라서 출발한 지 25분 후의 남은 거리는 750 m이다.

06 답 11분

4 km$=4000$ m, 분속 200 m로 달리고, 출발한 지 x분 후에 결승점까지 남은 거리가 y m이므로 x와 y 사이의 관계를 식으로 나타내면

$y=4000-200x$

$y=1800$을 대입하면

$1800=4000-200x, 200x=2200$ ∴ $x=11$

따라서 결승점까지 1800 m 남은 지점을 통과하는 것은 형철이가 출발한 지 11분 후이다.

07 답 15초

엘리베이터가 출발한 지 x초 후 지면으로부터 엘리베이터 바닥까지의 높이를 y m라 하면 x와 y 사이의 관계를 식으로 나타내면

$y=60-3x$

$y=15$를 대입하면

$15=60-3x, 3x=45$ ∴ $x=15$

따라서 엘리베이터 바닥의 높이가 15 m인 순간은 출발한 지 15초 후이다.

08 답 1250 km

x km를 달린 후 남아 있는 휘발유의 양을 y L라 하면

1 km를 달리는 데 필요한 휘발유의 양은 $\dfrac{1}{25}$ L이므로

$y=70-\dfrac{1}{25}x$

위의 식에 $y=20$을 대입하면

$20=70-\dfrac{1}{25}x, \dfrac{1}{25}x=50$ ∴ $x=1250$

따라서 휘발유가 20 L 남았을 때 자동차가 달린 거리는 1250 km이다.

09 답 (1) $y=2x$ (2) 15초

(1) x초 후 $\overline{BP}=\dfrac{1}{2}x$ cm이므로

$y=\dfrac{1}{2}\times\dfrac{1}{2}x\times8$ ∴ $y=2x$

(2) $y=2x$에 $y=30$을 대입하면

$30=2x$ ∴ $x=15$

따라서 △ABP의 넓이가 30 cm²가 되는 것은 출발한 지 15초 후이다.

10 답 6초

x초 후 $\overline{BP}=2x$ cm이므로 $\overline{PC}=(14-2x)$ cm

점 P가 출발한 지 x초 후 사다리꼴 APCD의 넓이가 y cm²이므로 x와 y 사이의 관계를 식으로 나타내면

$y=\dfrac{1}{2}\times\{14+(14-2x)\}\times8$

∴ $y=112-8x$

위의 식에 $y=64$를 대입하면

$64=112-8x, 8x=48$ ∴ $x=6$

따라서 사다리꼴 APCD의 넓이가 64 cm²가 되는 것은 출발한 지 6초 후이다.

11 답 13 cm

$\overline{BP}=x$ cm일 때, $\overline{PC}=(18-x)$ cm이므로

$\triangle ABP=\dfrac{1}{2}\times x\times10=5x$

$\triangle DPC=\dfrac{1}{2}\times(18-x)\times6=54-3x$

즉, x와 y 사이의 관계를 식으로 나타내면

$y=5x+(54-3x)$ ∴ $y=2x+54$

$y=2x+54$에 $y=80$을 대입하면

$80=2x+54, 2x=26$ ∴ $x=13$

따라서 두 삼각형의 넓이의 합이 80 cm²일 때의 $\overline{BP}$의 길이는 13 cm이다.

12 답 $y=\dfrac{1}{5}x+25$

추의 무게가 $20-10=10$(g) 늘어날 때 용수철의 길이가 $29-27=2$(cm) 늘어났으므로 추의 무게가 1 g 늘어날 때 용수철의 길이는 $\dfrac{1}{5}$ cm씩 늘어난다.

처음 용수철의 길이를 b cm라 하면 x와 y 사이의 관계를 식으로 나타내면

$y=b+\dfrac{1}{5}x$

$x=10, y=27$을 대입하면 $27=b+2$ ∴ $b=25$

따라서 구하는 관계를 식으로 나타내면

$y=\dfrac{1}{5}x+25$

13 답 40분

양초의 길이가 $10-6=4$(분) 동안 $17-15=2$(cm) 줄어들었으므로 1분에 $\dfrac{1}{2}$ cm씩 줄어든다.

처음 양초의 길이를 b cm라 하면 x와 y 사이의 관계를 식으로 나타내면

$y=b-\dfrac{1}{2}x$

$x=6, y=17$을 대입하면 $17=b-3$ ∴ $b=20$

따라서 x와 y 사이의 관계를 식으로 나타내면

$y=20-\dfrac{1}{2}x$

$y=0$을 대입하면

$20-\dfrac{1}{2}x=0, \dfrac{1}{2}x=20$ ∴ $x=40$

즉, 양초가 다 타는 데 걸리는 시간은 40분이다.

14 답 24 cm

물을 채우기 시작한 지 15−10=5(분) 동안 물의 높이가

33−30=3(cm) 늘어났으므로 물의 높이는 1분에 $\frac{3}{5}$ cm씩

늘어난다. 처음에 들어 있던 물의 높이를 b cm, 물을 채우기 시작한 지 x분 후의 물의 높이를 y cm라 하고 x와 y 사이의 관계를 식으로 나타내면

$y=b+\frac{3}{5}x$

$x=10$, $y=30$을 대입하면 $30=b+6$ ∴ $b=24$

따라서 처음에 들어 있던 물의 높이는 24 cm이다.

단원 마무리
워크북 49~50쪽

01 (1) ㄱ, ㄴ, ㄷ, ㅂ (2) ㄷ, ㅂ **02** ⑤ **03** ②
04 ② **05** ⑤ **06** ③ **07** ① **08** ②
09 ⑤ **10** ④ **11** ② **12** ③ **13** ②
14 $y=\frac{2}{3}x-2$ **15** (1) $y=300-1.5x$ (2) 200분

---

01 ㄱ. 자연수 x보다 작은 소수의 개수는 하나로 정해지므로 함수이다.

ㄴ. 자연수 x를 4로 나눈 나머지는 0, 1, 2, 3 중 하나로 정해지므로 함수이다.

ㄷ. $y=5000-700x$이므로 일차함수이다.

ㄹ. 기온에 따라 강우량이 하나로 정해지지 않으므로 함수가 아니다.

ㅁ. 절댓값이 4인 수는 −4, 4와 같이 하나로 정해지지 않으므로 함수가 아니다.

ㅂ. $y=2\pi x$이므로 일차함수이다.

따라서 함수인 것은 ㄱ, ㄴ, ㄷ, ㅂ이고, 일차함수인 것은 ㄷ, ㅂ이다.

02 $f(-4)=-\frac{1}{2}\times(-4)+4=6$

$f(2)=-\frac{1}{2}\times2+4=3$

∴ $f(-4)+f(2)=6+3=9$

03 $y=-3x+b$의 그래프를 y축의 방향으로 8만큼 평행이동하면

$y=-3x+b+8$

이 그래프가 점 $(2, -1)$을 지나므로

$-1=-6+b+8$ ∴ $b=-3$

04 $y=ax+2$의 그래프가 점 $\left(\frac{4}{3}, 0\right)$을 지나므로

$x=\frac{4}{3}$, $y=0$을 대입하면

$0=\frac{4}{3}a+2$ ∴ $a=-\frac{3}{2}$

05 $y=\frac{3}{2}x-6$에서 $x=0$일 때 $y=-6$

$y=0$일 때 $0=\frac{3}{2}x-6$에서 $x=4$

이므로 $y=\frac{3}{2}x-6$의 그래프의 x절편은 4, y절편은 −6이다.

따라서 구하는 그래프는 ⑤이다.

06 $y=-\frac{2}{3}x-8$에서

$y=0$일 때 $x=-12$, $x=0$일 때 $y=-8$이므로

$y=-\frac{2}{3}x-8$의 그래프의 x절편은 −12, y절편은 −8이다.

즉 $y=-\frac{2}{3}x-8$의 그래프는 오른쪽 그림과 같다.

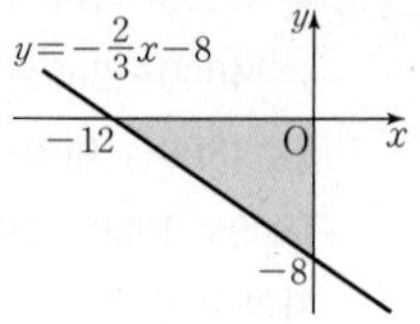

따라서 구하는 삼각형의 넓이는

$\frac{1}{2}\times12\times8=48$이다.

07 두 점 $(1, a)$, $(3, 2)$를 지나는 직선의 기울기와 두 점 $(3, 2)$, $(4, 4)$를 지나는 직선의 기울기가 같으므로

$\frac{2-a}{3-1}=\frac{4-2}{4-3}$, $\frac{2-a}{2}=2$, $2-a=4$

∴ $a=-2$

08 두 점 $(-2, 1)$, $(1, -5)$를 지나는 직선의 기울기는

$\frac{-5-1}{1-(-2)}=-2$ ∴ $a=-2$

09 ① 기울기는 $\frac{-2}{4}=-\frac{1}{2}$

② x절편은 4이다.

③ 기울기가 $\frac{1}{2}$과 $-\frac{1}{2}$로 다르므로 서로 평행하지 않다.

④ 주어진 일차함수의 그래프는 제1, 2, 4사분면을 지나고, $y=x+2$의 그래프는 제1, 2, 3사분면을 지나므로 같은 사분면을 지나지 않는다.

⑤ 주어진 직선을 그래프로 하는 일차함수의 식은

$y=-\frac{1}{2}x+2$

$x=-2$, $y=3$을 대입하면 $3=1+2$

즉, 점 $(-2, 3)$을 지난다.

따라서 설명 중 옳은 것은 ⑤이다.

10 주어진 그래프의 기울기는 양수, y절편은 음수이므로

$a>0$, $b<0$

$y=-bx-ab$의 그래프에서 기울기는 $-b>0$, y절편은 $-ab>0$이므로 그래프는 오른쪽 그림과 같다.

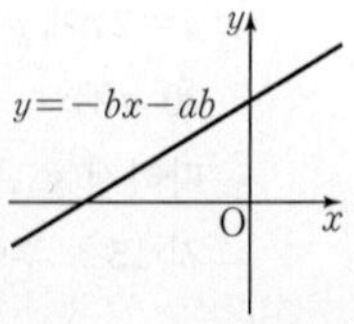

따라서 제4사분면을 지나지 않는다.

11 주어진 그래프가 두 점 $(-2, -2)$, $(0, -6)$을 지나므로

$(기울기)=\dfrac{-6-(-2)}{0-(-2)}=\dfrac{-4}{2}=-2$

y절편이 -6이므로 구하는 일차함수의 식은

$y=-2x-6$

$y=0$을 대입하면

$0=-2x-6,\ 2x=-6$ $\therefore x=-3$

따라서 x절편은 -3이다.

12 물건의 무게가 $5\,g$씩 늘어날 때마다 용수철의 길이가 $1\,cm$씩 늘어나므로 $1\,g$씩 늘어날 때마다 용수철의 길이는 $\dfrac{1}{5}\,cm$씩 늘어난다.

따라서 x와 y 사이의 관계를 식으로 나타내면

$y=\dfrac{1}{5}x+20$

13 정육각형의 개수 x와 선분의 개수 y 사이의 변화를 표로 나타내면 다음과 같다.

x(개)	1	2	3	4	⋯
y(개)	6	11	16	21	⋯

위의 표에서 x의 값이 1씩 증가할 때, y의 값은 5씩 증가하므로 y는 x의 일차함수이다.

이때 $y=ax+b$라고 하면 $a=5$

$y=5x+b$에 $x=1$, $y=6$을 대입하면

$6=5+b,\ b=1$

$\therefore y=5x+1$

$x=100$일 때 $y=5\times100+1=501$

따라서 정육각형 100개를 그릴 때의 선분의 개수는 501이다.

14 $y=\dfrac{2}{3}x+4$의 그래프와 평행하므로 구하는 일차함수의 그래프의 기울기는 $\dfrac{2}{3}$이다. ❶

$y=-3(x-1)$, 즉 $y=-3x+3$의 그래프를 y축의 방향으로 -5만큼 평행이동하면

$y=-3x+3-5$

$\therefore y=-3x-2$

구하는 일차함수의 그래프의 y절편은 이 그래프의 y절편과 같으므로 -2이다. ❷

따라서 구하는 일차함수의 식은 기울기가 $\dfrac{2}{3}$이고 y절편이 -2이므로

$y=\dfrac{2}{3}x-2$ ❸

단계	채점 기준	비율
❶	기울기 구하기	20 %
❷	y절편 구하기	50 %
❸	일차함수의 식 구하기	30 %

15 ⑴ 5분마다 $7.5\,L$의 물이 새어 나가므로 1분마다

$\dfrac{7.5}{5}=1.5\,(L)$의 물이 새어 나간다. ❶

따라서 x와 y 사이의 관계를 식으로 나타내면

$y=300-1.5x$ ❷

⑵ 물이 다 새어 나가면 $y=0$이므로

$y=300-1.5x$에 $y=0$을 대입하면

$0=300-1.5x,\ 1.5x=300$

$\therefore x=200$

따라서 물이 다 새어 나갈 때까지 200분이 걸린다. ❸

단계	채점 기준	비율
❶	1분 동안 새어 나가는 물의 양 구하기	30 %
❷	x와 y 사이의 관계를 식으로 나타내기	30 %
❸	물이 다 새어 나갈 때까지 걸리는 시간 구하기	40 %

Ⅲ-2 | 일차함수와 일차방정식의 관계

1 일차함수와 일차방정식

29 일차함수와 일차방정식
워크북 51쪽

01 답 (1) ㄴ (2) ㄹ (3) ㄷ (4) ㄱ

(1) $x+2y-4=0$에서 $2y=-x+4$

$\therefore y=-\dfrac{1}{2}x+2$ (ㄴ)

(2) $x-3y-5=0$에서 $3y=x-5$

$\therefore y=\dfrac{1}{3}x-\dfrac{5}{3}$ (ㄹ)

(3) $3x-4y+6=0$에서 $4y=3x+6$

$\therefore y=\dfrac{3}{4}x+\dfrac{3}{2}$ (ㄷ)

(4) $5x+2y+10=0$에서 $2y=-5x-10$

$\therefore y=-\dfrac{5}{2}x-5$ (ㄱ)

02 답 -1

$3x+y-2=0$에서 y를 x에 대한 식으로 나타내면

$y=-3x+2$

따라서 $a=-3$, $b=2$이므로 $a+b=-3+2=-1$이다.

03 답 ②

$2x-3y+6=0$에서 y를 x에 대한 식으로 나타내면

$3y=2x+6$에서 $y=\dfrac{2}{3}x+2$이다.

① y절편은 2이다.

② $y=0$을 대입하면 $x=-3$이므로 x절편은 -3이다.

③ $x=-6$, $y=-2$를 $2x-3y+6$에 대입하면

$-12+6+6=0$이므로 점 $(-6, -2)$를 지난다.

④ 기울기가 $\dfrac{2}{3}$로 같고 y절편이 다르므로 서로 평행하다.

⑤ 기울기가 $\dfrac{2}{3}$로 같고 y절편도 2로 같으므로 일치한다.

따라서 옳지 않은 것은 ②이다.

04 답 제3사분면

$ax+by-c=0$에서 y를 x에 대한 식으로 나타내면

$by=-ax+c$에서 $y=-\dfrac{a}{b}x+\dfrac{c}{b}$

그런데 $ab>0$에서 $-\dfrac{a}{b}<0$이고, $bc>0$에서 $\dfrac{c}{b}>0$이다.

따라서 기울기는 음수이고, y절편은 양수이므로 그래프는 오른쪽 그림과 같고 제 3사분면을 지나지 않는다.

05 답 1

$3x-y-4=0$에 $x=a$, $y=-1$을 대입하면

$3a+1-4=0$, $3a=3$ $\therefore a=1$

06 답 5

$x-2y+8=0$에 $x=2a$, $y=1$을 대입하면

$2a-2+8=0$, $2a=-6$ $\therefore a=-3$

또, $x-2y+8=0$에 $x=-4$, $y=b$를 대입하면

$-4-2b+8=0$, $-2b=-4$ $\therefore b=2$

$\therefore b-a=2-(-3)=5$

07 답 ④

일차방정식 $ax-y+c=0$에서 y를 x에 대한 식으로 나타내면 $y=ax+c$

그래프의 기울기가 2, y절편이 -6이므로 $a=2$, $c=-6$

$\therefore 2x-y-6=0$

④ $x=2$, $y=2$를 대입하면 $4-2-6\neq0$이므로 일차방정식의 해가 아니다.

08 답 -1

일차방정식 $ax+by+6=0$의 그래프가 점 $(-3, 0)$을 지나므로 $x=-3$, $y=0$을 대입하면

$-3a+6=0$ $\therefore a=2$

또, 점 $(0, 2)$를 지나므로 $x=0$, $y=2$를 대입하면

$2b+6=0$ $\therefore b=-3$

$\therefore a+b=2+(-3)=-1$

| 다른 풀이 | 일차방정식 $ax+by+6=0$에서 y를 x에 대한 식으로 나타내면

$by=-ax-6$에서 $y=-\dfrac{a}{b}x-\dfrac{6}{b}$

그래프의 기울기가 $\dfrac{2}{3}$이고, y절편이 2이므로

$-\dfrac{a}{b}=\dfrac{2}{3}$, $-\dfrac{6}{b}=2$ $\therefore a=2$, $b=-3$

$\therefore a+b=2+(-3)=-1$

30 일차방정식 $x=p$, $y=q$의 그래프
워크북 52쪽

01 답 (1) $y=-1$ (2) $y=\dfrac{1}{2}$ (3) $y=7$ (4) $y=0$

(1) x축에 평행한 직선의 방정식은 $y=q$의 꼴이고, 점 $(3, -1)$을 지나므로 직선의 방정식은

$y=-1$

(2) y축에 수직인 직선의 방정식은 $y=q$의 꼴이고, 점 $\left(-2, \dfrac{1}{2}\right)$을 지나므로 직선의 방정식은

$y=\dfrac{1}{2}$

(3) 두 점의 y좌표가 7로 같으므로 직선의 방정식은

$y=7$

(4) 두 점의 y좌표가 0으로 같으므로 직선의 방정식은

$y=0$

02 답 (1) $x=3$ (2) $x=-5$ (3) $x=-4$ (4) $x=0$

(1) y축에 평행한 직선의 방정식은 $x=p$의 꼴이고, 점 $\left(3, -\dfrac{7}{2}\right)$을 지나므로 직선의 방정식은

$x=3$

(2) x축에 수직인 직선의 방정식은 $x=p$의 꼴이고,
점 $(-5, 2)$를 지나므로 직선의 방정식은
$$x=-5$$

(3) 두 점의 x좌표가 -4로 같으므로 직선의 방정식은
$$x=-4$$

(4) 두 점의 x좌표가 0으로 같으므로 직선의 방정식은
$$x=0$$

03 답 2

x축에 평행한 직선 위의 점들은 y좌표가 일정하므로
$$a=-3a+8, \ 4a=8 \quad \therefore \ a=2$$

04 답 2

y축에 평행한 직선 위의 점들은 x좌표가 일정하므로
$$5-a=2a-1, \ -3a=-6 \quad \therefore \ a=2$$

05 답 $y=9$

직선 $y=-2x+5$가 점 $(-2, k)$를 지나므로
$$k=4+5=9$$
따라서 점 $(-2, 9)$를 지나고 y축에 수직인 직선의 방정식은
$$y=9$$

06 답 -1

주어진 그래프는 y축에 평행하고 점 $(-3, 0)$을 지나므로
일차방정식 $x=-3$의 그래프이다.
따라서 $b=0$이고, $ax=1$에서 $x=\dfrac{1}{a}=-3$
$$\therefore \ a=-\dfrac{1}{3}$$
$$\therefore \ 3a+b=3\times\left(-\dfrac{1}{3}\right)+0=-1$$

07 답 8

$x=-2, \ y=4, \ x$축, y축으로 둘러싸인
도형은 오른쪽 그림과 같이 가로, 세로
의 길이가 각각 2, 4인 직사각형이다.
따라서 구하는 넓이는 $2\times4=8$이다.

08 답 12

$-x=0$에서 $x=0$, $x-3=0$에서 $x=3$,
$y+1=0$에서 $y=-1$, $3y-9=0$에서 $y=3$
네 직선 $x=0, \ x=3, \ y=-1, \ y=3$으로 둘러싸인 도형은
오른쪽 그림과 같이 가로, 세로의
길이가 각각 3, 4인 직사각형이다.
따라서 구하는 넓이는 $3\times4=12$
이다.

09 답 2

$x-4=0$에서 $x=4$, $2x+6=0$에서 $x=-3$,
$y+k=0$에서 $y=-k$, $y-2k=0$에서 $y=2k$

즉, 네 직선 $x=4, \ x=-3$,
$y=-k, \ y=2k$로 둘러싸인 도
형은 오른쪽 그림과 같이 가로,
세로의 길이가 각각 7, $3k$인 직
사각형이다. 이때 직사각형의
넓이가 42이므로
$$7\times3k=42 \quad \therefore \ k=2$$

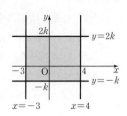

2 연립일차방정식과 그래프

31 연립일차방정식과 그래프
워크북 53~54쪽

01 답 $x=1, \ y=-1$

두 일차함수 $x-y=2, \ x+2y=-1$의 그래프의 교점의 좌
표가 $(1, \ -1)$이므로 연립방정식 $\begin{cases} x-y=2 \\ x+2y=-1 \end{cases}$ 의 해는
$x=1, \ y=-1$이다.

02 답 (1) $(2, -2)$ (2) $(1, -8)$

(1) 연립방정식 $\begin{cases} x-y-4=0 \\ 2x+y-2=0 \end{cases}$ 을 풀면
$$x=2, \ y=-2$$
따라서 두 그래프의 교점의 좌표는 $(2, -2)$이다.

(2) 연립방정식 $\begin{cases} 5x+y+3=0 \\ 2x-y-10=0 \end{cases}$ 을 풀면
$$x=1, \ y=-8$$
따라서 두 그래프의 교점의 좌표는 $(1, -8)$이다.

03 답 $x=1$

연립방정식 $\begin{cases} 3x-y=6 \\ 2x+y=-1 \end{cases}$ 을 풀면 $x=1, \ y=-3$
따라서 점 $(1, -3)$을 지나고 x축에 수직인 직선의 방정식은
$x=1$이다.

04 답 3

연립방정식 $\begin{cases} x+y=3 \\ 2x-y=-6 \end{cases}$ 을 풀면 $x=-1, \ y=4$

연립방정식 $\begin{cases} x+y=3 \\ y=2 \end{cases}$ 를 풀면 $x=1, \ y=2$

연립방정식 $\begin{cases} 2x-y=-6 \\ y=2 \end{cases}$ 를 풀면 $x=-2, \ y=2$

이때 세 일차방정식
$x+y=3, \ 2x-y+6=0$,
$y-2=0$의 그래프를 그리면
오른쪽 그림과 같다.
따라서 구하는 삼각형의 넓이는
$\dfrac{1}{2}\times3\times2=3$이다.

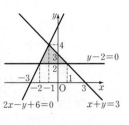

05 답 5

두 일차방정식의 그래프의 교점의 좌표가 $(3, 1)$이므로 두 일차방정식에 $x=3$, $y=1$을 각각 대입하면

$3a+1=7$에서 $3a=6$ ∴ $a=2$

$6-b=3$에서 $b=3$

∴ $a+b=2+3=5$

06 답 $-\dfrac{1}{4}$

두 일차방정식의 그래프의 교점이 x축 위에 있으므로 교점의 y좌표는 0이다.

$x+y=-4$에 $y=0$을 대입하면 $x=-4$이므로 교점의 좌표는 $(-4, 0)$이다.

따라서 $kx+2y=1$에 $x=-4$, $y=0$을 대입하면

$-4k=1$ ∴ $k=-\dfrac{1}{4}$

07 답 -1

두 일차방정식의 그래프의 교점의 x좌표가 2이므로

$-x+2y=4$에 $x=2$를 대입하면

$-2+2y=4$, $2y=6$ ∴ $y=3$

즉, 두 직선의 교점의 좌표는 $(2, 3)$이다.

$ax+y=1$의 그래프가 점 $(2, 3)$을 지나므로

$x=2$, $y=3$을 대입하면

$2a+3=1$, $2a=-2$ ∴ $a=-1$

08 답 -2

연립방정식 $\begin{cases} 2x+3y=7 \\ 4x+y=-1 \end{cases}$ 을 풀면 $x=-1$, $y=3$

즉, 두 직선 $2x+3y=7$, $4x+y=-1$의 교점의 좌표는 $(-1, 3)$이다.

$y=mx+1$의 그래프가 점 $(-1, 3)$을 지나므로

$3=-m+1$ ∴ $m=-2$

09 답 -11

연립방정식 $\begin{cases} x+y=-5 \\ 2x-7y=8 \end{cases}$ 을 풀면 $x=-3$, $y=-2$

즉, 세 직선은 한 점 $(-3, -2)$에서 만난다.

$3x+ay=13$에 $x=-3$, $y=-2$를 대입하면

$-9-2a=13$, $-2a=22$ ∴ $a=-11$

10 답 $a=2$, $b=4$

연립방정식 $\begin{cases} 3x-y=1 \\ ax+y=b \end{cases}$ 의 해가 $x=1$, $y=2$이므로

$ax+y=b$에 $x=1$, $y=2$를 대입하면 $a+2=b$

∴ $a-b+2=0$ ...... ㉠

직선 $ax-y+b=0$의 x절편이 -2이므로

$x=-2$, $y=0$을 대입하면

$-2a+b=0$ ...... ㉡

㉠, ㉡을 연립하여 풀면 $a=2$, $b=4$

11 답 -1, $\dfrac{1}{2}$, 5

주어진 세 직선이 삼각형을 만들지 않는 경우는 세 직선이 한 점에서 만나거나 세 직선 중 어느 두 직선이 평행한 경우이다.

(i) 세 직선이 한 점에서 만나는 경우

연립방정식 $\begin{cases} x+2y-1=0 \\ x-y+2=0 \end{cases}$ 을 풀면 $x=-1$, $y=1$

두 직선 $x+2y-1=0$, $x-y+2=0$의 교점의 좌표는 $(-1, 1)$이고, 직선 $ax+y+4=0$이 점 $(-1, 1)$을 지나므로 $-a+1+4=0$ ∴ $a=5$

(ii) 세 직선 중 어느 두 직선이 평행한 경우

두 직선 $x+2y-1=0$과 $ax+y+4=0$, 즉 두 직선 $y=-\dfrac{1}{2}x+\dfrac{1}{2}$과 $y=-ax-4$가 평행한 경우는 $a=\dfrac{1}{2}$

또, 두 직선 $x-y+2=0$과 $ax+y+4=0$, 즉 두 직선 $y=x+2$와 $y=-ax-4$가 평행한 경우는 $a=-1$

(i), (ii)에서 조건을 만족시키는 a의 값은 -1, $\dfrac{1}{2}$, 5이다.

12 답 15

두 일차방정식 $2x+y+5=0$, $6x+3y+a=0$의 그래프가 일치하므로

$\dfrac{2}{6}=\dfrac{1}{3}=\dfrac{5}{a}$ ∴ $a=15$

13 답 5

두 일차방정식의 그래프가 일치하므로

$\dfrac{3}{6}=\dfrac{a}{2}=\dfrac{2}{b}$

$\dfrac{3}{6}=\dfrac{a}{2}$에서 $6a=6$ ∴ $a=1$

$\dfrac{3}{6}=\dfrac{2}{b}$에서 $3b=12$ ∴ $b=4$

∴ $a+b=1+4=5$

14 답 $\dfrac{3}{4}$

두 일차방정식의 그래프가 일치하므로

$\dfrac{2}{4}=\dfrac{-a}{-3}=\dfrac{b}{1}$

$\dfrac{2}{4}=\dfrac{-a}{-3}$에서 $-4a=-6$ ∴ $a=\dfrac{3}{2}$

$\dfrac{2}{4}=\dfrac{b}{1}$에서 $4b=2$ ∴ $b=\dfrac{1}{2}$

∴ $ab=\dfrac{3}{2}\times\dfrac{1}{2}=\dfrac{3}{4}$

15 답 2

두 일차방정식 $x+y=2$, $ax+2y=8$의 그래프가 서로 평행하므로

$\dfrac{1}{a}=\dfrac{1}{2}\ne\dfrac{2}{8}$ ∴ $a=2$

| 다른 풀이 | $\begin{cases} y=-x+2 \\ ax+2y=8 \end{cases}$ 에서 $\begin{cases} y=-x+2 \\ y=-\dfrac{a}{2}x+4 \end{cases}$

연립방정식의 해가 없을 때는 각 방정식을 나타내는 직선이 서로 평행할 때이므로 $-\dfrac{a}{2}=-1$ ∴ $a=2$

16 답 $a=-\dfrac{3}{2}$, $b\neq2$

두 직선이 서로 평행하므로 $\dfrac{3}{1}=\dfrac{-2a}{1}\neq\dfrac{6}{b}$

$3=-2a$에서 $a=-\dfrac{3}{2}$

$3\neq\dfrac{6}{b}$에서 $b\neq2$

17 답 ④

두 일차방정식의 그래프가 서로 평행하므로

$\dfrac{2}{a}=\dfrac{-3}{1}\neq\dfrac{b}{2}$

$\therefore a=-\dfrac{2}{3}$, $b\neq-6$

따라서 $m=-\dfrac{2}{3}$, $n=-6$이므로

$mn=\left(-\dfrac{2}{3}\right)\times(-6)=4$

단원 마무리
워크북 55~56쪽

01 ⑤	**02** ⑤	**03** ④	**04** ②	**05** ⑤
06 ③	**07** ⑤	**08** ②	**09** ①	**10** ②
11 ②	**12** ③	**13** ⑤	**14** -3	**15** 12

01 $x-2y=3$에서 y를 x에 대한 식으로 나타내면

$2y=x-3$에서 $y=\dfrac{1}{2}x-\dfrac{3}{2}$이다.

① 기울기는 $\dfrac{1}{2}$이다.

② $y=0$일 때 $x=3$이므로 x절편은 3이다.

③ y절편은 $-\dfrac{3}{2}$이다.

④ $1-2\times(-2)\neq3$이므로 점 $(1,-2)$를 지나지 않는다.

⑤ 기울기가 $\dfrac{1}{2}$로 같고 y절편이 다르므로 서로 평행하다.

따라서 옳은 것은 ⑤이다.

02 $ax+y-b=0$에서 y를 x에 대한 식으로 나타내면

$y=-ax+b$

주어진 직선의 기울기가 -2이고, y절편이 4이므로

$-a=-2$, $b=4$에서 $a=2$, $b=4$

$\therefore a+b=6$

03 $ax+by=1$에 $x=-4$, $y=3$을 대입하면

$-4a+3b=1$ ······ ㉠

$x=1$, $y=-2$를 대입하면

$a-2b=1$ ······ ㉡

㉠, ㉡을 연립하여 풀면 $a=-1$, $b=-1$

$\therefore ab=(-1)\times(-1)=1$

04 $ax+by+2=0$에서 y를 x에 대한 식으로 나타내면

$by=-ax-2$에서 $y=-\dfrac{a}{b}x-\dfrac{2}{b}$

그래프에서 기울기는 음수이므로

$-\dfrac{a}{b}<0$ $\therefore \dfrac{a}{b}>0$ ······ ㉠

y절편은 양수이므로 $-\dfrac{2}{b}>0$ ······ ㉡

㉡에서 $b<0$이고 ㉠에서 a와 b는 서로 같은 부호이므로

$a<0$, $b<0$

05 ①, ②, ③은 일차함수이다.

④ $3x-1=0$에서 $x=\dfrac{1}{3}$이므로 y축에 평행하다.

⑤ $2y+5=0$에서 $y=-\dfrac{5}{2}$이므로 x축에 평행하다.

06 ① $2x-6=0$에 $x=3$, $y=0$을 대입하면 $6-6=0$이므로 점 $(3,0)$을 지난다.

② $2x-6=0$에서 $x=3$이므로 $x=1$의 그래프와 서로 평행하다.

③ $2x-6=0$에서 $x=3$이므로 y축에 평행하다.

④ $x=3$이므로 y의 값에 상관없이 x의 값은 항상 3이다.

⑤ $2x-6=0$에서 $x=3$이므로 $x=3$의 그래프와 일치한다.

따라서 옳지 않은 것은 ③이다.

07 y축에 평행한 직선은 x좌표가 항상 같으므로

$a+3=2a-1$ $\therefore a=4$

08 주어진 그래프는 점 $(0,3)$을 지나고 x축에 평행한 직선이므로 $y=3$의 그래프이다.

따라서 $a=0$이고, $by-6=0$에서

$y=\dfrac{6}{b}=3$ $\therefore b=2$

$\therefore a-b=0-2=-2$

09 두 직선의 교점의 좌표가 $(1,3)$이므로 $x=1$, $y=3$을 $2x+ay=-4$에 대입하면

$2+3a=-4$ $\therefore a=-2$

10 연립방정식 $\begin{cases}2x-y=5\\x+3y=-1\end{cases}$을 풀면 $x=2$, $y=-1$

따라서 교점의 좌표는 $(2,-1)$이므로 원점과 점 $(2,-1)$을 지나는 직선의 기울기는

$\dfrac{-1-0}{2-0}=-\dfrac{1}{2}$

11 두 일차방정식에 $x=-1$, $y=5$를 각각 대입하면

$-a-5+2=0$, $4-5+b=0$

따라서 $a=-3$, $b=1$이므로

$a+b=-3+1=-2$

12 연립방정식 $\begin{cases} ax+y=2 \\ 3y-2x=4 \end{cases}$ 에서

$\begin{cases} ax+y=2 \\ -2x+3y=4 \end{cases}$ 의 해가 없으므로

$\dfrac{a}{-2}=\dfrac{1}{3}\neq\dfrac{2}{4}$

$-\dfrac{a}{2}=\dfrac{1}{3}$ 에서 $3a=-2$

$\therefore a=-\dfrac{2}{3}$

13 연립방정식 $\begin{cases} x-y=-4 \\ x+2y=5 \end{cases}$ 를 풀면 $x=-1, y=3$

또, 일차방정식 $2x+3y-3=0$은 $y=-\dfrac{2}{3}x+1$이므로 구하는 직선은 기울기가 $-\dfrac{2}{3}$이고 점 $(-1, 3)$을 지난다.

따라서 직선의 방정식을 $y=-\dfrac{2}{3}x+k$라 하고

$x=-1, y=3$을 대입하면 $3=\dfrac{2}{3}+k$ $\therefore k=\dfrac{7}{3}$

$\therefore y=-\dfrac{2}{3}x+\dfrac{7}{3}$

즉, 구하는 직선의 방정식은 $2x+3y-7=0$이므로

$a=2, b=3$

$\therefore a+b=2+3=5$

14 연립방정식 $\begin{cases} x-3y=-13 \\ 4x-y=3 \end{cases}$ 을 풀면

$x=2, y=5$ ──────────────────────── ❶

따라서 세 일차방정식의 그래프의 교점의 좌표는 $(2, 5)$이므로 $x=2, y=5$를 $7x+ay=-1$에 대입하면

$14+5a=-1, 5a=-15$

$\therefore a=-3$ ──────────────────────── ❷

단계	채점 기준	비율
❶	교점의 좌표 구하기	50 %
❷	상수 a의 값 구하기	50 %

15 두 일차방정식 $ax-y=-2$, $x+y=b$의 그래프의 교점의 좌표가 $(1, 4)$이므로 $x=1, y=4$를 $ax-y=-2$에 대입하면

$a-4=-2$ $\therefore a=2$

또, $x=1, y=4$를 $x+y=b$에 대입하면

$1+4=b$ $\therefore b=5$ ──────────────── ❶

두 직선은 $2x-y=-2$, $x+y=5$이다.

이때 $2x-y=-2$에 $y=0$을 대입하면

$2x=-2$ $\therefore x=-1$

$x+y=5$에 $y=0$을 대입하면 $x=5$

즉, 두 일차방정식 $2x-y=-2$, $x+y=5$의 그래프의 x절편은 각각 $-1, 5$이므로

$B(-1, 0), C(5, 0)$ ──────────────────── ❷

따라서 삼각형 ABC의 밑변의 길이는 $5-(-1)=6$, 높이는 4이므로 넓이는 $\dfrac{1}{2}\times6\times4=12$이다. ──── ❸

단계	채점 기준	비율
❶	상수 a, b의 값 구하기	30 %
❷	두 점 B, C의 좌표 구하기	40 %
❸	삼각형 ABC의 넓이 구하기	30 %

풍산자

개념완성

중학수학 2-1